高等学校大数据专业系列教材

# 计算智能

陈丽芳 侯伟 著



清華大學出版社
北京

**内容简介**

本书以模糊计算、神经计算、进化计算三大模块为主，从理论基础和实践应用两个维度全面、系统地介绍关于计算智能的常见算法，并设计8个上机实验，以满足前面章节内容仿真验证的需要。全书共11章，内容分别为绪论、模糊系统理论、模糊系统应用、神经网络理论、支持向量机、深度学习、遗传算法、遗传规划、蚁群算法、粒子群算法、新型群智能优化算法等知识，并对大部分知识点配以相应的案例。

本书主要面向广大从事数据分析、机器学习、数据挖掘或深度学习的专业人员，从事高等教育的专任教师，高等学校的在读学生及相关领域的广大科技人员。



**图书在版编目（CIP）数据**

计算智能 / 陈丽芳，侯伟著. -- 北京 ：清华大学出版社，2025. 1.
（高等学校大数据专业系列教材）. -- ISBN 978-7-302-68017-8

Ⅰ. TP183

中国国家版本馆 CIP 数据核字第 2025D80B24 号

**责任编辑**：陈景辉　薛　阳
**封面设计**：刘　键
**责任校对**：韩天竹
**责任印制**：杨　艳

**出版发行**：清华大学出版社
　　**网　　址**：https://www.tup.com.cn，https://www.wqxuetang.com
　　**地　　址**：北京清华大学学研大厦A座　　**邮　　编**：100084
　　**社 总 机**：010-83470000　　**邮　　购**：010-62786544
　　**投稿与读者服务**：010-62776969，c-service@tup.tsinghua.edu.cn
　　**质量反馈**：010-62772015，zhiliang@tup.tsinghua.edu.cn
　　**课件下载**：https://www.tup.com.cn，010-83470236
**印 装 者**：三河市春园印刷有限公司
**经　　销**：全国新华书店
**开　　本**：185mm×260mm　　**印　张**：19.25　　**字　　数**：505千字
**版　　次**：2025年1月第1版　　**印　　次**：2025年1月第1次印刷
**印　　数**：1～1500
**定　　价**：59.90元

产品编号：098280-01

# 高等学校大数据专业系列教材
# 编 委 会

# 前言

“计算智能”是人工智能领域较为前沿的研究方向，它是受“大自然智慧”启发而设计的算法统称，曾用名为“软计算”“智能计算”。计算智能所具有的全局搜索、高效并行等优点为解决复杂优化问题提供了新思路和新手段。目前，计算智能的相关技术已成功应用于信息处理、调度优化、工程控制、经济管理等众多领域。

**本书主要内容**

本书尽量淡化算法的数学原理，以应用为主进行讲解和阐述，主要介绍计算智能研究领域中模糊计算、神经计算、进化计算三大模块，系统阐述计算智能的有关理论、技术及其主要应用，全面介绍计算智能研究的前沿领域与最新进展，以及三大计算智能理论在不精确、不完整、不确定的真实世界中数据的知识表达、学习、挖掘和归纳等方面的处理技术和方法。上机实验部分，注重各个算法基于 MATLAB 软件的仿真实现过程。本书知识点的讲解通俗易懂、直观生动，易于读者快速掌握，可作为高等学校人工智能、智能科学与技术、计算机应用技术等专业本科生、研究生教材，也可供人工智能相关研究领域的研究人员学习参考。

作为一本关于计算智能的图书，本书共有 11 章。

第 1 章绪论，首先介绍智能的定义，然后介绍智能的分类——生物智能、人工智能、计算智能，使读者对智能有不同层次的认识，对于初步认识智能相关概念有重要意义，也为后面章节的学习奠定基础。

第 2 章模糊系统理论，从经典集合引出模糊集合，分三部分介绍了模糊系统理论，即模糊集合、模糊关系、模糊逻辑，通过这些内容的学习，使读者对模糊系统理论有更深层次的认识，为后续模糊系统的应用奠定基础。

第 3 章模糊系统应用，重点讲述模糊系统在模糊聚类分析、模糊模式识别、模糊综合评判以及模糊控制等方面的应用，结合实际案例讲解计算过程和步骤，使读者在理解模糊系统理论的基础上，结合案例理解实际问题如何应用模糊系统理论求解，学以致用。

第 4 章神经网络理论，对人工神经网络进行介绍，包括人工神经网络的基本原理、研究进展、典型结构，并详细介绍了单层前向网络、多层前向网络、Hopfield 网络，对每一种神经网络结合案例讲解求解步骤并给出仿真代码；最后梳理不同行业领域的实际应用案例，使读者对神经网络的应用有更进一步的理解。

第 5 章支持向量机，介绍支持向量机的发展背景及统计学习理论，阐述最优分类超平面、分类支持向量机；介绍 SVM 在解决分类问题中的学习算法，并与多层前向网络进行对比分析；介绍损失函数和回归支持向量机；通过仿真实例演示支持向量机的应用。

第 6 章深度学习，介绍深度学习的发展历程、几种典型的深度学习模型、常用的深度学习框架，并给出三个典型案例。

第 7 章遗传算法，介绍遗传算法的背景、原理、思想，遗传算法的流程、编码及演化过程，并结合实际案例，详细演示算法的执行过程和计算流程。

第 8 章遗传规划，介绍遗传规划的原理、思想、算法流程，并结合实际案例详细演示算法的执行过程和计算流程。

第 9 章蚁群算法，介绍了蚁群算法的背景、原理、思想，以及蚁群算法的实现过程，结合 TSP 问题求解、基于精确罚函数的改进蚁群优化算法，给出实际应用案例，使读者对算法应用有更深入的理解。

第 10 章粒子群算法，介绍了粒子群算法的背景、原理、思想，以及粒子群算法的更新规则和实现过程，结合优化问题求解案例讲解应用方法，使读者对算法应用有更深入的理解。

第 11 章新型群智能优化算法，梳理了 2005 年以来提出的八种新型群智能优化算法（人工蜂群算法、萤火虫算法、蝙蝠算法、灰狼优化算法、蜻蜓算法、鲸鱼优化算法、蝗虫优化算法、麻雀搜索算法），每种算法从原理、思想、算法实现等角度进行梳理总结，部分算法结合经典案例讲解实现过程，使读者对不同群智能算法有一个初步的认识，能够在未来选择合适的优化算法解决问题。

**本书特色**

（1）逻辑清晰，通俗易懂。全书共分为三大模块，由浅入深地带读者学会计算智能常见算法。

（2）夯实基础，案例丰富。对基础知识结合案例进行讲解，使读者对基础知识有较为全面的理解。

（3）淡化原理，注重应用。淡化数学原理，并通过应用案例讲解算法，便于读者更好地理解算法的步骤和计算流程。

（4）算法独立，利于仿真。上机实验设计相对独立，可采用 MATLAB 或 Python 语言实现仿真实验。

**配套资源**

为便于教学，本书配有源代码、数据集、教学课件、教学大纲、教学进度表、教案、上机实验、课程设计、习题题库、期末试卷及答案。

（1）获取源代码、数据集和全书网址方式：先刮开并扫描本书封底的文泉云盘防盗码，再扫描下方二维码，即可获取。

源代码　　数据集　　全书网址

（2）其他配套资源可以扫描本书封底的“书圈”二维码，关注后回复本书书号下载。

**读者对象**

本书主要面向广大从事数据分析、机器学习、数据挖掘或深度学习的专业人员，从事高等教育的专任教师，高等院校的在读学生及相关领域的广大科技人员。

**致谢**

在本书编写的过程中，得到了研究生科研团队成员（代琪、王荣杰、唐宇、陈宏松、杨丽敏、郑越、组毓伟、曹柯欣）的支持和帮助。本书由陈丽芳、侯伟编著，陈丽芳负责第 1～3 章和第 7～11 章的编写工作；侯伟负责第 4～6 章的编写工作；研究生科研团队成员帮助老师收集整理资料、对书中的代码进行仿真实现，感谢大家的辛苦付出！团队的力量是伟大的，有你们的支持和帮助，才能使这本书顺利与读者见面，再次感谢大家！

本书作者在编写过程中，参考了诸多相关资料，在此对相关资料的作者表示衷心的感谢。限于个人水平和时间仓促，书中难免存在疏漏之处，欢迎广大读者批评指正。

作　者

2025 年 1 月

# 目 录

## 第二单元 神经计算

## 第三单元 进化计算

案例导读

# 第1章

# 绪 论

**本章导读**

随着现代信息技术的发展，智能在很多方面都有体现，人们对于智能也不再陌生。作为本书的预备知识，本章首先介绍智能的定义，然后介绍智能的分类——生物智能、人工智能、计算智能，使读者对智能有不同层次的认识，理解智能是"个体有目的的行为、合理的思维，以及有效地适应环境的综合性能力"，在此基础上，对人工智能的发展历程有一定的了解。本章对于初步认识智能的相关概念有重要的意义，也为后续章节的学习奠定了基础，使读者对智能有初步的印象，以便后续的学习。

## 1.1 什么是智能

智能（Intelligence）是指人认识客观事物并运用知识解决实际问题的能力，往往通过观察、记忆、判断、联想、创造等表现出来。目前比较普遍的解释为：智能是"个体有目的的行为、合理的思维，以及有效地适应环境的综合性能力"。通俗地说，智能是个体认识客观事物和运用知识解决问题的能力。

实际上，智能及智能的本质是古今中外许多哲学家、脑科学家一直在努力探索和研究的问题，至今仍然没有完全了解，"智能的发生""物质的本质""宇宙的起源""生命的本质"一起被列为自然界四大奥秘。

近些年来，随着脑科学、神经心理学等研究的进展，人们对人脑的结构和功能有了初步认识，但对整个神经系统的内部结构和作用机制，特别是脑的功能原理还没有认识清楚，有待进一步的探索。如今，根据人类对人脑已有的认识，结合智能的外在表现，从不同的角度对智能进行研究，形成了几种不同的观点，其中"思维理论""知识阈值理论""进化理论"影响较大。"思维理论"认为智能的核心是思维，人的一切智能都来自大脑的思维活动，人类的一切知识都是人类思维的产物，因而通过对思维规律与方法的研究有望揭示智能的本质。"知识阈值理论"认为智能行为取决于知识的数量及其理解的程度，一个系统之所以有智能是因为它具有可运用的知识。该理论把智能定义为"在巨大的搜索空间中迅速找到一个满意解的能力"。"进化理论"认为人的本质能力是在动态环境中的行走能力、对外界事物的感知能力、维持生命和繁衍生息的能力。该智能一般是后天形成的，其原因为对外界刺激做出反应。

综上所述，可以认为智能是知识与智力的总和。其中知识是一切智能行为的基础，而智力是获取知识并运用知识求解问题的能力，是头脑中思维活动的具体体现。智能至少包括三方面的能力：理解、分析、解决问题的能力；归纳推理能力和演绎推理能力；自适应环境而生存发展的能力。

长期的探索研究使人们懂得，智能是涉及多层次多学科的问题。智能的本质是"一切生命系统对自然规律的感应、认知与运用"，其中"生命系统"是广义和泛指一切具有生命周期的事物，"大脑"是生物的神经中枢。智能科学的发展依赖于神经生理学和神经解剖学所提供的人脑结构机理的启示，也与心理认知科学的发展密不可分。

目前在智能领域，有两种 ABC 理论：第一种，是将人工智能（Artificial Intelligence，AI）、脑模型（Brain Model）和认知科学（Cognitive Science）三者紧密联系在一起的 ABC 理论。第二种，是从智能水平角度进行划分，包括人工智能、生物智能（Biological Intelligence，BI）、计算智能（Computational Intelligence，CI）三个层次的另一种 ABC 理论。

图 1-1 给出了神经网络（NN）、模式识别（PR）、智能（I）三者之间的复杂性递进关系，并阐明了第二种 ABC 理论。其中 A 表示符号，即人工方式；B 表示生物，即包括物理、化学或其他因素的有机方式；C 表示数值，即数学＋计算机的计算方式。图中节点由不同长度的箭头连接，箭头方向表示系统复杂性增加的方向，箭头长度表征两者间的差距。CNN 处于智能水平的最低点，BI 处于智能水平的最高点。

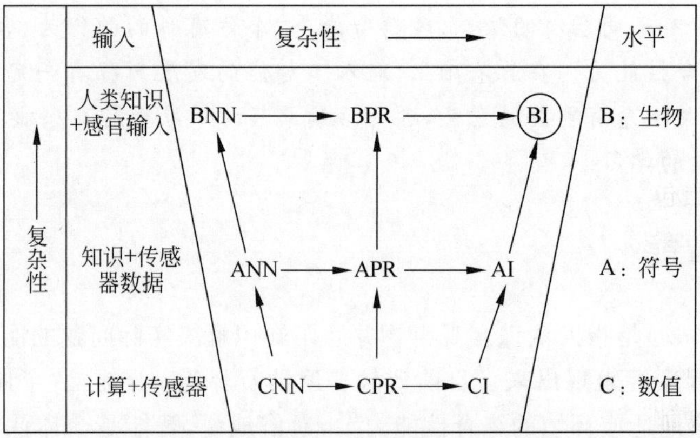


**图 1-1 智能 ABC 分层模式示意图**

## 1.2 生物智能

从广义的角度讲，生物智能是指生物所具有的智能，来自大自然的生命活动。大自然的生物是多种多样的，动物所拥有的许多智能都是人类所不具备的，如：蚂蚁的分工协作，蜜蜂的采蜜技术，蜻蜓的飞行原理，蝙蝠的夜间飞行，这些都曾给人类的发明创造带来巨大的影响。如果人类能从动物或植物的生物特性和生存本领中模拟出其原理，并应用于现实生活中，将会为人类社会的发展起到极大的促进作用。在本书的第三部分——进化计算，我们将对遗传算法、蚁群算法、粒子群算法进行详细讲解，让读者对生物智能模拟有更深入的了解。

从狭义的角度讲，生物智能是人脑的物理化学过程反映出来的，人脑是有机物，是智能的基础。因此，生物智能也称为自然智能（Natural Intelligence，NI），表征人类智能活动的一些特征。在人类的活动中，我们的感官有眼睛、耳朵、鼻子、嘴巴、手、脚、皮肤等，这些感官使人类能够接收外界的输入。据统计，人类的信息输入有 80%来自于眼睛，10%来自于耳朵，其他 10%来自于触觉和嗅觉等，因此通常夸奖一个人用"聪明"二字，就是取"耳聪""目明"之意。

人的智能行为主要体现在：进行学习和解决问题。进行学习，包括知识的学习、技能的学习和个性的形成。解决问题分为两类：用已知的知识和技能解决问题；创造性（建立新知识和技能）解决问题。由计算机来表示和执行人类的智能活动，就是人工智能。

研究生物智能可以帮助人类重新审视目前的研究成果，比如，人工智能是否能以多元化的形态呈现？人工智能如何“更和谐”而不仅是“更高效”？简单有效的生物智能辅助人工智能的设计，能否以更低的代价解决问题？如今，生物智能已经被用于人工智能的设计之中，“多形态、低功耗、高算力”将会是下一代人工智能的发展方向。例如：被称为“生物计算机”的黏液霉菌，26 小时就能高效地规划出人类花费百年才建成的东京市交通网络；受人类认识事物的机制启发，仿生模式识别已被广泛应用于多个领域；模拟生物大脑神经元和突触结构，低功耗、高算力的类脑计算芯片将建构出最终的强人工智能。或许，下一个智能时代，将会由生物智能开启。

## 1.3 人工智能

人工智能是计算机科学、控制论、信息论、神经生理学、心理学、语言学等多学科互相交叉融合而发展起来的一门综合性新学科。AI 是非生物的，人造的，常用符号来表示，其来源是人类知识的精华。除此，对于人工智能，还有另外一种观点，人工智能分为两大类：符号智能和计算智能。符号智能是以知识为基础，通过推理进行问题求解，即传统的人工智能；计算智能是以数据为基础，通过训练建立联系，进行问题求解，辅助人类去处理各种问题的具有独立思考能力的系统。

人工智能的发展包含五个时期：孕育时期、形成时期、暗淡时期、知识应用时期、集成发展时期。

### 1. 孕育时期

1956 年之前，人工智能的发展是以计算机硬件与软件的发展为基础的，经历了漫长的发展历程。对于人工智能的发展来说，20 世纪 30 年代和 40 年代的智能界，出现了两件最重要的事：数理逻辑和关于计算的新思想。一些学者的研究表明，推理的某些方面可以用比较简单的结构加以形式化。

1936 年，图灵创立了自动机理论——图灵机模型，为电子计算机设计奠定了基础，促进了人工智能，特别是思维机器的研究。1946 年 2 月，世界上第一台通用电子数字计算机“埃尼阿克”(ENIAC)研制成功，它为人工智能研究和应用提供了强有力的工具，但第一批数字计算机(实际上为数字计算器)不具有任何真实智能。

1943 年，麦卡洛克(McCulloch)和皮茨(Pitts)提出了世界上第一个神经网络模型(MP 模型)，开创了从结构上研究人类大脑的新途径。神经网络连接机制，后来发展为人工智能连接主义学派的代表。

1948 年，维纳发表的控制论论文，开创了近代控制论，同时为人工智能的控制论学派树立了新的里程碑。控制论的概念跨越了许多领域，把神经系统的工作原理与信息理论、控制理论、逻辑以及计算联系起来。控制论的思想影响了许多早期和近期人工智能工作者，成为他们的指导思想。

1950 年，马文·明斯基(后被人称为“人工智能之父”)——一位大四学生与他的同学邓恩·埃德蒙一起，建造了世界上第一台神经网络计算机，这被视为是人工智能的一个起点。同样是在 1950 年，被称为“计算机科学之父”的阿兰·图灵提出了一个举世瞩目的想法——图灵测试。按照图灵的设想：如果一台机器能够与人类开展对话而不能被辨别出机器身份，那么这台机器就具有智能。而就在这一年，图灵还大胆预言了真正具备智能机器的可行性。

综上所述，人工智能开拓者们在数理逻辑、计算本质、控制论、信息论、自动机理论、神经网络模型和电子计算机等方面做出的创造性贡献，奠定了人工智能发展的理论基础，孕育了人工智能的雏形。

**2. 形成时期**

1956 年夏，在美国达特茅斯大学，由十位来自数学、神经生理学、心理学、信息论、计算机科学等领域的教学及科研工作者，参加了历时两个月的夏季学术讨论班。在此次会议上，计算机专家约翰·麦卡锡提出了“人工智能”一词，使人工智能这一术语首次正式使用，从而开创了人工智能的研究方向。达特茅斯会议被认为是人工智能诞生的标志，从此人工智能走上了快速发展的道路。这些从事数学、心理学、信息论、计算机科学和神经学研究的杰出年轻学者，后来绝大多数都成为著名的人工智能专家，为人工智能的发展做出了重要贡献。

1965 年，费根鲍姆（“专家系统和知识工程之父”）领导的研究小组开始研究专家系统，并于 1968 年成功研制出第一个专家系统 DENDRAL，后续陆续研制出其他专家系统。其研究小组的工作为人工智能的应用研究做出了开创性贡献。

1969 年，第一届国际人工智能联合会议的召开，标志着人工智能作为一门独立学科登上国际学术舞台，此后，该会议每两年召开一次。

在这一时期，人工智能已形成一门独立学科，为其进一步发展打下重要基础。

**3. 暗淡时期**

20 世纪 70 年代，人工智能进入了一段痛苦而艰难的岁月。由于科研人员在人工智能的研究中对项目难度的预估不足，不仅导致与美国国防高级研究计划署的合作计划失败，还让学者们对人工智能的前景蒙上了一层阴影。与此同时，社会舆论的压力也开始慢慢压向人工智能，导致很多研究经费被转移到了其他项目上。

在当时，人工智能面临的技术瓶颈主要是三方面，第一，计算机性能不足，导致早期很多程序无法在人工智能领域得到应用；第二，问题的复杂性，早期人工智能程序主要是解决特定的问题，因为特定的问题对象少，复杂性低，可一旦问题上升维度，程序马上就不堪重负了；第三，数据量严重缺失，在当时不可能找到足够大的数据库来支撑程序进行深度学习，这很容易导致机器无法读取足够量的数据进行智能化。

因此，人工智能项目停滞不前。通过总结经验教训，开展更为广泛、深入和有针对性的研究，人工智能必将走出低谷，迎来新的发展时期。

**4. 知识应用时期**

费根鲍姆研究小组于 1972—1976 年间，成功开发出 MYCIN 医疗专家系统，用于抗生素药物治疗。此后，许多著名的专家系统被相继开发出来，为工矿数据分析处理、医疗诊断、计算机设计、符号运算等提供了强有力的工具。

1980 年，卡内基-梅隆大学为数字设备公司设计了一套名为 XCON 的“专家系统”，它采用人工智能程序，可以理解为“知识库＋推理机”的组合，XCON 是一套具有完整专业知识和经验的计算机智能系统。这套系统在 1986 年之前能为公司每年节省超过 4000 美元的经费。在这个时期，仅专家系统产业的价值就高达 5 亿美元。

20 世纪 80 年代，专家系统和知识工程在全世界得到迅速发展，为企业赢得巨大的经济效益。那段时间里，几乎每个美国大公司都拥有自己的人工智能小组，并应用专家系统，或投资专家系统技术。日本和西欧也争先恐后地投入对专家系统、智能计算机系统的开发，并应用于工业部门。在开发专家系统过程中，许多研究者获得共识，即人工智能系统是一个知识处理系统，而知识表示、知识利用和知识获取则成为人工智能系统的三个基本问题。

### 5. 集成发展时期

20 世纪 80 年代后期，各国争相进行的智能计算机研究计划先后遇到严峻挑战和困难，无法实现其预期目标，命运的车轮再一次碾过人工智能，让其回到原点。研究者们发现，已有的专家系统存在很多尚未解决的问题，专家系统风光不再。因此，学者们开始对机器学习、计算智能、人工神经网络和行为主义等展开深入研究。不同人工智能学派间的争论推动了人工智能研究和应用的进一步发展。

20 世纪 90 年代中期，随着 AI 技术尤其是神经网络的逐步发展，人工智能技术开始进入平稳发展时期。1997 年 5 月 11 日，IBM 的计算机系统“深蓝”战胜了国际象棋世界冠军卡斯帕罗夫，又一次在公众领域引发了 AI 话题讨论，这是人工智能发展的一个重要里程。

2006 年，Hinton 在神经网络的深度学习领域取得突破，人类又一次看到机器赶超人类的希望。2011 年，IBM 开发的人工智能程序“沃森”(Watson)参加了一档智力问答节目并战胜了两位人类冠军。沃森存储了 2 亿页数据，能够将与问题相关的关键词从看似相关的答案中抽取出来。这一人工智能程序已被 IBM 广泛应用于医疗诊断领域。

2016 年，AlphaGo 战胜围棋冠军李世石引起轰动。AlphaGo 是由 Google DeepMind 开发的人工智能围棋程序，具有自我学习能力。它能够搜集大量围棋对弈数据和名人棋谱，学习并模仿人类下棋。

目前，人工智能发展已进入高速集成发展时期，未来可期。

长期以来，人们从人脑思维的不同层次对人工智能进行研究，形成了三大学派：符号主义、联结主义和行为主义。

1) 符号主义

符号主义起源于数理逻辑，又称为逻辑主义，心理学派或者计算机学派。传统人工智能是符号主义，它以 Newell 和 Simon 提出的物理符号系统假设为基础。该学派的代表有纽厄尔、西蒙和尼尔逊等，符号主义认为人的认知基元是符号，认知过程即符号操作过程；认为人是一个物理符号系统，计算机也是一个物理符号系统，因此，能用计算机来模拟人的智能行为；认为知识是信息的一种形式，是构成智能的基础。人工智能的核心问题是知识表示、知识推理。

2) 联结主义

联结主义起源于仿生学，特别是人脑模型的研究。联结主义以神经网络及神经网络间的联结机制与学习算法为原理，该学派的代表有卡洛克、皮茨、Hopfield、鲁梅尔哈特等。联结主义认为思维基元是神经元，而不是符号处理过程；认为人脑不同于计算机，并提出联结主义的大脑工作模式，用于取代符号操作的计算机工作模式。

3) 行为主义

行为主义认为智能取决于感知和行动，提出智能行为的感知-动作模式。行为主义学派认为智能只能在与环境的交互作用中表现出来，在许多方面是行为心理学观点在现代人工智能中的反映，是基于行为的人工智能。行为主义起源于控制论，以控制论及感知-动作型控制系统为原理，该学派的代表作有布鲁克斯(Brooks)的六足行走机器人，一个基于感知-动作模式的模拟昆虫行为的控制系统。

这三大学派从不同侧面研究了人的自然智能，与人脑思维模型有其对应关系：符号主义对应抽象思维；联结主义对应形象思维；行为主义对应感知思维。三大学派作用到各个领域，又具有各自的优势：符号主义注重数学可解释性；联结主义偏向于仿真人脑模型；行为主义偏向于应用和模拟。

随着研究和应用的深入，人们又逐步认识到，三大学派各有所长，各有所短，应相互结合，取长补短，综合集成。不同学派间的争论进一步促进了人工智能的发展。

## 1.4 计算智能

计算智能是由数学方法和计算机实现的，CI 的来源是数值计算的传感器。计算智能也称为智能计算，是借用自然界生物界规律的启迪，根据其原理模仿设计求解问题的算法，包括模糊逻辑、粗糙集、神经网络、支持向量机、进化算法、免疫算法以及群智能算法等。按照 Bezdek 的严格定义，计算智能是指那些依赖于数值数据的智能，而人工智能则与知识相关。也有人把冯·诺依曼机实现的计算以外的其他计算方法叫作“软计算”或“智能计算”。近些年，这几个概念逐渐统一起来，“计算智能”一词，逐渐代替了“软计算”和“智能计算”。

### 1.4.1 模糊计算

1965 年，美国控制论专家 L. A. Zadeh 提出模糊集合理论，并于 1973 年给出模糊逻辑控制的定义和相关的定理。1974 年，英国的 E. H. Mamdani 首次根据模糊控制语句组成模糊控制器，并应用于锅炉和蒸汽机的控制，获得了实验室的成功。模糊控制论的诞生和应用，使模糊理论引起世人关注。

模糊概念是指这个概念的外延具有不确定性，或者说它的外延是不清晰的，是模糊的。例如“青年”这个概念，它的内涵是清楚的，但它的外延，即什么年龄段以内的人是青年？每个人对它的理解都不一样，没有一个确定的边界，这就是一个模糊概念。这里有三个问题我们要搞清楚：第一，人们在认识模糊性时是允许有主观性的，也就是说每个人对模糊事物的界限不完全一样；第二，模糊性是精确性的对立面，但更符合实际情况，因此我们在处理客观事物时，经常借助于模糊性；第三，人们对模糊性的认识往往同随机性混淆起来，其实它们之间有着根本的区别。随机性是其本身具有明确的含义，只是由于发生的条件不充分，而使得在条件与事件之间不能出现确定的因果关系，从而事件的出现与否表现出一种随机性。而事物的模糊性是指我们要处理的事物的概念本身就是模糊的，即一个对象是否符合这个概念难以确定，也就是由于概念外延模糊而带来的不确定性。

“模糊”是人类感知万物、获取知识、思维推理、决策实施的重要特征。“模糊”比“清晰”拥有的信息容量更大，内涵更丰富，更符合客观世界。

模糊集合是模糊概念的一种描述，传统的集合论难以解决模糊概念问题，模糊集合论才是处理模糊概念的有力工具。

隶属函数是表达事物模糊性的重要概念，它把元素对集合的隶属程度从原来的“非 0 即 1”推广到可以取区间[0,1]的任何值，这样用“隶属度”定量的描述论域中元素符合论域概念的程度，实现了对普通集合的扩展，从而可以用隶属函数表示模糊集。

“模糊计算”就是以模糊集理论为基础，模拟人脑非精确、非线性的信息处理能力，诸如模糊推理(Fuzzy Inference System，FIS)、模糊逻辑(Fuzzy Logic)、模糊系统等模糊应用领域中所用到的计算方法及理论都属于模糊计算的范畴。由于模糊计算方法可以表现事物本身性质的内在不确定性,因此它具有“亦此亦彼”的模糊逻辑。

目前,模糊计算的应用范围非常广泛,它在家电产品中的应用已被人们所接受,如模糊洗衣机、模糊冰箱、模糊相机等。另外,在专家系统、智能控制等许多系统中,模糊计算也都能大显身手。应用中,除了采用模糊集理论,还糅和了人工智能的其他手段,因此模糊计算也常常与人工智能相联系,它的工作方式与人类的认知过程有着极大的相似性。

本书的第一单元——模糊计算,包括第 2 章和第 3 章,将主要针对模糊理论及模糊计算的应用展开讲解。

## 1.4.2 神经计算

### 1. 生物神经元

人脑大约由 $10^{12}$ 个神经元组成,而其中的每个神经元又与约 $10^{12}\sim10^{14}$ 个其他神经元相连接,构成一个庞大而复杂的神经网络。其中,神经元是大脑处理信息的基本单元,它的结构如图 1-2 所示。

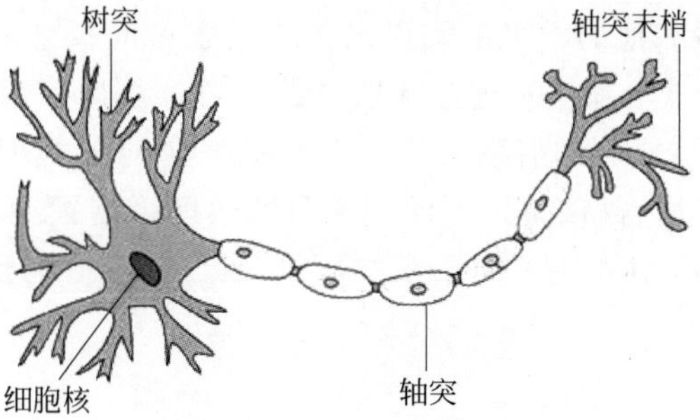


**图 1-2 生物神经元的结构**

一个神经元通常具有多个树突,主要用来接受传入信息。而轴突只有一条,轴突尾端有许多轴突末梢可以给其他多个神经元传递信息。轴突末梢跟其他神经元的树突产生连接,从而传递信号。这个连接的位置在生物学上叫作“突触”,它是神经元之间传递信息的输入输出接口,每个神经元约有 $10^{13}\sim10^{14}$ 个突触。

人工神经网络(Artificial Neural Network,ANN),亦称为神经网络(Neural Network,NN),是由大量神经元广泛互连而成的网络,是对人脑的抽象、简化和模拟,反映人脑的基本特性。它与人脑的相似之处概括为两方面:一是,通过学习过程利用神经网络从外部环境中获取知识(学习);二是,内部神经元(突触权值)用来存储获取的知识信息(记忆)。

### 2. 人工神经网络的发展简史

1) MP 模型

1943 年,心理学家 W. S. McCulloch 和数理逻辑学家 W. Pitts 建立了 MP 模型,提出了神经元的形式化数学描述和网络结构方法,证明了单个神经元能执行逻辑功能,从而开创了人工神经网络研究的时代。1949 年,心理学家提出了突触联系强度可变的设想。

2) 感知机和自适应线性元件

20 世纪 60 年代,人工神经网络得到了进一步发展,更完善的神经网络模型被提出,其中包括感知器和自适应线性元件等。M. Minsky 等仔细分析了以感知器为代表的神经网络系统的功能及局限后，于 1969 年出版了 *Perceptron* 一书，指出感知器不能解决高阶谓词问题。该书的出版极大地影响了神经网络的研究，使人工神经网络的研究处于低潮。

3）Hopfield 网络

1982 年，美国加州理工学院物理学家 J. Hopfield 提出离散 Hopfield 神经网络模型，引入了“计算能量”概念，给出了网络稳定性的判断依据；1984 年，他又提出连续 Hopfield 神经网络模型，开创了神经网络用于联想记忆和优化计算的新途径，有力地推动了神经网络的研究，并采用模拟电路实现了硬件连接，解决了 TSP(Travelling Salesman Problem)问题。

4）多层前向网络的反向传播算法

1986 年 Rumelhart 和 Mcclellanel 提出了多层网络的反向传播算法 BP(Back Propagation)算法，从后向前修正各层之间的联结权值，可以求解感知机所不能解决的问题。直到今天，BP 算法仍然是自动控制领域最重要、应用最多的有效算法，该算法具有理论依据坚实、推导过程严谨、物理概念清楚、通用性强等优点。但同时也存在着收敛速度缓慢、易陷入局部极小等缺点。

5）其他神经网络模型

近年来，随机神经网络、竞争神经网络、自组织特征映射网、支持向量机、深度学习等模型相继提出，补充了神经网络的发展。

2006 年，Hinton 教授和他的学生正式提出了深度学习的概念，他们在 *Science* 上发表了关于“梯度消失”问题的解决方案——通过无监督的学习方法逐层训练算法，再使用有监督的反向传播算法进行调优。2016 年，谷歌公司基于深度学习开发的 AlphaGo 以 4∶1 的比分战胜了国际顶尖围棋高手李世石，该事件使深度学习的热度再度被掀起。2017 年，基于强化学习算法的 AlphaGo 升级版 AlphaGo Zero 横空出世。以 100∶0 的比分轻而易举打败了之前的 AlphaGo。

### 3. 神经网络的分类

(1) 按模型结构分类，可以分为前馈型网络（也称为多层感知器网络）和反馈型网络（也称为 Hopfield 网络）两大类，前者在数学上可以看作是一类大规模的非线性映射系统，后者则是一类大规模的非线性动力学系统。

(2) 按学习方式分类，可分为有监督学习、无监督学习和半监督学习三类。

(3) 按工作方式分类，可分为确定性神经网络和随机性神经网络两类。随机性神经网络是对神经网络引入随机机制，认为神经元是按照概率的原理进行工作的，这就是说，每个神经元的兴奋或抑制具有随机性，其概率取决于神经元的输入。Boltzmann 网络就是典型的随机性神经网络。Hamming 网络是最简单的竞争神经网络。

(4) 按时间特性分类，可分为连续型神经网络和离散型神经网络两类。

### 4. 神经计算

神经计算(Neural Computing)是 2018 年全国科学技术名词审定委员会公布的计算机科学技术名词，出自《计算机科学技术名词》第 3 版。其含义为：研究人工神经网络建模和信息处理，可视为“神经”+“计算”两部分，利用神经网络建模，解决实际计算问题，属于计算智能学科的领域之一。

本书第二单元——神经计算，包括第 4 章至第 6 章，将重点针对神经计算展开讲解，内容包括：神经网络基础、学习规则、单层感知器、自适应线性元件、多层感知器、Hopfield 神经网络、支持向量机和深度学习。

### 1.4.3 进化计算

**1. 生物的进化**

生物进化是指一切生命形态发生、发展的演变过程。解释生物进化的学说，主要是达尔文的自然选择学说，该学说主要包含以下四个观点。

(1) 过度繁殖：地球上的各种生物普遍具有很强的繁殖能力，都有依照几何比率增长的倾向，能产生许多后代。

(2) 生存竞争：生物的过度繁殖使后代的数目大量增加，由于自然界资源有限，任何一种生物要存活下来必须面临生存竞争。生存竞争包括生物与环境之间的竞争，生物种内的竞争，以及生物种间的竞争。由于生存竞争，导致只有少量个体生存下来。那么什么样的个体能够获胜并生存下去呢？

(3) 遗传和变异：达尔文认为一切生物都具有产生变异的特性，引起变异的根本原因是环境条件的改变。生物在繁殖过程中，通过遗传使物种保持相似；通过变异使物种产生差别，甚至会形成新物种。在生物的各种变异中，哪些变异能够遗传？达尔文用适者生存给出了解释。

(4) 适者生存：生物在生存竞争中，根据对环境的适应能力，适者生存、不适者被淘汰，该过程叫作自然选择。自然选择过程是一个长期的、缓慢的、连续的过程，通过一代一代的生存环境的选择，物种变异被定向地朝着一个方向积累，于是新的物种就形成了。经过漫长的自然选择，逐渐形成了生物界的多样性。

遗传算法和遗传规划，就是借用生物进化的规律，通过繁殖、遗传、变异、竞争，实现优胜劣汰，一步步逼近问题的最优解，又被称为进化计算。

**2. 生物的遗传**

1) 遗传物质

生物的遗传物质是DNA(脱氧核糖核酸)，它隐藏在染色体内。染色体是细胞的主要成分，而DNA则是染色体的核心部分。DNA直接控制着细胞内的蛋白质合成，而蛋白质合成与细胞的发育、分裂息息相关，因此细胞如何发育、如何分裂决定着生物的遗传性状。DNA就是通过这种途径控制着生物的遗传。

2) 基因

基因是控制生物遗传的物质单元，一个基因就是DNA的一个片段，是DNA的一个特定组成部分，一个遗传性状可以由多个基因共同控制，一个基因可以与多个遗传性状有关。

3) 遗传的基本规律

遗传的基本规律包括：基因分离规律、基因自由组合规律、基因的连锁和交换规律。

基因分离规律是遗传学中最基本的规律，是关于一对性状的遗传规律。它从本质上阐明基因作为遗传单位在体细胞中是成双的，它在遗传上具有高度的独立性，因此，在减数分裂的配子形成过程中，成对的基因在杂种细胞中能够彼此互不干扰，独立分离，通过基因重组在子代继续表现各自的作用。这一规律从理论上说明了生物界由于杂交和分离所出现的变异的普遍性。

基因自由组合规律，是在分离规律基础上，进一步揭示了多对基因间自由组合的关系，是关于两对或两对以上性状的遗传规律，解释了不同基因的独立分配是自然界生物发生变异的重要来源之一。这个规律说明通过杂交造成基因的重组，是生物界多样性的重要原因之一。自由组合规律其实质是控制相对性状的基因，在配子形成时随所在的染色体彼此独立分配，组合到不同配子中，以后配子随机结合时基因自由组合。

基因的连锁和交换规律，是指生殖细胞形成过程中，位于同一染色体上的基因是连锁在一起的，作为一个单位进行传递，称为连锁定律。在生殖细胞形成时，一对同源染色体上的不同对等位基因之间可以发生交换，称为交换定律或互换定律。

**3. 生物的变异**

生物在遗传过程中会发生变异。变异有三种来源：基因突变、基因重组和染色体变异。

(1) 基因突变：这种变异是基因内部结构改变造成的，包括 DNA 碱基对的增添、缺失或改变，具备不定向性、普遍性、多害少利等特性。太空育种和辐射育种利用的就是基因突变的遗传学原理，基因突变是生物变异的根本来源。

(2) 基因重组：控制不同性状的基因重新组合，遵循基因的自由组合规律。生物的变异多数由基因重组造成，例如农业上的杂交育种就是利用了基因重组的遗传学原理。

(3) 染色体变异：由于基因主要位于染色体上，染色体的结构和数目发生变化时必然会导致基因的数目及排列顺序发生变化，从而使生物发生变异，具体可分为染色体结构变异和染色体数目变异。其中，染色体数目的变化对新物种的产生起着很大的作用。

**4. 进化计算**

进化计算(Evolutionary Computation)是计算智能中涉及组合优化问题的一个子域，其算法受生物进化过程中“优胜劣汰”的自然选择机制和遗传信息的传递规律的影响，通过程序迭代模拟这一过程，把要解决的问题视为环境，在一些可能的解组成的种群中，通过自然演化寻求最优解。

仿照生物群体进化过程的进化计算，从 20 世纪六七十年代开始得到发展和应用。一般来讲，提到进化计算主要有以下三方面内容：

(1) 遗传算法(Genetic Algorithms，GA)是 1975 年由美国密歇根大学 John H 和 Holland 提出，由 Kenneth DeJong 将其首次应用于解决优化问题；

(2) 进化规划(Evolutionary Programming，EP)，最初由美国 Fogel L J 等人在 20 世纪 60 年代提出，他们将模拟环境描述成是由有限字符集中符号组成的序列。

(3) 进化策略(Evolution Strategies，ES)，首先由德国柏林工业大学的 Ingo Rechnenberg 提出，然后由 Hans-Paul Schwefel 进一步加以发展。在求解流体动力学柔性弯曲管的形状优化问题时，利用生物变异的思想来随机地改变参数值并获得了较好效果。随后，他们对这种方法进行了深入的研究和发展，形成了进化计算的另一个分支——进化策略。

遗传算法、进化规划和进化策略是由不同学者各自独立发展起来的，他们的思路都是仿生物进化过程来实现进化计算，但在具体的算法步骤、进化方式的侧重点等方面有所不同。

以遗传算法为例，遗传算法是用于解决最优化的一种搜索启发式算法。这种启发式通常用来生成有用的解决方案来优化和搜索问题。遗传算法借鉴生物学中的一些现象而发展起来，这些现象包括遗传、突变、自然选择以及杂交等。遗传算法在适应度函数选择不当的情况下有可能收敛于局部最优，而不能达到全局最优，通常实现方式为计算机模拟，一般解用二进制串表示，也可以用其他表示方法。进化从完全随机个体的种群开始，之后一代一代进行，在每一代中，整个种群的适应度被评价，从当前种群中基于适应度选择多个个体，通过自然选择和突变产生新的生命种群，该种群在算法的下一次迭代中成为当前种群。

除了遗传算法、进化规划和进化策略之外，群智能优化算法由于近年来的不俗表现而备受关注。群智能优化算法主要分为两大类：仿生算法和非仿生算法。仿生算法包括蚁群算法(Ant Colony Optimization,ACO)、粒子群算法(Particle Swarm Optimization,PSO)、人工蜂群算法(Artificial Bee Colony,ABC)、萤火虫算法(Firefly Algorithm,FA)、蝙蝠算法(Bat Algorithm,BA)、灰狼优化算法(Grey Wolf Optimizer,GWO)、蜻蜓算法(Dragonfly Algorithm,DA)、鲸鱼优化算法(Whale Optimization Algorithm,WOA)、蝗虫优化算法(Grasshopper Optimization Algorithm,GOA)、麻雀搜索算法(Sparrow Search Algorithm,SSA)等；非仿生算法包括烟花算法(Fireworks Algorithm,FWA)、水滴算法(Water Droplet Algorithm,WDA)、脑风暴优化(Brain Storming Optimization Algorithm,BSO)等。

群智能优化算法中的仿生算法,也属于进化计算的范畴。本教材中,以蚁群算法、粒子群算法为主对仿生算法进行介绍,另外,对其他八种仿生算法进行了梳理总结,使读者对群智能优化算法的发展有一个整体的了解。

蚁群算法是对蚂蚁群体采集食物过程的模拟,已成功应用于许多离散优化问题。蚁群在寻找食物时可以找到巢穴到食物之间最短的路径,其原理简单描述为：蚂蚁出发寻找道路时是随机的,在行走的过程中散发“信息素”,在单位时间内最优道路上通过的蚂蚁数量越多,“信息素”的浓度就越高,其他蚂蚁就会按着“信息素”浓度高的路径走,这样最优路径上的“信息素”浓度会越来越高,而其他路上的“信息素”逐渐挥发,浓度越来越低,这样就形成了一个正反馈,从而蚁群能够快速找到最优路径。因此,虽然蚂蚁个体的智能低,但通过以上机制使蚂蚁群体具有很高的智能,为人类求解最优化问题提供了很好的思路。

粒子群算法最初是模拟鸟群觅食的过程,其原理简单描述为：从随机解出发,通过迭代寻找最优解,通过适应度评价解的好坏,比遗传算法规则更为简单,通过追随当前搜索到的局部最优解来寻找全局最优解。粒子群算法采用并行计算的思想,容易实现、精度高且收敛速度快,在解决实际问题中展示了其优越性,是一种非常给力的优化工具。

综上所述,进化计算是一种基于自然选择和遗传变异等生物进化机制的全局性概率搜索算法,运用了迭代的方法。它从选定的初始解出发,通过不断迭代逐步改进当前解,直至最后搜索到问题最适合的解。在进化计算中,用迭代计算过程模拟生物体的进化机制,从一组解(群体)出发,采用类似于自然选择和有性繁殖的方式,在继承原有优良基因的基础上,生成具有更好性能指标的下一代解的群体。

进化计算的搜索策略不是盲目搜索,而是以目标函数为指导的搜索方式,一般采用并行结构,且借助交叉和变异产生新个体,不断产生新个体,扩大搜索范围,因此它不易于陷入局部最优解,并能以较大的概率找到全局最优解。

进化计算有着非常广泛的应用,在人工智能、模式识别、图像处理、通信、生物学、经济管理、机械工程、电气工程等众多领域都获得了成功的应用。如何对进化计算进行优化以及运用进化计算解决实际问题是当前研究的热点。

本书主要讲解遗传算法、遗传规划、蚁群算法、粒子群算法和新型群智能优化算法五部分内容,使读者对进化计算的原理、步骤、实现机制有一个完整的理解。

习题

# 第一单元 模糊计算

案例导读

# 第 2 章

# 模糊系统理论

**本章导读**

集合论已成为现代数学的基础，但生活中集合的概念并不能概括所有事物，因此，就有了模糊概念、模糊事物。本章首先介绍了经典集合，之后分三部分介绍了模糊系统理论，即模糊集合、模糊关系、模糊逻辑，通过这些内容的学习，读者可以对模糊系统理论有较为全面的认识和理解，为后续模糊系统应用奠定基础。

## 2.1 模糊集合

### 2.1.1 经典集合

集合论，由德国数学家康托于19世纪末创立，经过科学家们半个世纪的努力，确立了其在现代数学理论体系中的基础地位，可以说，现代数学各个分支的几乎所有成果都构筑在严格的集合理论上，集合论是现代数学的基础，若没有集合论的观点，很难对现代数学获得一个深刻的理解。因此，集合论在数学中占据着极其重要的位置。

集合是数学中最基本的概念，很难再用其他概念给出精确定义。可以理解为，具有某种特定属性的对象的全体称为集合。集合里的每一个事物称为集合的元素，如：太阳系的行星，华北理工大学的各学院，22级智能科学与技术专业的学生等都是集合。每个集合里通常都包含有若干个体(元素)。论域是指被讨论的全体对象，又称全域或全集，通常用大写字母 $U$,$V$ 等表示；论域中某一部分元素的全体称为集合，通常用大写字母 $A$,$B$,$X$,$Y$ 表示，集合中的元素通常用小写字母 $a$,$b$,$c$,$d$ 表示。如果 $a$ 是集合 $A$ 的元素，则称 $a$ 属于 $A$；如果 $a$ 不是集合 $A$ 的元素，则称 $a$ 不属于 $A$。对任意元素 $a$ 与任意集合 $A$ 来说，或者属于，或者不属于，二者必居其一且只居其一，这就是经典集合论的基本特征。

在数学上采用符号 $\in$ 表示属于；若在这一符号上加一斜竖 $\notin$，便代表不属于。例如元素 $a$ 属于集合 $A$、不属于集合 $B$ 可表示为

$$a \in A, \quad a \notin B$$

集合的表示法有三种：列举法、描述法、特征函数法，下面分别介绍。

(1) 列举法：把集合中的元素全部列出，并用花括号括起来。

例：太阳系的行星 ＝{水星，金星，地球，火星，木星，土星，天王星，海王星}。

科普小知识：在2006年8月24日，布拉格举行了第26届国际天文联会，会议通过了第5

号决议，决议中将“冥王星”划为矮行星，并命名为“小行星”134340 号，从太阳系九大行星中被除名。因此，现在太阳系只有八颗大行星，即水星、金星、地球、火星、木星、土星、天王星和海王星。

列举法只适用于集合中的元素个数有限的情况，如果集合中的元素个数无限多，就不能用列举法表示，此时可以用描述法来表示集合。

(2) 描述法(或定义法)：用构成集合的定义来表示集合，写出作为集合的元素应具备的条件，用条件表示集合的特征，也就是用集合中元素的共性来描述集合。

例：对于集合 $A=\{2,4,6,8\}$，我们可以定义 $A$ 为 0 到 10 之间的偶数(不包括 0 和 10)，因此可以用下面的形式表达：

$$A=\{x \mid x \text{ 为偶数}, 0<x<10\}$$

再比如，大于 10 的整数集合 $B$：

$$B=\{x \mid x \text{ 为整数}, x>10\}$$

(3) 特征函数法：可表示元素 $x$ 是否属于集合 $A$。

$$\varphi_A(x)=\begin{cases}1, & x\in A\\ 0, & x\notin A\end{cases}$$

从特征函数法的表示中，可以看出属于就是 1，不属于就是 0。特征函数 $\varphi_A(x)$ 刻画了集合 $A$ 中元素的隶属情况，故也称为 $A$ 的隶属函数。$\varphi_A$ 在 $x$ 处的值 $\varphi_A(x)$ 称为 $x$ 对 $A$ 的隶属度。当 $x\in A$ 时，$x$ 的隶属度 $\varphi_A(x)=1$，表示 $x$ 绝对属于 $A$；当 $x\notin A$ 时，$x$ 的隶属度 $\varphi_A(x)=0$，表示 $x$ 绝对不属于 $A$。那么有没有介于 0 和 1 之间的情况呢？答案是：有，那就是模糊集合中“隶属度”的概念，后续我们将会讲解。

特征函数表示法的优点在于，可以将集合转换为函数。对经典集合来讲，具有非此即彼的概念(非 1 即 0)；对模糊集合来讲，可以通过特征函数表示法，方便地将“属于程度”推广到 0 至 1 之间的范围取值，借此表达模糊集合中的“隶属度”。

下面来看集合的交、并、差、补四种运算，其中交、并、补是集合最基本的三种运算，补运算用到了全集(论域)的概念。设 $A$、$B$ 是任意两个集合。

(1) 交：由 $A$ 和 $B$ 中所有相同元素构成的集合，称为 $A$ 与 $B$ 的交，记作 $A\cap B$。即

$$A\cap B=\{x \mid x\in A \text{ 且 } x\in B\}$$

(2) 并：由属于 $A$ 或属于 $B$ 的元素构成的集合，称为 $A$ 与 $B$ 的并，记作 $A\cup B$。即

$$A\cup B=\{x \mid x\in A \text{ 或 } x\in B\}$$

(3) 差：由属于 $A$ 但不属于 $B$ 的元素构成的集合，称为 $A$ 与 $B$ 的差集，记作 $A-B$。即

$$A-B=\{x \mid x\in A \text{ 但 } x\notin B\}$$

(4) 补：全集 $U$ 对集合 $A$ 的差集 $U-A$，称为 $A$ 的补集，记作 $A^c$。即

$$A^c=U-A=\{x \mid x\in U \text{ 但 } x\notin A\}$$

若采用特征函数表示，并集可以表示成 $\mathcal{X}_{A\cup B}(u)=\max(\mathcal{X}_A(u),\mathcal{X}_B(u))$；交集可以表示成 $\mathcal{X}_{A\cap B}(u)=\min(\mathcal{X}_A(u),\mathcal{X}_B(u))$；补集可以表示成 $\mathcal{X}_A(u)=1-\mathcal{X}_A(U)$。

关于子集，我们来看一下，一个集合可以包含多少个子集呢？作为例子，试看一个含有三个元素的集合 $B=\{a,b,c\}$：

(1) 不含元素的子集有一个，即空集 $\varnothing$；

(2) 含一个元素的子集共有三个：$\{a\},\{b\},\{c\}$；

(3) 含两个元素的子集共有三个：$\{a,b\},\{b,c\},\{a,c\}$；

(4) 含三个元素的子集有一个：$\{a,b,c\}$。

因此集合 $B$ 的全部子集数为 8，也就是 $2^3$，因此对于一个有 $n$ 个元素的集合，子集数可以用 $2^n$ 计算。

### 2.1.2 模糊集合与隶属函数

经典集合的概念并不能概括所有事物，因为在经典集合中，某一事物要么属于某集合，要么不属于某集合，没有模棱两可的情况，然而在自然科学或社会科学中，却存在着许多具有“模糊性”的概念。所谓“模糊性”，是指客观事物的差异在中间过渡中的不分明性。如天气冷热、雨的大小、风的强弱、人的高矮等，这些都是人们常用的描述方式；再有，比如我们说灾害性台风，对农业产量的影响程度为较重、严重、很严重、不太严重，对于这些模糊的概念，无法用普通集合论来加以描述，为处理分析这些“模糊”概念的数据，便产生了模糊集合论。

模糊集合涉及许多学科，比如，模糊代数、模糊拓扑、模糊逻辑、分类、预测、人工智能、控制、农业、气象等。如今生活中也出现各种各样的模糊产品，例如，模糊彩色电视机——可根据室内的光线、距离屏幕的远近来自动调节屏幕的亮度和音量的大小；模糊空调器——由于用微机进行模糊控制，到了设定时刻，空调器能够根据室温需要，采用经济的工作状态，调节合适的房间温度，既省电又省事；模糊煮饭器——一次最多可煮 1.8L 米饭，内装锅体温度、室温、蒸汽三种传感器，用它煮饭时，每分钟检测一次加热状况，根据检测结果采用模糊理论对火力强弱进行微妙控制，使煮出来的米饭松软可口。另外，模糊产品也应用于洗衣机、摄像机、照相机、电梯等。

模糊集合的概念最早是由 Zadeh 教授于 1965 年提出并给出其定义。

**为了与经典集合区分，一般采用在大写字母下方加波浪线的方式表示模糊集合，如：$\underset{\sim}{A}$。经典集合本身，可以看成是模糊集合的特例，因此本书为了方便读者阅读，统一采用不加波浪线的方式表示模糊集合，如：$\boldsymbol{A}$。**

**定义 2.1(模糊集合)** 设存在一个普通集合 $U$，$U$ 到$[0,1]$区间的任一映射 $\mu_A$ 都可以确定 $U$ 的一个模糊子集，称为 $U$ 上的模糊集合 $A$。其中映射 $\mu_A$ 叫作模糊集 $A$ 的隶属度函数，对于 $U$ 上一个元素 $u$，$\mu_A(u)$称为 $u$ 对于模糊集 $A$ 的隶属度，也可写作 $A(\mu)$。

这里，$U$ 被称为模糊集合 $A$ 的论域，$\mu_A$ 是该模糊集的隶属度函数，$U$ 上的任意元素 $u$ 不再只有属于 $A$ 和不属于 $A$ 两种情况，每个元素 $u$ 都有对于 $A$ 的隶属度 $\mu_A(u)$。隶属度 $\mu_A(u)$越接近于 0，表示 $u$ 隶属于 $A$ 的程度越小；$\mu_A(u)$越接近于 1，表示 $u$ 隶属于 $A$ 的程度越大，$\mu_A(u)=0.5$ 最具有模糊性，此时是一个过渡点。

由此可见，模糊集合的基本思想是用属于程度(隶属度)代替属于或不属于。例如，员工属于优秀的程度为 0.6，属于良好的程度为 0.2，属于一般的程度为 0.1，属于较差的程度为 0.1。经典集合可以看作一种特殊的模糊集合，即论域中不属于该经典集合的元素隶属度为 0，其余元素隶属度为 1。

### 2.1.3 模糊集合的表示方法

模糊子集通常简称模糊集(Fuzzy Set)，其表示方法如下。

#### 1. Zadeh 表示法

该表示法依据 Zadeh 教授对模糊集合的定义。当论域 $U$ 为离散集合时，一个模糊集合可以表示为

$$A=\frac{A(x_1)}{x_1}+\frac{A(x_2)}{x_2}+\cdots+\frac{A(x_n)}{x_n}$$

这里$\frac{A(x_i)}{x_i}$表示 $x_i$ 对模糊集 $A$ 的隶属度是 $A(x_i)$。

**2. 序偶表示法**

对于一个模糊集合来说，如果给出了论域上所有元素对其隶属度，就等于表示出了该集合。在这种思想的指导下，可以用序偶表示法来表示模糊集合 $A$。

$$A=\{(x_1,A(x_1)),(x_2,A(x_2)),\cdots,(x_n,A(x_n))\}$$

**3. 向量表示法**

$$A=(A(x_1),A(x_2),\cdots,A(x_n))$$

**4. 若论域 $U$ 为无限集，其上的模糊集表示为：**

$$A=\int_{x\in U}\frac{A(x)}{x}$$

**例 2.1** 有 100 名消费者，对五种商品 $x_1,x_2,x_3,x_4,x_5$ 进行评价，结果为：84 人认为 $x_1$ 质量好，53 人认为 $x_2$ 质量好，所有人认为 $x_3$ 质量好，没有人认为 $x_4$ 质量好，24 人认为 $x_5$ 质量好。则模糊集 $A$(质量好)的 Zadeh 表示法为

$$A=\frac{0.84}{x_1}+\frac{0.53}{x_2}+\frac{1}{x_3}+\frac{0}{x_4}+\frac{0.24}{x_5}$$

思考：请大家写出模糊集 $A$ 的序偶表示法和向量表示法。

**例 2.2** 设 $U=\{1,2,3,4,5,6\}$，$A$ 表示"靠近 4"的数集，则 $A\in F(U)$，各数属于 $A$ 的程度与其隶属度 $A(u_i)$ 如表 2-1 所示。

**表 2-1 各数属于 A 的程度与其隶属度 $A(u_i)$**

| $u$ | 1 | 2 | 3 | 4 | 5 | 6 |
|---|---|---|---|---|---|---|
| $A(u_i)$ | 0 | 0.2 | 0.8 | 1 | 0.8 | 0.2 |

则 $A$ 可用不同的方式表示。

(1) 序偶表示法：$A=\{(1,0)(2,0.2),(3,0.8),(4,1),(5,0.8),(6,0.2)\}$，或舍弃隶属度为 0 的项，而记为 $A=\{(2,0.2),(3,0.8),(4,1),(5,0.8),(6,0.2)\}$。

(2) Zadeh 表示法：$A=\frac{0}{1}+\frac{0.2}{2}+\frac{0.8}{3}+\frac{1}{4}+\frac{0.8}{5}+\frac{0.2}{6}=\frac{0.2}{2}+\frac{0.8}{3}+\frac{1}{4}+\frac{0.8}{5}+\frac{0.2}{6}$。

(3) 向量表示法：$A=(0,0.2,0.8,1,0.8,0.2)$。

**例 2.3** 在标志年龄(0～100)的数轴上，标出"年老"与"年轻"的区间。故取论域 $U=[0,100]$，集合 $A$ 和 $B$ 分别表示"年老"和"年轻"。给出它们的隶属函数分别为

$$A(u)=\begin{cases}0, & 0\leqslant u\leqslant 50\\ \left[1+\left(\frac{u-50}{5}\right)^{-2}\right]^{-1}, & 50<u\leqslant 100\end{cases}$$

$$B(u)=\begin{cases}1, & 0\leqslant u\leqslant 25\\ \left[1+\left(\frac{u-25}{5}\right)^{-2}\right]^{-1}, & 25<u\leqslant 100\end{cases}$$

对于函数 $A(u)$，当 $u$ 取 50 岁以下各年龄值时，$A(u)=0$，即 50 岁以下不属于“年老”；当 $u$ 取值超过 50 岁，并逐渐增大时，对于“年老”的隶属度也越来越大，如 $A(70)=0.94$，说明年龄为 70 岁时属于“年老”的隶属度已达 94%。对于函数 $B(u)$，读者可自行采用上述方式，分析其取值的含义。

### 2.1.4 模糊集合的运算

**1. 基本运算**

(1) 模糊子集的相等：设 $A$，$B$ 为 $U$ 中的模糊子集，对所有 $x\in U$，若有 $\mu_A(x)=\mu_B(x)$，则称 $A$ 和 $B$ 相等，即

$$A=B\leftrightarrow\mu_A(x)=\mu_B(x)$$

(2) 模糊子集的包含：设 $A$，$B$ 为 $U$ 中的模糊子集，对所有 $x\in U$，若有 $\mu_A(x)\leqslant\mu_B(x)$，则称 $A$ 包含于 $B$，即

$$A\subseteq B\leftrightarrow\mu_A(x)\leqslant\mu_B(x)$$

(3) 模糊子集的空集：设 $A$ 为 $U$ 中的模糊子集，对所有 $x\in U$，若有 $\mu_A(x)=0$，则称 $A$ 为空集，即

$$A=\varnothing\leftrightarrow\mu_A(x)=0$$

(4) 模糊子集的补集：设 $\overline{A}$，$A$ 均为 $U$ 中的模糊子集，对所有 $x\in U$，若有 $\mu_{\overline{A}}(x)=1-\mu_A(x)$，则称 $\overline{A}$ 为 $A$ 的补集，即

$$\overline{A}\leftrightarrow\mu_{\overline{A}}(x)=1-\mu_A(x)$$

(5) 模糊子集的全集：设 $A$ 为 $U$ 中的模糊子集，对所有 $x\in U$，若有 $\mu_A(x)=1$，则称 $A$ 为全集，记作 $\Omega$，即

$$A=\Omega\leftrightarrow\mu_A(x)=1$$

(6) 模糊子集的并集：设 $A$，$B$，$C$ 均为 $U$ 中的模糊子集，对所有 $x\in U$，若有 $\mu_C(x)=\max(\mu_A(x),\mu_B(x))$，则称 $C$ 为 $A$ 与 $B$ 的并集，即

$$A\cup B=C\leftrightarrow\mu_C(x)=\max(\mu_A(x),\mu_B(x))$$

(7) 模糊子集的交集：设 $A$，$B$，$C$ 均为 $U$ 中的模糊子集，对所有 $x\in U$，若有 $\mu_C(x)=\min(\mu_A(x),\mu_B(x))$，则称 $C$ 为 $A$ 与 $B$ 的交集，即

$$A\cap B=C\leftrightarrow\mu_C(x)=\min(\mu_A(x),\mu_B(x))$$

(8) 模糊子集的截集：设给定一模糊子集 $A$，对任意常量 $\lambda\in[0,1]$，模糊集合 $A$ 的 $\lambda$ 截集记作 $A_\lambda$，且

$$A_\lambda=\{x\mid x\in U,\mu_A(x)\geqslant\lambda\}$$

**2. 代数运算**

(1) 代数积：模糊集合 $A$ 与 $B$ 的代数积记为 $A\cdot B$，其隶属函数 $\mu_{A\cdot B}(x)$ 为

$$\mu_{A\cdot B}(x)=\mu_A(x)\cdot\mu_B(x)$$

(2) 代数和：模糊集合 $A$ 与 $B$ 的代数和记为 $A+B$，其隶属函数 $\mu_{A+B}(x)$ 为

当 $\mu_A(x)+\mu_B(x)\leqslant 1$ 时，$\mu_{A+B}(x)=\mu_A(x)+\mu_B(x)$。

当 $\mu_A(x)+\mu_B(x)>1$ 时，$\mu_{A+B}(x)=1$。

(3) 环和：模糊集合 $A$ 与 $B$ 的环和记为 $A\oplus B$，其隶属函数 $\mu_{A\oplus B}(x)$ 为

$$\mu_{A\oplus B}(x)=(\mu_A(x)+\mu_B(x))-\mu_A(x)\cdot\mu_B(x)$$

(4) 笛卡儿积：模糊集合 $A$ 与 $B$ 的笛卡儿积记为 $A\times B$，其隶属函数 $\mu_{A\times B}(x)$ 定义为

$$\mu_{A\times B}(x)=\min(\mu_A(x),\mu_B(x))$$

**3. 运算的性质**

模糊集合运算的性质与普通集合运算的各种性质基本相同，只有互补律在模糊集中不成立，其他基本性质都成立。

(1) 幂等律：$A\cup A=A$，$A\cap A=A$。

(2) 交换律：$A\cup B=B\cup A$，$A\cap B=B\cap A$。

(3) 结合律：$(A\cup B)\cup C=A\cup(B\cup C)$，$(A\cap B)\cap C=A\cap(B\cap C)$。

(4) 吸收律：$(A\cup B)\cap A=A$，$(A\cap B)\cup A=A$。

(5) 分配律：$(A\cup B)\cap C=(A\cap C)\cup(B\cap C)$，$(A\cap B)\cup C=(A\cup C)\cap(B\cup C)$。

(6) 零一律：$A\cup\varnothing=A$，$A\cap\varnothing=\varnothing$，$A\cup U=U$，$A\cap U=A$。

(7) 复原律：$(A^c)^c=A$。

(8) 对偶律：$(A\cup B)^c=A^c\cap B^c$，$(A\cap B)^c=A^c\cup B^c$。

**例 2.4** 设论域 $U=\{u_1,u_2,u_3,u_4,u_5\}$，$A=\{0.2,0.5,0.8,0.7,0.2\}$，$B=\{0.8,0.2,1,0.4,0.3\}$，计算 $A\cup B$，$A\cap B$，$A^c$。

**解**：

$$\begin{aligned}A\cup B&=(0.2\vee 0.8,0.5\vee 0.2,0.8\vee 1,0.7\vee 0.4,0.2\vee 0.3)\\&=(0.8,0.5,1,0.7,0.3)\\A\cap B&=(0.2\wedge 0.8,0.5\wedge 0.2,0.8\wedge 1,0.7\wedge 0.4,0.2\wedge 0.3)\\&=(0.2,0.2,0.8,0.4,0.2)\end{aligned}$$

$$A^c=(1-0.2,1-0.5,1-0.8,1-0.7,1-0.2)=(0.8,0.5,0.2,0.3,0.8)$$

## 2.2 模糊关系

### 2.2.1 普通关系

客观世界的各事物之间普遍存在着联系，描述事物之间联系的数学模型之一就是关系，关系是指对两个普通集合的直积施加某种条件限制后得到的序偶集合，常用 $R$ 表示，具体描述为：设 $A$ 和 $B$ 是两个集合，称笛卡儿积 $A\times B$ 的任意一个子集 $R$ 为 $A$ 到 $B$ 的一个二元关系。对任意元素 $x,y$，如果 $(x,y)\in R\ (x\in A,y\in B)$，则称元素 $x$ 和元素 $y$ 满足关系 $R$，记作 $xRy$；如果 $(x,y)\notin R\ (x\in A,y\in B)$，则称元素 $x$ 和元素 $y$ 不满足关系 $R$，记作 $x\not R y$。特别地，当 $A=B$ 时，称 $A$ 到 $A$ 的二元关系 $R$ 为集合 $A$ 上的一个二元关系。

关系可以具有以下性质。

(1) 自反性：$\forall x\in A$，均有 $xRx$；

(2) 反自反性：$\forall x\in A$，均有 $(x,x)\notin R$；

(3) 对称性：$\forall x,y\in A$，若有 $xRy$，必有 $yRx$；

(4) 反对称性：$\forall x,y\in A$，若有 $xRy$，则 $y\not R x$；

(5) 传递性：$\forall x,y,z\in A$，若有 $xRy$ 和 $yRz$ 时，必有 $xRz$。

关系也是一个集合，因此也可以进行交、并、补等集合运算，运算结果产生一个新的关系。例如：设 $R_1$，$R_2$ 为集合 $A=\{1,2,3,4\}$ 上的两个关系，其中 $R_1=\{(1,1),(1,3),(2,4),(3,$

1)}，$R_2=\{(1,2),(2,4)\}$，则 $R_1\cap R_2=\{(1,1),(1,3),(2,4),(3,1)\}\cap\{(1,2),(2,4)\}=\{(2,4)\}$，$R_1\cup R_2=\{(1,1),(1,3),(2,4),(3,1),(1,2)\}$，$R_1-R_2=\{(1,1),(1,3),(3,1)\}$。

例：$A=(1,3,5)$，$B=(2,4,6)$，则 $A$ 和 $B$ 的直积集合为

$$A\times B=\{(1,2),(1,4),(1,6),(3,2),(3,4),(3,6),(5,2),(5,4),(5,6)\}$$

对其施加 $a>b$ 的条件限制，则满足条件的集合为

$$A\times B_{\ a>b}=\{(3,2),(5,2),(5,4)\}$$

对 $A\times B$ 施加 $a>b$ 的条件限制后得到的新的集合定义为关系，记作 $R$。

则：$R_{\ a>b}=\{(3,2),(5,2),(5,4)\}$。

关系 $R$ 可以用矩阵形式来表示。一般形式为

$$R=(r_{ij})=\begin{bmatrix} r_{11} & r_{12} & \cdots & r_{1n} \\ \cdots & \cdots & & \cdots \\ r_{m1} & r_{m2} & \cdots & r_{mn} \end{bmatrix}$$

其中，$r_{ij}=\begin{cases}0 & (x,y)\notin R \\ 1 & (x,y)\in R\end{cases}$

于是对于上例 $R_{\ a>b}=\{(3,2),(5,2),(5,4)\}$，有

$$R_{a>b}=\begin{bmatrix} 0 & 0 & 0 \\ 1 & 0 & 0 \\ 1 & 1 & 0 \end{bmatrix}$$

### 2.2.2 模糊关系的概念

#### 1. 定义

在笛卡儿乘积 $U\times V\triangleq\{(u,v)\mid u\in U,v\in V\}$ 中，如果给论域 $U$ 和 $V$ 中的元素搭配施加某种限制，这种限制便体现了 $U$ 和 $V$ 之间的某种特殊关系，称这种关系是 $U\times V$ 的一个子集。相应地有：

**定义 2.2(模糊关系)** 设 $R$ 是 $U\times V$ 上的一个模糊子集(简称模糊集)，它的隶属函数为

$$R:U\times V\to[0,1]$$
$$(u,v)\to R(u,v)$$

确定了 $U$ 中的元素 $u$ 与 $V$ 中的元素 $v$ 的关系程度，则称 $R$ 为从 $U$ 到 $V$ 的一个模糊关系，记为 $U\xrightarrow{R}V$。

可见，模糊关系 $R$ 由隶属函数 $R:U\times V\to[0,1]$所刻画，即 $U\times V$ 上的模糊集确定了 $U$ 到 $V$ 的模糊关系。反之，模糊关系也是 $U\times V$ 上的一个模糊集。因此，所有从 $U$ 到 $V$ 的模糊关系的集合可记为 $F(U\times V)$，而 $F(U\times U)$则表示从 $U$ 到 $U$ 的模糊关系，即表示 $U$ 中的二元关系。

所谓 $A$，$B$ 两集合的直积 $A\times B=\{(a,b)\mid a\in A,b\in B\}$中的一个模糊关系 $R$，是指以 $A\times B$ 为论域的一个模糊子集，序偶$(a,b)$的隶属度为 $\mu_R(a,b)$。

一般地，若论域为 $n$ 个集合的直积 $A_1\times A_2\times\cdots\times A_n$，则它所对应的是 $n$ 元模糊关系 $R$，其隶属度函数为 $n$ 个变量的函数 $\mu_R(a_1,a_2,\cdots,a_n)$。显然当隶属度函数值只取“0”或“1”时，模糊关系就退化为普通关系。

**例 2.5** 设论域 $U$ 是所有人的集合，$R$ 表示相像关系，对 $u_1,u_2\in U$，则 $R(u_1,u_2)$表示 $u_1$ 与 $u_2$ 的相像程度。若 $R(u_1,u_2)=0.7$，说明 $u_1$ 与 $u_2$ 的相像程度是 70%。

**2. 表示方法**

(1) 当论域元素有限时,模糊关系 $R$ 可用扎德表示法和模糊关系矩阵来表示。

如:设 $A$ 和 $B$ 为两个不同论域上的普通集合,$A=\{1,2,3\}$,$B=\{1,2,3,4,5\}$,对 $A\times B$ 施加 $a\ll b$ 的模糊条件限制后得到一个模糊关系。

扎德表示法:$R=\dfrac{0.5}{(1,3)}+\dfrac{0.8}{(1,4)}+\dfrac{1}{(1,5)}+\dfrac{0.5}{(2,4)}+\dfrac{0.8}{(2,5)}+\dfrac{0.5}{(3,5)}$

模糊关系矩阵:$R=\begin{bmatrix}0 & 0 & 0.5 & 0.8 & 1\\0 & 0 & 0 & 0.5 & 0.8\\0 & 0 & 0 & 0 & 0.5\end{bmatrix}$

(2) 当论域为连续区间时,模糊关系 $R$ 可用隶属函数来表示。

如:设 $A$ 和 $B$ 均为实数集合,$A$ 到 $B$ 的一个模糊关系 $R$ 的隶属函数为

$$\mu_R(a,b)=\begin{cases}0, & a\leqslant b\\ \left[1+\dfrac{100}{(a-b)^2}\right]^{-1}, & a>b\end{cases}$$

它所表示的是 $a\gg b$ 的模糊关系。

**例 2.6** 设有七种物品:苹果、乒乓球、书、篮球、花、桃、菱形组成的一个论域 $U$,并设 $x_1$,$x_2$,…,$x_7$ 分别为这些物品的代号,则 $U=\{x_1,x_2,\cdots,x_7\}$,根据物品两两之间的相似程度确定它们的模糊关系。

**解**:假设物品之间完全相似者为 1、完全不相似者为 0,其余按具体相似程度给出一个 0~1 的数,就可确定出一个 $U$ 上的模糊关系 $R$,如表 2-2 所示。

**表 2-2 模糊关系 $R$**

| $R$ | 苹果 $x_1$ | 乒乓球 $x_2$ | 书 $x_3$ | 篮球 $x_4$ | 花 $x_5$ | 桃 $x_6$ | 菱形 $x_7$ |
|---|---|---|---|---|---|---|---|
| 苹果 $x_1$ | 1.0 | 0.7 | 0 | 0.7 | 0.5 | 0.6 | 0 |
| 乒乓球 $x_2$ | 0.7 | 1.0 | 0 | 0.9 | 0.4 | 0.5 | 0 |
| 书 $x_3$ | 0 | 0 | 1.0 | 0 | 0 | 0 | 0.1 |
| 篮球 $x_4$ | 0.7 | 0.9 | 0 | 1.0 | 0.4 | 0.5 | 0 |
| 花 $x_5$ | 0.5 | 0.4 | 0 | 0.4 | 1.0 | 0.4 | 0 |
| 桃 $x_6$ | 0.6 | 0.5 | 0 | 0.5 | 0.4 | 1.0 | 0 |
| 菱形 $x_7$ | 0 | 0 | 0.1 | 0 | 0 | 0 | 1.0 |

根据表格内容,可得到如下模糊关系矩阵:

$$R=\begin{bmatrix}1.0 & 0.7 & 0 & 0.7 & 0.5 & 0.6 & 0\\0.7 & 1.0 & 0 & 0.9 & 0.4 & 0.5 & 0\\0 & 0 & 1.0 & 0 & 0 & 0 & 0.1\\0.7 & 0.9 & 0 & 1.0 & 0.4 & 0.5 & 0\\0.5 & 0.4 & 0 & 0.4 & 1.0 & 0.4 & 0\\0.6 & 0.5 & 0 & 0.5 & 0.4 & 1.0 & 0\\0 & 0 & 0.1 & 0 & 0 & 0 & 1.0\end{bmatrix}$$

### 2.2.3　模糊关系的性质

由于模糊关系也是模糊集，所以模糊集的一些运算及性质对它同样成立。

(1) 相等：$R_1=R_2 \Leftrightarrow R_1(u,v)=R_2(u,v) \quad \forall(u,v)\in U\times V$

(2) 包含：$R_1\subseteq R_2 \Leftrightarrow R_1(u,v)\leqslant R_2(u,v) \quad \forall(u,v)\in U\times V$

(3) 并：$(R_1\cup R_2)(u,v)=R_1(u,v)\vee R_2(u,v) \quad \forall(u,v)\in U\times V$

设 $T$ 为指标集，则 $(\bigcup\limits_{t\in T} R_t)(u,v)=\bigvee\limits_{t\in T} R_t(u,v) \quad \forall(u,v)\in U\times V$，其中 $\vee$ 表示取上确界。

(4) 交：$R_1\cap R_2(u,v)=R_1(u,v)\wedge R_2(u,v) \quad \forall(u,v)\in U\times V$

设 $T$ 为指标集，则 $(\bigcap\limits_{t\in T} R_t)(u,v)=\bigwedge\limits_{t\in T} R_t(u,v) \quad \forall(u,v)\in U\times V$，其中 $\wedge$ 表示取下确界。

(5) 余：$R^c(u,v)=1-R(u,v) \quad \forall(u,v)\in U\times V$

**定义 2.3(模糊矩阵)**　设矩阵 $\boldsymbol{R}(r_{ij})_{m\times n}$，$r_{ij}\in[0,1]$，则称 $\boldsymbol{R}$ 为模糊矩阵，$r_{ij}$ 为模糊矩阵的元素。

特别地，若满足 $r_{ij}\in\{0,1\}$，则称 $\boldsymbol{R}$ 为布尔(Boole)矩阵。当模糊矩阵 $\boldsymbol{R}=(r_{ij})_{n\times n}$ 的对角线上的元素 $r_{ij}$ 都为1时，称 $\boldsymbol{R}$ 为模糊单位矩阵。

例如：$\boldsymbol{R}=\begin{pmatrix}1 & 0 & 0.1\\ 0.5 & 0.7 & 0.3\end{pmatrix}$，$\boldsymbol{R}=\begin{pmatrix}0 & 1 & \cdots & 0\\ 0 & 0 & \cdots & 1\\ \cdots & \cdots & & \cdots\\ 1 & 0 & \cdots & 1\end{pmatrix}$ 都是模糊矩阵。

由此可见，模糊矩阵与普通矩阵形状一样，不同的是模糊矩阵的元素是[0,1]区间的数。

对有限论域 $U=\{u_1,u_2,\cdots,u_m\}$，$V=\{v_1,v_2,\cdots,v_n\}$，若元素 $r_{ij}=R(u_i,v_j)$，则模糊矩阵 $\boldsymbol{R}=(r_{ij})_{m\times n}$ 表示从 $U$ 到 $V$ 的一个模糊关系，或者说一个模糊矩阵确定一个模糊关系。

假设有一个信任关系 $R_3$，用如下模糊矩阵表示：

$$\begin{pmatrix}1 & 0 & 0\\ 0.9 & 1 & 0\\ 0.9 & 0.8 & 0.5\end{pmatrix}=R_3$$

其中，矩阵元素 $r_{ij}=R_3(u_i,u_j)$ 表示 $u_i$ 对 $u_j$ 的信任程度，如 $r_{32}=0.8$ 说明 $u_3$ 对 $u_2$ 的信任程度为0.8。

当矩阵元素 $r_{ij}$ 只取0,1两个值时，$\boldsymbol{R}=(r_{ij})_{m\times n}$ 表示从 $U$ 到 $V$ 的一个普通关系。因此，普通关系是模糊关系的特殊情况。可见，一个模糊关系与一个模糊矩阵一一对应；一个普通关系与一个布尔矩阵一一对应。所以，在有限论域上，模糊关系和模糊矩阵可看作一回事。如上述模糊矩阵 $R_3$ 也是模糊关系 $R_3$。正因为如此，两者均可用 $R_3$ 表示。

### 2.2.4　模糊关系的运算

模糊矩阵除了限制它的元素在闭区间[0,1]上外，它的运算与普通矩阵也有所不同。由于模糊关系是 $U\times V$ 上的模糊集，所以模糊矩阵的运算与模糊集的运算类似，因此有如下定义。

**定义 2.4**　设 $\mu_{m\times n}$ 表示 $m$ 行 $n$ 列的模糊矩阵集，$\boldsymbol{R}=(r_{ij})\in\mu_{m\times n}$，$\boldsymbol{S}=(s_{ij})\in\mu_{m\times n}$，规定如下。

① 相等：$\boldsymbol{R}=\boldsymbol{S}\Leftrightarrow r_{ij}=s_{ij} \quad \forall i,j$；

② 包含：$\boldsymbol{R}\subseteq\boldsymbol{S}\Leftrightarrow r_{ij}\leqslant s_{ij}\quad \forall i,j$；

③ 并：$\boldsymbol{R}\cup\boldsymbol{S}\triangleq(r_{ij}\vee s_{ij})\in\mu_{m\times n}$；

④ 交：$\boldsymbol{R}\cap\boldsymbol{S}\triangleq(r_{ij}\wedge s_{ij})\in\mu_{m\times n}$；

⑤ 余：$\boldsymbol{R}^{c}\triangleq(1-r_{ij})\in\mu_{m\times n}$。

**例 2.7** 设 $\boldsymbol{R}=\begin{bmatrix}1 & 0.2 & 0.7\\0.8 & 0.1 & 0.3\end{bmatrix}$，$\boldsymbol{S}=\begin{bmatrix}0.6 & 0.9 & 0.8\\0.4 & 0.5 & 0.1\end{bmatrix}$。

则

$$\boldsymbol{R}\cup\boldsymbol{S}=\begin{bmatrix}1\vee 0.6 & 0.2\vee 0.9 & 0.7\vee 0.8\\0.8\vee 0.4 & 0.1\vee 0.5 & 0.3\vee 0.1\end{bmatrix}=\begin{bmatrix}1 & 0.9 & 0.8\\0.8 & 0.5 & 0.3\end{bmatrix}$$

$$\boldsymbol{R}\cap\boldsymbol{S}=\begin{bmatrix}1\wedge 0.6 & 0.2\wedge 0.9 & 0.7\wedge 0.8\\0.8\wedge 0.4 & 0.1\wedge 0.5 & 0.3\wedge 0.1\end{bmatrix}=\begin{bmatrix}0.6 & 0.2 & 0.7\\0.4 & 0.1 & 0.1\end{bmatrix}$$

$$\boldsymbol{R}^{c}=\begin{bmatrix}1-1 & 1-0.2 & 1-0.7\\1-0.8 & 1-0.1 & 1-0.3\end{bmatrix}=\begin{bmatrix}0 & 0.8 & 0.3\\0.2 & 0.9 & 0.7\end{bmatrix}$$

$\forall \boldsymbol{R},\boldsymbol{S},\boldsymbol{T}\in\mu_{m\times n}$，模糊矩阵并、交、余运算具有如下运算律。

(1) 交换律：$\boldsymbol{R}\cup\boldsymbol{S}=\boldsymbol{S}\cup\boldsymbol{R}$，$\boldsymbol{R}\cap\boldsymbol{S}=\boldsymbol{S}\cap\boldsymbol{R}$；

(2) 结合律：$(\boldsymbol{R}\cup\boldsymbol{S})\cup\boldsymbol{T}=\boldsymbol{R}\cup(\boldsymbol{S}\cup\boldsymbol{T})$，$(\boldsymbol{R}\cap\boldsymbol{S})\cap\boldsymbol{T}=\boldsymbol{R}\cap(\boldsymbol{S}\cap\boldsymbol{T})$；

(3) 分配律：$(\boldsymbol{R}\cup\boldsymbol{S})\cap\boldsymbol{T}=(\boldsymbol{R}\cap\boldsymbol{T})\cup(\boldsymbol{S}\cap\boldsymbol{T})$，$(\boldsymbol{R}\cap\boldsymbol{S})\cup\boldsymbol{T}=(\boldsymbol{R}\cup\boldsymbol{T})\cap(\boldsymbol{S}\cup\boldsymbol{T})$；

(4) 幂等律：$\boldsymbol{R}\cup\boldsymbol{R}=\boldsymbol{R}$，$\boldsymbol{R}\cap\boldsymbol{R}=\boldsymbol{R}$；

(5) 吸收律：$(\boldsymbol{R}\cup\boldsymbol{S})\cap\boldsymbol{S}=\boldsymbol{S}$，$(\boldsymbol{R}\cap\boldsymbol{S})\cup\boldsymbol{S}=\boldsymbol{S}$；

(6) 复原律 $(\boldsymbol{R}^{c})^{c}=\boldsymbol{R}$；

(7) 对偶律：$(\boldsymbol{R}\cup\boldsymbol{S})^{c}=\boldsymbol{R}^{c}\cap\boldsymbol{S}^{c}$，$(\boldsymbol{R}\cap\boldsymbol{S})^{c}=\boldsymbol{R}^{c}\cup\boldsymbol{S}^{c}$。

### 2.2.5 模糊关系的复合

考虑这样一个算题：两对父子平分九只苹果，要求不能切开苹果，每人都得到整数个，问该如何分？

按平常的逻辑，两对父子是四个人，显然平分九只苹果并都得到整数个是不可能的，要分得合乎题目要求，就必须弄清：一父子关系 $B_1$ 与另一父子关系 $B_2$ 之间是否存在什么特殊关系？显然，两对父子中，必须存在一名成员，他既属于 $B_1$ 又属于 $B_2$，这样两对父子关系合成后便是祖孙关系 $A$。祖、父、孙三人平分九只苹果，显然是整数。

值得注意的是，不是任何两对父子关系都能合成为祖孙关系的，必须存在一个成员既属于 $B_1$ 又属于 $B_2$，只有这样才能合成。否则，不能合成。写成数学语言：

设 $A$ 表示祖孙关系，$B_1$、$B_2$ 均表示父子关系，则

$$(u,w)\in A\Leftrightarrow \exists v,\ 使(u,v)\in B_1 且(v,w)\in B_2$$

称 $A$ 是由 $B_1$ 与 $B_2$ 合成的，记作

$$A=B_1\circ B_2\quad(祖孙=父子\circ父子)$$

一般地，设 $Q\in F(U\times V)$，$R\in F(V\times W)$，$S\in F(U\times W)$。若

$$(u,w)\in S\Leftrightarrow \exists v\ 使(u,v)\in Q 且(v,w)\in R$$

则称关系 $S$ 是由关系 $Q$ 与 $R$ 合成的，记作 $S=Q\circ R$。而

$$Q\circ R=\{(u,w)\mid \exists v,(u,v)\in Q,(v,w)\in R\}$$

用特征函数表示，有

$$(Q \circ R)(u,w) = \bigvee_{v\in V} (Q(u,v) \wedge R(v,w))$$

将上述关系推广到 $F$ 关系，从而有 $F$ 关系合成的定义。

**定义 2.5（模糊关系合成）** 设 $Q\in F(U\times V)$，$R\in F(V\times W)$，所谓 $Q$ 与 $R$ 的合成，就是从 $U$ 到 $W$ 的一个模糊关系，记作 $Q\circ R$。它的关系程度是

$$(Q \circ R)(u,w) = \bigvee_{v\in V} (Q(u,v) \wedge R(v,w))$$

当 $R\in F(U\times U)$ 时，记

$$R^2 = R\circ R, R^n = R^{n-1}\circ R$$

**例 2.8** 设 $R$ 为"$x$ 远大于 $y$"的模糊关系，其隶属函数为

$$R(x,y)=\begin{cases}0, & x\leqslant y\\ \left[1+\dfrac{100}{(x-y)^2}\right]^{-1}, & x>y\end{cases}$$

则合成关系 $R\circ R$ 应为"$x$ 远远大于 $y$"。求 $(R\circ R)(x,y)$。

**解**：$(R\circ R)(x,y)=\bigvee_{z}(R(x,z)\wedge R(z,y))$

其中，$R(x,z)=\begin{cases}0, & x\leqslant z\\ \left[1+\dfrac{100}{(x-z)^2}\right]^{-1}, & x>z\end{cases}$，$R(z,y)=\begin{cases}0, & z\leqslant y\\ \left[1+\dfrac{100}{(z-y)^2}\right]^{-1}, & z>y\end{cases}$

当 $R(x,z)\leqslant R(z,y)$ 时，$\bigvee_{z}(R(x,z)\wedge R(z,y))=\bigvee_{z}(R(x,z))=R(x,z_0)$；

当 $R(z,y)\leqslant R(x,z)$ 时，$\bigvee_{z}(R(x,z)\wedge R(z,y))=\bigvee_{z}(R(z,y))=R(z_0,y)$。

可见，合成运算就是求使 $R(x,z)$ 与 $R(z,y)$ 相等的 $z_0$。于是，令 $R(x,z)=R(z,y)$，即

$$\left[1+\frac{100}{(x-z)^2}\right]^{-1}=\left[1+\frac{100}{(z-y)^2}\right]^{-1}$$

解得 $z_0=\dfrac{x+y}{2}$，将 $z=z_0$ 代入 $R(x,z)$ 中，得

$$(R\circ R)(x,y)=\begin{cases}0, & x\leqslant y\\ \left[1+\dfrac{100}{\left(\dfrac{x-y}{2}\right)^2}\right]^{-1}, & x>y\end{cases}$$

对于有限论域，模糊关系的合成可用模糊矩阵的乘积表示。

**定理 2.1** 设 $Q=(q_{ik})_{m\times l}\in F(U\times V)$，$R=(r_{kj})_{l\times n}\in F(V\times W)$，则 $Q$ 对 $R$ 的合成为

$$Q\circ R=S=(s_{ij})_{m\times n}\in F(U\times W)$$

其中，$s_{ij}=\bigvee_{k=1}^{l}(q_{ik}\wedge r_{kj})\ (i=1,2,\cdots,m, j=1,2,\cdots,n)$。

模糊矩阵的合成也称为模糊矩阵的乘积或简称模糊乘法。它与普通矩阵乘法的运算过程一样，只不过将实数"+"改为"∨"（取大），实数"·"改为"∧"（取小）。

**例 2.9** 设 $\boldsymbol{Q}=\begin{bmatrix}0.3 & 0.7 & 0.2\\ 1 & 0 & 0.9\end{bmatrix}$，$\boldsymbol{R}=\begin{bmatrix}0.8 & 0.3\\ 0.1 & 0.8\\ 0.5 & 0.6\end{bmatrix}$，求 $Q\circ R$

**解**：

$$\boldsymbol{Q}\circ\boldsymbol{R}=\begin{bmatrix}s_{11} & s_{12}\\ s_{21} & s_{22}\end{bmatrix}$$

其中，$s_{11}=(0.3\wedge 0.8)\vee(0.7\wedge 0.1)\vee(0.2\wedge 0.5)=0.3$；

$s_{12}=(0.3\wedge 0.3)\vee(0.7\wedge 0.8)\vee(0.2\wedge 0.6)=0.7$；

$s_{21}=(1\wedge 0.8)\vee(0\wedge 0.1)\vee(0.9\wedge 0.5)=0.8$；

$s_{22}=(0.3\wedge 1)\vee(0\wedge 0.8)\vee(0.9\wedge 0.6)=0.6$。

即 $Q\circ R=\begin{bmatrix}0.3 & 0.7\\0.8 & 0.6\end{bmatrix}$。

**例 2.10** 设 $\boldsymbol{A}=\begin{bmatrix}0.4 & 0.5 & 0.6\\0.1 & 0.2 & 0.3\end{bmatrix}$，$\boldsymbol{B}=\begin{bmatrix}0.1 & 0.2\\0.3 & 0.4\\0.5 & 0.6\end{bmatrix}$，求 $A\circ B$

**解：** $\boldsymbol{A}\circ\boldsymbol{B}=\begin{bmatrix}0.5 & 0.6\\0.3 & 0.3\end{bmatrix}$ $\boldsymbol{B}\circ\boldsymbol{A}=\begin{bmatrix}0.1 & 0.2 & 0.2\\0.3 & 0.3 & 0.3\\0.4 & 0.5 & 0.5\end{bmatrix}$

模糊关系合成性质如下：

(1) 结合律：$(Q\circ R)\circ S=Q\circ(R\circ S)$。

(2) 零一律：$0\circ R=R\circ 0=0$，$\mathrm{I}\circ R=R\circ\mathrm{I}=R$。

其中，0 为零关系$\Leftrightarrow 0(u,v)=0$；

$$\mathbf{I}\text{ 为恒等关系 }\Leftrightarrow\mathbf{I}(u,v)=\begin{cases}1 & u=v\\0 & u\neq v\end{cases}。$$

(3) $Q\subseteq R\Rightarrow Q\circ S\subseteq R\circ S$（或 $S\circ Q\subseteq S\circ R$），$Q\subseteq R\Rightarrow Q^n\subseteq R^n$。

(4) 对并运算分配律：

$$(Q\cup R)\circ S=(Q\circ S)\cup(R\circ S),\quad S\circ(Q\cup R)=(S\circ Q)\cup(S\circ R)$$

(5) $(Q\circ R)^{\mathrm{T}}=R^{\mathrm{T}}\circ Q^{\mathrm{T}}$，$(R^n)^{\mathrm{T}}=(R^{\mathrm{T}})^n$。

### 2.2.6 模糊关系的转置

**定义 2.6（模糊关系的转置）** 设 $\mu_{m\times n}$ 表示 $m$ 行 $n$ 列的模糊矩阵集，$\boldsymbol{R}\in\mu_{m\times n}$，称 $\boldsymbol{R}^{\mathrm{T}}=(r_{ij}^{\mathrm{T}})$ 是 $\boldsymbol{R}$ 的转置矩阵，其中 $1\leqslant i\leqslant m$，$1\leqslant j\leqslant n$ 如果 $(r_{ij}^{\mathrm{T}})=(r_{ij})$，称 $\boldsymbol{R}$ 为对称矩阵，且有 $\boldsymbol{R}^{\mathrm{T}}=\boldsymbol{R}$。

性质：

(1) $(\boldsymbol{R}^{\mathrm{T}})^{\mathrm{T}}=\boldsymbol{R}$；

(2) $(\boldsymbol{R}\cup\boldsymbol{S})^{\mathrm{T}}=\boldsymbol{R}^{\mathrm{T}}\cup\boldsymbol{S}^{\mathrm{T}}$，$(\boldsymbol{R}\cap\boldsymbol{S})^{\mathrm{T}}=\boldsymbol{R}^{\mathrm{T}}\cap\boldsymbol{S}^{\mathrm{T}}$；

(3) $(\boldsymbol{R}\circ\boldsymbol{S})^{\mathrm{T}}=\boldsymbol{S}^{\mathrm{T}}\circ\boldsymbol{R}^{\mathrm{T}}$，$(\boldsymbol{R}^n)^{\mathrm{T}}=(\boldsymbol{R}^{\mathrm{T}})^n$；

(4) $(\boldsymbol{R}^{\mathrm{c}})^{\mathrm{T}}=(\boldsymbol{R}^{\mathrm{T}})^{\mathrm{c}}$；

(5) $\boldsymbol{R}\leqslant\boldsymbol{S}\Leftrightarrow\boldsymbol{R}^{\mathrm{T}}\leqslant\boldsymbol{S}^{\mathrm{T}}$。

### 2.2.7 模糊关系的截矩阵

**定义 2.7（模糊关系的 $\lambda$-截矩阵）** 设 $\mu_{m\times n}$ 表示 $m$ 行 $n$ 列的模糊矩阵集，$\boldsymbol{R}\in\mu_{m\times n}$，对任意的 $\lambda\in[0,1]$，称 $\boldsymbol{R}_\lambda=(r_{ij}^{(\lambda)})_{m\times n}$ 为模糊矩阵 $\boldsymbol{R}$ 的 $\lambda$-截矩阵，其中 $r_{ij}^{(\lambda)}=\begin{cases}1 & r_{ij}\geqslant\lambda\\0 & r_{ij}<\lambda\end{cases}$，显然，截矩阵为 Boole 矩阵。

截矩阵的性质如下，其中，$\forall\lambda\in[0,1]$。

**性质 1：** $\boldsymbol{R}\leqslant\boldsymbol{S}\Leftrightarrow\boldsymbol{R}_\lambda\leqslant\boldsymbol{S}_\lambda$；

**性质 2**：$(\boldsymbol{R}\cup\boldsymbol{S})_\lambda=\boldsymbol{R}_\lambda\cup\boldsymbol{S}_\lambda$，$(\boldsymbol{R}\cap\boldsymbol{S})_\lambda=\boldsymbol{R}_\lambda\cap\boldsymbol{S}_\lambda$；

**性质 3**：$(\boldsymbol{R}\circ\boldsymbol{S})_\lambda=\boldsymbol{R}_\lambda\circ\boldsymbol{S}_\lambda$；

**性质 4**：$(\boldsymbol{R}^{\mathrm{T}})_\lambda=(\boldsymbol{R}_\lambda)^{\mathrm{T}}$。

**例 2.11** 设 $\boldsymbol{A}=\begin{bmatrix}1&0.5&0.2&0\\0.5&1&0.1&0.3\\0.2&0.1&1&0.8\\0&0.3&0.8&1\end{bmatrix}$，求 $\lambda=0.5$、$\lambda=0.8$ 时的截矩阵。

**解**：
$$\boldsymbol{A}_{0.5}=\begin{bmatrix}1&1&0&0\\1&1&0&0\\0&0&1&1\\0&0&1&1\end{bmatrix}\quad \boldsymbol{A}_{0.8}=\begin{bmatrix}1&0&0&0\\0&1&0&0\\0&0&1&1\\0&0&1&1\end{bmatrix}$$

下面来看几种特殊的模糊矩阵。

**定义 2.8（模糊自反矩阵）** 若模糊方阵满足 $\boldsymbol{R}\geqslant\mathbf{I}$，则称 $\boldsymbol{R}$ 为模糊自反矩阵。

例如：$\boldsymbol{A}=\begin{bmatrix}1&0.2\\0.5&1\end{bmatrix}>\begin{bmatrix}1&0\\0&1\end{bmatrix}=\mathbf{I}$ 是模糊自反矩阵。

**定义 2.9（模糊对称矩阵）** 若模糊方阵满足 $\boldsymbol{R}^{\mathrm{T}}=\boldsymbol{R}$，则称 $\boldsymbol{R}$ 为模糊对称矩阵。

例如：$\boldsymbol{A}=\begin{bmatrix}1&0.2\\0.2&1\end{bmatrix}$ 是模糊对称矩阵。

### 2.2.8 模糊关系的传递闭包

模糊关系具有自反性、对称性与传递性。鉴于模糊关系的传递性在构造模糊等价关系时的特殊作用，本节将对其做重点介绍，模糊关系的自反性与对称性读者可自行学习。

**定义 2.10（传递的模糊关系）** 设 $R\in F(U\times U)$，$\forall\lambda\in[0,1]$，如果 $R(u,v)\geqslant\lambda$ 且 $R(v,w)\geqslant\lambda$，则有 $R(u,w)\geqslant\lambda$，那么称 $R$ 是传递的模糊关系。

可见，$R$ 是传递的模糊关系$\Leftrightarrow\forall\lambda$，$R_\lambda$ 是传递的普遍关系。

**例 2.12** 设论域 $U=\{150,50,2\}$，$R$ 表示“大得多”的模糊关系，且 $R=\begin{bmatrix}0&0.7&0.9\\0&0&0.5\\0&0&0\end{bmatrix}$，问 $R$ 是传递的模糊关系吗？

**解**：不难知道，$\forall\lambda\in[0,1]$，只要 $R(u,v)\geqslant\lambda$，且 $R(v,w)\geqslant\lambda$，则 $R(u,w)\geqslant\lambda$，所以 $R$ 是传递的模糊关系。

**定理 2.2** $R$ 是传递的模糊关系的充要条件是 $R\supseteq R^2$。

**证**：（必要性）$\forall u,w\in U$，对任意给定 $v_0\in U$，取 $\lambda=R(u,v_0)\wedge R(v_0,w)$，显然有
$$R(u,v_0)\geqslant\lambda,\quad R(v_0,w)\geqslant\lambda$$

由定义 2.12 得 $R(u,w)\geqslant\lambda$，从而 $R(u,w)\geqslant R(u,v_0)\wedge R(v_0,w)$。

由 $v_0$ 的任意性，有 $R(u,w)\geqslant\bigvee_{v\in U}R(u,v)\wedge R(v,w)$，故 $R\supseteq R\circ R$。

（充分性）由 $R\supseteq R\circ R$，得 $R(u,w)\geqslant\bigvee_{v\in U}R(u,v)\wedge R(v,w)$。

从而 $R(u,w)\geqslant R(u,v_0)\wedge R(v_0,w)$。

所以，当 $R(u,v)\geqslant\lambda$，$R(v,w)\geqslant\lambda$ 时，有 $R(u,w)\geqslant\lambda$。

按定义知 $R$ 是传递的模糊关系。

若 $\boldsymbol{R}\in\mu_{n\times n}$ 表示传递关系，则 $\boldsymbol{R}$ 是传递的模糊矩阵。这时定理 2.2 可叙述为“$\boldsymbol{R}$ 是传递的模糊矩阵的充要条件是 $\boldsymbol{R}\supseteq\boldsymbol{R}^2$”。

**定义 2.11(传递闭包)** 包含 $\boldsymbol{R}$ 而又被任意包含 $\boldsymbol{R}$ 的传递矩阵所包含的传递矩阵，叫作 $\boldsymbol{R}$ 的传递闭包，记 $t(\boldsymbol{R})$。

由传递闭包的定义可知：

(1) $t(\boldsymbol{R})\supseteq\boldsymbol{R}$；

(2) $t(\boldsymbol{R})\circ t(\boldsymbol{R})\subseteq t(\boldsymbol{R})$；

(3) 任意包含 $\boldsymbol{R}$ 的对称矩阵 $\boldsymbol{Q}$ 都满足是任意传递模糊关系且 $\boldsymbol{Q}\supseteq t(\boldsymbol{R})$。

因此，传递闭包是所有包含 $R$ 的最小的传递关系。

**定理 2.3** 设 $\boldsymbol{R}\in F(U\times U)$，总有 $t(\boldsymbol{R})=\bigcup\limits_{k=1}^{\infty}\boldsymbol{R}^k$。

**证**：(1) 显然，$\bigcup\limits_{k=1}^{\infty}\boldsymbol{R}^k\supseteq\boldsymbol{R}$。下面证明它是传递的。

$$\left(\bigcup_{k=1}^{\infty}\boldsymbol{R}^k\right)\circ\left(\bigcup_{k=1}^{\infty}\boldsymbol{R}^j\right)=\bigcup_{k=1}^{\infty}\left(\boldsymbol{R}^k\circ\bigcup_{j=1}^{\infty}\boldsymbol{R}^j\right)\quad\text{(模糊关系合成性质(4))}$$

$$=\left(\bigcup_{k=1}^{\infty}\left(\bigcup_{j=1}^{\infty}\boldsymbol{R}^k\circ R^j\right)=\bigcup_{m=2}^{\infty}\left(\bigcup_{k+j=m}\boldsymbol{R}^{j+k}\right)\subseteq\bigcup_{m=1}^{\infty}\boldsymbol{R}^m\right.$$

(2) 设 $Q$ 是任意包含 $\boldsymbol{R}$ 的传递模糊关系，由 $\boldsymbol{Q}\supseteq\boldsymbol{R}$ 及模糊关系合成性质(3)，得

$$\boldsymbol{Q}^k\supseteq\boldsymbol{R}^k$$

又由 $\boldsymbol{Q}$ 的传递性及本节定理 2.2，可推得 $\boldsymbol{Q}\supseteq\boldsymbol{Q}^k$。

故有 $\boldsymbol{Q}\supseteq\boldsymbol{R}^k$，由 $k$ 的任意性知 $\boldsymbol{Q}\supseteq\bigcup\limits_{k=1}^{\infty}\boldsymbol{R}^k$。

**定理 2.4** $t(\boldsymbol{R})=\bigcup\limits_{k=1}^{n}\boldsymbol{R}^k$ 的充要条件为 $\bigcup\limits_{k=1}^{n}\boldsymbol{R}^k\supseteq\boldsymbol{R}^{n+1}$。

**定理 2.5** 设 $U$ 只有 $n$ 个元素，$R$ 是 $U$ 上的二元模糊关系，则 $t(R)=\bigcup\limits_{k=1}^{n}R^k$。

**例 2.13** 设 $\boldsymbol{R}=\begin{bmatrix}0.3 & 0.4 & 0.5\\0.2 & 0.3 & 0.7\\0.8 & 0.4 & 0.3\end{bmatrix}$，求 $t(\boldsymbol{R})$。

**解**：$\boldsymbol{R}^2=\boldsymbol{R}\circ\boldsymbol{R}=\begin{bmatrix}0.5 & 0.4 & 0.4\\0.7 & 0.4 & 0.3\\0.3 & 0.4 & 0.5\end{bmatrix}$

$\boldsymbol{R}^3=\boldsymbol{R}\circ\boldsymbol{R}\circ\boldsymbol{R}=\begin{bmatrix}0.4 & 0.4 & 0.5\\0.3 & 0.4 & 0.5\\0.5 & 0.4 & 0.4\end{bmatrix}$

$t(\boldsymbol{R})=\boldsymbol{R}\cup\boldsymbol{R}^2\cup\boldsymbol{R}^3=\begin{bmatrix}0.5 & 0.4 & 0.5\\0.7 & 0.4 & 0.7\\0.8 & 0.4 & 0.5\end{bmatrix}$

**定理 2.6** 设 $\boldsymbol{R}\in\mu_{n\times n}$ 是自反矩阵，则 $t(\boldsymbol{R})=\boldsymbol{R}^n$。

**证**：由于 $\boldsymbol{R}$ 是自反矩阵，故 $\mathbf{I}\subseteq\boldsymbol{R}$。根据模糊关系合成性质(3)，上式两边同乘 $\boldsymbol{R}$，得 $\boldsymbol{R}\subseteq\boldsymbol{R}^2$。

从而推得 $\boldsymbol{R}\subseteq\boldsymbol{R}^2\subseteq\cdots\subseteq\boldsymbol{R}^n$

按定理 2.5,有 $t(\boldsymbol{R})=\bigcup_{k=1}^{n}\boldsymbol{R}^{k}=\boldsymbol{R}^{n}$

## 2.3　模糊逻辑

模糊逻辑(Fuzzy Logic),是一门建立在多值逻辑基础上,运用模糊集合的方法来研究人的模糊性认知思维、语言形式及其规律的科学。

在日常生活中,我们每天都在使用模糊语言,比如,有点、稍微、差不多、大概、大多、几乎等,这种语言使我们的表达更省力,使人与人之间的沟通更简洁和有效。但这些模糊的认知,如果用计算机表达就存在着一定的困难,因为对计算机而言,确定性是算法的关键性质之一。比如计算机需要搞清楚:“有点”具体是有多少?“差不多”具体是差多少?搞清楚这些之后,才能编程实现,因此,需要界定模糊界限或模糊区间。

我们来看这样一个认知:“如果下雨那么出门就带伞”,因为下不下雨是一个清晰的是非逻辑。然而,实际生活中我们往往需要考虑的还有,下多大的雨才需要带伞?如果即将雨过天晴,还需要带伞吗?在这些情况下,我们的认知是:“即使下雨,也要根据雨的大小和持续时间长短情况,决定是否带伞”。

所以,你的家人因为关心你,会提醒你带上伞;你却可能会嫌麻烦,不想带伞。你和你的家人都没有一个清晰的带伞的标准,有的是一个模糊的带伞与不带伞的概念。对于人的决策来说往往没有一个清晰的门槛。

模糊逻辑就是用来解决这样的分类和决策难题的。模糊逻辑为推理提供了有价值的灵活性。模糊逻辑便于我们更好地描述人的认知、语言、概念等的模糊性。目前,模糊逻辑已广泛应用于从控制理论到人工智能领域,如汽车、冰箱、空调、微波炉、洗碗机、手写识别软件等。它旨在让计算机确定数据之间的区别,既不是真也不是假,类似于人类认知推理的过程。模糊逻辑可能不提供准确的推理,但可提供唯一可接受的推理,它为复杂问题提供了最有效的解决方案。

模糊规则就是在进行模糊推理时依赖的规则,通常可以用自然语言表述。要了解模糊规则,我们首先需要了解以下几个概念:语言变量、语言限定词、if-then 规则。

### 1. 语言变量

语言变量是自然语言中的词或句,它的取值不是通常的数,而是用模糊语言表示的模糊集合。例如“年龄”就可以是一个模糊语言变量,其取值为“年幼”“年轻”“年老”等模糊集合。

**定义 2.12(语言变量)**　一个语言变量可定义为一个五元组$(N,U,T(N),G,M)$,式中 $N$ 为语言变量的名称;$U$ 为论域;$T(N)$为语言变量语言值(为模糊集合)的集合;$G$ 为语法规则(描述原子单词构成合成单词后词义的变化);$M$ 为语义规则(用于给出隶属度函数)。

例如,有一个语言变量$(N,U,T(N),G,M)$,其中,$N$ 为“汽车速度”;$U$ 的取值范围为$[0,V_{\max}]$,$V_{\max}$表示汽车的最快速度;$T(N)$表示模糊集合{“慢速”,“中速”,“快速”};$G$ 在本例中未体现;$M$ 为如下的语义规则:如果车速在 0～55 千米/小时,则车速为“慢速”;如果车速在 40～80 千米/小时,则车速为“中速”;如果车速在 $70\sim V_{\max}$ 千米/小时,则车速为“快速”。根据具体值取合适的隶属度即可。

语言变量是人类知识表达中最基本的元素,当我们描述汽车速度的时候,通常会用“开得快”“开得慢”之类的话来表达。因此,将语言变量的概念引入后,自然语言的模糊描述就能形成精确的数学描述,为计算智能的表达推进了一大步。

**2. 语言限定词**

模糊语言限定词,也称为"模糊语言算子",加在词语上表示语义模糊化或模糊程度的算子。在自然语言中,我们常常用"可能""大概""非常"等词对描述的变量进行修饰,根据语言变量的概念,可以将这些词语赋给语言变量。比如:将体重看作一个语言变量,它的值可能是"很瘦""中等""偏胖"等。

模糊语言算子的种类有:①集中化算子,使隶属度的分布向中央集中的限制词,如"很""相当""非常""极"等。②散漫化算子,使隶属度的分布由中央向边缘散布的限制词,如"稍微""有点""略""或多或少"等。③模糊化算子,如"大概""近于"之类。由于它们或增加词义的模糊性,或使非模糊词模糊化,故称为模糊化算子。④判定化算子,即化模糊词为比较粗糙的判断的限制词,如"倾向于""多半是""偏向"等。

其中,集中化算子和散漫化算子,常合称为语气算子。

**3. "if-then"规则**

模糊控制是以模糊集合论和模糊逻辑推理为主要基础,结合经典控制理论形成的一种模拟人类思维方式的控制方法,其核心是模糊规则和模糊逻辑推理。因此,如何让机器像人类一样去"识别""理解"模糊规则,并进行模糊逻辑推理,最终得出新的结论并实现自动控制,是模糊推理和模糊控制研究的重点内容。

模糊规则是由许多"如果……那么……"之类的模糊条件判断语句组成的,它反映了人们的操作经验。模糊逻辑推理是在二值逻辑基础上发展起来的一种不确定性推理方法,它以一些模糊判断为前提,能够推导出新的模糊结论。

if-then 规则是一种包含了模糊逻辑的条件陈述语句,其基本表述形式为

$$\text{if } x \text{ is } A \text{ then } y \text{ is } B$$

表达的含义为,若 $x$ 是 $A$,则 $y$ 是 $B$。其中设 $A$ 的论域为 $U$,$B$ 的论域为 $V$,$A$ 与 $B$ 都是模糊集合,$x$ 和 $y$ 是变量名。规则中,"$x$ is $A$"称为"前件","$y$ is $B$"称为"后件"。

关于模糊集合、模糊关系、模糊逻辑的应用,将在第 3 章中详细讲解。

## 本章习题

1. 若 $A=\{a,b,c,d\}$,求 $A$ 的幂集。

2. 设论域 $U=\{u_1,u_2,u_3,u_4,u_5\}$,$A=\{0.8,0.4,0.6,0.5,0.3\}$,$B=\{0.3,0.2,0.4,0.7,0.6\}$,计算 $A\cup B$,$A\cap B$,$A^c$,$B^c$。

3. 设 $\boldsymbol{A}=\begin{bmatrix}1 & 0.1\\0.2 & 0.3\end{bmatrix}$,$\boldsymbol{B}=\begin{bmatrix}0.4 & 0\\0.3 & 0.2\end{bmatrix}$,计算 $\boldsymbol{A}\cup\boldsymbol{B}$,$\boldsymbol{A}\cap\boldsymbol{B}$,$\boldsymbol{A}^c$,$\boldsymbol{B}^c$。

4. 取论域 $U=\{1,2,3,\cdots,9,10\}$,用模糊集 $A$ 表示"最接近 e 的数",用模糊集 $B$ 表示"约数最多的数",用模糊集 $C$ 表示"约数最少的数",试写出模糊集 $A$、$B$ 和 $C$ 的表达式(分别用三种不同方式表达)。

5. 设论域 $U=\{u_1,u_2,u_3,u_4,u_5\}$,模糊集 $A=\{0.5,0.1,0,1,0.8\}$,$B=\{0.1,0.4,0.9,0.7,0.2\}$,$C=\{0.8,0.2,1,0.4,0.3\}$,计算 $A\cup B$,$A\cap B$,$(A\cup B)\cap C$,$A^c$。

6. 设 $X=\{x_1,x_2,x_3\}$,$Y=\{y_1,y_2,y_3,y_4\}$,$R$,$S$ 均为 $X$ 到 $Y$ 的模糊关系,且

$$R=\begin{pmatrix}0 & 0.6 & 0.1 & 0.8\\ 0.3 & 0.8 & 0.7 & 0\\ 0.1 & 0.8 & 1 & 0.7\end{pmatrix},\quad S=\begin{pmatrix}0.4 & 0.5 & 0.2 & 0.1\\ 0.5 & 0 & 0.9 & 1\\ 0.6 & 0.1 & 0.2 & 0.6\end{pmatrix}$$

(1) 求 $R\cup S, R\cap S, R^{c}$。

(2) 求隶属度 $(R\cup S)(x_1,y_3),(R\cap S)(x_3,y_4),R^{c}(x_2,y_1)$。

7. 设 $R_1\in \boldsymbol{F}(U\times V), R_2\in \boldsymbol{F}(V\times W)$

$$R_1=\begin{pmatrix}0.7 & 0.4 & 0.1 & 1\\ 0.8 & 0.3 & 0.6 & 0.3\\ 0.4 & 0.7 & 0.2 & 0.9\end{pmatrix},\quad R_2=\begin{bmatrix}0.6 & 0.5\\ 0.2 & 0.8\\ 0.9 & 0.3\\ 0.8 & 1\end{bmatrix}$$

求 $R_1\circ R_2, R_1\circ R_2^{c}$。

8. 设 $\boldsymbol{R}=\begin{pmatrix}0.3 & 0.7 & 0.5\\ 0.8 & 1 & 0\\ 0 & 0.6 & 0.4\end{pmatrix}$，求 $\boldsymbol{R}_{0.6}$。

9. 设 $\boldsymbol{Q}=\begin{bmatrix}0.3 & 0.7 & 0.2\\ 1 & 0 & 0.4\\ 0 & 0.5 & 1\\ 0.6 & 0.7 & 0.8\end{bmatrix}_{4\times 3}$，$\boldsymbol{R}=\begin{pmatrix}0.1 & 0.9\\ 0.9 & 0.1\\ 0.6 & 0.4\end{pmatrix}_{3\times 2}$，求 $\boldsymbol{Q}\circ\boldsymbol{R}$。

10. 设 $\boldsymbol{A}=\begin{pmatrix}0.1 & 0.2 & 0.3\\ 0 & 0.1 & 0.2\\ 0 & 0 & 0.1\end{pmatrix}$，那么 $\boldsymbol{A}$ 是模糊传递矩阵吗？

11. 已知 $\boldsymbol{R}=\begin{pmatrix}0.1 & 0.5 & 0.7\\ 0.4 & 0.9 & 0.2\\ 0.2 & 0.1 & 0.6\end{pmatrix}$，求传递闭包 $t(\boldsymbol{R})$。

12. 请指出模糊逻辑与经典二值逻辑的异同。

习题

# 第 3 章

案例导读

# 模糊系统应用

**本章导读**

模糊数学是继经典数学、统计数学之后的一个新发展。正如范围统计数学将数学应用范围从必然现象领域扩大到随机现象领域一样，模糊数学将数学的应用从精确现象领域扩大到模糊现象领域。作为一门新兴学科，模糊数学已初步应用于模糊控制、模糊识别、模糊聚类分析、模糊决策、模糊评判、系统理论、信息检索、医学、生物学等方面。在气象、结构力学、控制、心理学等方面已取得丰硕的研究成果。本章重点讲述模糊数学在模糊聚类分析、模糊模式识别、模糊综合评判以及模糊控制等方面的应用。

## 3.1 模糊聚类分析

对事物用数学的方法按一定要求进行分类，称为聚类分析。一个确切的类别划分可由等价关系来确定。但是，现实的类别划分问题往往伴随着模糊性，即考虑的不是有无关系，而是关系的深浅程度，这就是具有模糊关系的分类问题。

在模糊数学产生之前，聚类分析已是数理逻辑多元分析的一个分支，然而现实的分类问题往往伴有模糊性。例如，环境污染分类、春天连阴预报、临床症状资料分类、岩石分类等。对这些伴有模糊性的聚类问题，用模糊数学语言来表达更为自然。

### 3.1.1 模糊聚类的基本概念

**定义 3.1**(**模糊等价矩阵**) 设 $\boldsymbol{R}=(r_{ij})_{n\times m}$ 是 $n$ 阶模糊矩阵，$\boldsymbol{I}$ 是 $n$ 阶单位矩阵，若 $\boldsymbol{R}$ 满足

(1) 自反性：$\boldsymbol{I}\leqslant\boldsymbol{R}(\Leftrightarrow r_{ii}=1)$；

(2) 对称性：$\boldsymbol{R}^{\mathrm{T}}=\boldsymbol{R}(\Leftrightarrow r_{ij}=r_{ji})$；

(3) 传递性：$\boldsymbol{R}^2\leqslant\boldsymbol{R}(\Leftrightarrow \max\{(r_{ik}\wedge r_{kj})\mid 1\leqslant k\leqslant n\}\leqslant r_{ij})$；

则称 $\boldsymbol{R}$ 为模糊等价矩阵。

**定理 3.1** $\boldsymbol{R}$ 是 $n$ 阶模糊等价矩阵$\Leftrightarrow\forall\lambda\in[0,1]$，$\boldsymbol{R}_\lambda$ 是等价的 Boole 矩阵。

定理 3.1 的意义在于：将模糊等价矩阵转换为等价的 Boole 矩阵，可以得到有限论域上的普通等价关系，而等价关系是可以分类的。因此，当 $\lambda$ 在[0,1]上变动时，由 $\boldsymbol{R}_\lambda$ 可以得到不同的分类。

**定理 3.2** 设 $\boldsymbol{R}$ 是 $n$ 阶模糊等价矩阵，则 $\forall\, 0\leqslant\lambda<\mu\leqslant 1$，$\boldsymbol{R}_\mu$ 所决定的分类中的每一个类

是 $\boldsymbol{R}_\lambda$ 所决定的分类中的某个子类。该定理表明，当 $\lambda<\mu$ 时，$\boldsymbol{R}_\mu$ 的分类是 $\boldsymbol{R}_\lambda$ 分类的加细，当 $\lambda$ 由 1 变到 0 时，$\boldsymbol{R}_\lambda$ 的分类由细变粗，形成一个动态的聚类图。

**定义 3.2(模糊相似矩阵)**　设 $\boldsymbol{R}=(r_{ij})_{n\times n}$ 是 $n$ 阶模糊矩阵，$\boldsymbol{I}$ 是 $n$ 阶单位矩阵，若 $\boldsymbol{R}$ 满足

(1) 自反性：$\boldsymbol{I}\leqslant\boldsymbol{R}$；

(2) 对称性：$\boldsymbol{R}^{\mathrm{T}}=\boldsymbol{R}$。

则称 $\boldsymbol{R}$ 为模糊相似矩阵。

**定理 3.3**　设 $\boldsymbol{R}$ 是 $n$ 阶模糊相似矩阵，则存在一个最小的自然数 $k(k\leqslant n)$，使得 $\boldsymbol{R}^k$ 为模糊等价矩阵，且对一切大于 $k$ 的自然数 $l$，恒有 $\boldsymbol{R}^l=\boldsymbol{R}^k$。$\boldsymbol{R}^k$ 称为 $\boldsymbol{R}$ 的传递闭包矩阵，记为 $t(\boldsymbol{R})$。

在第 2 章中，我们提到了传递闭包关系，并给出了普通模糊矩阵求传递闭包的方法(定理 2.3，定理 2.4，定理 2.5)。由于在模糊聚类分析中，我们要用到模糊等价矩阵，因此，此处对如何求模糊相似矩阵的传递闭包矩阵(即如何将模糊相似矩阵转换为模糊等价矩阵)进行讲解。

对于 $n$ 阶的模糊相似矩阵 $\boldsymbol{R}$，采用"平方法"求传递闭包：

$$\boldsymbol{R}\rightarrow\boldsymbol{R}^2\rightarrow\boldsymbol{R}^4\rightarrow\cdots\rightarrow\boldsymbol{R}^{2^k}$$

$$2^{k-1}<n\leqslant 2^k$$

$$k-1<\log_2 n\leqslant k$$

因此，对于模糊相似矩阵，只需要$\lfloor\log_2 n\rfloor+1$ 次计算，即可得到传递闭包。因此，当 $n=15$ 时，只需要计算 4 次。

**例 3.1**　设有模糊相似矩阵 $\boldsymbol{R}$，采用平方法求传递闭包。

$$\boldsymbol{R}=\begin{bmatrix}1 & 0.2 & 0.5 & 0.7\\ 0.2 & 1 & 0.8 & 0.4\\ 0.5 & 0.8 & 1 & 0.6\\ 0.7 & 0.4 & 0.6 & 1\end{bmatrix}$$

**解：**

$$\boldsymbol{R}^2=\boldsymbol{R}\circ\boldsymbol{R}=\begin{bmatrix}1 & 0.5 & 0.6 & 0.7\\ 0.5 & 1 & 0.8 & 0.6\\ 0.6 & 0.8 & 1 & 0.6\\ 0.7 & 0.6 & 0.6 & 1\end{bmatrix}$$

$$\boldsymbol{R}^4=\boldsymbol{R}^2\circ\boldsymbol{R}^2=\begin{bmatrix}1 & 0.6 & 0.6 & 0.7\\ 0.6 & 1 & 0.8 & 0.6\\ 0.6 & 0.8 & 1 & 0.6\\ 0.7 & 0.6 & 0.6 & 1\end{bmatrix}$$

$$\boldsymbol{R}^8=\boldsymbol{R}^4\circ\boldsymbol{R}^4=\begin{bmatrix}1 & 0.6 & 0.6 & 0.7\\ 0.6 & 1 & 0.8 & 0.6\\ 0.6 & 0.8 & 1 & 0.6\\ 0.7 & 0.6 & 0.6 & 1\end{bmatrix}$$

因此，$t(\boldsymbol{R})=\boldsymbol{R}^4$。

### 3.1.2　模糊聚类的具体步骤

模糊聚类分析的步骤如下。

步骤 1：建立原始数据矩阵，并进行数据标准化；

步骤 2：建立模糊相似关系(模糊相似矩阵)；

步骤 3：改造模糊相似关系为模糊等价关系(平方法求传递闭包)；

步骤 4：依据模糊等价矩阵实施聚类；

步骤 5：画出动态聚类图。

下面我们按照以上步骤分别介绍。

步骤 1：建立原始数据矩阵，并进行数据标准化

建立原始数据矩阵，就是根据问题描述，将每个向量组合成矩阵形式。

数据标准化是指依据数据间量纲不同，消除量纲不同带来的计算差异。若量纲相同，可以省略此步骤。

1）最大值标准化

最大值标准化公式（$M_j$ 表示 $j$ 列最大值）如式(3.1)所示：

$$x'_{ij}=\frac{x_{ij}}{M_j} \tag{3.1}$$

除了最大值标准化公式，还有其他方法：标准差标准化、极差正规化、极差标准化等。

2）标准差标准化（式(3.2)）

对于第 $i$ 个变量进行标准化，就是将 $x_{ij}$ 换成 $x'_{ij}$，即

$$x'_{ij}=\frac{x_{ij}-\bar{x}_j}{S_j}\quad(1\leqslant j\leqslant m) \tag{3.2}$$

其中

$$\bar{x}_j=\frac{1}{n}\sum_{i=1}^{n}x_{ij},S_j=\sqrt{\frac{1}{n}\sum_{i=1}^{n}(x_{ij}-\bar{x}_j)^2}$$

3）极差正规化（式(3.3)）

$$x''_{ij}=\frac{x'_{ij}-\max\limits_{1\leqslant j\leqslant n}\{x'_{ij}\}}{\max\limits_{1\leqslant j\leqslant n}\{x'_{ij}\}-\min\limits_{1\leqslant j\leqslant i}\{x'_{ij}\}} \tag{3.3}$$

4）极差标准化（式(3.4)）

$$x'_{ij}=\frac{x_{ij}-\bar{x}_j}{\max\{x_{ij}\}-\min\{x_{ij}\}}$$

$$\bar{x}_j=\frac{1}{n}\sum_{i=1}^{n}x_{ij} \tag{3.4}$$

步骤 2：建立模糊相似关系

建立模糊相似关系有很多方法，选择哪一个方法可以视实际情况而定。常用的方法有：夹角余弦法、相关系数法、最大最小法、算术平均最小法、几何平均最小法、绝对值指数法、绝对值减数法等。下面分别来介绍几种方法。

1）夹角余弦法（式(3.5)）

$$r_{ij}=\frac{\sum\limits_{k=1}^{m}x_{ik}\cdot x_{jk}}{\sqrt{\sum\limits_{k=1}^{m}x_{ik}^2}\cdot\sqrt{\sum\limits_{k=1}^{m}x_{jk}^2}} \tag{3.5}$$

2）相关系数法（式(3.6)）

$$r_{ij}=\frac{\sum\limits_{k=1}^{m}|x_{ik}-\bar{x}_i||x_{jk}-\bar{x}_j|}{\sqrt{\sum\limits_{k=1}^{m}(x_{ik}-\bar{x}_i)^2}\sqrt{\sum\limits_{k=1}^{m}(x_{jk}-\bar{x}_j)^2}} \tag{3.6}$$

其中

$$\bar{x}_i=\frac{1}{m}\sum_{k=1}^{m}x_{i_k},\quad \bar{x}_j=\frac{1}{m}\sum_{k=1}^{m}x_{j_k}$$

3）最大最小法（式(3.7)）

$$r_{ij}=\frac{\sum_{k=1}^{m}\min(x_{ik},x_{jk})}{\sum_{k=1}^{m}\max(x_{ik},x_{jk})} \tag{3.7}$$

4）算术平均最小法（式(3.8)）

$$r_{ij}=\frac{\sum_{k=1}^{m}\min(x_{ik},x_{jk})}{\frac{1}{2}\sum_{k=1}^{m}(x_{ik}+x_{jk})} \tag{3.8}$$

5）几何平均最小法（式(3.9)）

$$r_{ij}=\frac{\sum_{k=1}^{m}\min(x_{ik},x_{jk})}{\sum_{k=1}^{m}(x_{ik}\cdot x_{jk})} \tag{3.9}$$

6）绝对值指数法（式(3.10)）

$$r_{ij}=\mathrm{e}^{-\sum_{k=1}^{m}|x_{ik}-x_{jk}|} \tag{3.10}$$

7）绝对值减数法（式(3.11)）

$$r_{ij}=\begin{cases}1 & i=j\\ 1-c\sum_{k=1}^{m}|x_{ik}-x_{jk}| & i\neq j\end{cases} \tag{3.11}$$

其中 $0<c<1$。

除上述方法外，还可请专家或由多人打分再平均取值。

选择上述哪个方法好，要按实际情况而定。在实际应用时，最好采用多种方法，选取分类最符合实际的结果。

步骤 3：改造模糊相似关系为模糊等价关系

改造相似关系为等价关系时，需要将相似矩阵改造成为模糊等价矩阵，采用平方法求出 $\boldsymbol{R}$ 的传递闭包 $t(\boldsymbol{R})$，$t(\boldsymbol{R})$就是所求的模糊等价矩阵。

步骤 4：依据模糊等价矩阵实施聚类

根据模糊等价矩阵中不同的 $\lambda$ 值，给出 $\lambda$-截矩阵，从而进行类别划分。

步骤 5：画出动态聚类图

**例 3.2** 每个环境单元包括空气、水分、土壤、作物四个要素。环境单元的污染状况由污染物在四要素中含量的超限度来描述。

现有五个环境单元，它们的污染数据如下：

设 $U=\{x_1,x_2,x_3,x_4,x_5\}$，其中 $x_1=(5,5,3,2)$，$x_2=(2,3,4,5)$，$x_3=(5,5,2,3)$，$x_4=(1,5,3,1)$，$x_5=(2,4,5,1)$，

试对 $U$ 进行聚类。

**解：**

(1) 根据问题描述给出原始矩阵 $\boldsymbol{X}$，由于 $\boldsymbol{X}$ 量纲相同，此处不需要进行数据标准化处理。

$$\boldsymbol{X}=\begin{pmatrix}5&5&3&2\\2&3&4&5\\5&5&2&3\\1&5&3&1\\2&4&5&1\end{pmatrix}$$

(2) 按步骤 2 中的方法 7)建立模糊相似关系，取 $c=0.1$，得模糊相似矩阵

$$\boldsymbol{R}=\begin{pmatrix}1&0.1&0.8&0.5&0.3\\0.1&1&0.1&0.2&0.4\\0.8&0.1&1&0.3&0.1\\0.5&0.2&0.3&1&0.6\\0.3&0.4&0.1&0.6&1\end{pmatrix}$$

(3) 用平方法求传递闭包

$$\boldsymbol{R}^2=\begin{pmatrix}1&0.3&0.8&0.5&0.5\\0.3&1&0.2&0.4&0.4\\0.8&0.2&1&0.5&0.3\\0.5&0.4&0.5&1&0.6\\0.5&0.4&0.3&0.6&1\end{pmatrix}$$

$$\boldsymbol{R}^4=\begin{pmatrix}1&0.4&0.8&0.5&0.5\\0.4&1&0.4&0.4&0.4\\0.8&0.4&1&0.5&0.5\\0.5&0.4&0.5&1&0.6\\0.5&0.4&0.5&0.6&1\end{pmatrix}$$

$$\boldsymbol{R}^8=\begin{pmatrix}1&0.4&0.8&0.5&0.5\\0.4&1&0.4&0.4&0.4\\0.8&0.4&1&0.5&0.5\\0.5&0.4&0.5&1&0.6\\0.5&0.4&0.5&0.6&1\end{pmatrix}=\boldsymbol{R}^4$$

所以，$\boldsymbol{R}^4$ 是传递闭包，也就是所求的模糊等价矩阵。

(4) 根据 $\lambda$ 取值确定聚类结果。

当 $\lambda=1$ 时，$U$ 分为五类：$\{x_1\},\{x_2\},\{x_3\},\{x_4\},\{x_5\}$；

当 $\lambda=0.8$ 时，$U$ 分为四类：$\{x_1,x_3\},\{x_2\},\{x_4\},\{x_5\}$；

当 $\lambda=0.6$ 时，$U$ 分为三类：$\{x_1,x_3\},\{x_2\},\{x_4,x_5\}$；

当 $\lambda=0.5$ 时，$U$ 分为两类：$\{x_1,x_3,x_4,x_5\},\{x_2\}$；

当 $\lambda=0.4$ 时，$U$ 分为一类：$\{x_1,x_2,x_3,x_4,x_5\}$。

(5) 画出动态聚类图(如图 3-1 所示)。

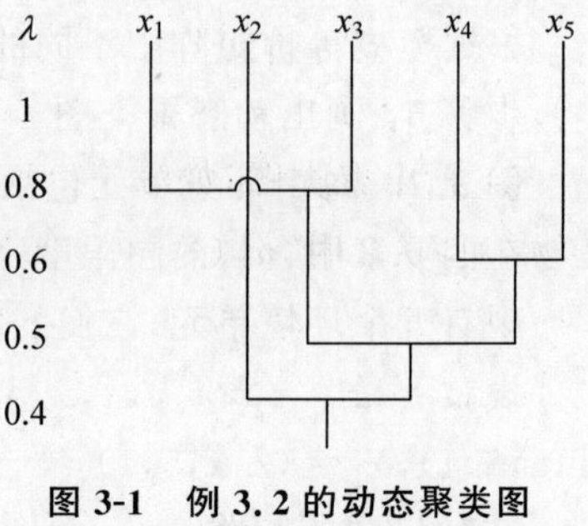

**图 3-1 例 3.2 的动态聚类图**

例 3.2 中，用到了(5)个步骤，但有时，部分步骤是可以省略的。我们来看例 3.3，该案例中省略了步骤 1，直接计算相似关系即可。

**例 3.3** 设 $U=\{u_1,u_2,u_3,u_4,u_5\}$ 表示由父亲、儿子、

女儿、邻居、母亲五人组成的一个集合，请陌生人对这五人按相貌相似程度进行模糊分类。

**解：**

由于本题直接按照相貌的相似程度打分，并规定了范围，因此直接计算相似关系即可。

(1) 求相似关系：

对五人中任意两人按相貌相似程度打分，用[0,1]上的数表示。于是，得到模糊相似矩阵

$$\boldsymbol{R}=\begin{pmatrix}1 & 0.8 & 0.6 & 0.1 & 0.2\\ 0.8 & 1 & 0.8 & 0.2 & 0.85\\ 0.6 & 0.8 & 1 & 0 & 0.9\\ 0.1 & 0.2 & 0 & 1 & 0.1\\ 0.2 & 0.85 & 0.9 & 0.1 & 1\end{pmatrix}$$

自己与自己的相貌完全相像，故对角线上的元素均为1；

$r_{35}=r_{53}=0.9$，表示母女相像的程度为90%；

$r_{14}=r_{41}=0.1$，表示父亲与邻居的相貌相像程度为10%。

由于

$$\boldsymbol{R}^2=\begin{pmatrix}1 & 0.8 & 0.8 & 0.2 & 0.8\\ 0.8 & 1 & 0.85 & 0.2 & 0.85\\ 0.8 & 0.85 & 1 & 0.2 & 0.9\\ 0.2 & 0.2 & 0.2 & 1 & 0.2\\ 0.8 & 0.85 & 0.9 & 0.2 & 1\end{pmatrix}\not\subseteq\boldsymbol{R}$$

即 $\boldsymbol{R}$ 不具有传递性，故不是模糊等价矩阵。

(2) 求传递闭包：

$$\boldsymbol{R}^4=\begin{pmatrix}1 & 0.8 & 0.8 & 0.2 & 0.8\\ 0.8 & 1 & 0.85 & 0.2 & 0.85\\ 0.8 & 0.85 & 1 & 0.2 & 0.9\\ 0.2 & 0.2 & 0.2 & 1 & 0.2\\ 0.8 & 0.85 & 0.9 & 0.2 & 1\end{pmatrix}=\boldsymbol{R}^2$$

因此，$t(\boldsymbol{R})=\boldsymbol{R}^2$ 是 $U$ 上的模糊等价矩阵，用它对 $U$ 聚类。

(3) 聚类：

当 $\lambda=0.2$ 时，$U$ 分为一类：$\{u_1,u_2,u_3,u_4,u_5\}$；

当 $\lambda=0.8$ 时，$U$ 分为两类：$\{u_1,u_2,u_3,u_5\},\{u_4\}$；

当 $\lambda=0.85$ 时，$U$ 分为三类：$\{u_1\},\{u_2,u_3,u_5\},\{u_4\}$；

当 $\lambda=0.9$ 时，$U$ 分为四类：$\{u_1\},\{u_2\},\{u_3,u_5\},\{u_4\}$；

当 $\lambda=1$ 时，$U$ 分为五类：$\{u_1\},\{u_2\},\{u_3\},\{u_5\},\{u_4\}$。

(4) 画出聚类图，如图3-2所示。

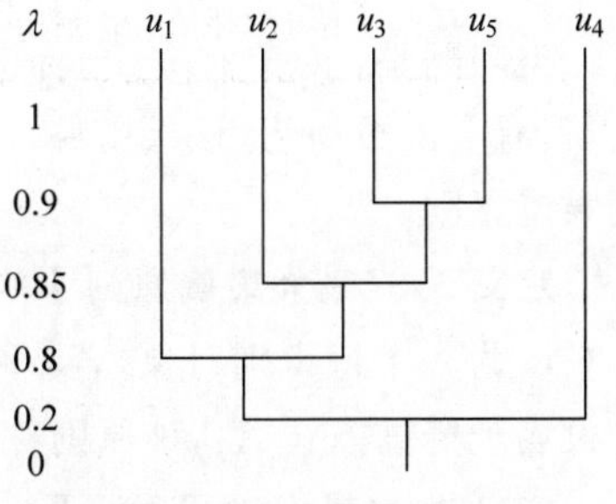


**图 3-2　例 3.3 的动态聚类图**

当 $\lambda>0.2$ 时，$u_4$(邻居)就不属于他们(一家)一类，这是符合实际的。

除了以上介绍的模糊聚类方法之外，"编网法"和"最大树法"的应用也较为广泛，本教材中不再详述，感兴趣的同学可查阅资料自行学习。

在聚类过程中，当 $\lambda:1\to0$ 时由模糊等价关系 $R$ 确定的分类所含的元素由少变多，逐步归

并，最后成一类。这个过程形成一个动态聚类图，且这个过程是关系的细化而不是重组。当隶属度越高，关系越紧密，则类多、类小；当隶属度越低，关系越松泛，则类少、类大。

## 3.2 模糊模式识别

模式识别是指，对某个具体对象识别它属于哪一类别。模式识别的本质特征：一是，事先已知若干标准模式，称为标准模式库；二是，有待识别的对象。

模式识别是科学、工程、经济、社会以至生活中经常遇到并要处理的基本问题。这一问题的数学模式就是：在已知各种标准类型（数学形式化的类型）的前提下，判断识别对象属于哪个类型。对象也要数学形式化，有时数学形式化不能做到完整，或者形式化带有模糊性质，此时识别就要运用模糊数学方法。

所谓模糊模式识别，是指在模式识别中，模式是模糊的，或说标准模式库中提供的模式是模糊的。模糊模式识别的主要任务是让机器模拟人的思维，对有模糊性的客观事物进行识别和分类，如系统自动分拣信件、天气预报等。

模糊模式识别大致有两种方法，一种是直接方法，按"最大隶属原则"归类，主要应用于个体的识别，也称为"点对集"；另一种是间接方法，按"择近原则"归类，一般应用于群体模型的识别，也称为"集对集"。

### 3.2.1 模式识别原则

本节主要介绍模式识别的基本识别原则，并给出一些简单应用。

**1. 最大隶属原则**

我们先来讨论两种类型的问题：

第一，设在论域 $X$ 上有若干模糊集：$A_1, A_2, \cdots, A_n \in F(X)$，将这些模糊集视为 $n$ 个标准模式，$x_0 \in X$ 是待识别的对象，问 $x_0$ 应属于哪个标准模式 $A_i (i=1,2,\cdots,n)$？

第二，设 $A \in F(X)$ 为标准模式，$x_1, x_2, \cdots, x_n \in X$ 为 $n$ 个待选择的对象，问最优录用对象是哪一个 $x_i$？

显然，第一类问题是：对象有一个，标准模式有多个，对象如何归属的问题。例如，一个学生分数 82 分，成绩等级为"优""良""中""及格""不及格"五个等级，问该学生属于哪一个等级？第二类问题是：对象有 $n$ 个，标准模式有一个，择优录用的问题。例如，一个工作岗位招工作人员，有多人投简历，该录用哪一个？就属于该类问题。针对以上两类问题，我们介绍两种最大隶属原则。

**定义 3.3（最大隶属原则Ⅰ）** 设 $A_1, A_2, \cdots, A_m$ 为给定的论域 $U$ 上的 $m$ 个模糊模式，$u_0 \in U$ 为一个待识别对象，若：$A_i(u_0) = \max\{A_1(u_0), A_2(u_0), \cdots, A_n(u_0)\}$，则认为 $u_0$ 优先隶属于模糊模式 $A_i$，该原则称为最大隶属原则Ⅰ。

**定义 3.4（最大隶属原则Ⅱ）** 设 $A$ 为给定的论域 $U$ 上的模糊模式，$u_1, u_2, \cdots, u_n$ 为 $U$ 中的 $n$ 个待识别对象，若：$A(u_i) = \max\{A(u_1), A(u_2), \cdots, A(u_n)\}$，则认为 $u_i$ 优先隶属于模糊模式 $A$，该原则称为最大隶属原则Ⅱ。

**例 3.4** 考虑人的年龄问题，分为年轻、中年、老年三类，分别对应三个模糊集 $A_1, A_2, A_3$，设论域 $U = (0,100]$，且对 $x \in (0,100]$，有

$$A_1(x)=\begin{cases}1, & 0<x\leqslant 20\\ 1-2\left(\dfrac{x-20}{20}\right)^2, & 20<x\leqslant 30\\ 2\left(\dfrac{x-40}{20}\right)^2, & 30<x\leqslant 40\\ 0, & 40<x\leqslant 100\end{cases}\qquad A_3(x)=\begin{cases}0, & 0<x\leqslant 50\\ 2\left(\dfrac{x-50}{20}\right)^2, & 50<x\leqslant 60\\ 1-2\left(\dfrac{x-70}{20}\right)^2, & 60<x\leqslant 70\\ 1, & 70<x\leqslant 100\end{cases}$$

$$A_2(x)=1-A_1(x)-A_3(x)=\begin{cases}0, & 0<x\leqslant 20\\ 2\left(\dfrac{x-20}{20}\right)^2, & 20<x\leqslant 30\\ 1-2\left(\dfrac{x-40}{20}\right)^2, & 30<x\leqslant 40\\ 1, & 40<x\leqslant 50\\ 1-2\left(\dfrac{x-50}{20}\right)^2, & 50<x\leqslant 60\\ 2\left(\dfrac{x-70}{20}\right)^2, & 60<x\leqslant 70\\ 0, & 70<x\leqslant 100\end{cases}$$

$A_1,A_2,A_3$ 的隶属函数如图 3-3 所示：

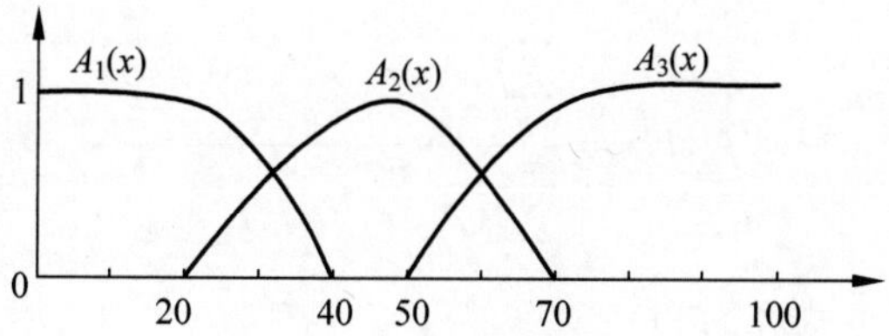


**图 3-3　隶属函数**

**解**：按照最大隶属原则Ⅰ计算：

(1) 若某人 35 岁，即 $x=35$，$A_1(35)=0.125$，$A_2(35)=0.875$，$A_3(35)=0$，可见 35 岁的人应该是中年人。

(2) 若某人 65 岁，即 $x=65$，$A_1(65)=0$，$A_2(65)=0.125$，$A_3(65)=0.875$，可见 65 岁的人应该是老年人。

**例 3.5**　设论域 $U=\{x_1,x_2,x_3\}$(三名学生的学习成绩)，在 $U$ 上确定一个模糊集 $A=$"优"，若三个学生的英语成绩分别为 $x_1=78$，$x_2=84$，$x_3=92$，根据英语成绩从三名学生中招聘一人做翻译，应优先招聘谁？

$$A(x)=\begin{cases}0, & 0\leqslant x\leqslant 80\\ \dfrac{x-80}{10}, & 80<x\leqslant 90\\ 1, & 90<x\leqslant 100\end{cases}$$

**解**：按照最大隶属原则Ⅱ计算：

$A(x_1)=A(78)=0$

$A(x_2)=A(84)=\dfrac{84-80}{10}=0.4$

$A(x_3)=A(92)=1$

$A(x_3)$最大，因此优先招聘 $x_3$。

### 2. 择近原则

**定义 3.5(择近原则)** 设 $A_i, B \in F(U)(i=1,2,\cdots,n)$,若存在 $i$,使

$$N(A_i, B)=\max\{N(A_1, B), N(A_2, B), \cdots, N(A_n, B)\}$$

则认为 $B$ 与 $A_i$ 最贴近,即判定 $B$ 与 $A_i$ 为一类。该原则称为择近原则。

可见,要从一群模糊集 $A_1, A_2, \cdots, A_n$ 中,判定 $B$ 归于 $A_i(i=1,2,\cdots,n)$ 的哪一类($A_i$ 为已知),即当识别对象是“模糊集”而不是单个元素时,采用择近原则,即计算 $B$ 与 $A_i(i=1,2,\cdots,n)$ 的贴近度,贴近度最大的两个模糊集被识别为一类。

贴近度是描述模糊集之间彼此靠近程度的指标,是我国学者汪培庄教授提出的,由于研究的问题不同,贴近度也有不同的定义形式。

**定义 3.6(贴近度的一般定义)** 设 $A, B \in F(U)$,$A$ 与 $B$ 的贴近度见式(3.12)。

$$\sigma_0(A, B)=\frac{1}{2}[A \circ B+(1-A \otimes B)] \tag{3.12}$$

其中,“$\circ$”的计算规则为“先合取,再析取”(“先取小,再取大”);“$\otimes$”的计算规则为“先析取,再合取”(“先取大,再取小”)。

常见的贴近度计算公式还有如下几种:

1) 最小最大贴近度(见式(3.13))

$$\sigma_1(A, B)=\frac{\sum_{k=1}^{n}(A(x_k) \wedge B(x_k))}{\sum_{k=1}^{n}(A(x_k) \vee B(x_k))} \tag{3.13}$$

2) 最小平均贴近度(见式(3.14))

$$\sigma_2(A, B)=\frac{2\sum_{k=1}^{n}(A(x_k) \wedge B(x_k))}{\sum_{k=1}^{n}(A(x_k)+B(x_k))} \tag{3.14}$$

3) 海明贴近度(见式(3.15))

$$\sigma_3(A, B)=1-\frac{1}{n}\sum_{k=1}^{n}|A(x_k)-B(x_k)| \tag{3.15}$$

4) 欧几里得贴近度(见式(3.16))

$$\sigma_4=1-\frac{1}{\sqrt{n}}\left[\sum_{k=1}^{n}(A(x_k)-B(x_k))^2\right]^{\frac{1}{2}} \tag{3.16}$$

**例 3.6** 现有茶叶等级标准样品五种:$A_1, A_2, A_3, A_4, A_5$,待识别的茶叶模型 $B$,依据贴近度原则确定 $B$ 的型号。取反映茶叶质量的因素集为论域 $U=\{$条索,色泽,净度,汤色,香气,滋味$\}$。假定 $U$ 上的模糊集:

$A_1=(0.5,0.4,0.3,0.6,0.5,0.4)$ $A_2=(0.3,0.2,0.2,0.1,0.2,0.2)$

$A_3=(0.2,0.2,0.2,0.1,0.1,0.2)$ $A_4(0,0.1,0.2,0.1,0.1,0.1)$

$A_5=(0,0.1,0.1,0.1,0.1,0.1)$ $B=(0.4,0.2,0.1,0.4,0.5,0.6)$

**解**:利用贴近度的一般定义(3.12)计算可得:

$$\sigma_0(A_1, B)=\frac{1}{2}[0.5+(1-0.3)]=0.6$$

$$\sigma_0(A_2,B)=\frac{1}{2}[0.3+(1-0.2)]=0.55$$

$$\sigma_0(A_3,B)=\frac{1}{2}[0.2+(1-0.2)]=0.5$$

$$\sigma_0(A_4,B)=\frac{1}{2}[0.1+(1-0.2)]=0.45$$

$$\sigma_0(A_5,B)=\frac{1}{2}[0.1+(1-0.1)]=0.5$$

按择近原则,可以确定 $B$ 为 $A_1$ 型茶叶。

最大隶属原则和择近原则是模糊模式识别的基本方法,在许多模糊性问题中都有广泛的应用。

### 3.2.2 模式识别的直接方法

对事物进行直接识别时,所依据的是最大隶属原则。

**例 3.7** 通货膨胀识别:设论域 $U=\{u \mid u\in U, u\geqslant 0\}$,它表示指数集。对 $u\in U$,$u$ 表示物价上涨 $u\%$。通货膨胀状态可分成五个类型:通货稳定,轻度通货膨胀,中度通货膨胀,重度通货膨胀和恶性通货膨胀。这五个类型依次用 $U$ 上的模糊集 $A_1, A_2, A_3, A_4, A_5$ 表示,根据统计资料分别取它的隶属函数为

$$A_1(u)=\begin{cases}1, & 0\leqslant u\leqslant 5\\ e^{\frac{-(u-5)^2}{3^2}}, & u>5\end{cases}$$

$$A_2(u)=e^{\frac{-(u-10)^2}{5^2}}$$

$$A_3(u)=e^{\frac{-(u-20)^2}{7^2}}$$

$$A_4(u)=e^{\frac{-(u-30)^2}{9^2}}$$

$$A_5(u)=\begin{cases}e^{\frac{-(u-50)^2}{15^2}}, & 0\leqslant u\leqslant 50\\ 1, & u>50\end{cases}$$

问 $u_1=8, u_2=40$,相对隶属于哪种类型?

**解**:按照最大隶属原则Ⅰ计算:

$A_1(8)=0.3679, A_2(8)=0.8521, A_3(8)=0.0529, A_4(8)=0.0025, A_5(8)=0.0004$,

$A_1(40)\triangleq 0, A_2(40)\triangleq 0, A_3(40)=0.0003, A_4(40)=0.2910, A_5(40)=0.6412$。

其中,记号 $\triangleq 0$ 表示数值非常小。

由最大隶属原则,$u_1=8$ 应相对隶属于 $A_2$,即当物价上涨 8%时,应视为轻度通货膨胀;$u_2=40$ 应相对隶属于 $A_5$,即应视为恶性通货膨胀。

### 3.2.3 模式识别的间接方法

在上面介绍的直接识别方法中,所要识别的对象是单个情况,但在现实生活中有时要识别的对象并不是单个确定的元素,而是论域上的子集或模糊集。这时,直接识别方法便失去作

用，需要采用择近原则，进行间接识别。对于择近原则，本书第 3.2.1 节已介绍过，这里就不再赘述。只举例做进一步分析。

**例 3.8** 动物学家将食肉目动物分为猫科和犬科，而猫科（记为 $R_1$）和犬科（记为 $R_2$）的划分主要靠一些主要的特征，令论域 $U$ 为特征集，$U$={吻长，舌上刺长，腰部柔韧度，长跑时间}。

假定 $U$ 上模糊集为 $R_1=(0.2,0.9,0.9,0.2)$，$R_2=(0.7,0,0.3,0.9)$。

今有一种食肉动物 $A$ 被生物学家发现其属性为 $A=(0.5,0.1,0.6,0.8)$，试确定 $A$ 是猫科动物还是犬科动物。

**解**：利用最小最大贴近度式(3.13)计算：

$$\sigma_1(R_1,A)=\frac{(0.2\wedge 0.5)+(0.9\wedge 0.1)+(0.9\wedge 0.6)+(0.2\wedge 0.8)}{(0.2\vee 0.5)+(0.9\vee 0.1)+(0.9\vee 0.6)+(0.2\vee 0.8)}$$

$$=\frac{0.2+0.1+0.6+0.2}{0.5+0.9+0.9+0.8}=0.355$$

$$\sigma_1(R_2,A)=\frac{(0.7\wedge 0.5)+(0\wedge 0.1)+(0.3\wedge 0.6)+(0.9\wedge 0.8)}{(0.7\vee 0.5)+(0\vee 0.1)+(0.3\vee 0.6)+(0.9\vee 0.8)}$$

$$=\frac{0.5+0+0.3+0.8}{0.7+0.1+0.6+0.9}=0.696$$

按择近原则，可以确定 $A$ 属于犬科动物。

该案例比较粗糙，一种新物种归属是要经过动物学家的深入研究和探讨的，但这并不影响对模糊模式识别的择近原则的理解。

在实际应用中，首先要建立模糊集的隶属函数，然后才应用模式识别原则进行识别。下面通过三角形的识别，学习确定隶属函数的方法并掌握模糊识别的步骤。

**例 3.9** 三角形识别：在机器自动识别课题中，常把问题归结为几何图形的识别，而几何图形又常常划分为若干三角形图形，如等腰三角形 $I$，直角三角形 $R$，等腰直角三角形 $IR$，等边三角形 $E$ 和非典型三角形 $T$。现实问题中的等腰三角形往往不是标准的等腰三角形，即带有不同程度的模糊性，所以，它的模式可用模糊集表示。其他三角形类似。

现给定一具体三角形，其内角为 65°，35°，80°。试确定它属于上述类型的哪一类。

**解**：该问题并未给出五个模糊集的隶属函数，因此需要根据问题定义建立隶属函数后再进行模式识别。

(1) 首先确定这五种类型的模糊集的隶属函数，三角形论域

$$U=\{(A,B,C)\mid A+B+C=180°,A\geqslant B\geqslant C\}$$

其中，$A,B,C$ 为三角形三个内角的度数，任意三角形 $u=(A,B,C)$，待识别的三角形记为 $u_0=(65°,35°,80°)$。上述五类三角形是 $U$ 上的 $F$ 集，它们的隶属函数分别规定如下。

① 等腰三角形

$$I(u)=1-\frac{1}{60}\min(A-B,B-C)$$

这样规定的理由是：当 $A$ 与 $B$（或 $B$ 与 $C$）愈接近时，三角形 $u=(A,B,C)$ 就愈接近等腰三角形，即隶属度 $I(u)$ 趋近于 1；当 $A=B$ 或 $B=C$（真正等腰）时，隶属度最大，$I(u)=1$；当 $A=120$，$B=60°$，$C=0°$时，三角形 $u=(120°,60°,0°)$ 最不等腰（当然，这种情况就不是三角形了），隶属度最小 $I(u)=0$。可见，要确定模糊等腰三角形的隶属函数，必须对等腰三角形的特性了解清楚，根据等腰三角形有两内角相等的特性和它的模糊性（即不完全等腰）的思想，便可得到上述隶属函数的表达式。其他三角形的隶属函数也可以作类似规定。

② 直角三角形　　$R(u)=1-\frac{1}{90}|A-90|$

③ 等腰直角三角形　$IR(u)=I(u)\wedge R(u)$

$$=\min\left\{1-\frac{1}{60}\min(A-B,B-C),1-\frac{1}{90}|A-90|\right\}$$

$$=1-\max\left\{\frac{1}{60}\min(A-B,B-C),\frac{1}{90}|A-90|\right\}$$

④ 等边三角形　　$E(u)=1-\frac{1}{180}(A-C)$

⑤ 非典型三角形　$T=(I\cup R\cup E)^c=I^c\cap R^c\cap E^c$

$$T(u)=\min\{1-I(u),1-R(u),1-E(u)\}$$

$$=\frac{1}{180}\min\{3(A-B),3(B-C),2|A-90|,|A-C|\}$$

(2) 根据最大隶属原则Ⅰ,计算每个值：$I(u_0)=\frac{3}{4}$,$R(u_0)=\frac{8}{9}$,$IR(u_0)=\frac{3}{4}$,$E(u_0)=\frac{3}{4}$,$T(u_0)=\frac{1}{9}$,最大的为 $R(u_0)$,第二类直角三角形,因此判定 $u_0$ 为近似直角三角形。

## 3.3　模糊综合评判

在实际工作中,对一个事物的评价常常涉及多个因素或多个指标,因此需要根据多个因素对事物做出综合评价,也称为综合评判。所谓“综合”是指评判条件包含多个因素或多个指标；所谓“评判”是指按照给定的条件对事物的优劣、好坏进行评比和判别。因此,综合评判就是要对受多个因素影响的事物做出全面评价。

模糊逻辑通过使用模糊集合工作,是一种解决不精确、不完全信息的方法,其最大优势在于能够自然地表达和处理人类思维的模糊性,因此在多因素综合评判,尤其是评判涉及模糊因素时,用模糊数学的方法进行评判是非常好的选择。

### 3.3.1　基本概念

模糊综合评判就是以模糊数学为基础,应用模糊关系合成的原理,将一些边界不清、不易定量的因素定量化,从多个因素对被评价事务隶属等级状况进行综合性评判的一种方法。它具有结果清晰、系统性强的优势,适合解决各种非确定性问题。模糊综合评判是对受多种因素影响的事物做出全面评价的一种十分有效的多因素决策方法,又称为模糊综合决策或模糊综合评价。

关于模糊综合评判,有以下几个基本概念。

(1) 因素集(评判指标集)：与被评判事物相关的因素有 $n$ 个,记作 $U=\{u_1,u_2,\cdots,u_n\}$；

(2) 评语集(评判的结果)：设所有可能出现的评语有 $m$ 个,记作 $V=\{v_1,v_2,\cdots,v_m\}$,也称为评判集,它们的元素个数和名称需要根据实际问题人为主观确定；

(3) 权重集(指标的权重)：由于各种因素所处的地位和作用不同,影响力也不一样,权重当然也不同,因而评判也就不同,权重一般用 $A=\{a_1,a_2,\cdots,a_n\}$来表示。

模糊综合评判分为两类：一级模糊综合评判和多级模糊综合评判。

### 3.3.2 一级模糊综合评判

20 世纪 80 年代初，汪培庄提出了综合评判模型，该模型简单实用，因此被迅速应用于经济、工业、农业及生产的方方面面。本节讲解一级模糊综合评判的具体计算步骤。

模糊综合评判的数学模型由三个要素(因素集、评语集、权重集)组成，一级模糊综合评判的步骤分为以下六步：

(1) 确定因素集(评判指标集)，构成因素集 $U=\{u_1,u_2,\cdots,u_n\}$；

(2) 确定评语集(评判的结果)，构成评判集 $V=\{v_1,v_2,\cdots,v_m\}$；

(3) 进行单因素评判，得到每个单因素向量：$r_i=(r_{i1},r_{i2},\cdots,r_{im})$；

(4) 构造综合评判矩阵：$\boldsymbol{R}=\begin{bmatrix} r_{11} & r_{12} & \cdots & r_{1m} \\ r_{21} & r_{22} & \cdots & r_{2m} \\ \vdots & \vdots & \vdots & \vdots \\ r_{n1} & r_{n2} & \cdots & r_{nm} \end{bmatrix}$；

(5) 确定权重集(指标的权重)，即：评判因素的权重向量 $\boldsymbol{A}=(a_1,a_2,\cdots,a_n)$，权重集表示各种因素的作用和影响力不同；

(6) 模糊综合评判：进行$\circ$运算，$\boldsymbol{B}=\boldsymbol{A}\circ\boldsymbol{R}$，并对运算结果归一化，根据隶属度最大原则得到模糊综合评判结果。

在第(6)步中，关于运算$\circ$，有不同的定义，可得到以下四种不同的模型。

1) 主因素决定型——$M(\wedge,\vee)$

$$b_j=\max\{(a_i\wedge r_{ij}),1\leqslant i\leqslant n\}\quad (j=1,2,\cdots,m)$$

其评判结果只取决于在总评价中起主要作用的那个因素，其余因素均不影响评判结果，此模型比较适用于单项评判最优就能作为综合评判最优的情况。

2) 主因素突出型——$M(\cdot,\vee)$

$$b_j=\max\{(a_i\cdot r_{ij}),1\leqslant i\leqslant n\}(j=1,2,\cdots,m)$$

它与模型 $M(\wedge,\vee)$相近，但比模型 $M(\wedge,\vee)$精细些，不仅突出了主要因素，也兼顾了其他因素。此模型适用于模型 $M(\wedge,\vee)$失效(不可区别)，需要“加细”的情况。

3) 加权平均型——$M(\cdot,+)$

$$b_j=\sum_{i=1}^{n}(a_i\cdot r_{ij})\quad (j=1,2,\cdots,m)$$

该模型依权重的大小对所有因素均衡兼顾，比较适用于要求总和最大的情形。

4) 均衡平均型——$M(\wedge,+)$

$$b_j=\sum_{i=1}^{n}\left(a_i\wedge\frac{r_{ij}}{r_0}\right)\quad (j=1,2,\cdots,m)$$

其中，$r_0=\sum_{k=1}^{m}r_{kj}$。

该模型适用于 $\boldsymbol{R}$ 中元素 $r_{ij}$ 偏大或偏小的情形。

在以上四种模型中，主因素决定型最为常用，本教材案例均采用该模型进行运算。

为了更好地理解以上一级模糊综合评判的数学模型，下面看一个通俗的案例。

**例 3.10(食品评判)** 所谓“萝卜青菜，各有所爱”，人们对某种食品的喜欢程度受味道、营养、性价比等多个因素影响，且往往受人的主观感受评价影响。

本案例选取如下的因素集、评语集。

(1) 因素集 $U=\{u_1,u_2,u_3,u_4,u_5\}$,其中,$u_1$:价格;$u_2$:味道;$u_3$:包装;$u_4$:营养;$u_5$:性价比。

(2) 评语集 $V=\{v_1,v_2,v_3,v_4\}$,其中,$v_1$:很喜欢;$v_2$:喜欢;$v_3$:一般;$v_4$:不喜欢。

(3) 单因素评判。可以请若干顾客,对于某种食品,单就价格表态,如果有20%的人很喜欢,50%的人喜欢,30%的人一般,没有人不喜欢,便可得到

$$u_1=(0.2,0.5,0.3,0)$$

类似地对其他因素进行单因素评判,得到

$$u_2=(0.1,0.3,0.5,0.1)$$

$$u_3=(0,0.1,0.6,0.3)$$

$$u_4=(0,0.4,0.5,0.1)$$

$$u_5=(0.5,0.3,0.2,0)$$

(4) 由上述单因素评判向量,得到综合评判矩阵 $\boldsymbol{R}$:

$$\boldsymbol{R}=\begin{bmatrix}0.2 & 0.5 & 0.3 & 0\\ 0.1 & 0.3 & 0.5 & 0.1\\ 0 & 0.1 & 0.6 & 0.3\\ 0 & 0.4 & 0.5 & 0.1\\ 0.5 & 0.3 & 0.2 & 0\end{bmatrix}$$

(5) 确定权重集:有这样一位顾客,他对各因素所持的权重分别为

$$\boldsymbol{A}=(0.1,0.4,0.1,0.3,0.1)$$

(6) 模糊综合评判:采用主因素决定型模型进行运算,可求得该顾客对此种食品的综合评判为

$$\boldsymbol{B}=\boldsymbol{A}\circ\boldsymbol{R}=(0.1,0.3,0.4,0.1)$$

按最大隶属原则,0.4最大,代表评判集中的 $v_3$"一般",因此对此种食品该顾客感觉"一般"。

也可以对 $\boldsymbol{B}$ 进行归一化,得:

$$\boldsymbol{B}=\left(\frac{0.1}{0.9},\frac{0.3}{0.9},\frac{0.4}{0.9},\frac{0.1}{0.9}\right)=(0.11,0.33,0.44,0.11)$$

此处,$0.9=0.1+0.3+0.4+0.1$。

评判结果不变,对此种食品该顾客感觉"一般"。

### 3.3.3　多级模糊综合评判

对于一个复杂的系统来说,其评价因素往往是多方面的,且不同因素之间存在着不同的层次,此时应用一级模糊评价模型就很难得出客观的评价结果。在这种情况下,就需要将评价因素集合按照某种属性分成几类,先对每一类进行综合评判,然后再对各类评判结果进行类之间的高层次综合评判,即为多级模糊综合评判。其具体步骤为:

(1) 将因素集 $U=\{u_1,u_2,\cdots,u_n\}$ 划分成若干组,得到 $U=\{U_1,U_2,\cdots,U_k\}$,其中 $U=\bigcup\limits_{i=1}^{k}U_i$,$U_i\cap U_j=\varnothing(i\neq j)$,称 $U=\{U_1,U_2,\cdots,U_k\}$ 为第一级因素集。

(2) 设评语集 $V=\{v_1,v_2,\cdots,v_m\}$,先对第二级因素集 $U_i=\{u_1^{(i)},u_2^{(i)},\cdots,u_l^{(i)}\}$ 的 $l$ 个因素进行单因素评判,得单因素评判矩阵 $\boldsymbol{R}$:

$$\boldsymbol{R}_i=\begin{bmatrix} r_{11}^{(i)} & r_{12}^{(i)} & \cdots & r_{1m}^{(i)} \\ r_{21}^{(i)} & r_{22}^{(i)} & \cdots & r_{2m}^{(i)} \\ \vdots & \vdots & \vdots & \vdots \\ r_{l1}^{(i)} & r_{l2}^{(i)} & \cdots & r_{lm}^{(i)} \end{bmatrix}$$

(3) 设 $U_i=\{u_1^{(i)},u_2^{(i)},\cdots,u_l^{(i)}\}$的权重为 $\boldsymbol{A}_i=(a_1^{(i)},a_2^{(i)},\cdots,a_l^{(i)})$，求得综合评判为

$$\boldsymbol{B}_i=\boldsymbol{A}_i\circ\boldsymbol{R}_i(i=1,2,\cdots,k)$$

(4) 再对第一级因素集 $U=\{U_1,U_2,\cdots,U_k\}$作综合评判：设其权重为 $\boldsymbol{A}=(a_1,a_2,\cdots,a_k)$，则总评判矩阵为

$$\boldsymbol{R}=\begin{bmatrix} \boldsymbol{B}_1 \\ \boldsymbol{B}_2 \\ \vdots \\ \boldsymbol{B}_k \end{bmatrix}$$

从而得到综合评判为 $\boldsymbol{B}=\boldsymbol{A}\circ\boldsymbol{R}$，按最大隶属度原则即可得到相应评语。

如果需要解决的问题，涉及因素过多，它们的权重难以分配；或者是即使确定了权重分配，由于需要满足归一化条件，使得每个因素的权重都非常小，对这类问题，可以采用多级模糊综合评判方法。

**例 3.11** 某一公司对其中一部门员工进行年终评定，以一名员工评定为例，考虑到本部门工作的性质，共有 18 个指标，评定数据如表 3-1 所示。对于本案例的人事年终考核评定问题，采用二级系统即可解决问题。

(1) 因素集 $U$ 分为两层，将 18 个指标分成：工作绩效($U_1$)、工作态度($U_2$)、工作能力($U_3$)、学习成长($U_4$)四个子因素集。

第一层：$U=\{U_1,U_2,U_3,U_4\}$；

第二层：$U_1=\{u_{11},u_{12},u_{13},u_{14}\}$；$U_2=\{u_{21},u_{22},u_{23},u_{24},u_{25}\}$；

$U_3=\{u_{31},u_{32},u_{33},u_{34},u_{35}\}$；$U_4=\{u_{41},u_{42},u_{43},u_{44}\}$。

其中，$u_{11}$ 代表的是工作绩效中的“工作量”；$u_{21}$ 代表的是工作态度中的“责任感”以此类推。

**表 3-1 评定数据表**

| 一级指标 | 二级指标 | 评价 | | | | |
|---|---|---|---|---|---|---|
| | | 优秀 | 良好 | 一般 | 较差 | 差 |
| 工作绩效 | 工作量 | 0.8 | 0.15 | 0.05 | 0 | 0 |
| | 工作效率 | 0.2 | 0.6 | 0.1 | 0.1 | 0 |
| | 工作质量 | 0.5 | 0.4 | 0.1 | 0 | 0 |
| | 计划性 | 0.1 | 0.3 | 0.5 | 0.05 | 0.05 |
| 工作态度 | 责任感 | 0.3 | 0.5 | 0.15 | 0.05 | 0 |
| | 团队精神 | 0.2 | 0.2 | 0.4 | 0.1 | 0.1 |
| | 学习态度 | 0.4 | 0.4 | 0.1 | 0.1 | 0 |
| | 工作主动性 | 0.1 | 0.3 | 0.3 | 0.2 | 0.1 |
| | 满意度 | 0.3 | 0.2 | 0.2 | 0.2 | 0.1 |

续表

| 一级指标 | 二级指标 | 评价 | | | | |
|---|---|---|---|---|---|---|
| | | 优秀 | 良好 | 一般 | 较差 | 差 |
| 工作能力 | 创新能力 | 0.1 | 0.3 | 0.5 | 0.1 | 0 |
| | 自我管理能力 | 0.2 | 0.3 | 0.3 | 0.1 | 0.1 |
| | 沟通能力 | 0.2 | 0.3 | 0.35 | 0.15 | 0 |
| | 协调能力 | 0.1 | 0.3 | 0.4 | 0.1 | 0.1 |
| | 执行能力 | 0.1 | 0.4 | 0.3 | 0.1 | 0.1 |
| 学习成长 | 勤情评价 | 0.3 | 0.4 | 0.2 | 0.1 | 0 |
| | 技能提高 | 0.1 | 0.4 | 0.3 | 0.1 | 0.1 |
| | 培训参加 | 0.2 | 0.3 | 0.4 | 0.1 | 0 |
| | 工作提案 | 0.4 | 0.3 | 0.2 | 0.1 | 0 |

(2) 评语集 $V=\{$“优秀”,“良好”,“一般”,“较差”,“差”$\}$,构造单因素评判矩阵:

$$\boldsymbol{R}_1=\begin{bmatrix}0.8 & 0.15 & 0.05 & 0 & 0\\ 0.2 & 0.6 & 0.1 & 0.1 & 0\\ 0.5 & 0.4 & 0.1 & 0 & 0\\ 0.1 & 0.3 & 0.5 & 0.05 & 0.05\end{bmatrix}$$

$$\boldsymbol{R}_2=\begin{bmatrix}0.3 & 0.5 & 0.15 & 0.05 & 0\\ 0.2 & 0.2 & 0.4 & 0.1 & 0.1\\ 0.4 & 0.4 & 0.1 & 0.1 & 0\\ 0.1 & 0.3 & 0.3 & 0.2 & 0.1\\ 0.3 & 0.2 & 0.2 & 0.2 & 0.1\end{bmatrix}$$

$$\boldsymbol{R}_3=\begin{bmatrix}0.1 & 0.3 & 0.5 & 0.1 & 0\\ 0.2 & 0.3 & 0.3 & 0.1 & 0.1\\ 0.2 & 0.3 & 0.35 & 0.15 & 0\\ 0.1 & 0.3 & 0.4 & 0.1 & 0.1\\ 0.1 & 0.4 & 0.3 & 0.1 & 0.1\end{bmatrix}$$

$$\boldsymbol{R}_4=\begin{bmatrix}0.3 & 0.4 & 0.2 & 0.1 & 0\\ 0.1 & 0.4 & 0.3 & 0.1 & 0.1\\ 0.2 & 0.3 & 0.4 & 0.1 & 0\\ 0.4 & 0.3 & 0.2 & 0.1 & 0\end{bmatrix}$$

(3) 设二级指标的权重为

$$\boldsymbol{A}_1=[0.4,0.2,0.3,0.1]$$

$$\boldsymbol{A}_2=[0.3,0.2,0.1,0.2,0.2]$$

$$\boldsymbol{A}_3=[0.1,0.2,0.3,0.2,0.2]$$

$$\boldsymbol{A}_4=[0.3,0.2,0.2,0.3]$$

对各因素进行二级模糊综合评价为

$$\boldsymbol{B}_1=\boldsymbol{A}_1\circ\boldsymbol{R}_1=[0.4,0.3,0.1,0.1,0.05]$$

$$B_2 = A_2 \circ R_2 = [0.3, 0.3, 0.2, 0.1, 0.1]$$

$$B_3 = A_3 \circ R_3 = [0.2, 0.3, 0.3, 0.15, 0.1]$$

$$B_4 = A_4 \circ R_4 = [0.3, 0.3, 0.2, 0.1, 0.1]$$

汇总二级综合评判矩阵：

$$R = \begin{bmatrix} B_1 \\ B_2 \\ B_3 \\ B_4 \end{bmatrix} = \begin{bmatrix} 0.4 & 0.3 & 0.1 & 0.1 & 0.05 \\ 0.3 & 0.3 & 0.2 & 0.1 & 0.1 \\ 0.2 & 0.3 & 0.3 & 0.15 & 0.1 \\ 0.3 & 0.3 & 0.2 & 0.1 & 0.1 \end{bmatrix}$$

(4) 设一级指标的权重为

$$A = [0.4, 0.3, 0.2, 0.1]$$

最后，进行一级模糊综合评判：

$$B = A \circ R = [0.4, 0.3, 0.2, 0.1] \circ R = [0.4, 0.3, 0.2, 0.15, 0.1]$$

所以根据最大隶属度原则，0.4最大，因此对该员工评判为“优秀”。

若需要，可以进行归一化处理，不影响评判结果：$B = [0.348, 0.261, 0.174, 0.13, 0.087]$。

## 3.4 模糊控制

模糊数学使迅速处理模糊信息成为可能，它是一座架在精确性经典数学和充满模糊性的现实世界之间的桥梁，为计算机对复杂的模糊问题进行识别与判断提供了理论依据。

传统的计算机，采用的是由“0”和“1”两个数码组成的二进制逻辑；而模糊数学中的逻辑值可以取0到1之间的一切值，即逻辑判断的结论不仅是“是”与“非”，而是有无限种可能，以这种理论设计出的电子电路，就是模糊集成电路或非逻辑不规则集成电路，由模糊集成电路构成的计算机，就是我们所说的模糊计算机。

模糊计算机按用途可分为控制领域和推理判断领域两类。

模糊计算机用不着进行精确计算，就能很快得出结果，尤其是在某些不需要精确计算的控制场合，优越性十分突出。例如，对汽车自动驾驶系统来说，只要汽车按规定路线行驶，安全、准时到达目的地便可，汽车在行驶过程中的时快时慢、左右颠簸都是允许的，这时用模糊计算机控制，由于运算时间减到最小，不仅能够实现平衡地行驶，而且对剧烈变化的情况也能迅速做出反应。因此模糊控制非常适合需要实时(立即做出反应)控制的场合。模糊控制正广泛用于家用电器，如洗衣机、全自动(包括自动对焦)照相机等，成为新一代家用电器的最明显标志。如摄录一体化摄像机是很走俏的新一代家电产品，它采用模糊控制的自动光圈，使得在逆光条件下也能获得清晰图像。

模糊推理判断，是人类在长期进化过程中同自然界斗争、保存自己、发展自己最为需要的一种能力。原始人听见野兽的吼声会赶紧躲起来，感觉到冷了会找个东西遮体，这只需要模糊推理能力，而用不着精确的计算。即使在科技高度发展的现代社会，模糊推理也是人类在工作、生活中不可缺少的能力。不仅在处理突发事件中随机应变、在面临重大问题需要当机立断时离不开它，而且就是在日常生活中如走路、骑自行车时，也时时刻刻都需要它，否则准要碰得头破血流。

### 3.4.1 模糊推理

模糊推理是通过模糊规则将输入转换为输出的过程，模糊推理中有大前提、小前提和结论三部分，格式如下。

大前提(规则)：若 $x$ 是 $A$，那么 $y$ 是 $B$。

小前提(输入)：$x$ 是 $C$。

结论(输出)：$y$ 是 $D$。

通常把大前提(规则)中的"若 $x$ 是 $A$"称为"前件"，"那么 $y$ 是 $B$"称为"后件"。观察上面的格式，我们看到在模糊推理中，小前提没有必要与大前提的前件一致($A$ 与 $C$ 不必完全一致)，结论没有必要与大前提的后件一致($B$ 与 $D$ 不必完全一致)，因此，该格式所表达的是一种不精确的推理。

模糊推理中，大前提就是模糊规则，模糊规则中的 $A$ 和 $B$ 都是语言变量的取值，即模糊集合，如"优秀""瘦"等；小前提是模糊推理系统的输入，$C$ 是一个模糊集合(实际应用中，$C$ 常常是由若干精确输入构成的经典集合，这时 $C$ 相当于若干点隶属度为 1、其余点隶属度为 0 的特殊模糊集合)；结论中 $D$ 就是模糊推理的输出，这个输出也是一个模糊集合。

**1. 模糊集合的直积**

(1) 两个模糊集合的直积：设 $A$、$B$ 分别为不同论域上的模糊集合，则 $A$ 对 $B$ 的直积定义为 $A\times B=A^{\mathrm{T}}\circ B$

(2) 三个模糊集合的直积：$A\times B\times C=(A\times B)\times C=(A\times B)^{\mathrm{L}}\circ C$，其中，L 运算表示将括号内的矩阵按行写成 $n$ 维列向量的形式。

**例 3.12**　设模糊集合 $A=(0.5\ 0.7\ 0.3)$，$B=(0.8\ 0.2)$，$C=(0.9\ 0.4)$，求 $A\times B\times C$。

**解：**

$$A\times B=A^{\mathrm{T}}\circ B=\begin{bmatrix}0.5\\0.7\\0.3\end{bmatrix}\circ\begin{bmatrix}0.8 & 0.2\end{bmatrix}=\begin{bmatrix}0.5 & 0.2\\0.7 & 0.2\\0.3 & 0.2\end{bmatrix}$$

$$A\times B\times C=(A\times B)^{\mathrm{L}}\circ C=\begin{bmatrix}0.5\\0.2\\0.7\\0.2\\0.3\\0.2\end{bmatrix}\circ\begin{bmatrix}0.9 & 0.4\end{bmatrix}=\begin{bmatrix}0.5 & 0.4\\0.2 & 0.2\\0.7 & 0.4\\0.2 & 0.2\\0.3 & 0.3\\0.2 & 0.2\end{bmatrix}$$

否定词和联接词共有三个："与""或""非"，它们是人们表达意思的常用词，为进行模糊数学的运算，定义其隶属函数如下。

联接词"与"的隶属函数：$\mu_{A\cap B}=\mu_A\wedge\mu_B$；

联接词"或"的隶属函数：$\mu_{A\cup B}=\mu_A\vee\mu_B$；

联接词"非"的隶属函数：$\mu_{\bar{A}}=1-\mu_A$。

**2. 假言推理**

基本规则：如果已知命题 $A$(即可以分辨真假的陈述句)蕴涵命题 $B$，即 $A\rightarrow B$(若 $A$ 则 $B$)；如今确实 $A$，则可以得到结论为 $B$，其逻辑结构如下。

若 $A$，则 $B$；

**如今 $A$**；

结论 $B$。

例如：如果 $A$ 看成"小王住院"，$B$ 看成"小王生病"；则若"小王住院"，"小王生病"也真。

命题 $A$，$B$ 均为精确命题，在模糊情况下，$A$ 与 $B$ 均为模糊命题，代表模糊事件要用模糊假言推理来进行推理。

设 $a$，$b$ 分别被描述为 $X$ 与 $Y$ 中的模糊子集 $A$ 与 $B$，$(a)\rightarrow(b)$ 表示从 $X$ 到 $Y$ 的一个模糊关系，它是 $X\times Y$ 的一个模糊子集，记作 $A\rightarrow B$。

例如，如 $A$ 则 $B$，它的隶属函数为 $A\rightarrow B$

$$\mu_{A\rightarrow B}(x,y)=[\mu_A(x)\wedge\mu_B(y)]\vee[1-\mu_A(x)]$$

### 3. 三种基本类型的模糊条件语句

下面介绍三种普通条件语句及其模糊条件语句的简记形式。

(1) if 条件 then 语句：if $A$ then $B$。

(2) if 条件 then 语句 1 else 语句 2：if $A$ then $B$ else $C$。

(3) if 条件 1 and 条件 2 then 语句：if $A$ and $B$ then $C$。

## 3.4.2 模糊控制

### 1. 模糊控制原理

模糊控制是一种以模糊集合论、模糊语言变量以及模糊逻辑推理为数学基础的控制方法，它模拟人的思维，构造一种非线性控制，以满足复杂的不确定过程控制的需要，属于智能控制范畴。

由于模糊控制是对人的思维方式和控制经验的模仿，所以在一定程度上可以认为模糊控制方法是一种实现了用计算机推理代替人脑思维的控制方法。模糊控制之所以可以模仿人的思维和经验，是因为人们在描述控制规则时大量地使用模糊概念。例如在洗衣机的控制中可能有规则：衣服脏则洗衣时间长，洗衣粉投入量多，规则中的"脏""长""多"等都属于模糊性的概念。

图 3-4 模糊控制

模糊控制：不需要知道被控对象的精确模型，基于人的经验的智能控制，如图 3-4 所示。

### 2. 模糊控制系统

模糊控制系统通常由模糊控制器、输入输出接口、执行机构、测量装置和被控对象五个部分组成，如图 3-5 所示。

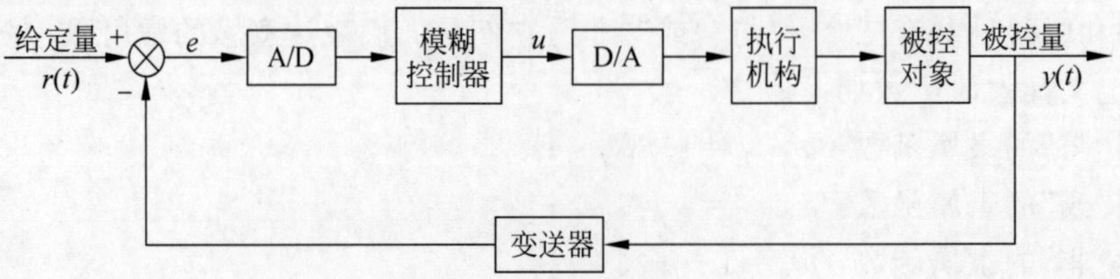


图 3-5 模糊控制系统

1) 模糊控制器

模糊控制器主要包括输入量模糊化接口、知识库、推理机、输出清晰化接口四个部分，如图 3-6 所示。模糊控制器是模糊控制系统的核心部分。

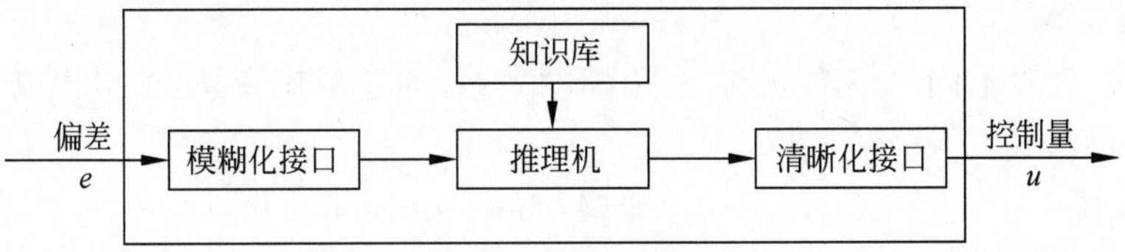


图 3-6　模糊控制器

(1) 模糊化接口

只要把物理论域 $X$ 中某值 $x$ 量化为模糊化论域中某元素 $y$ 即实现了模糊化。将真实确定量输入转换为一个模糊矢量。

例如,取值在$[a,b]$的连续量 $x$ 经模糊化公式：$y=\frac{12}{b-a}\left(x-\frac{a+b}{2}\right)$,可变换为取值在$[-6,6]$的连续量 $y$。然后将 $y$ 模糊化为 7 级,分别用以下 7 个模糊语言变量值表示 $y$={负大,负中,负小,零,正小,正中,正大}={NL,NM,NS,ZO,PS,PM,PL},每个语言变量值所对应的模糊子集如表 3-2 所示。模糊变量 $y$ 不同等级的隶属度值(零可细化为负零和正零)。

表 3-2　变量转换表

| | −6 | −5 | −4 | −3 | −2 | −1 | 0 | 1 | 2 | 3 | 4 | 5 | 6 |
|---|---|---|---|---|---|---|---|---|---|---|---|---|---|
| 正大(PL) | 0.0 | 0.0 | 0.0 | 0.0 | 0.0 | 0.0 | 0.0 | 0.0 | 0.1 | 0.4 | 0.7 | 0.8 | 1.0 |
| 正中(PM) | 0.0 | 0.0 | 0.0 | 0.0 | 0.0 | 0.0 | 0.0 | 0.0 | 0.2 | 0.7 | 1.0 | 0.7 | 0.3 |
| 正小(PS) | 0.0 | 0.0 | 0.0 | 0.0 | 0.0 | 0.0 | 0.2 | 0.7 | 1.0 | 0.7 | 0.3 | 0.1 | 0.0 |
| 正零(PZ) | 0.0 | 0.0 | 0.0 | 0.0 | 0.0 | 0.0 | 1.0 | 0.6 | 0.1 | 0.0 | 0.0 | 0.0 | 0.0 |
| 负零(NZ) | 0.0 | 0.0 | 0.0 | 0.0 | 0.1 | 0.6 | 1.0 | 0.0 | 0.0 | 0.0 | 0.0 | 0.0 | 0.0 |
| 负小(NS) | 0.0 | 0.1 | 0.3 | 0.7 | 1.0 | 0.7 | 0.2 | 0.0 | 0.0 | 0.0 | 0.0 | 0.0 | 0.0 |
| 负中(NM) | 0.2 | 0.7 | 1.0 | 0.7 | 0.3 | 0.0 | 0.0 | 0.0 | 0.0 | 0.0 | 0.0 | 0.0 | 0.0 |
| 负大(NL) | 1.0 | 0.8 | 0.7 | 0.4 | 0.1 | 0.0 | 0.0 | 0.0 | 0.0 | 0.0 | 0.0 | 0.0 | 0.0 |

(2) 知识库

知识库＝数据库＋规则库。

数据库：存放所有输入输出变量的全部模糊子集的隶属度。

① 如果论域为连续域,则存放相应的隶属函数。

② 输入输出变量的测量数据集不属于数据库存放内容。

③ 向推理机提供数据。

规则库：存放全部的模糊控制规则。

① 模糊控制器规则基于专家知识或手动操作经验建立,是按人直觉推理的一种语言表示形式。

② 向推理机提供控制规则。

(3) 推理机

推理机根据输入模糊量和知识库完成模糊推理,求解模糊关系方程,从而获得模糊控制量 $u$。例如：$B_1\ \frac{\mu_B(u_1)}{u_1}+\frac{\mu_B(u_2)}{u_2}+\cdots+\frac{\mu_B(u_n)}{u_n}$。

模糊控制规则供模糊决策使用,它们是对控制生产过程中经验的总结。常见的有以下三种形式：

if $A$ then $B$

if $A$ then $B$ else $C$

if $A$ and $B$ then $C$

模糊推理：针对不同的模糊规则，利用模糊关系，通过模糊变换，求得模糊控制量。例如针对常见的三种形式：

if $A$ then $B$

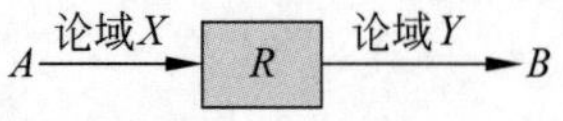


$B=A\circ R$

if $A$ then $B$ else $C$

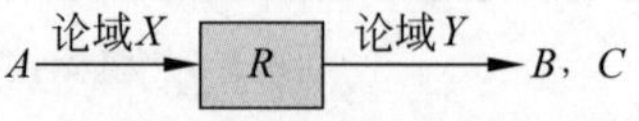


$B=A\circ R\,|\,C=A^C\circ R$

if $A$ and $B$ then $C$

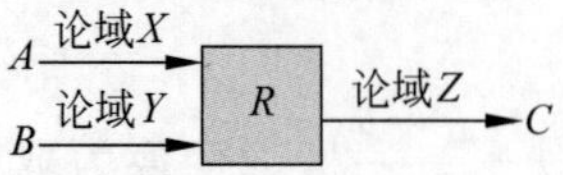


$C=(A\times B)\circ R$

(4) 清晰化接口

得到模糊控制量后，还必须将其转换为精确量。常用的清晰化方法有以下两种：

① 最大隶属度法

若模糊控制器的输出为 $C$，则以隶属度最大的元素 $\mu^*$（精确量）作为输出控制量。

$$\mu_C(\mu^*)\geqslant\mu_C(\mu)$$

例：$C=\frac{0.3}{-5}+\frac{0.8}{-4}+\frac{0.5}{-3}+\frac{1}{-2}+\frac{0}{-1}$，则 $\mu^*=-2$。

当有多个隶属度最大的元素时，则取其平均值作为输出控制量。

例：$C=\frac{0.3}{-5}+\frac{1}{-4}+\frac{0.5}{-3}+\frac{1}{-2}+\frac{0}{-1}$，则 $\mu^*=\frac{[-4+(-2)]}{2}=-3$。

② 加权平均法(重心法)

用隶属度作为加权系数，对元素作加权平均的结果为输出控制量。

$$u^*=\frac{\sum_i\mu(u_i)\cdot u_i}{\sum_i\mu(u_i)}$$

例：$C=\frac{0.2}{2}+\frac{0.6}{3}+\frac{0.8}{4}+\frac{1}{5}+\frac{0.6}{6}$，则 $\mu^*=\frac{0.2\times2+0.6\times3+0.8\times4+1\times5+0.6\times6}{0.2+0.6+0.8+1+0.6}=4.38$。

2) 其他部件

(1) 被控对象：是指一种设备或装置以及它们的群体，也可以是生产的、自然的、社会的、生物的或其他各种状态的转移过程。这些被控对象可以是模糊的或确定的、单变量的或多变量的、有滞后的或无滞后的，也可以是线性的或非线性的、定常的或时变的，以及具有强耦合和干扰等多种情况。

(2) 执行机构：电气类的，如各类交直电动机，伺服电动机，步进电动机等，还有气动或液压类的，如各类气动调节阀和液压马达、液压阀等。

(3) A/D(D/A)：实际系统中，由于多数被控对象的控制量及其可观测状态量是模拟量，因此模糊控制系统与通常的全数字控制系统或混合控制系统一样，必须具有模/数(A/D)、数模(D/A)转换单元，不同的是在模糊控制系统中，还应该有适用于模糊逻辑处理的“模糊化”与“解模糊化”（或“非模糊化”）环节，这部分通常也被看作是模糊控制器的输入/输出接口。

(4) 变送器：是指将被控对象的各种非电量，如流量、温度、压力、速度、浓度等转换为电信号的一类装置。通常由各类数字的或模拟的测量仪器、检测元件或传感器组成。它在模糊控制系统中占有十分重要的地位，其精度往往直接影响整个系统的性能指标，因此要求其精度高、可靠且稳定性好。

**3. 确定模糊控制器的结构：如 SISO(单输入单输出)、DISO(双输入单输出)**

(1) 确定 $E$、EC 及控制量 $u$ 的模糊集及其论域。

如：$E$、EC 和 $u$ 的模糊集：{NB, NM, NS, $Z$, PS, PM, PB}，$E$、EC 的论域：{−3, −2, −1, 0, 1, 2, 3}，$u$ 的论域：{−4.5, −3, −1.5, 0, 1.5, 3, 4.5}。

(2) 建立模糊控制规则(表) if…, and…, then…。

(3) 确定模糊变量的赋值表(隶属函数)。

(4) 建立模糊控制表。

(5) 去模糊化(重心法等)。

**例 3.13**　以水位的模糊控制为例，如图 3-7 所示。设有一个水箱，通过调节阀可向内注水和向外抽水。现在的控制任务是设计一个模糊控制器，可以通过调节阀门将水位稳定在固定点附近。按照日常操作经验，可以得到基本的控制规则："若水位高于某一 $O$ 点，则向外排水，差值越大，排水越快"；"若水位低于 $O$ 点，则向内注水，差值越大，注水越快"。

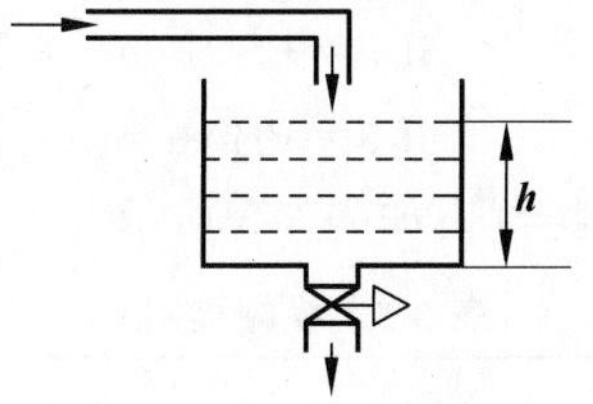


**图 3-7　水位模糊控制**

确定观测量和控制量：定义理想液位 $O$ 点的水位为 $h_0$，实际测得的水位高度为 $h$，选择液位差 $e=\Delta h=h_0-h$。将当前水位对于 $O$ 点的偏差 $e$ 作为观测量。将可向内注水和向外抽水的调节阀的阀门开度 $u$ 作为控制量。

**解：**

1) 输入量和输出量的模糊化

将偏差 $e$ 分为五级：负大(NB)，负小(NS)，零($O$)，正小(PS)，正大(PB)。根据偏差 $e$ 的变化范围分为七个等级：−3，−2，−1，0，+1，+2，+3。得到水位变化模糊表如表 3-3 所示。

**表 3-3　水位变化模糊表**

| 隶属度 | | 变化等级 | | | | | | |
|---|---|---|---|---|---|---|---|---|
| | | **−3** | **−2** | **−1** | **0** | **1** | **2** | **3** |
| 模糊集 | PB | 0 | 0 | 0 | 0 | 0 | 0.5 | 1 |
| | PS | 0 | 0 | 0 | 0 | 1 | 0.5 | 0 |
| | $O$ | 0 | 0 | 0.5 | 1 | 0.5 | 0 | 0 |
| | NS | 0 | 0.5 | 1 | 0 | 0 | 0 | 0 |
| | NB | 1 | 0.5 | 0 | 0 | 0 | 0 | 0 |

控制量 $u$ 为调节阀门开度的变化。将其分为五级：负大(NB)，负小(NS)，零($O$)，正小(PS)，正大(PB)。并根据 $u$ 的变化范围分为九个等级：$-4,-3,-2,-1,0,+1,+2,+3,+4$。得到控制量模糊划分表如表 3-4 所示。

**表 3-4 控制量模糊划分表**

| 隶属度 | | 变化等级 | | | | | | | | |
|---|---|---|---|---|---|---|---|---|---|---|
| | | **−4** | **−3** | **−2** | **−1** | **0** | **1** | **2** | **3** | **4** |
| 模糊集 | PB | 0 | 0 | 0 | 0 | 0 | 0 | 0 | 0.5 | 1 |
| | PS | 0 | 0 | 0 | 0 | 0 | 0.5 | 1 | 0.5 | 0 |
| | $O$ | 0 | 0 | 0 | 0.5 | 1 | 0.5 | 0 | 0 | 0 |
| | NS | 0 | 0.5 | 1 | 0.5 | 0 | 0 | 0 | 0 | 0 |
| | NB | 1 | 0.5 | 0 | 0 | 0 | 0 | 0 | 0 | 0 |

2）模糊规则的描述

根据日常的经验，设计以下 5 条模糊规则，并用“ if $A$ then $B$ ”形式来描述。

(1)“若 $e$ 负大，则 $u$ 负大”　　if $e$=NB then $u$=NB；

(2)“若 $e$ 负小，则 $u$ 负小”　　if $e$=NS then $u$=NS；

(3)“若 $e$ 为 0，则 $u$ 为 0”　　if $e$=0 then $u$=0；

(4)“若 $e$ 正小，则 $u$ 正小”　　if $e$=PS then $u$=PS；

(5)“若 $e$ 正大，则 $u$ 正大”　　if $e$=PB then $u$=PB。

根据上述经验规则，可得模糊控制表如表 3-5 所示。

**表 3-5 模糊控制表**

| **若(IF)** | NB$e$ | NS$e$ | $Oe$ | PS$e$ | PB$e$ |
|---|---|---|---|---|---|
| **则(THEN)** | NB$u$ | NS$u$ | $Ou$ | PS$u$ | PB$u$ |

3）模糊关系

模糊控制规则是一个多条语句，它可以表示为 $X\times Y$ 上的模糊子集，即模糊关系 $R$ 可以表示如下：

$$R=(\mathrm{NB}e\times\mathrm{NB}u)\cup(\mathrm{NS}e\times\mathrm{NS}u)\cup(Oe\times Ou)\cup(\mathrm{PS}e\times\mathrm{PS}u)\cup(\mathrm{PB}e\times\mathrm{PB}u)$$

其中，规则内的模糊集运算取交集，规则间的模糊集运算取并集。

下面分步骤来求关系 $R$。

if NS$e$ then NS$u$

NB$e\times$NB$u$=

$$\begin{bmatrix}1\\0.5\\0\\0\\0\\0\\0\end{bmatrix}\times\begin{bmatrix}1 & 0.5 & 0 & 0 & 0 & 0 & 0 & 0 & 0\end{bmatrix}=\begin{bmatrix}1.0 & 0.5 & 0 & 0 & 0 & 0 & 0 & 0 & 0\\0.5 & 0.5 & 0 & 0 & 0 & 0 & 0 & 0 & 0\\0 & 0 & 0 & 0 & 0 & 0 & 0 & 0 & 0\\0 & 0 & 0 & 0 & 0 & 0 & 0 & 0 & 0\\0 & 0 & 0 & 0 & 0 & 0 & 0 & 0 & 0\\0 & 0 & 0 & 0 & 0 & 0 & 0 & 0 & 0\\0 & 0 & 0 & 0 & 0 & 0 & 0 & 0 & 0\end{bmatrix}$$

if NS$e$ then NS$u$

NS$e\times$NS$u$=

$$\begin{bmatrix}0\\0.5\\1\\0\\0\\0\\0\end{bmatrix}\times[0\quad 0.5\quad 1\quad 0.5\quad 0\quad 0\quad 0\quad 0\quad 0]=\begin{bmatrix}0&0&0&0&0&0&0&0&0\\0&0.5&0.5&0.5&0&0&0&0&0\\0&0.5&1.0&0.5&0&0&0&0&0\\0&0&0&0&0&0&0&0&0\\0&0&0&0&0&0&0&0&0\\0&0&0&0&0&0&0&0&0\\0&0&0&0&0&0&0&0&0\end{bmatrix}$$

if $Oe$ then $Ou$

$Oe\times Ou=$

$$\begin{bmatrix}0\\0\\0.5\\1.0\\0.5\\0\\0\end{bmatrix}\times[0\quad 0\quad 0\quad 0.5\quad 1\quad 0.5\quad 0\quad 0\quad 0]=\begin{bmatrix}0&0&0&0&0&0&0&0&0\\0&0&0&0.5&0.5&0.5&0&0&0\\0&0&0&0.5&1.0&0.5&0&0&0\\0&0&0&0.5&0.5&0.5&0&0&0\\0&0&0&0&0&0&0&0&0\\0&0&0&0&0&0&0&0&0\\0&0&0&0&0&0&0&0&0\end{bmatrix}$$

if PS$e$ then PS$u$

PS$e\times$PS$u=$

$$\begin{bmatrix}0\\0\\0\\0\\1.0\\0.5\\0\end{bmatrix}\times[0\quad 0\quad 0\quad 0\quad 0\quad 0.5\quad 1.0\quad 0.5\quad 0]=\begin{bmatrix}0&0&0&0&0&0&0&0&0\\0&0&0&0&0&0&0&0&0\\0&0&0&0&0&0&0&0&0\\0&0&0&0&0&0&0&0&0\\0&0&0&0&0&0.5&1.0&0.5&0\\0&0&0&0&0&0.5&0.5&0.5&0\\0&0&0&0&0&0&0&0&0\end{bmatrix}$$

if PB$e$ then PB$u$

PB$e\times$PB$u=$

$$\begin{bmatrix}0\\0\\0\\0\\0\\0.5\\1.0\end{bmatrix}\times[0\quad 0\quad 0\quad 0\quad 0\quad 0\quad 0\quad 0.5\quad 1.0]=\begin{bmatrix}0&0&0&0&0&0&0&0&0\\0&0&0&0&0&0&0&0&0\\0&0&0&0&0&0&0&0&0\\0&0&0&0&0&0&0&0&0\\0&0&0&0&0&0&0&0&0\\0&0&0&0&0&0&0&0.5&0.5\\0&0&0&0&0&0&0&0.5&1.0\end{bmatrix}$$

于是由以上五个模糊矩阵求并集(即隶属函数最大值),得模糊关系矩阵为

$$\boldsymbol{R}=\begin{bmatrix}1.0&0.5&0&0&0&0&0&0&0\\0.5&0.5&0.5&0.5&0&0&0&0&0\\0&0.5&1.0&0.5&0.5&0.5&0&0&0\\0&0&0&0.5&1.0&0.5&0&0&0\\0&0&0&0.5&0.5&0.5&1.0&0.5&0\\0&0&0&0&0&0.5&0.5&0.5&0.5\\0&0&0&0&0&0&0&0.5&1.0\end{bmatrix}$$

4）模糊控制器的输出为误差向量和已确立模糊关系的合成：$\boldsymbol{u}=\boldsymbol{e}\circ\boldsymbol{R}$

例如当误差 $\boldsymbol{e}$ 为 NB 时，即 $\boldsymbol{e}=[1.0\ \ 0.5\ \ 0\ \ 0\ \ 0\ \ 0\ \ 0]$时，控制器输出为

$$\boldsymbol{u}=[1\ \ 0.5\ \ 0\ \ 0\ \ 0\ \ 0\ \ 0]\circ\begin{bmatrix}1.0 & 0.5 & 0 & 0 & 0 & 0 & 0 & 0 & 0\\0.5 & 0.5 & 0.5 & 0.5 & 0 & 0 & 0 & 0 & 0\\0 & 0.5 & 1.0 & 0.5 & 0.5 & 0.5 & 0 & 0 & 0\\0 & 0 & 0 & 0.5 & 1.0 & 0.5 & 0 & 0 & 0\\0 & 0 & 0 & 0.5 & 0.5 & 0.5 & 1.0 & 0.5 & 0\\0 & 0 & 0 & 0 & 0 & 0.5 & 0.5 & 0.5 & 0.5\\0 & 0 & 0 & 0 & 0 & 0 & 0 & 0.5 & 1.0\end{bmatrix}$$

$$=[1\ \ 0.5\ \ 0.5\ \ 0.5\ \ 0\ \ 0\ \ 0\ \ 0\ \ 0]$$

5）控制量的反模糊化

由模糊决策可知，当误差为负大时，表示实际液位远高于理想液位。

$\boldsymbol{e}=\mathrm{NB}$ 时，控制器的输出为一模糊向量，可表示为

$$\boldsymbol{u}=\frac{1}{-4}+\frac{0.5}{-3}+\frac{0.5}{-2}+\frac{0.5}{-1}+\frac{0}{0}+\frac{0}{+1}+\frac{0}{+2}+\frac{0}{+3}+\frac{0}{+4}$$

如果按“隶属度最大原则”进行反模糊化，则选择控制量为 $u=-4$，即阀门的开度应关大一些，减少进水量。

## 本章习题

1. 设 $U=\{u_1,u_2,u_3,u_4,u_5\}$，在 $U$ 上存在 $F$ 关系，使

$$\boldsymbol{R}=\begin{bmatrix}1 & 0.8 & 0 & 0.1 & 0.2\\0.8 & 1 & 0.4 & 0 & 0.9\\0 & 0.4 & 1 & 0 & 0\\0.1 & 0 & 0 & 1 & 0.5\\0.2 & 0.9 & 0 & 0.5 & 1\end{bmatrix}$$

求 $\boldsymbol{R}$ 的传递闭包，并对 $\lambda=0.8$ 进行分类。

2. 考虑某环保部门对该地区五个环境区域 $X=\{x_1,x_2,x_3,x_4,x_5\}$按污染情况进行分类。设每个区域包含空气、水分、土壤、作物四个要素。环境区域的污染情况由污染物在四个要素中的含量超标程度来衡量。设这五个环境区域的污染数据为 $x_1=(80,10,6,2)$，$x_2=(50,1,6,4)$，$x_3=(90,6,4,6)$，$x_4=(40,5,7,3)$，$x_5=(10,1,2,4)$，试用模糊聚类分析（传递闭包法）对 $X$ 进行分类（具体要求：数据标准化采用最大值规格化法，相似矩阵构造用最大最小法）。

3. 通过收集数据，古人类学家对尼安德特人 $U$ 和早期智人 $V$ 的头盖骨总结出两者之间的主要区别，两者之间的区别在于身高、眉骨的高度、小个体的骨骼密度和化石群数量（尼安德特人不太愿意抚养后代及集体生活，所以小个体体质差，这也是其灭绝的主要原因）。

令 $U=(0.9,0.8,0.2,0.2)$，$V=(0.6,0.4,0.7,0.9)$，$A=(0.7,0.3,0.4,0.8)$，其中 $A$ 是一系新发现的古人类化石。问其和上述 $U$，$V$ 中的哪个更接近。

4. 已知年轻人的模糊集隶属函数为

$$A_1(x)=\begin{cases}1, & x\leqslant 25\\ \left[1+\left(\dfrac{x-25}{5}\right)^{-2}\right]^{-1}, & 25<x\leqslant 100\end{cases}$$

老年人的模糊集的隶属函数为

$$A_2(x)=\begin{cases}0, & x \leqslant 50 \\ \left[1+\left(\frac{x-50}{5}\right)^{-2}\right]^{-1}, & 50 < x \leqslant 100\end{cases}$$

现有某人 55 岁，问他相对来说是年老还是年轻？

5. 设论域 $U=\{x_1,x_2,x_3,x_4,x_5\}$ 上的三个模式为 $A=\{0.9,0.1,0.6,0.3\}$，$B=\{0,0.3,0.4,0.8\}$，$C=\{0.1,0.6,0.3,0.4\}$，判别 $A$ 和 $B$ 中哪个与 $C$ 最贴近。

6. 医生对某人健康状况会诊的结果如表 3-6 所示。

**表 3-6 医生对某人健康状况会诊的结果**

| 隶属度($r_{ij}$) | 气色($x_1$,0.2) | 力气($x_2$,0.1) | 食欲($x_3$,0.3) | 睡眠($x_4$,0.2) | 精神($x_5$,0.2) |
|---|---|---|---|---|---|
| 良好($y_1$) | 0.7 | 0.5 | 0.4 | 0.3 | 0.4 |
| 一般($y_2$) | 0.2 | 0.4 | 0.4 | 0.5 | 0.3 |
| 差($y_3$) | 0.1 | 0.1 | 0.1 | 0 | 0.2 |
| 很坏($y_4$) | 0 | 0 | 0.1 | 0.2 | 0.1 |

(1) 请用模糊综合评判法对其健康状况做一个评价。

(2) 若有 10 名医生参加会诊，请问认为某人气色良好、力气一般、精神很坏的医生各有几人？

7. 对某产品质量进行综合评判，考虑由四种因素 $U=\{u_1,u_2,u_3,u_4\}$ 来评价产品，将质量分为四等 $V=\{\text{Ⅰ},\text{Ⅱ},\text{Ⅲ},\text{Ⅳ}\}$。

设单因素评判是 $F$ 映射：

$$f: U \rightarrow F(V)$$

$$f(u_1)=(0.2,0.5,0.2,0.1),\quad f(u_2)=(0.7,0.2,0.1,0)$$

$$f(u_3)=(0,0.4,0.5,0.1),\quad f(u_4)=(0.2,0.3,0.5,0)$$

今有两种因素权重分配：

$$A_1=(0.1,0.2,0.3,0.4),\quad A_2=(0.4,0.35,0.15,0.1)$$

试对某产品质量进行综合评判。

8. 某电热烘干炉依靠人工连续调节外加电压，以便克服各种干扰达到恒温烘干的目的。操作工人的经验是“如果炉温低，则外加电压高，否则电压不很高”。如果炉温很低，试确定外加电压应该如何调节？设 $x$ 表示炉温，$y$ 表示电压，则上述问题可叙述为“若 $x$ 低，则 $y$ 高，否则不很高”。如果 $x$ 很低，试问 $y$ 如何？

习题

# 第二单元 神经计算

案例导读

# 第 4 章

# 神经网络理论

**本章导读**

人工神经网络(Artificial Neural Network,ANN)理论起源于20世纪40年代,首先由美国神经生理学家McCulloch和数理逻辑学家Pitts提出了一种神经元(Neurons)模型,即M-P模型。1949年美国心理学家Hebb根据心理学中条件反射的机理,提出了神经元之间连接强度变化的规则。20世纪50年代Rosenblatt提出的感知器模型,20世纪60年代Widrow和Hoff提出的自适应线性神经网络,以及20世纪80年代Hopfield、Rumelharth等富有开创性的研究工作,有力地推动了人工神经网络研究的快速发展。进入21世纪后,由于Hinton、LeCun、Bengio、Li Feifei等杰出的工作,使得神经网络在视觉、语音、文本等多种任务上接近或达到了人类水平,目前神经网络已经成为实现人工智能的主流方法。

人工神经网络理论研究和应用研究已经历了近百年的发展,作为一个自适应非线性动态系统,在处理信息的整体活动方面,显示出人脑的某些基本特征,如分布存储和容错性、并行操作性、自组织和自适应性、处理不完整或不精确等知识问题。正因为如此,它为人们在利用机器加工处理信息方面提供了研究的原动力,使这一技术在信息处理、模式识别、机器学习、智能控制等领域取得了重要突破,为实现联结主义的智能模拟创造了条件。

本章将对经典的人工神经网络理论进行介绍,包括人工神经网络的基本原理、研究进展、典型结构等内容。通过对人工神经网络的详细介绍,为读者进一步深入学习神经网络提供相关参考资料。

## 4.1 神经网络简介

人工神经网络也称为神经网络(Neural Network, NN),是一种由大量处理单元(神经元)广泛互连而成的机器学习模型。神经网络基于对人脑神经元的抽象、简化和模拟,具有反映人脑基本特性的优点。

人工神经网络的研究是从人脑的生理结构出发来研究人的智能行为,模拟人脑信息处理的功能。用人工神经网络来实现人脑功能涉及神经科学、数学、统计学、物理学、计算机科学及应用学等多种学科的交叉融合,从而增加了构建模型的难度和复杂度。

从人工神经网络的局部来看,神经元是神经网络的基本结构单元。大量简单的神经元相互连接,形成并行分布的处理机。这种处理机具有存储和应用经验知识的自然特性,它与人脑的相似之处可以概括为两方面:一是通过学习过程使神经网络从外部环境中获取知识;二是神经网络内部的神经元(突触权值)能够存储获取到的知识和信息。

人工神经网络也经常被称为神经计算机,但它与现代数字计算机的不同之处主要表现在以下几方面。

(1) 人工神经网络的信息存储与处理(计算)是合二为一的,即信息的存储体现在神经元互连的分布和神经元内部的权值上;传统的计算机,存储与计算是独立的,因而在存储与计算之间存在着瓶颈。

(2) 人工神经网络以大规模模拟计算为主;数字计算机是以串行离散符号处理为主。

(3) 人工神经网络具有很强的健壮性和容错性,善于联想、概括、类比和推广,任何局部的损伤不会影响整体结果。

(4) 人工神经网络具有很强的自学习能力,能为新的输入产生合理的输出,可在学习过程之中不断完善自己,并且具有一定的涌现能力。

(5) 人工神经网络是一种大规模自适应非线性动力系统,具备集体并行运算的能力。这与本质上是线性系统的现代数字计算机迥然不同。

人工神经网络是近年来的热点研究领域,涉及电子科学与技术、信息与通信工程、计算机科学与技术、电气工程、控制科学与技术等诸多专业,其应用领域包括建模、时间序列分析、模式识别与控制等,并在不断拓展。

### 4.1.1 神经网络的研究进展

人工神经网络的研究始于20世纪40年代,人工神经网络理论的发展历程十分艰辛,发展中经历过各种各样的机遇与曲折,出现过各种各样的错误与局限,神经网络的发展历程如图4-1所示。纵观整个发展历程,人工神经网络可以分解为三次高潮时期和两次低谷时期。

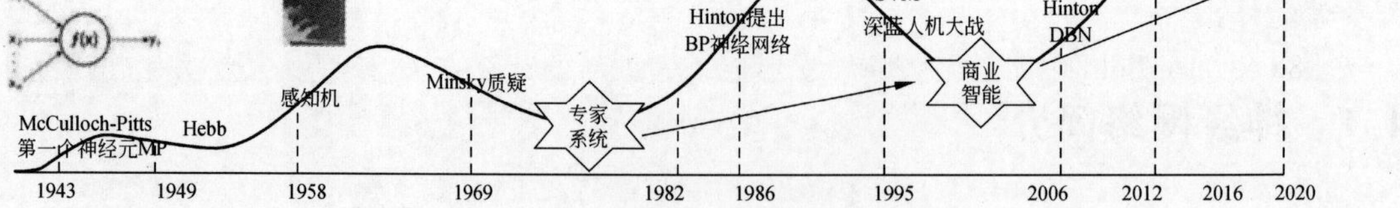

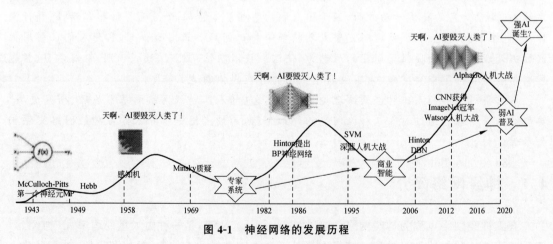

图 4-1 神经网络的发展历程

#### 1. 1890—1969 年:人工神经网络启蒙阶段、第一次高潮期

早在1890年,美国心理学家和哲学家 William James 发表了专著《心理学原理》,这本书中探讨了有关人脑结构和功能的话题。

1889年 Cajal 提出了神经元学说,他认为神经系统都是由若干结构相对独立的生物神经元构成。神经元的核心结构包括三部分:细胞体、轴突、树突。轴突作为神经元的输出,树突作为神经元的输入。单个神经元可以从别的神经元接受多个输入,输入神经元一般分布于不同的部位，对接收信号神经元的影响也是不相同的。所以神经元接收到的信息通常在时空维度上是复杂多变的，而且需要对这些复杂多变的输入信息进行加工整合，才能确定输出何种强度的激活信息。基于这种加工机制，神经系统中数以亿计的神经元才能协同有序地处理接收到的各种复杂数据。

1943年，数学家Walter Pitts和心理学家Warren McCulloch一同提出了描述人脑神经细胞动作的数学模型，即M-P模型。该数学模型，建立了人工神经网络"大厦"的"地基"，开创了神经科学理论研究的时代，这也标志着神经网络研究的诞生。

1949年，生理学家D. O. Hebb出版了*The Organization of Behavior*一书。该书第一次鲜明地提出了改变神经元连接强度的Hebb规则。Hebb提出脑中互连信息随着感官学习任务的不同而不断变化，这种变化产生了神经集合。他认为学习过程是在突触(Synapse)上发生的，突触的联系强度随其前后神经元的活动而变化。根据这一假设提出的学习规则为神经网络的学习算法奠定了基础，使神经网络的研究进入了一个重要的发展阶段。

1958年，美国学者弗兰克·罗森布拉特(Frank Rosenblatt)首次提出了第一个神经网络的原型，被称为感知器(Perceptron)。感知器是一种最简单的人工神经网络，尽管结构简单，但却能够"学习"并解决一定复杂程度的问题，这是第一次引入了"学习"的概念，使得神经网络成为当时的研究热点，引发了AI研究的第一次热潮。感知器也被指为单层的人工神经网络，以区别于较复杂的多层感知器(Multilayer Perceptron)。

**2. 1969—1982年：第一次低潮期**

然而好景不长，在1969年AI先驱Marvin Minsky指出了以感知器为代表的单层神经网络的局限，并证明其甚至无法解决简单的异或(XOR)等线性不可分问题，这也导致了人工神经网络研究的第一次低潮。在低潮时期，人们选择了更折中的应用方案，专家系统的应用和研究应运而生。

由于受当时神经网络理论研究水平的限制以及冯·诺依曼式计算机发展的冲击等因素的影响，在从20世纪60年代后期的若干年里，对人工神经网络的研究一直处于低潮时期，神经网络的研究陷入低谷。在如此艰难的情况下，仍然有少量研究人员继续从事人工神经网络的研究，提出新的模型和理论，这为人工神经网络研究的新发展奠定了理论基础。

**3. 1982—1995年：第二次高潮期**

1982年Hopfield用能量函数的思想形成了一种新的计算方法，该计算方法由含有对称突触连接的反馈网络组成，这是神经网络研究的突破性进展。同年，Kohonen的关于自组织图的论文发表，Kohonen网络的功能就是通过自组织方法，用大量的训练样本来调整网络的权值，使得最后网络的输出能够反映样本数据的分布情况。

1986年，Hinton和Williams提出了反向传播(Back Propagation, BP)算法，使得人们认识到多层神经网络不存在单层神经网络不能解决非线性问题的缺陷，而且BP算法能对较少层数的神经网络进行有效的训练。尽管新方法也存在严重的问题，但在当时的条件下，能缓慢、低效地学习已经很不容易了，因此神经网络研究迎来了第二次高潮。

**4. 1995—2006年：第二次低潮期**

1995年，Vapnik等发明了支持向量机(Support Vector Machine, SVM)。SVM一经发明，就在若干方面都体现出了比人工神经网络的优势。如：SVM不需要调整运算的参数，并且获得的是全局最优解，效率也比神经网络要高，因此逐渐取代神经网络成为主流的运算模型。

此外，人工神经网络的衰落，还有一个重要原因：随着神经网络的层数增加，反向传播算法存在梯度消失的问题，特别是当梯度反向传播到低层时，对网络低层参数的影响微乎其微，使得整个网络的训练过程无法保证收敛，即通过人工神经网络求得的解不一定是最优解，有可能是陷入某个范围内的最优解（局部最优解），而不是整个空间的最优解。在此之后，人工智能界只有少数学者在坚持研究神经网络。

**5. 2006年至今：第三次高潮期**

2000年以后，伴随着其他学科的发展，尤其是微电子学科、计算机学科、脑神经学科、大数据学科的发展，使得人工神经网络的技术瓶颈最终被打破。

在各个学科的共同推动下，2006年，Hinton提出了“深度信念网络”这一概念。通过逐层预训练方法解决了深度网络的训练难题，使得神经网络研究第三次兴起。Hinton给这种神经网络学习的方法起了一个新的名字——“深度学习”。此时硬件的发展使得计算机已经拥有了强大的计算能力，另外，海量大数据遍布在互联网、移动互联网和物联网中（大数据时代的到来），这两个条件为深度神经网络的大放异彩提供了基础。

2011年IBM沃森人机大战挑战智力问答冠军，引起了人们极大关注。2012年，在ImageNET图像识别大赛中，Hinton带领的团队使用CUDA加速的深度学习获得冠军，分类精度远超传统方法，一鸣惊人，从而开启了深度学习的寒武纪大爆发，各种基于深度思想的多层神经网络结构层出不穷，再一次引领了人工智能应用研究的热潮。

2014年，谷歌从英国收购了人工智能初创公司DeepMind。两年后，谷歌DeepMind的算法AlphaGo掌握了复杂的中国围棋游戏，在韩国首尔的一场比赛中击败了职业玩家Lee Sedol，这就是著名的“人机大战”——AlphaGo大战李世石。

2022年，OpenAI发布了ChatGPT大语言模型（Large Language Model，LLM），将对话机器人和自然语言生成推向了新的高度。ChatGPT模型是一种基于Transformer架构的神经网络模型，通过预先训练大规模的语料库，在各种自然语言处理任务中表现出色。ChatGPT的出现再次推进了人工智能向更高级阶段的发展。

总之，人工神经网络发展至今，已在人工智能领域取得了很大的进步。以神经网络为主的深度学习也已经成为一种将AI与复杂的应用程序集成的方式，如机器人技术、视频游戏、自然语言处理和自动驾驶汽车等。虽然现在以深度学习为代表的神经网络仍然存在可解释性不足、梯度消失、收敛速度慢、易陷入局部最优解等不足，但是随着以深度学习为代表的目前人工智能的进一步发展，有理由相信，强人工智能将会在不久的将来到来。

### 4.1.2 神经网络的基本原理

在人类大脑皮层中大约有860亿个神经元，60万亿个神经突触以及它们的连接体。单个神经元处理一个事件需要$10^{-3}$s，而在硅芯片中处理一事件只需要$10^{-9}$s。虽然硅芯片的速度远快于神经元，但人脑的并行运算结构使得人脑的计算速度远超过芯片。人脑是一个非常高效的结构，大脑中每秒每个动作的能量约为$10^{-16}$J，而当今性能最好的计算机进行相应的操作需要$10^{-6}$J。

**1. 生物神经元**

神经元是基本的信息处理单元，生物神经元主要由树突、轴突和突触组成，其结构示意如

图 4-2 所示，神经元的结构模型如图 4-3 所示。

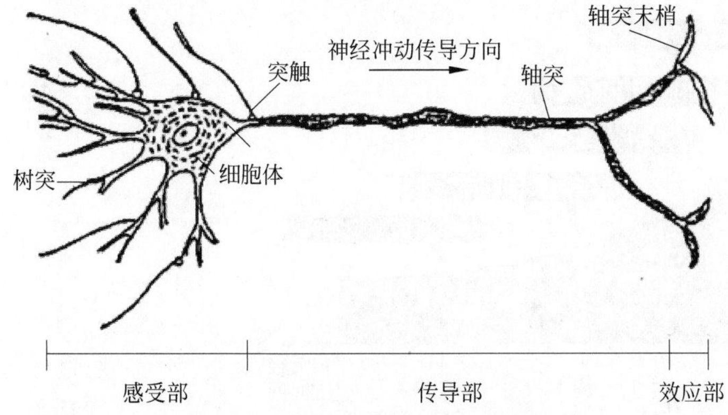


图 4-2 生物神经元的结构示意图

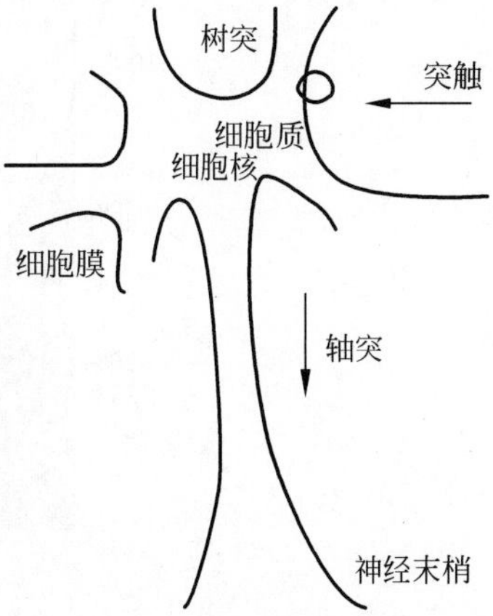


图 4-3 神经元的结构模型

树突：是由细胞体向外伸出的，有不规则的表面和许多较短的分支。树突相当于信号的输入端，用于接收神经冲动。

轴突：由细胞体向外伸出的最长的一条分支，即神经纤维。相当于信号的输出电缆，其端部的许多神经末梢为信号输出端子，用于传出神经冲动。

神经元之间通过轴突（输出）和树突（输入）相互连接，其接口称为突触。每个细胞约有 $10^3 \sim 10^4$ 个突触。神经突触是调整神经元之间相互作用的基本结构和功能单元，最通常的一种神经突触是化学神经突触。化学神经突触将得到的电信号转化成化学信号，再将化学信号转换成电信号输出，相当于双接口设备，它起到加强或抑制兴奋的作用，但两者不能同时发生。细胞膜内外有电位差，约为 20～100mV，称为膜电位，膜外为正，膜内为负。

神经元作为信息处理的基本单元，具有如下重要的功能。

(1) 可塑性：可塑性反映在新突触的产生和现有神经突触的调整上，可塑性使神经网络能够适应周围的环境。

(2) 时空整合功能：时间整合功能表现在不同时间、同一突触上；空间整合功能表现在同一时间、不同突触上。

(3) 兴奋与抑制状态：当传入冲动的时空整合结果，使细胞膜电位升高，超过被称为动作电位的阈值（约为 40mV）时，细胞进入兴奋状态，产生神经冲动，由轴突输出；同样，当膜电位低于阈值时，无神经冲动输出，细胞进入抑制状态。

(4) 脉冲与电位转换：沿神经纤维传递的电脉冲为等幅、恒宽、编码（60～100mV）的离散脉冲信号，而细胞电位变化为连续信号，在突触接口处进行"数/模"转换。神经元中的轴突非常长和窄，具有电阻高、电压大的特性，因此轴突可以建模成阻容传播电路。

(5) 突触的延时和不应期：在相邻的两次冲动之间需要一个时间间隔，在此期间对激励不响应，不能传递神经冲动。

(6) 学习、遗忘和疲劳：突触的传递作用有学习、遗忘和疲劳过程，艾宾浩斯遗忘曲线如图 4-4 所示。

### 2. 人工神经网络模型

人工神经网络是由大量处理单元（神经元）广泛互连而构成的网络，是人脑的抽象、简化、模拟，反映人脑的基本特性。一般来说，神经元模型由以下三个要素构成。

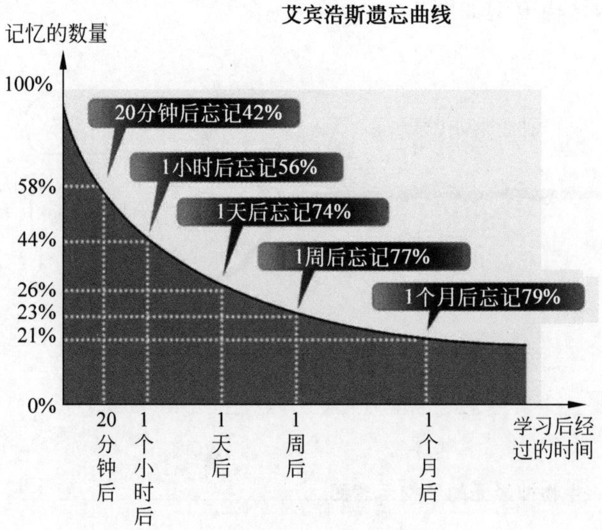


**图 4-4 艾宾浩斯遗忘曲线**

(1) 具有一组突触或连接,常用 $w_{ij}$ 表示神经元 $i$ 和神经元 $j$ 之间的连接强度,或称为权值。与人脑神经元不同,人工神经元权值的取值可在负值与正值之间。

(2) 具有反映生物神经元时空整合功能的输入信号累加器。

(3) 具有一个激励函数用于限制神经元输出。激励函数将输出信号压缩(限制)在一个允许范围内,使其成为有限值。一般,神经元输出的范围限制在[0,1]或[-1,1]的闭区间。

典型的人工神经元模型如图 4-5 所示。

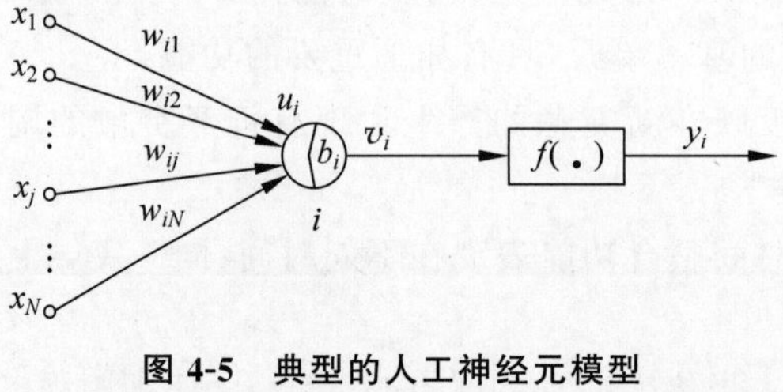


**图 4-5 典型的人工神经元模型**

其中 $x_j(j=1,2,\cdots,N)$为神经元 $i$ 的输入信号,$w_{ij}$ 为突触强度或连接权重。$u_i$ 是由输入信号线性组合后的输出,是神经元 $i$ 的净输入。用 $b_i$ 表示偏差,$v_i$ 为经偏差调整后的值,也称为神经元的局部感应区。上述神经元 $i$ 可表示为式(4.1)~式(4.3):

$$u_i = \sum_j w_{ij} x_j \tag{4.1}$$

$$v_i = u_i + b_i \tag{4.2}$$

$$y_i = f\left(\sum_j w_{ij} x_j + b_i\right) \tag{4.3}$$

其中,$f(\cdot)$是激励函数,$y_i$ 是神经元 $i$ 的输出。

激励函数,$f(\cdot)$可取不同的函数,但常用的基本激励函数有以下三种。

1) 阈值函数

$$f(v) = \begin{cases} 1, & 若\ v \geqslant 0 \\ 0, & 若\ v < 0 \end{cases} \tag{4.4}$$

计算公式如式(4.4)所示，该函数称为阶跃函数，常用 $u(t)$ 表示，如图 4-6 所示。若激励函数采用阶跃函数，则图 4-5 所示的人工神经元模型即为著名的 M-P(McCulloch-Pitts)模型。此时神经元的输出取 1 或 0，反映了神经元的兴奋或者抑制。

此外，符号函数 $\mathrm{Sgn}(t)$ 也常作为神经元的激励函数，如图 4-7 所示，公式如式(4.5)所示。

$$\mathrm{Sgn}(v_i)=\begin{cases}1, & \text{若 } v_i \geqslant 0 \\ -1, & \text{若 } v_i < 0\end{cases} \tag{4.5}$$

2) 分段线性函数

$$f(v)=\begin{cases}1, & v \geqslant +1 \\ v, & +1 > v > -1 \\ -1, & v \leqslant -1\end{cases} \tag{4.6}$$

该函数公式如式(4.6)所示，在[－1，＋1]线性区内的放大系数是一致的，如图 4-8 所示，这种形式的激励函数可看作非线性放大器的近似，以下两种情况是分段线性函数的特殊形式：

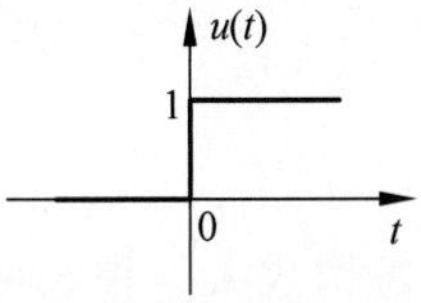

图 4-6　阶跃函数

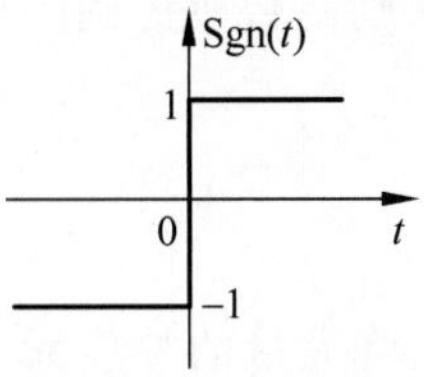

图 4-7　符号函数

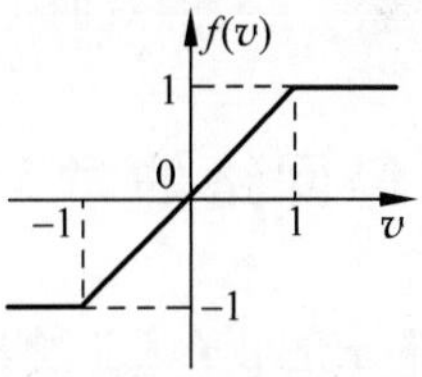

图 4-8　分段线性函数

(1) 若在执行中保持线性区域而使其不进入饱和状态，则会产生线性组合器。

(2) 若线性区域的放大倍数无限大，则分段线性函数简化为阈值函数。

3) Sigmoid 函数(Sigmoid Function)

Sigmoid 函数也称为 S 型函数。它是人工神经网络中最常用的激励函数。S 型函数的定义如式(4.7)所示：

$$f(v)=\frac{1}{1+\exp(-av)} \tag{4.7}$$

其中 $a$ 为 Sigmoid 函数的斜率参数，通过改变参数 $a$，会获取到不同斜率的 Sigmoid 函数曲线，如图 4-9 所示。

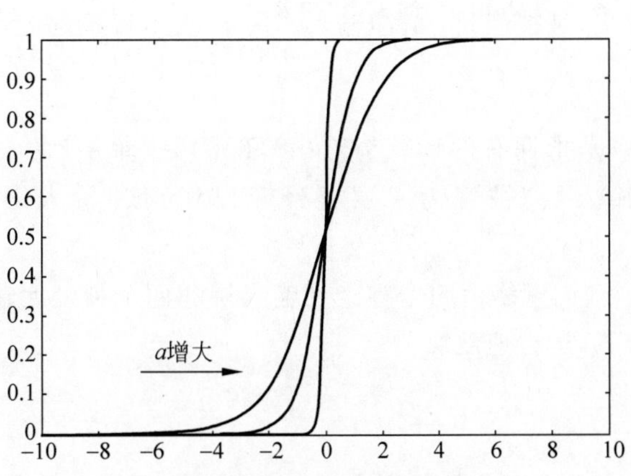

图 4-9　Sigmoid 函数曲线

当斜率参数接近无穷大时，此函数转换为简单的阈值函数，但 Sigmoid 函数对应 0 到 1 的一个连续区域，而阈值函数对应的只是 0 和 1 两点。此外，Sigmoid 函数是可微的，而阈值函数是不可微的。

S 型函数也可用双曲正切函数(Hyperbolic Tangent Function)来表示，如图 4-10 所示，公式如式(4.8)所示。

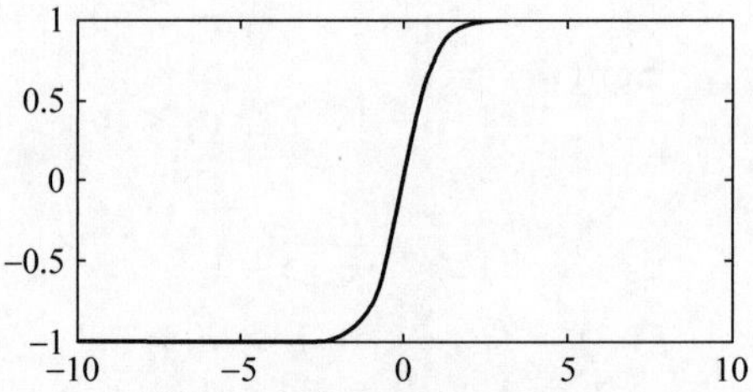


**图 4-10　双曲正切函数曲线**

$$f(v)=\tanh(v) \tag{4.8}$$

由式(4.8)定义的双曲正切 S 型激励函数所得到的负值具有分析价值。

## 4.2　神经网络的学习规则

前面部分介绍了人工神经元模型，将大量的神经元进行连接可构成人工神经网络。神经网络中神经元的连接方式与用于训练网络的学习算法是紧密结合的，可以认为应用于神经网络设计中的算法是被结构化的。

### 4.2.1　神经网络的分类

可以从不同角度对人工神经网络进行分类。

(1) 从网络性能角度可分为连续型与离散型网络、确定性与随机性网络。

(2) 从网络结构角度可分为前向网络与反馈网络。

(3) 从学习方式角度可分为有导师学习网络和无导师学习网络。

(4) 按连接突触性质可分为一阶线性关联网络和高阶非线性关联网络。

下面将网络结构和学习算法相结合，介绍分类。

#### 1. 单层前向网络

所谓单层前向网络是指拥有的计算节点(神经元)是“单层”的，如图 4-11 所示。这里表示源节点个数的“输入层”被视为一层神经元，因为该“输入层”不具有执行计算的功能。

图 4-11 所示的单层前向网络由四个神经元输入层和四个神经元输出层所组成。其中四个神经元是并行处理方式，运行速度快。

#### 2. 多层前向网络

多层前向网络与单层前向网络的区别在于：多层前向网络含有一个或更多隐含层，其中计算节点被相应地称为隐含神经元或隐含单元，如图 4-12 所示。

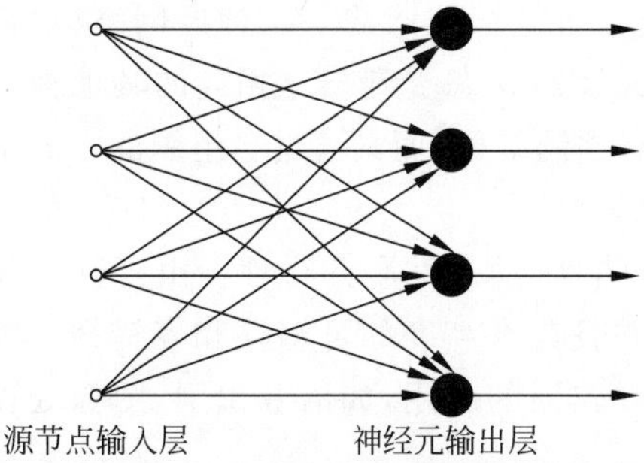


图 4-11 单层前向网络

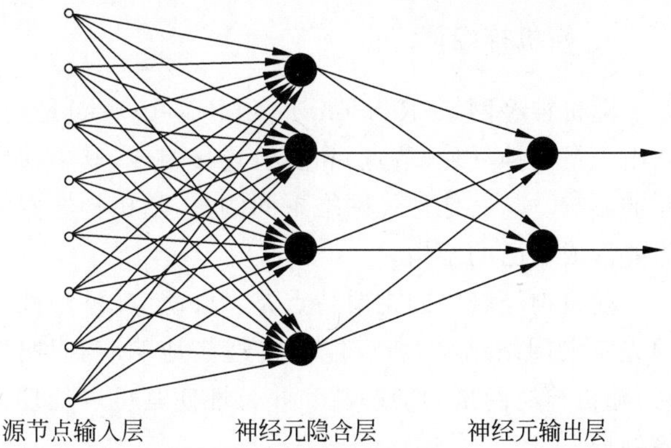


图 4-12 多层前向网络

图 4-12 所示的多层前向网络由含有八个神经元输入层、四个神经元隐含层和两个神经元输出层组成。

网络输入层中的每个源节点的激励模式(输入向量)单元组成了应用于第二层(如第一隐含层)中神经元(计算节点)的输入信号,第二层输出信号成为第三层的输入,其余层类似。网络中每一层的神经元只含有作为它们输入前一层的输出信号,网络输出层(终止层)的神经元的输出信号组成了对网络中输入层(起始层)源节点产生的激励模式的全部响应,即信号从输入层输入,经隐含层传给输出层,由输出层得到输出信号。

通过加入一个或者更多的隐含层,使得网络能提取出更复杂、更高级的特征,尤其当输入层规模庞大时,隐神经元提取复杂,高级特征的能力便显得格外重要。另外值得注意的是,多层感知器和径向基神经网络均为多层前向网络。

### 3. 反馈网络

所谓反馈网络是指在网络中至少含有一个反馈回路的神经网络。反馈网络可以包含一个单层神经元,其中每个神经元将自身的输出信号反馈给其他所有神经元的输入,如图 4-13 所示,图中所示的网络即为著名的 Hopfield 网络。图 4-14 所示的是另一类型的含有隐含层的反馈网络,图中的反馈连接起始于隐神经元和输出神经元。图 4-13 和图 4-14 所示的网络结构中没有自反馈回路。自反馈是指一个神经元的输出反馈至其输入。含有自反馈的网络也属于反馈网络。

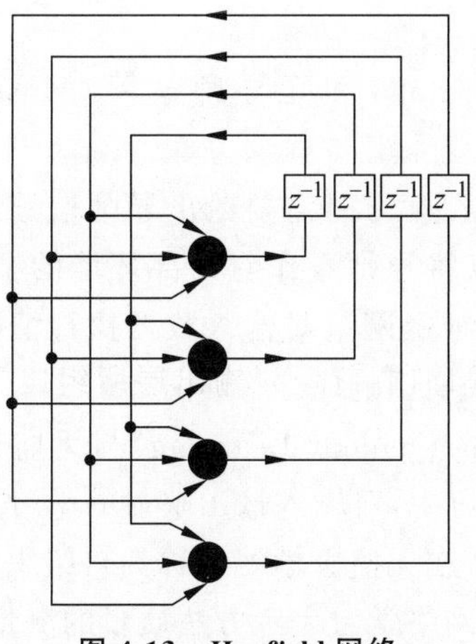


图 4-13 Hopfield 网络

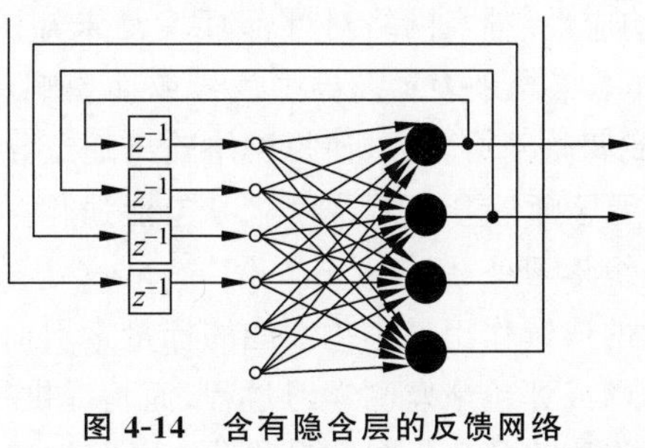


图 4-14 含有隐含层的反馈网络

**4. 随机神经网络**

随机神经网络(Random Neural Network)是一种基于自组织理论的人工神经网络模型。它由大量的神经元(节点)和随机连接组成,其中每个神经元的状态受到与之相连的其他神经元的影响。与其他神经网络不同的是,随机神经网络没有预制结构,而是通过自组织的方式学习并形成自己的结构。

随机神经网络的主要特点是:自适应、可塑性、高容错性、动态性和并行性。由于其不需预先定义网络结构,所以能够自适应地响应各种模式,并且具有高度的可塑性和容错性。同时,随机神经网络的动态性和并行性使其可以处理实时性较强的应用,如语音识别、图像处理等领域。

随机神经网络在排序、聚类、分类、回归等任务中具有广泛的应用,是一种重要的神经网络模型。

**5. 竞争神经网络**

竞争神经网络的显著特点是它的输出神经元相互竞争以确定胜者,胜者就能指出哪一种原型模式最能代表输入模式。

Hamming 网络是一个最简单的竞争神经网络,如图 4-15 所示。神经网络有一个单层的输出神经元,每个输出神经元都与输入节点全相连,输出神经元之间相互连接。从源节点到神经元之间是兴奋性连接,输出神经元之间横向侧抑制。

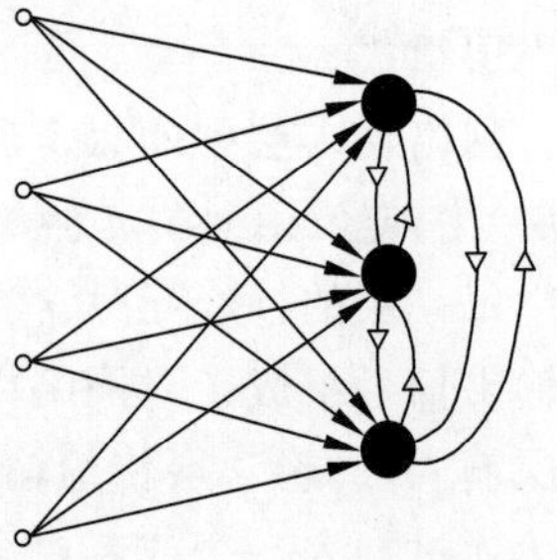


**图 4-15 最简单的竞争神经网络:Hamming 网络**

## 4.2.2 神经网络的学习

神经网络的学习也称为"训练",指的是通过神经网络所在环境的刺激作用调整神经网络的自由参数(权值 $w_{ij}$),使神经网络以一种新的方式对外部环境作出反应的一个过程。能够从环境中学习和在学习中提高自身性能是神经网络最有意义的性质。神经网络经过反复学习对其环境更为了解。

学习算法是指针对学习问题的明确规则集合。学习类型是由参数变化发生的形式决定的,不同的学习算法对神经元的突触权值调整的方法有所不同。没有一种独特的学习算法用于设计所有的神经网络。因为,选择或设计学习算法时还需要考虑神经网络的结构及神经网络与外界环境相连的形式。

学习方式可分为:有导师学习(Supervised Learning)和无导师学习(Unsupervised Learning)。

(1) 有导师学习。有导师学习又称为有监督学习,在学习时需要给出导师信号或称为期望输出(响应)。神经网络对外部环境是未知的,但可以将导师看作对外部环境的了解,由输入-输出样本集合来表示。导师信号或期望响应代表了神经网络对输入数据执行情况的最佳结果,据此调整网络参数,使得网络输出逼近导师信号或期望响应。

(2) 无导师学习。无导师学习包括强化学习(Reinforcement Learning)与无监督学习或称为自组织学习(Self-Organized Learning)。在强化学习中,对输入输出映射的学习是通过与外界环境的连续作用最小化性能的标量索引而完成的。在无监督学习或称为自组织学习中没有外部导师或评价来监测学习过程,而是提供一个关于网络学习表示方法质量的测量尺度,根据该尺度将网络的自由参数最优化。一旦网络与输入数据的统计规律性达成一致,就能够形成内部表示方法来为输入特征编码，并由此自动得出新的类别。

下面介绍五个基本的神经网络学习规则：Hebb 学习规则、纠错学习规则、基于记忆的学习规则、随机学习规则和竞争学习规则。

**1. Hebb 学习规则**

Hebb 学习规则用于调整神经网络的突触权值。

(1) 如果一个突触(连接)两边的两个神经元被同时(即同步)激活，则该突触的能量就被选择性的增加。

(2) 如果一个突触(连接)两边的两个神经元被异步激活，则该突触的能量就被有选择地削弱或者消除。

Hebb 学习规则的数学描述：

$w_{ij}$ 表示神经元 $x_j$ 到 $x_i$ 的突触权值，$\bar{x}_j$ 和 $\bar{x}_i$ 分别表示神经元 $j$ 和 $i$ 在一段时间内的平均值，在学习步骤为 $n$ 时对突触权值的调整见式(4.9)：

$$\Delta w_{ij}(n)=\eta(x_j(n)-\bar{x}_j))(x_i(n)-\bar{x}_i)) \tag{4.9}$$

$\eta$ 是一个正常数，它决定了在学习过程中从一个步骤进行到另一步骤的学习快慢，称其为学习速率。

式(4.9)表示：如果一个神经元 $j$ 和 $i$ 活动充分时，即同时满足条件 $x_j>\bar{x}_j$ 和 $x_i>\bar{x}_i$ 时，突触权值 $w_{ij}$ 增强；如果神经元 $j$ 活动充分(即 $x_j>\bar{x}_j$)而神经元 $i$ 活动不充分($x_i<\bar{x}_i$)或者神经元 $i$ 活动充分($x_i>\bar{x}_i$)而神经元 $j$ 活动不充分($x_j<\bar{x}_j$)时，突触权值 $w_{ij}$ 减小。

**2. 纠错学习规则**

设某神经网络的输出层中，只有一个神经元 $i$，给该神经网络加上输入，这样就产生了输出 $y_i(n)$，称该输出为实际输出。对于所加上的输入，期望该神经网络的输出为 $d(n)$，称为期望输出或目标输出。实际输出与期望输出之间存在着误差，用 $e(n)$表示，如式(4.10)所示：

$$e(n)=d(n)-y_i(n) \tag{4.10}$$

要调整突触权值，使误差信号 $e(n)$减小。为此，可设定代价函数 $E(n)$，如式(4.11)所示：

$$E(n)=\frac{1}{2}e^2(n) \tag{4.11}$$

反复调整突触权值使代价函数达到最小或使系统达到一个稳定状态(即突触权值稳定)，就完成了学习过程。这个学习过程称为纠错学习，也称为 Delta 规则或者 Widrow-Hoff 规则。

**3. 基于记忆的学习规则**

基于记忆的学习主要用于模式分类，在基于记忆的学习中，过去的学习结果被储存在一个大的存储器中，当输入一个新的测试向量 $\boldsymbol{x}_{\text{test}}$ 时，学习过程就是将 $\boldsymbol{x}_{\text{test}}$ 归到已存储的某个类中。所有基于记忆的学习算法均包括两部分：一是用于定义 $\boldsymbol{x}_{\text{test}}$ 的局部邻域的标准；二是用于在 $\boldsymbol{x}_{\text{test}}$ 的局部邻域训练样本的学习规则。

一种简单且有效的基于记忆的学习算法就是最近邻规则。设存储器中所记忆的某一类 $l_1$ 含有向量 $\boldsymbol{x}_n\in\{\boldsymbol{x}_1,\boldsymbol{x}_2,\cdots,\boldsymbol{x}_N\}$，如果式(4.12)成立：

$$\min d(\boldsymbol{x}_i,\boldsymbol{x}_{\text{test}})=d(\boldsymbol{x}_N,\boldsymbol{x}_{\text{test}}) \tag{4.12}$$

则 $\boldsymbol{x}_{\text{test}}$ 属于 $l_1$ 类，其中 $d(\boldsymbol{x}_i,\boldsymbol{x}_{\text{test}})$是向量 $\boldsymbol{x}_i$ 与 $\boldsymbol{x}_{\text{test}}$ 的欧氏距离。

最近邻分类器的变形是 $k$ 阶最近邻分类器。其思想为：如果与测试向量 $\boldsymbol{x}_{\text{test}}$ 最近的 $k$

个向量均是某类别的向量，则 $\boldsymbol{x}_{\text{test}}$ 属于该类别。

**4. 随机学习规则**

随机学习规则也称为 Boltzmann 学习规则或随机学习算法，是为了纪念 Ludwig Boltzmann 而命名的。Boltzmann 学习规则是由统计力学思想而来的，在 Boltzmann 学习规则基础上设计出的神经网络称为 Boltzmann 机，其学习算法实质上就是著名的模拟退火(Simulated Annealing, SA)算法。

**5. 竞争学习规则**

在竞争学习中，神经网络的输出神经元之间相互竞争，在任一时间只能有一个输出神经元是活性的。而基于 Hebb 学习的神经网络中几个输出神经元可能同时是活性的。

竞争学习规则有三项基本内容。

(1) 一个神经元集合：除了某些随机分布的突触权值以外，所有的神经元都相同，因此对给定的输入模式集合有不同的响应。

(2) 每个神经元的能量都被限制。

(3) 一个机制：允许神经元通过竞争对一个给定的输入子集做出响应，赢得竞争的神经元被称为全胜神经元。

## 4.2.3 神经网络的信息处理能力

神经网络的计算能力有三个显著的特点：一是它的非线性特性；二是大量的并行分布结构；三是它的学习和归纳能力。神经网络的信息处理能力具体表现为以下九点。

(1) 非线性(Nonlinearity)：一个神经元可以是线性或非线性的，由非线性神经元相互连接组成的神经网络自身是非线性的，这种非线性是比较特殊的，它分散在神经网络的各处。利用神经网络的非线性，可解决许多非线性问题。若输入信号所隐含的物理机制是非线性的，则人工神经网络非线性的重要性会更加突出。

(2) 输入-输出映射(Input-Output Mapping)：人工神经网络具有学习能力，通过学习，人工神经网络具有很好的输入-输出映射能力。

(3) 适应性(Adaptivity)：神经网络具有调整突触权值以适应周围环境的变化能力，尤其在特定环境中训练过的神经网络能很容易被再次训练以处理环境条件微小的变化，这反映了神经网络的适应性。

(4) 证据反应(Evidential Response)：在模式分类中，设计出的神经网络不仅能提供选取特定模式的信息，而且还包括决策产生的可信度。后一种信息能去除分类所产生的不确定模式，从而提高网络的分类能力。

(5) 上下文信息(Contextual Information)：知识信息由神经网络的结构和活动状态表示。网络中的每一个神经元隐含地受其他神经元全局活动的影响，所以神经网络可以自然地处理上下文信息，可以从大量数据中挖掘潜在的有价值的知识和规律。

(6) 容错性(Fault Tolerance)：容错包括空间上的容错、时间上的容错和故障检测。神经网络中信息存储具有分布特性，这意味着局部的损害会使神经网络的运行适度减弱，但不会产生灾难性的故障。神经网络的硬件冗余不仅仅是一个简单的备份系统，而是可以增加神经网络的运算精度和运算速度。同时就时间上的容错来说，神经网络的重复计算也不仅仅是所执行计算的简单重复，而是在精度不断提高的前提下的重复，这是由于神经网络的计算是一个计算结果朝最终解不断趋近的过程，而不是简单的离散空间上的状态转换。

(7) 超大规模集成的可执行能力(Very-Large-Scale-Integrated Implementability)：神经网络所具有的大量并行特性使其对特定任务的计算变得很快，这种特性也使神经网络非常适合超大规模集成技术(VLSI)的执行，VLSI 一个突出的优点是它提供了一种在高层级运行方式中捕捉真正复杂行为的方法。

(8) 分析设计一致性(Uniformity of Analysis and Design)：神经网络基本上享有信息处理机的一般特性，相同的符号标记可以用于包括神经网络应用在内的所有领域，这种特性有不同的表示方法：

① 神经元表示整个神经网络通用的组成部分。

② 这种通用性可在不同的神经网络应用中共享理论和学习算法。

③ 组合网络可通过网络模型间的无隙整合建立起来。

(9) 生物神经模拟(Neurobiological Analogy)：神经网络的设计由模拟人脑功能而兴起，因而，一方面生物神经专家将神经网络视为是解释生物神经现象的一个研究工具；另一方面工程师将神经生物学作为解决比基于传统的硬件设计技术中所遇到的更为复杂问题的新方法。

神经网络具有强大的信息处理能力，可解决许多棘手复杂的问题。虽然一个复杂的问题能被神经网络分解为一系列相关的简单任务，但在实际过程中，神经网络不能单独运行来求解问题，而必须与一个相容系统的工程学方法联系在一起。需要清醒地认识到，在建立起一个能模仿人脑的计算机体系结构之前，仍然有很长的路要走。

### 4.2.4　神经网络的应用

神经网络所具有的非线性特性、大量的并行分布结构以及学习和归纳能力使其在诸如：建模、时间序列分析、模式识别、信号处理以及控制等多方面得到广泛的应用，尤其在面对缺少物理或统计理解、观察数据中存在着统计变化、数据由非线性机制产生等棘手问题时，神经网络能够提供较为有效的解决方法。

按照 Mritin T. Hagen 等的总结，神经网络在实际生活中的一些应用列举如下。

宇宙飞船：高性能的飞行器自动驾驶、飞行轨道模拟、飞行器控制系统、飞行器元件错误检测器；

汽车行业：汽车自动驾驶系统、保险行为分析器；

银行业：支票和其他文档阅读器、贷款评估器；

国防领域：武器操纵控制、目标跟踪、物体识别、面部识别、各种新的传感器、声呐、雷达和含有压缩数据的图像信号处理、特征提取和噪声抑制、信号图像识别；

电子领域：编码序列预测、集成电路芯片设计、过程控制、芯片故障分析、机器视觉、声音合成、非线性建模；

娱乐领域：动画、特效设计、市场预测；

金融领域：固定资产评估、贷款顾问、抵押审查、公司保证信誉度、赊账分析、有价资产贸易规划、法人资产分析、货币价格预测；

保险领域：政策方针评估、产品最优化；

制造业：生产过程控制、产品设计与分析、过程和机器诊断、实时粒子分析、可视化质量检测系统、啤酒检测、焊接质量分析、纸张质量预测、计算机芯片质量分析、研磨操作分析、化学产品质量分析、机器保养分析、项目招标、计划和管理、化学过程系统的动态建模；

医药领域：乳腺癌细胞分析、脑电图和心电图分析、修复术设计、移植时间最优化、医院开支的削减、医院质量的提高、急救室建议；

石油和天然气：勘探、储量预测；

机器人：运动轨迹控制、机器人控制器、视觉系统；

语音领域：语音识别、语音压缩、元音分类、语音文字综合；

有价证券：市场分析、股票商业顾问、自动债券估价；

电信领域：图像和数据压缩、自动信息服务、实时语音翻译、顾客付款处理系统；

交通领域：卡车刹闸检测系统、汽车调度和路线系统。

人工神经网络作为一种智能方法，目前与其他学科领域的结合越来越紧密，未来人工神经网络的应用前景将更加广阔。

## 4.2.5 神经网络与人工智能

人工智能与神经网络均是研究人脑、人类思维和认知的科学与技术，它们之间存在着千丝万缕的联系。本节将从认知模型上对人工智能与人工神经网络进行比较。

### 1. 人工智能简介

人工智能是用计算机模型模拟思维功能的科学。人工智能是计算机科学的一个重要分支，是跨学科的前沿科学，涉及心理学、脑生理学、计算机科学、哲学等学科。

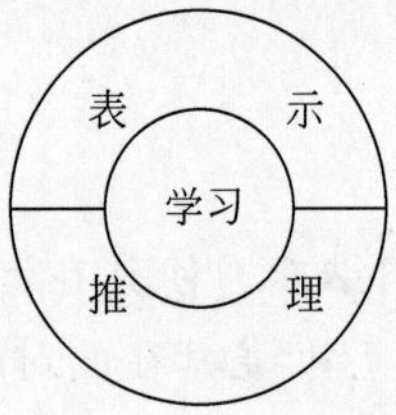


**图 4-16 人工智能系统的三个核心部件示意图**

对于人工智能有不同的定义。广义上人工智能的定义为：通过对人类智力活动奥秘的探索与记忆思维机理的研究，以实现两方面的目的：①开发人类智力活动的潜能；②探讨用各种(电气的、光学的、生物的甚至机械的)机器模拟人类智能的途径，使人类的智能得以物化与延伸。狭义人工智能的定义为：人工智能是用计算机模型模拟思维功能的科学。

人工智能必须做三件事：①知识存储；②用存储的知识解决问题；③通过经验获取新知识。因此一个人工智能系统有三个关键部分：表示、推理和学习，如图 4-16 所示。

### 2. 人工智能与神经网络

传统的人工智能与神经网络均是研究人脑、人类思维和认知的科学与技术，它们之间存在着千丝万缕的联系，但在认知模型上有许多不同之处。下面分别从解释级别、处理方式和表示结构三方面进行比较。

(1) 解释级别(Level of Explanation)：在传统的人工智能中，用符号表示某些事物。从认知的观点来看，人工智能认为智能表示方法是存在的，并且建立了由符号表示的顺序处理的认知模型。

神经网络强调并行分布处理(Parallel Distributed Processing，PDP)模型，这种模型认为通过大量神经元的相互作用产生信息处理，每一个神经元在网络中将兴奋或抑制信号传送给其他神经元。神经网络特别强调对认知现象的神经生物解释。

(2) 处理方式(Processing Style)：传统人工智能中，处理是顺序的，类似于典型的计算机编程，甚至当没有预定次序(如专家系统中对事实和规则的扫描)时，其处理操作仍然一步一步执行。

相比之下，并行性不仅对神经网络中的信息处理至关重要，而且是适应性之源，庞大的并行度是(成千上万个神经元)赋予神经网络鲁棒性这一重要特征的关键。计算在网络内部众多的神经元中传播,网络对含有噪声或不完整的输入仍然可以进行识别。一个被损坏的网络仍然可以满意运行,而且其学习无需太好。

(3) 表示结构(Representational Structure):符号表示含有一个准语言结构,同自然语言的表达一样,经典人工智能的表达通常非常复杂,它建立于简单符号的系统结构之上。给定一有限符号集,有意义的新表达通常由三部分组成:符号表达成分、句法结构与语义的模拟。

思维表示和思维处理是神经网络的一个至关重要的问题,在1998年3月定期举行的认知会议上,Fodor和Pylyshys含蓄地批判了神经网络处理认知和语言方面的计算复杂度,他们就神经网络在认知的两个基本过程,即思维表示和思维处理中存在哪些误解产生了分歧。根据Fodor和Pylyshys的思想,提出了传统人工智能而非神经网络的理论:

① 思维表示特征表现出一个复合结构的组成和组合语义。

② 思维过程对运行一个复合结构的组成和组合语义非常敏感。

总之,目前可用自上而下的方法将符号人工智能描述为知识数据表示和规则系统语言中一个刻板的操作,也可用自下而上的方法将神经网络描述为具有天然学习能力的并行分布式处理机。在执行认知任务的过程中,应发现更多隐含的有用的方法手段并将其结合成为结构化的连接模型或混合系统,而不是单独的基于符号的人工智能或神经网络进行求解搜索,因此,现如今能将神经网络的适应性、健壮性和一致性与从符号人工智能中继承的表示、推理和普遍性结合起来产生期望特性,实际上,一些方法就是基于这种目标思想而产生的,能从训练的神经网络中提取规则,另外对符号和连接方式如何结合的理解,可以整合起来制造一个智能机。

## 4.3 单层前向网络

感知器是由美国学者Frank Rosenblatt在1957年首次提出的作为有导师学习(也即是有监督学习)的模型。单层感知器是指包含一个突触权值可调的神经元的单层前向网络,它的训练算法是Frank Rosenblatt在1958年提出的,如图4-17所示。感知器是神经网络用来进行模式识别的一种最简单的模型,但是由单个神经元组成的单层前向网络只能用来实现线性可分的两类模式的识别。

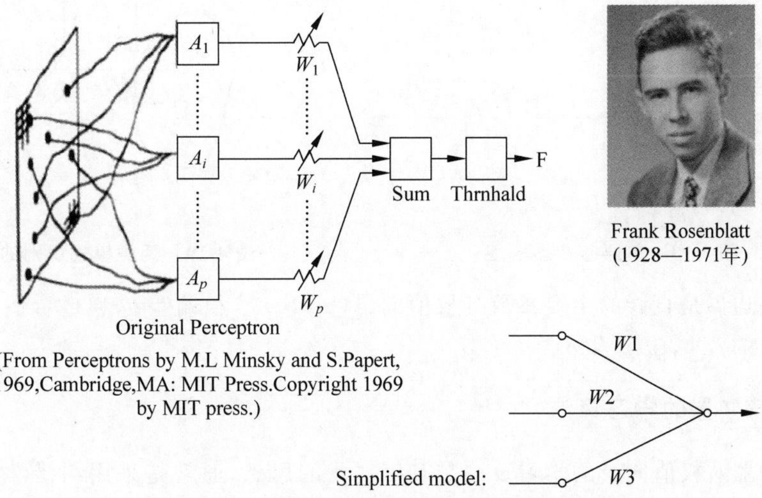


**图4-17　Frank Rosenblatt和感知器的提出**

感知器模型与M-P模型的不同之处是假定神经元的突触权值是可变的,这样就可以进行学习。由于感知器模型包含了自组织、自学习的思想,所以感知器模型在神经网络研究中有着重要的意义和地位。

## 4.3.1 单层感知器

### 1. 单层感知器模型

单层感知器模型如图4-18所示,它包括一个含有外部偏差的线性累加器和一个二值阈值元件。线性累加器的输出作为二值阈值元件的输入,这样当二值阈值元件的输入是正数时,神经元就产生输出+1,反之,若其输入是负数,则产生输出-1,如式(4.13)~式(4.14)所示,即

$$y = \mathrm{Sgn}\left(\sum_{j=1}^{m} w_{ij}x_j + b\right) \tag{4.13}$$

$$y = \begin{cases} +1, & 若\left(\sum_{j=1}^{m} w_{ij}x_j + b\right) \geqslant 0 \\ -1, & 若\left(\sum_{j=1}^{m} w_{ij}x_j + b\right) < 0 \end{cases} \tag{4.14}$$

使用单层感知器的目的就是让其对外部输入$x_1, x_2, \cdots, x_m$进行识别分类,单层感知器可将外部输入分为两类$l_1$和$l_2$。

判定的边界:当感知器输出为+1时,认为输入的$x_1, x_2, \cdots, x_m$属于$l_1$类,当感知器的输出为-1时,认为$x_1, x_2, \cdots, x_m$属于$l_2$类,从而实现两类目标的识别。在$m$维信号空间中,单层感知器进行模式识别的判别超平面公式如式(4.15)所示。

$$\sum_{j=1}^{m} w_{ij}x_j + b = 0 \tag{4.15}$$

图4-19中给出了一种只有两个输入$x_1$和$x_2$的判决超平面的情况,它的判决边界是直线:$w_1x_1 + w_2x_2 + b = 0$。

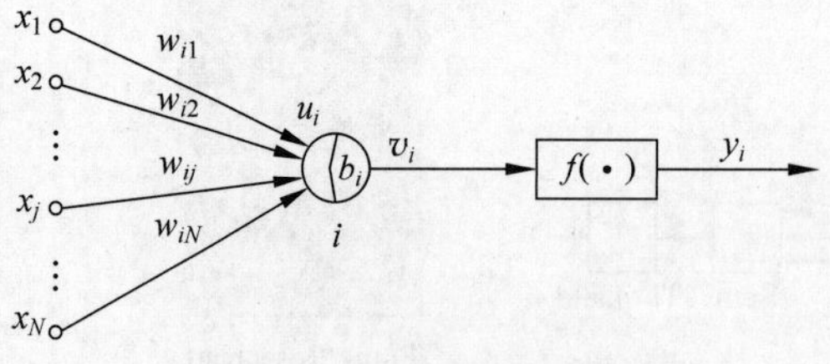


图4-18 单层感知器模型

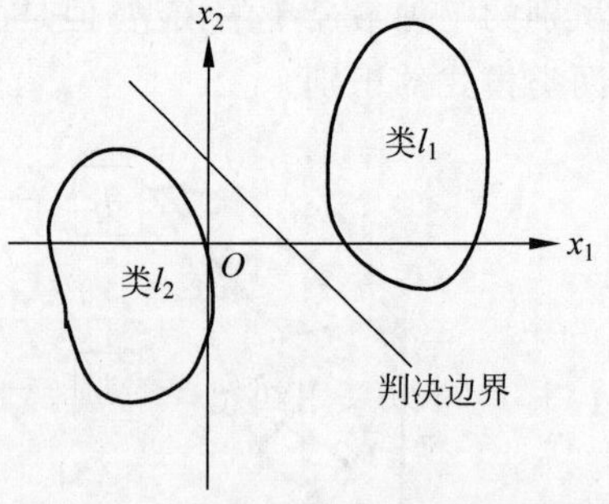


图4-19 两类模式识别的判定问题

决定判决边界是直线的主要参数是权值向量$(w_1, w_2)$和偏差$b$,通过合适的学习算法可以训练出满意的$(w_1, w_2)$和$b$。

### 2. 单层感知器的学习算法

单层感知器对权值向量的学习算法是基于迭代的思想,通常是采用纠错学习规则的学习算法。

为方便起见,将偏差$b$作为神经元突触权值向量的第一个分量加到权值向量中去,那么对

应的输入向量也应增加一项，可设输入向量的第一个分量固定为+1，这样输入向量和权值向量可分别写成如下形式，见式(4.16)和式(4.17)：

$$\boldsymbol{X}(n)=[+1,x_1(n),x_2(n),\cdots,x_m(n)]^{\mathrm{T}} \tag{4.16}$$

$$\boldsymbol{W}(n)=[b(n),w_1(n),w_2(n),\cdots,w_m(n)]^{\mathrm{T}} \tag{4.17}$$

其中变量 $n$ 表示迭代次数，其中的 $b(n)$ 可用 $w_0(n)$ 表示，则二值阈值元件的输入可重新写为式(4.18)：

$$v=\sum_{j=0}^{m}w_j(n)x_j(n)=\boldsymbol{W}^{\mathrm{T}}(n)\boldsymbol{X}(n) \tag{4.18}$$

令上式等于零，即可得在 $m$ 维信号空间的单层感知器的判决超平面。

用纠错学习算法训练感知器的方法如下。

第 1 步，设置变量和参量：

$\boldsymbol{X}(n)=[1,x_1(n),x_2(n),\cdots,x_m(n)]$为输入向量，或称训练样本；

$\boldsymbol{W}(n)=[b(n),w_1(n),w_2(n),\cdots,w_m(n)]$为权值向量；

其中 $b(n)$为偏差；$y(n)$为实际输出；$d(n)$为期望输出；$\eta$ 为学习速率；$n$ 为迭代次数。

第 2 步，初始化，赋给 $\boldsymbol{W}_j(0)$各一个较小的随机非零值，$n=0$；

第 3 步，对于一组输入样本 $\boldsymbol{X}(n)=[1,x_1(n),x_2(n),\cdots,x_m(n)]$，指定它的期望输出 $d$（亦称为导师信号）。if $\boldsymbol{X}\in l_1,d=1$；if $X\in l_2,d=-1$。

第 4 步，计算实际输出，公式如式(4.19)所示：

$$y(n)=\mathrm{Sgn}(\boldsymbol{W}^{\mathrm{T}}(n)\boldsymbol{X}(n)) \tag{4.19}$$

第 5 步，调整感知器的权值向量，公式如式(4.20)所示：

$$w(n+1)=w(n)+\eta[d(n)-y(n)]\boldsymbol{X}(n) \tag{4.20}$$

第 6 步，判断是否满足条件，若满足算法结束，若不满足将 $n$ 值增加 1，转到第三步重新执行。

值得注意的是，在以上学习算法的第 6 步中需要判断是否满足条件，这里的条件可以是：权值变化很小$|w(n+1)-w(n)|<\varepsilon$；或者是：期望输出与实际输出很接近，即$|d(n)-y(n)|<\varepsilon$；或者是：设定最大的迭代次数 $N$，防止算法不收敛造成死循环（$n<N$ 则继续学习）。三者是或的关系，满足其中一个，则算法结束循环。

在感知器学习算法中，重要的是引入了一个量化的期望输出 $d(n)$，其定义为式(4.21)：

$$d(n)=\begin{cases}+1, & \text{如果 } X(n) \text{ 属于类 } l_1\\ -1, & \text{如果 } X(n) \text{ 属于类 } l_2\end{cases} \tag{4.21}$$

这样就可以采用纠错学习规则对权值向量进行逐步修正。

对于线性可分的两类模式，单层感知器的学习算法是收敛的，即通过学习调整突触权值可以得到合适的判决边界，正确区分两类模式，而对于线性不可分的两类模式，则无法用一条直线区分两类模式，如图 4-20 所示。因而单层感知器的学习算法在线性不可分时是不收敛的，即单层感知器无法正确区分线性不可分的两类模式。

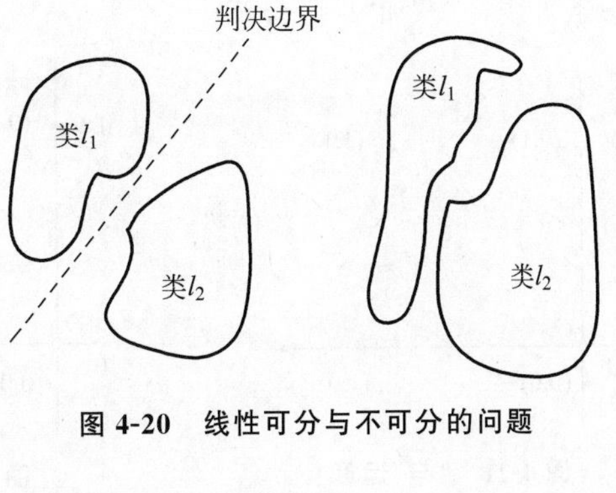


**图 4-20 线性可分与不可分的问题**

对于以上所述的问题可用单层感知器实现逻辑函数来进一步说明，如表 4-1～表 4-3 所示。

**表 4-1　实现逻辑“与”**

| $x_1$ | $x_2$ | $x_1x_2$ | $Y=w_1\cdot x_1+w_2\cdot x_2+b=0$ | 条　件 |
|---|---|---|---|---|
| 0 | 0 | 0 | $Y=w_1\cdot 0+w_2\cdot 0+b<0$ | $b<0$ |
| 0 | 1 | 0 | $Y=w_1\cdot 0+w_2\cdot 1+b<0$ | $w_2+b<0$ |
| 1 | 0 | 0 | $Y=w_1\cdot 1+w_2\cdot 0+b<0$ | $w_1+b<0$ |
| 1 | 1 | 1 | $Y=w_1\cdot 1+w_2\cdot 1+b\geqslant 0$ | $w_1+w_2+b\geqslant 0$ |

此表可解。比如取 $w_1=1,w_2=1,b=-1.5$。

**表 4-2　实现逻辑“或”**

| $x_1$ | $x_2$ | $x_1x_2$ | $Y=w_1\cdot x_1+w_2\cdot x_2+b=0$ | 条　件 |
|---|---|---|---|---|
| 0 | 0 | 0 | $Y=w_1\cdot 0+w_2\cdot 0+b<0$ | $b<0$ |
| 0 | 1 | 1 | $Y=w_1\cdot 0+w_2\cdot 1+b\geqslant 0$ | $w_2+b\geqslant 0$ |
| 1 | 0 | 1 | $Y=w_1\cdot 1+w_2\cdot 0+b\geqslant 0$ | $w_1+b\geqslant 0$ |
| 1 | 1 | 1 | $Y=w_1\cdot 1+w_2\cdot 1+b\geqslant 0$ | $w_1+w_2+b\geqslant 0$ |

此表可解。比如取 $w_1=1,w_2=1,b=-0.5$。

**表 4-3　实现逻辑“异或”**

| $x_1$ | $x_2$ | $x_1x_2$ | $Y=w_1\cdot x_1+w_2\cdot x_2+b=0$ | 条　件 |
|---|---|---|---|---|
| 0 | 0 | 0 | $Y=w_1\cdot 0+w_2\cdot 0+b<0$ | $b<0$ |
| 0 | 1 | 1 | $Y=w_1\cdot 0+w_2\cdot 1+b\geqslant 0$ | $w_2+b\geqslant 0$ |
| 1 | 0 | 1 | $Y=w_1\cdot 1+w_2\cdot 0+b\geqslant 0$ | $w_1+b\geqslant 0$ |
| 1 | 1 | 0 | $Y=w_1\cdot 1+w_2\cdot 1+b<0$ | $w_1+w_2+b<0$ |

此表无解，即无法得到满足条件的 $w_1,w_2$ 和 $b$。

逻辑运算的结果“0”代表第 1 类，用空心点表示；逻辑运算的结果“1”代表第 2 类，用实心点表示。可见单层感知器可实现逻辑“与”运算（见图 4-21）、逻辑“或”运算（见图 4-22），即总可以得到一条直线将“0”和“1”区分开来，但单层感知器不可实现逻辑“异或”运算（见图 4-23），即无法用一条直线将“0”和“1”区分开。

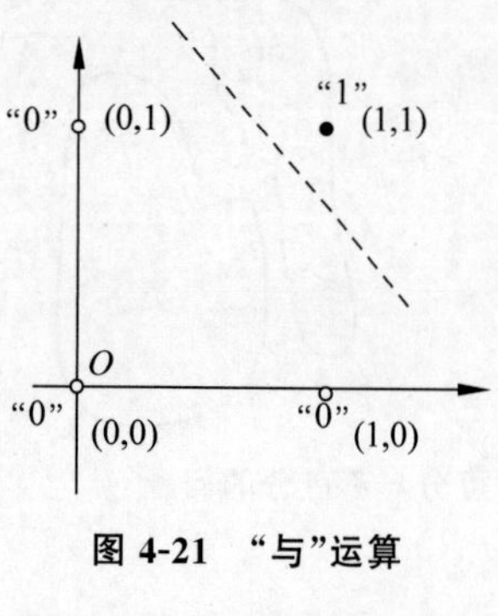

图 4-21　“与”运算

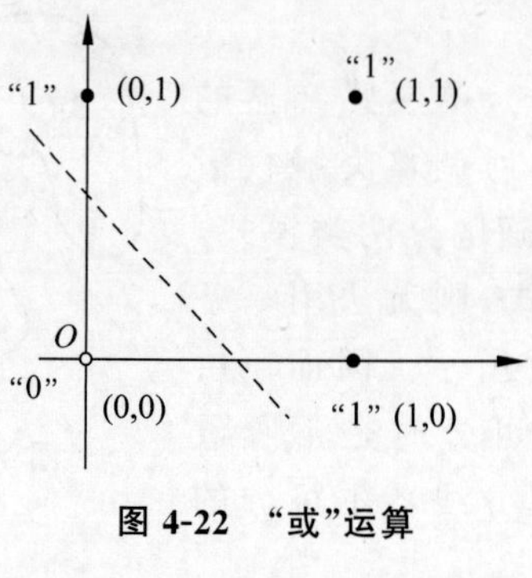

图 4-22　“或”运算

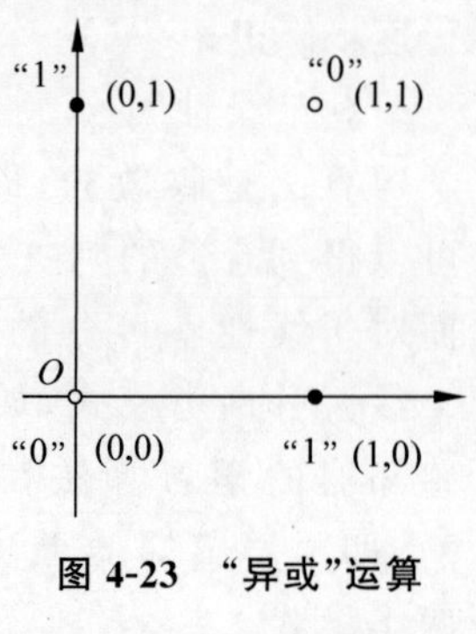

图 4-23　“异或”运算

单层感知器无法解决线性不可分的两类模式识别问题，这也是直接导致神经网络第一次衰落的主要原因。第二次神经网络的兴起，就是以解决该问题的多层感知器的发明和训练为标志的。

**3. 仿真实验**

单层感知器的 MATLAB 仿真主要有以下函数，下面分别介绍。

1) newp()函数

功能：创建一个感知器神经网络；

格式：net=newp(**RP**,$S$,TF,LF)；

使用说明：net 为感知器的名称；**RP** 为一个 $R*2$ 的矩阵，由 $R$ 组输入向量中的最大值和最小值组成；$S$ 表示神经元的个数；TF 为激活函数，默认的是 hardlim()函数；LF 表示网

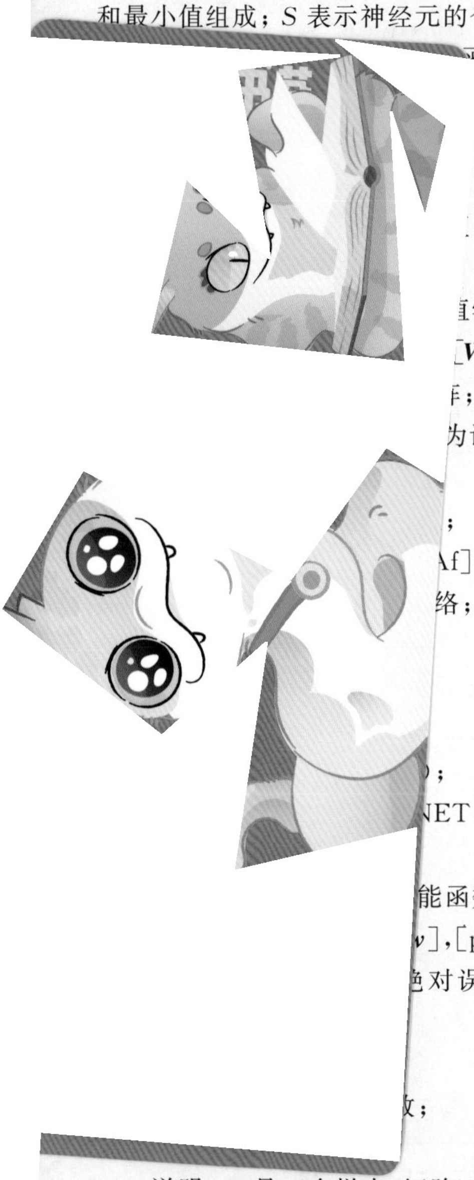

函数。

，则输出为 1，否则为 0。

值学习函数；

[***W***],***P***,***Z***,[***N***],[***A***],[***T***],***E***)；

阵；***W*** 为权值矩阵；***P*** 为输入向量矩阵；***Z*** 为输入层的权值矩

为误差向量；***T*** 为网络的目标向量；***A*** 为实际输出向量。

；

Af]=train(NET,***P***,***T***,Pi,Ai,VV,TV)；

络；NET 为训练前的网络；***P*** 为输入向量矩阵；***T*** 为目标矩阵；

)；

NET 为要测试的网络；***P*** 为网络的输入向量矩阵。

能函数；

***w***],[pp])；

绝对误差和；***E*** 为误差矩阵或向量；***w*** 为所有权值和阈值向量；

数；

说明：***P*** 是 $n$ 个样本(矩阵)；***T*** 代表各样本点的类别，是一个 $n$ 维向量。

8) plotpc()函数

功能：在存在的图上绘制出感知器的分类线；

格式1：plotpc(***W***,***B***)；

格式2：plotpc(***W***,***B***,***H***)；

说明：***W*** 为权值向量；***B*** 为偏差向量。

**例 4.1** 试用单层感知器，实现逻辑“与”和“或”运算。

**解：**

(1) 先考虑逻辑“或”运算的实现，可以将问题转换为输入矢量：***P***=[0 0 1 1；0 1 0 1]；目标矢量为：***T***=[0 1 1 1]。

模型训练如图 4-24 所示，运算结果如图 4-25 所示。

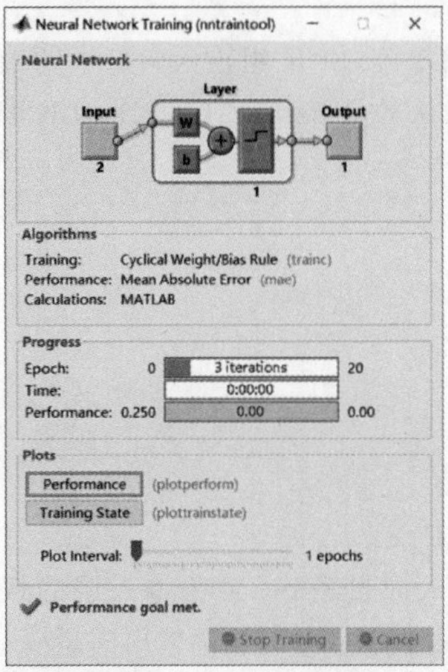


图 4-24 “或”运算模型训练

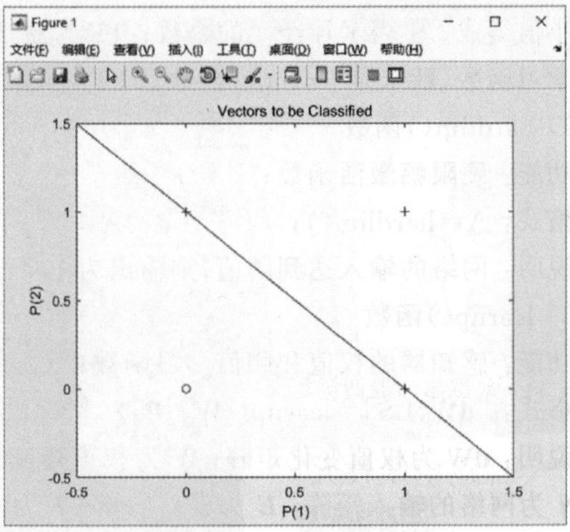


图 4-25 “或”运算结果

(2) 逻辑“与”运算的实现。

模型训练如图 4-26 所示，运行结果如图 4-27 所示。

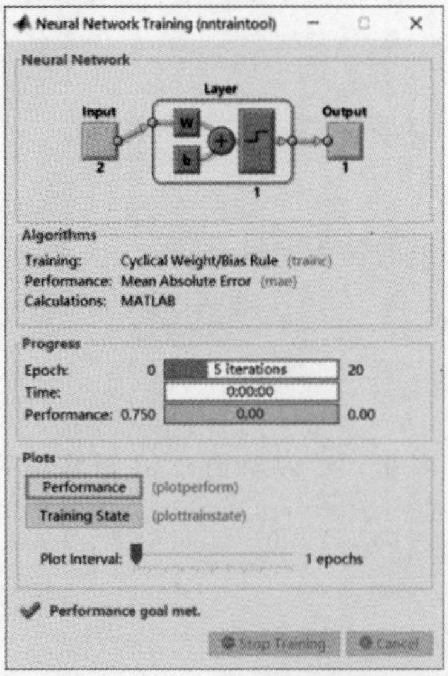


图 4-26 “与”运算模型训练

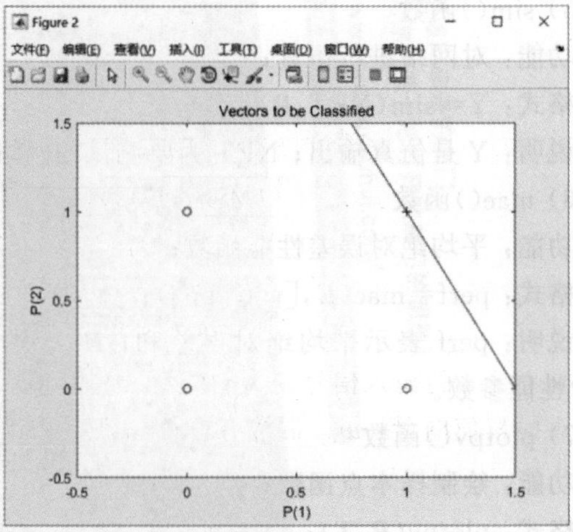


图 4-27 “与”运算结果

**例 4.2** 用单层感知器实现多个分类。

输入向量为：***P***=[0.1 0.7 0.8 0.8 1.0 0.3 0.0 −0.3 −0.5 −1.5；1.2 1.8 1.6 0.6

0.8 0.5 0.2 0.8 −1.5 −1.3]。

对应的输出为：$\boldsymbol{T}$=[1 1 1 0 0 1 1 1 0 0；0 0 0 0 0 1 1 1 1 1]。

请用单层感知器实现四类的划分。

**解**：模型训练如图4-28所示，运算结果如图4-29所示。

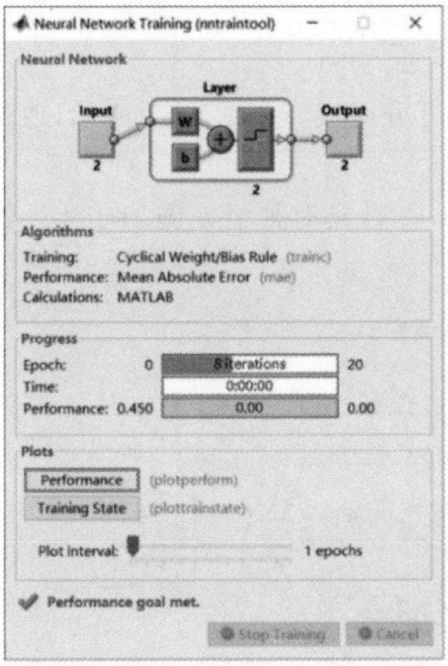


图4-28　单层感知器四类划分模型训练

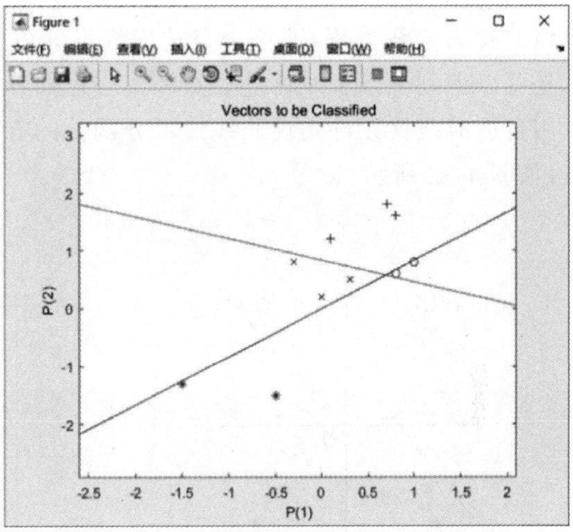


图4-29　单层感知器四类划分运算结果

## 4.3.2　自适应线性元件

自适应线性元件(Adaptive Linear Element，Adaline)模型是由美国斯坦福大学的Widrow和Hoff于1961年提出的。自适应线性元件模型如图4-30所示。

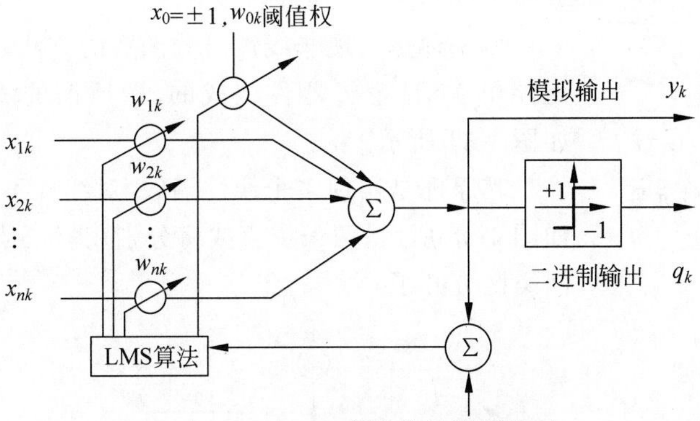


图4-30　自适应线性元件模型

神经元$i$的输入信号向量：$\boldsymbol{X}_i=[x_{0i},x_{1i},\cdots,x_{mi}]^{\mathrm{T}}$，$x_{0i}$常取±1。

突触权值向量：$w_{0i}$常接有单位输入，用以控制阈值电平。

$$\boldsymbol{W}_i=[w_{0i},w_{1i},\cdots,w_{mi}]^{\mathrm{T}}$$

模拟输出：$y_i=\boldsymbol{X}_i^{\mathrm{T}}\boldsymbol{W}=\boldsymbol{W}^{\mathrm{T}}\boldsymbol{X}_i$。

二值输出：$q_i=\mathrm{Sgn}(y_i)$。

单个神经元具有$m$个二进制输入，共有$2^m$个可能的输入模式，单个神经元具有一个模拟输出和一个二值输出。自适应线性元件的学习算法采用最小均方算法(Least Mean Square，

LMS)算法。单个神经元只能实现线性可分函数。

假定只有两个输入 $x_1$ 和 $x_2$,则自适应线性元件的模拟输出为

$$y=x_1w_1+x_2w_2+w_0$$

调整临界阈值条件,可令模拟输出为零,即

$$y=x_1w_1+x_2w_2+w_0=0\Rightarrow x_2=-\frac{w_0}{w_2}-\frac{w_1}{w_2}x_1$$

该方程为直线方程,即单个自适应线性元件实现线性可分函数。如图 4-31 所示,通过学习总是可以得到一条直线将空心点和实心点划分开来。

用自适应线性元件实现非线性可分函数的方法有两种,一种是对神经元施加非线性输入函数,如图 4-32 所示。

$$y=w_0+x_1w_1+x_1^2w_{11}+x_1x_2w_{12}+x_2^2w_{22}+x_2w_2$$

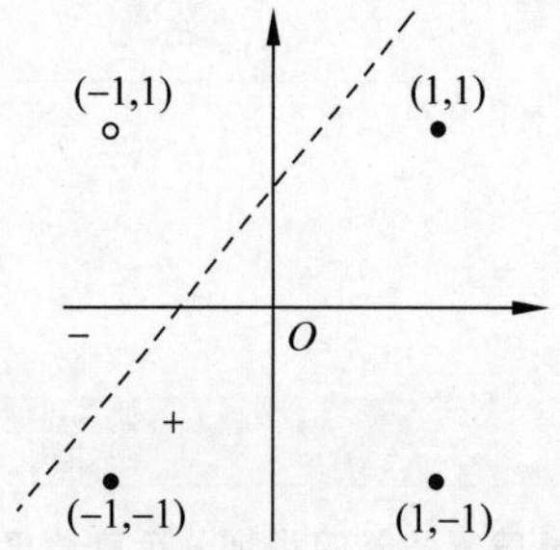


**图 4-31 自适应线性元件的线性可分性图示**

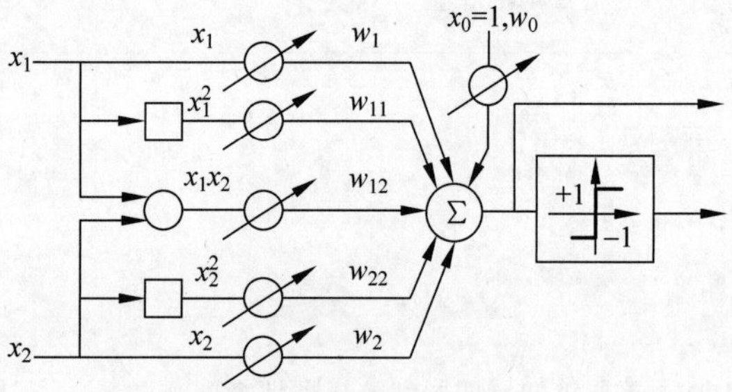


**图 4-32 自适应非线性元件**

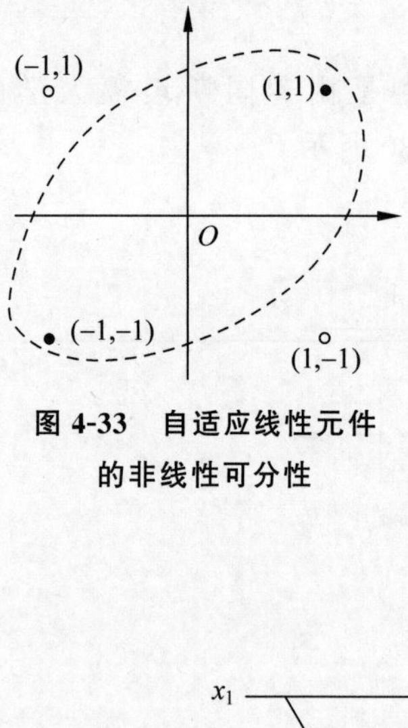


**图 4-33 自适应线性元件的非线性可分性**

若令 $y=0$,上式为曲线方程,即通过选择 $\boldsymbol{W}$,可实现非线性函数,使得自适应线性元件具有非线性可分性。如图 4-33 所示,虚线表示的曲线将分别用空心点和实心点所表示的两类区分开了。

另一种是实现非线性可分函数的方法是由多个自适应线性元件和 AND 逻辑器件构成的,即所谓的 MADALINES 网络,如图 4-34 所示。

其原理是实现多个线性函数,对线性不可分区域进行划分。如图 4-35 所示,两条虚直线将分别用空心点和实心点所表示的两类区分开了。

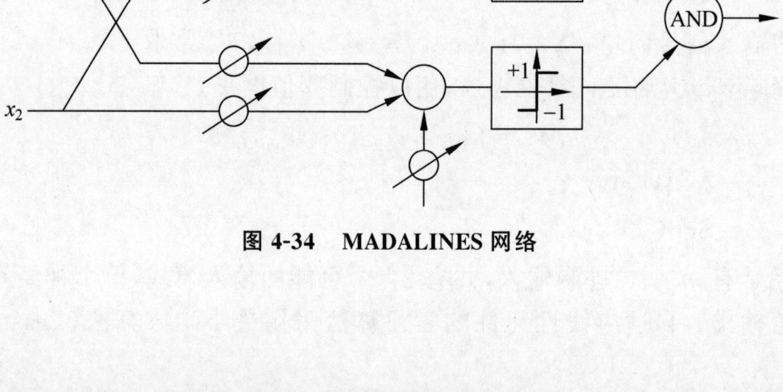

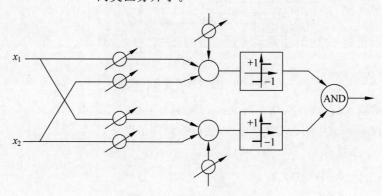

**图 4-34 MADALINES 网络**

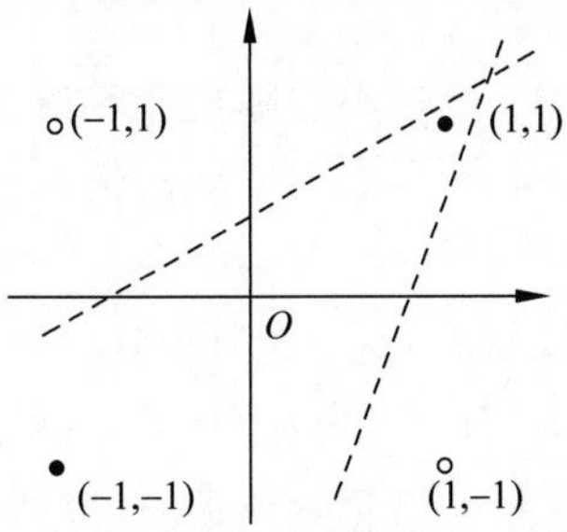


图 4-35 MADALINES 网络实现线性不可分区域的划分

### 4.3.3 LMS 学习算法

感知器和自适应线性元件在历史上几乎是同时提出的，并且两者在对权值的调整的算法上非常相似，它们都是基于纠错学习规则的学习算法。感知器算法存在如下问题：①不能推广到一般的前向网络中去；②目标函数不是线性可分时，得不出任何结果。而由美国斯坦福大学的 Widrow 和 Hoff 在研究自适应理论时提出的 LMS 算法，由于其容易实现而很快得到了广泛的应用，成为自适应滤波的标准算法。

$$e(n)=d(n)-\boldsymbol{X}^{\mathrm{T}}(n)\boldsymbol{W}(n) \tag{4.22}$$

式(4.22)为误差计算公式，$e(n)$为时刻 $n$ 的误差信号，其他参数的含义如前所述。可采用"瞬时"值均方误差作为代价函数，见式(4.23)：

$$E(\boldsymbol{W})=\frac{1}{2}e^2(n) \tag{4.23}$$

对式(4.22)和式(4.23)两边求关于权值向量 $\boldsymbol{W}$ 的导数可得：

$$\frac{\partial e(n)}{\partial \boldsymbol{W}}=-\boldsymbol{X}(n) \tag{4.24}$$

$$\frac{\partial E(\boldsymbol{W})}{\partial \boldsymbol{W}}=e(n)\frac{\partial e(n)}{\partial \boldsymbol{W}} \tag{4.25}$$

从式(4.24)和式(4.25)又可得(式(4.26))：

$$\frac{\partial E(\boldsymbol{W})}{\partial \boldsymbol{W}}=-\boldsymbol{X}^{\mathrm{T}}(n)e(n) \tag{4.26}$$

为使误差尽快减小，令权值沿着误差函数负梯度方向改变，即

$$\Delta \boldsymbol{W}=-\eta\frac{\partial E(\boldsymbol{W})}{\partial \boldsymbol{W}}=\eta\boldsymbol{X}^{\mathrm{T}}(n)e(n) \tag{4.27}$$

这样就可以得到 LMS 算法调整突触权值的公式(式(4.28))：

$$\begin{aligned}\boldsymbol{W}(n+1)&=\boldsymbol{W}(n)+\eta\boldsymbol{X}(n)e(n)\\&=\boldsymbol{W}(n)+\eta\boldsymbol{X}(n)[d(n)-\boldsymbol{X}^{\mathrm{T}}(n)\boldsymbol{W}(n)]\\&=[\mathbf{I}-\eta\boldsymbol{X}(n)\boldsymbol{X}^{\mathrm{T}}(n)]\boldsymbol{W}(n)+\eta\boldsymbol{X}(n)d(n)\end{aligned} \tag{4.28}$$

其中 $\eta$ 是学习速率因子，$\mathbf{I}$ 表示单位矩阵。

LMS 算法的步骤如下。

第 1 步，设置变量和参量：

$\boldsymbol{X}(n)=[1,x_1(n),x_2(n),\cdots,x_m(n)]$为输入向量，或称训练样本；

$\boldsymbol{W}(n)=[b(n),w_1(n),w_2(n),\cdots,w_m(n)]$为权值向量；

$b(n)$为偏差；$y(n)$为实际输出；$d(n)$为期望输出；

$\eta$ 为学习速率；$n$ 为迭代次数。

第 2 步，初始化，赋给 $\boldsymbol{W}_j(0)$ 各一个较小的随机非零值，$n=0$；

第 3 步，对于一组输入样本 $\boldsymbol{X}(n)=[1,x_1(n),x_2(n),\cdots,x_m(n)]$ 和对应的期望输出 $d$，计算：

$$e(n)=d(n)-\boldsymbol{X}^{\mathrm{T}}(n)\boldsymbol{W}(n)$$

$$\boldsymbol{W}(n+1)=\boldsymbol{W}(n)+\eta\boldsymbol{X}(n)e(n)$$

第 4 步，判断是否满足条件，若满足则算法结束，若不满足将 $n$ 值增加 1，转到第 3 步重新执行。

注意：在以上学习算法的第四步需要判断是否满足条件，这里的条件可以是误差小于设定的值 $\varepsilon$，即 $|e(n)|<\varepsilon$；或者是权值的变化已很小，即 $|w(n+1)-w(n)|<\varepsilon$。另外，在实现过程中还应设定最大的迭代次数，以防止算法万一不收敛时，程序进入死循环。

LMS 算法的学习速率因子 $\eta$ 对算法影响较大。当 $\eta$ 取比较小的值时，LMS 算法的自适应过程就较慢，LMS 算法就记忆了更多的过去数据，从而 LMS 算法的结果就更加精确。LMS 算法的运行时间与学习速率因子成反比（学习速率因子 $\eta$ 的倒数就表示了算法的记忆容量）。

从 LMS 算法式(4.28)可见，LMS 算法的稳定性是受输入向量 $\boldsymbol{X}(n)$ 的统计特性和学习速率因子 $\eta$ 的值的影响。若 $\boldsymbol{X}(n)$ 是来自已知统计特性的输入向量，则 LMS 算法的稳定性就取决于学习速率因子 $\eta$。

判断 LMS 算法的收敛性是比较复杂的。为了能从数学的角度分析算法的收敛性，Widrow 于 1976 年提出了所谓的"不相关理论"。"不相关理论"的四点假设如下：

(1) 相继的输入向量 $\boldsymbol{X}(1),\boldsymbol{X}(2),\cdots$ 是互不相关的；

(2) 在抽样时刻 $n$，输入向量 $\boldsymbol{X}(n)$ 与所有的在 $n$ 以前的期望输出 $d(1),d(2),\cdots,d(n-1)$ 是不相关的；

(3) 在抽样时刻 $n$，期望输出 $d(n)$ 与输入向量 $\boldsymbol{X}(n)$ 有关，但与所有的在 $n$ 以前的期望输出 $d(1),d(2),\cdots,d(n-1)$ 是不相关的；

(4) 输入向量 $\boldsymbol{X}(n)$ 与预期输出 $d(n)$ 均来自符合高斯分布的环境。

根据"不相关理论"和假定学习速率因子 $\eta$ 取值足够小，Haykin 在 1996 年说明了 LMS 算法是按方差收敛的，只要学习速率因子 $\eta$ 满足式(4.29)：

$$0<\eta<\frac{2}{\lambda_{\max}} \tag{4.29}$$

其中 $\lambda_{\max}$ 是输入向量 $\boldsymbol{X}(n)$ 的自相关矩阵 $\boldsymbol{R}_x$ 的最大特征值。在 LMS 算法的实际应用的场合，$\lambda_{\max}$ 并不可知，为此通常使用自相关矩阵 $\boldsymbol{R}_x$ 的迹 $\mathrm{tr}[\boldsymbol{R}_x]$ 作为 $\lambda_{\max}$ 的估计值，$\mathrm{tr}[\boldsymbol{R}_x]$ 是自相关矩阵 $\boldsymbol{R}_x$ 的对角线元素之和，也称之为"迹"，由于 $\mathrm{tr}[\boldsymbol{R}_x]>\lambda_{\max}$，可取 $\eta$ 为式(4.30)：

$$0<\eta<\frac{2}{\mathrm{tr}[\boldsymbol{R}_x]} \tag{4.30}$$

而输入向量的自相关矩阵 $\boldsymbol{R}_x$ 的每个对角元素就是相应输入向量 $x(n)$ 的均方值，所以式(4.30)又可以写成如下形式：

$$0<\eta<\frac{2}{\text{输入向量 } x(n) \text{ 的均方值之和}} \tag{4.31}$$

因此，当学习速率因子 $\eta$ 满足式(4.31)时，便可判定 LMS 算法收敛。

另外一种判定 LMS 算法收敛的方法是：以迭代次数 $n$ 为横坐标，以误差信号的均方差

$E(n)$为纵坐标，画出学习曲线，从学习曲线的单调性来判定 LMS 算法是否收敛。标准的 LMS 算法学习曲线如图 4-36 所示。

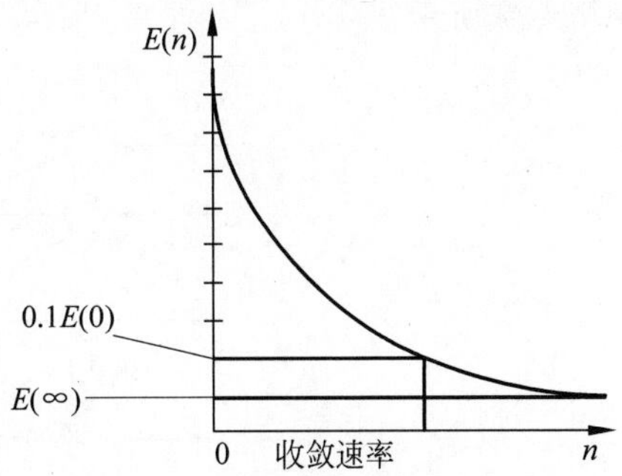


图 4-36 标准的 LMS 算法学习曲线

对一个收敛的 LMS 算法，学习曲线从一个大的$E(0)$值开始，$E(0)$由初始条件决定，然后按照某种速率下降，最终收敛到一个稳定的值。通过学习曲线，可以定义 LMS 算法的收敛速度为：$E(0)$下降到某个预设值(如初始值$E(0)$的 10%)时所需的迭代次数$n$。学习速率因子$\eta$对收敛速率和学习精度有很大的影响，最简单的方法是按式(4.32)取$\eta$为常数。

$$\eta(n)=\eta_0 \text{ 对所有的 } n \tag{4.32}$$

在随机近似过程中，可将学习速率因子看成是时变的，即

$$\eta(n)=\frac{c}{n} \tag{4.33}$$

考虑到收敛速度和学习精度，学习速率因子$\eta$应先取较大的值，保证收敛速率，随着迭代次数的增加，$\eta$的值应该较小，以保证精度。Darken 和 Moody 结合式(4.32)和式(4.33)提出了所谓的搜索-收敛方案(Search-then-Converge Schedule)，即学习速率的退火算法。其中$\eta_0$和$\tau$是预设的常量。

$$\eta(n)=\frac{\eta_0}{1+\left(\frac{n}{\tau}\right)} \tag{4.34}$$

LMS 算法的主要优点是它容易实现。而且 LMS 算法是与模型无关的，从而健壮性比较好。Hassibi 等在 1993 年和 1996 年提出的 LMS 算法按$\boldsymbol{H}^{\infty}$准则是最优的。$\boldsymbol{H}^{\infty}$准则的基本含义是指如果不知道要面对的是什么，那么就按最坏的打算进行优化处理。$\boldsymbol{H}^{\infty}$准则的提出为 LMS 算法的广泛应用奠定了坚实的基础。

LMS 算法的一个主要缺点就是它的收敛速度慢以及它对输入向量的特征值结构的敏感性。LMS 算法的收敛速度慢，主要体现在它需要迭代相当于输入向量空间维数的 10 倍次数才能收敛到一个稳定状态。LMS 算法对环境条件改变的敏感性主要就是它对输入向量$\boldsymbol{X}(n)$的自相关矩阵$\boldsymbol{R}_x$的条件数的改变敏感，当条件数是个大的数时，就称环境是病态的。当训练用的输入向量$\boldsymbol{X}(n)$来自病态的环境时，LMS 算法对条件数的敏感就更加突出。

## 4.4 多层前向网络

单层感知器的缺点是只能解决线性可分的分类问题，要增强网络的分类能力，唯一的方法是采用多层网络，即在输入与输出层之间加上隐含层，从而构成多层感知器(Multilayer Perceptrons，MLP)。这种由输入层、隐含层(一层或者多层)和输出层构成的神经网络称为多层前向神经网络。

### 4.4.1 多层感知器

将多个感知器进行叠加，就能构成能够解决复杂的非线性问题的多层感知器。通常多层感知器主要由输入层、输出层和隐含层构成，其中，隐含层可以是一层或者多层。其拓扑结构

如图 4-37 所示。

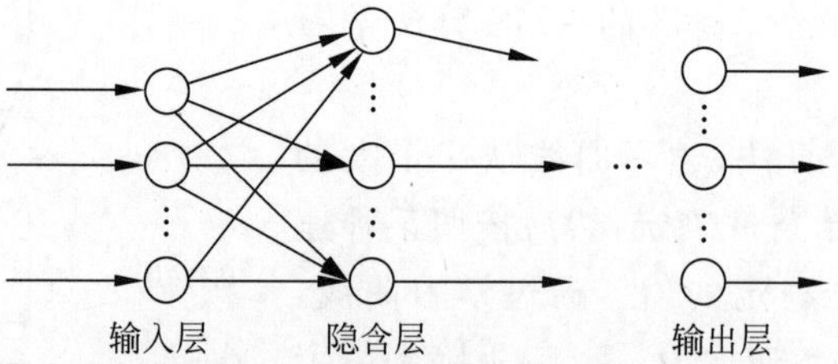


**图 4-37　多层感知器拓扑结构**

多层感知器输入层中的每个源节点的激励模式(输入向量)单元组成了应用于第二层(如第一隐含层)中神经元(计算节点)的输入信号,第二层输出信号成为第三层的输入,其余层类似。网络每一层的神经元只含有作为它们输入的前一层的输出信号,网络输出层(终止层)神经元的输出信号组成了对网络中输入层(起始层)源节点产生的激励模式的全部响应。即信号从输入层输入,经隐含层传给输出层,由输出层得到输出信号。

多层感知器同单层感知器相比具有四个明显的特点:

(1) 除了输入输出层,多层感知器含有一层或多层隐单元,隐单元从输入模式中提取更多有用的信息,使网络可以完成更复杂的任务。

(2) 多层感知器中每个神经元的激励函数是可微的 Sigmoid 函数,见式(4.35)。

$$v_i = \frac{1}{1+\exp(-u_i)} \tag{4.35}$$

式中 $u_i$ 是第 $i$ 个神经元的输入信号,$v_i$ 是该神经元的输出信号。

(3) 多层感知器的多个突触使得网络更具连通性,连接域的变化或连接权值的变化都会引起连通性的变化。

(4) 多层感知器具有独特的学习算法,该学习算法就是著名的 BP 算法,所以多层感知器也常常被称为 BP 网络。

对单层感知器和多层感知器的分类能力进行比较,如表 4-4 所示。

**表 4-4　单层感知机和多层感知机分类能力的比较**

| 结　　构 | 决策区域类型 | 区 域 形 状 | 异 或 问 题 |
|---|---|---|---|
| 无隐含层 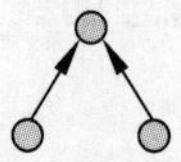 | 由一个超平面<br>分成两个区域 |  | 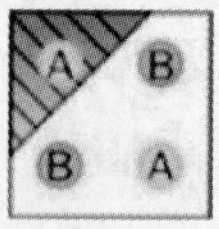  |
| 单隐含层 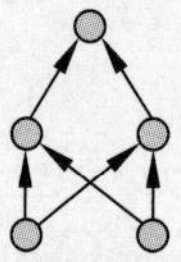 | 开凸区域或<br>闭凸区域 |  |   |
| 双隐含层 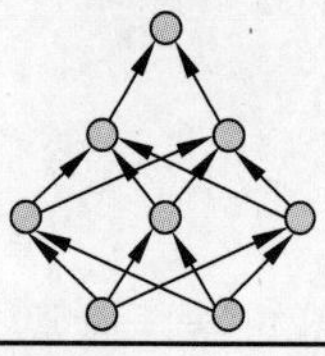 | 任意形状(其复杂度由<br>单元数目确定) |  |   |

从表 4-4 中可以看出,包含了隐含层的多层感知器,能够在特征空间中完成更精细的划

分，从而具备强大的模式识别能力。一般来说，多层感知器包含的隐含层越多，其计算能力和表达能力越强，目前已经成为应用最为广泛的一种神经网络。

## 4.4.2　BP 神经网络

### 1. BP 学习算法

20 世纪 80 年代中期，David Rumelhart、Geoffrey Hinton、Ronald Williams、David Parker，以及 Yann LeCun 分别独立地发现了 BP(Back Propagation)算法。1986 年 Rumelhart 和 McClelland 编写的名为 *Parallel Distributed Processing: Explorations in the Microstructures of Cognition* 书出版，该书的出版对 BP 算法的应用产生了重要影响。BP 算法解决了多层感知器的学习问题，促进了神经网络的发展。

BP 学习过程可以描述如下。

(1) 工作信号正向传播：输入信号从输入层经隐含层，传向输出层，在输出端产生输出信号，这是工作信号的正向传播。在信号的向前传递过程中网络的权值是固定不变的，每一层神经元的状态只影响下一层神经元的状态。如果在输出层不能得到期望的输出，则产生误差信号反向传播。

(2) 误差信号反向传播：网络的实际输出与期望输出之间的差值即为误差信号，误差信号由输出端开始逐层向后传播，这是误差信号的反向传播。在误差信号反向传播的过程中，网络的权值由误差反馈进行调节。通过权值的不断修正使网络的实际输出更接近期望输出。

图 4-38 为 BP 神经网络的一部分，其中有两种信号：一是用实线表示的工作信号，工作信号正向传播；二是用虚线表示的误差信号，误差信号反向传播。

下面以含有两个隐含层的 BP 网络为例，如图 4-39 所示。

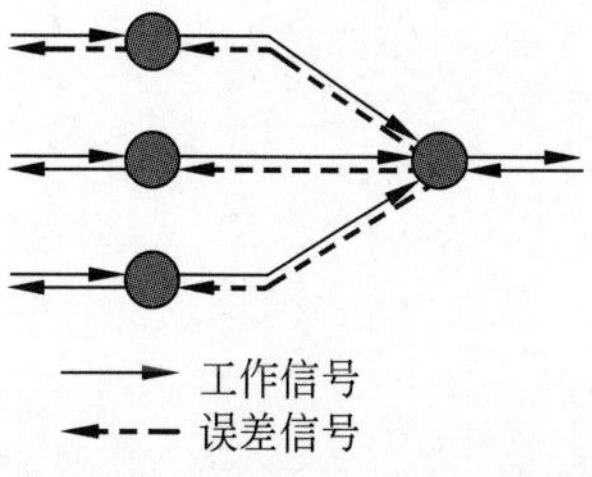


图 4-38　工作信号正向传播，误差信号反向传播

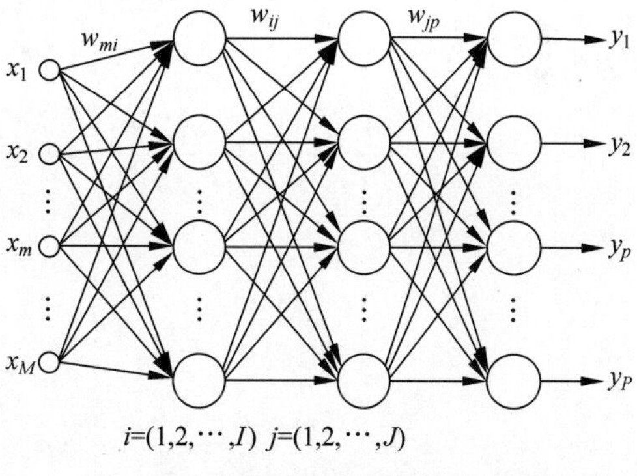


图 4-39　含有两个隐含层的 BP 网络

设输入层为 $M$，即有 $M$ 个输入信号，其中的任一输入信号用 $m$ 表示；第 1 隐含层为 $I$ 即有 $I$ 个神经元，其中的任一神经元用 $i$ 表示；第 2 隐含层为 $J$ 即有 $J$ 个神经元，其中的任一神经元用 $j$ 表示；输出层为 $P$，即有 $P$ 个输出神经元，其中的任一神经元用 $p$ 表示。

输入层与第 1 隐含层的突触权值用 $w_{mi}$ 表示；第 1 隐含层与第 2 隐含层的突触权值用 $w_{ij}$ 表示；第 2 隐含层与输出层的突触权值用 $w_{jp}$ 表示。

神经元的输入用 $u$ 表示，激励输出用 $v$ 表示，$u$、$v$ 的上标表示层，下标表示层中的某个神经元。设所有的神经元的激励函数均用 Sigmoid 函数。设训练样本集为 $X=[X_1,X_2,\cdots,X_k,\cdots,X_N]$，对应任一训练样本：$X_k=[x_{k1},x_{k2},\cdots,x_{kM}]^{\mathrm{T}}(k=1,2,\cdots,N)$的实际输出为：$Y_k=[y_{k1},y_{k2},\cdots,y_{kP}]^{\mathrm{T}}$，期望输出为 $d_k=[d_{k1},d_{k2},\cdots,d_{kP}]^{\mathrm{T}}$。设 $n$ 为迭代次数，权

值和实际输出是 $n$ 的函数。

网络输入训练样本 $X_k$，由工作信号的正向传播过程可得

$$u_i^I=\sum_{m=1}^{M}w_{mi}x_{km}\quad v_i^I=f\left(\sum_{m=1}^{M}w_{mi}x_{km}\right)\quad i=1,2,\cdots,I$$

$$u_j^J=\sum_{i=1}^{I}w_{ij}v_i^I\quad v_j^J=f\left(\sum_{i=1}^{I}w_{ij}v_i^I\right)$$

$$u_p^P=\sum_{j=1}^{J}w_{jp}v_j^J\quad v_p^P=f\left(\sum_{j=1}^{J}w_{jp}v_j^J\right)\quad p=1,2,\cdots,P$$

$$y_{kp}=v_p^P=f(u_p^P)=f\left(\sum_{j=1}^{J}w_{jp}v_j^J\right)\quad p=1,2,\cdots,P$$

输出层第 $p$ 个神经元的误差信号为：$e_{kp}(n)=d_{kp}(n)-y_{kp}(n)$。

定义神经元 $p$ 的误差能量为$\frac{1}{2}e_{kp}^2(n)$。

则输出层所有神经元的误差能量总和为 $E(n)$（式(4.36)）：

$$E(n)=\frac{1}{2}\sum_{p=1}^{P}e_{kp}^2(n) \tag{4.36}$$

误差信号从后向前传递，在反向传播的过程中，逐层修改连接权值。下面计算误差信号的反向传播过程。

(1) 隐含层 $J$ 与输出层 $P$ 之间的权值修正量。BP 算法中权值的修正量与误差对权值的偏微分成正比，即：

$$\Delta w_{jp}(n)\propto\frac{\partial E(n)}{\partial w_{jp}(n)}$$

因为

$$\frac{\partial E(n)}{\partial w_{jp}(n)}=\frac{\partial E(n)}{\partial e_{kp}(n)}\cdot\frac{\partial e_{kp}(n)}{\partial y_{kp}(n)}\cdot\frac{\partial y_{kp}(n)}{\partial u_p^P(n)}\cdot\frac{\partial u_p^P(n)}{\partial w_{jp}(n)}$$

又

$$\frac{\partial E(n)}{\partial e_{kp}(n)}=e_{kp}(n)\qquad\frac{\partial e_{kp}(n)}{\partial y_{kp}(n)}=-1$$

$$\frac{\partial y_{kp}(n)}{\partial u_p^P(n)}=f'(u_p^P(n))\qquad\frac{\partial u_p^P(n)}{\partial w_{jp}(n)}=v_j^J(n)$$

则

$$\frac{\partial E(n)}{\partial w_{jp}(n)}=-e_{kp}(n)f'(u_p^P(n))v_j^J(n) \tag{4.37}$$

设局部梯度为

$$\delta_p^P(n)=-\frac{\partial E(n)}{\partial u_p^P(n)}=f'(u_p^P(n))e_{kp}(n) \tag{4.38}$$

当激励函数为 Sigmoid 函数时，即

$$f(x)=\frac{1}{1+e^{-ax}}\ a>0;-\infty<x<\infty$$

从而有

$$f'(u_p^P(n))=\frac{\partial v_p^P(n)}{\partial u_p^P(n)}=v_p^P(n)(1-v_p^P(n))=y_{kp}(n)(1-y_{kp}(n))$$

则

$$\begin{aligned}\delta_p^P(n)&=y_{kp}(n)(1-y_{kp}(n))e_{kp}(n)\\&=y_{kp}(n)(1-y_{kp}(n))(d_{kp}(n)-y_{kp}(n))\end{aligned}\tag{4.39}$$

根据 Delta 学习规则，$w_{jp}(n)$的修正量为

$$\Delta w_{jp}(n)=-\eta\frac{\partial E(n)}{\partial w_{jp}(n)}=\eta\left(-\frac{\partial E(n)}{\partial u_p^P(n)}\right)\frac{\partial u_p^P(n)}{\partial w_{jp}(n)}=\eta\delta_p^P(n)v_j^J(n)\tag{4.40}$$

可以求得

$$w_{jp}(n+1)=w_{jp}(n)+\Delta w_{jp}(n)\tag{4.41}$$

(2) 隐含层 $I$ 与隐含层 $J$ 之间的权值修正量为

$$\frac{\partial E(n)}{\partial w_{ij}(n)}=\frac{\partial E(n)}{\partial u_j^J(n)}\cdot\frac{\partial u_j^J(n)}{\partial w_{ij}(n)}=\frac{\partial E(n)}{\partial u_j^J(n)}\cdot v_i^I(n)\tag{4.42}$$

设局部梯度为

$$\delta_j^J(n)=-\frac{\partial E(n)}{\partial u_j^J(n)}=-\frac{\partial E(n)}{\partial v_j^J(n)}\cdot\frac{\partial v_j^J(n)}{\partial u_j^J(n)}\tag{4.43}$$

因为

$$\frac{\partial v_j^J(n)}{\partial u_j^J(n)}=f'(u_j^J(n))\tag{4.44}$$

$$E(n)=\frac{1}{2}\sum_{p=1}^{P}e_{kp}^2(n)$$

$$\begin{aligned}\frac{\partial E(n)}{\partial v_j^J(n)}&=\sum_{p=1}^{P}e_{kp}(n)\cdot\frac{\partial e_{kp}(n)}{\partial v_j^J(n)}\\&=\sum_{p=1}^{P}e_{kp}(n)\cdot\frac{\partial e_{kp}(n)}{\partial u_p^P(n)}\cdot\frac{\partial u_p^P(n)}{\partial v_j^J(n)}\end{aligned}$$

又有

$$e_{kp}(n)=d_{kp}(n)-y_{kp}(n)=d_{kp}(n)-f(u_p^P(n))$$

$$\frac{\partial u_p^P(n)}{\partial v_j^J(n)}=w_{jp}(n)\qquad\frac{\partial e_{kp}(n)}{\partial u_p^P(n)}=-f'(u_p^P(n))$$

则

$$\frac{\partial E(n)}{\partial v_j^J(n)}=-\sum_{p=1}^{P}e_{kp}(n)\cdot f'(u_p^P(n))\cdot w_{jp}(n)\tag{4.45}$$

由式(4.44)和式(4.45)得

$$\delta_j^J(n)=f'(u_j^J(n))\sum_{p=1}^{P}e_{kp}(n)f'(u_p^P(n))w_{jp}(n)$$

将式(4.38)代入上式得

$$\delta_j^J(n)=f'(u_j^J(n))\sum_{p=1}^{P}\delta_p^P(n)w_{jp}(n)\tag{4.46}$$

所以

$$\Delta w_{ij}(n)=\eta\delta_j^J(n)v_i^I(n) \tag{4.47}$$

则下一次迭代时，隐含层 $I$ 上任一节点与隐含层 $J$ 上任一节点之间的权值

$$w_{ij}(n+1)=w_{ij}(n)+\Delta w_{ij}(n) \tag{4.48}$$

(3) 输入层 $M$ 和隐含层 $I$ 之间的权值之间的权值修正量的推导方法相同，输入层 $M$ 上任一节点与隐含层 $I$ 上任一节点之间权值的修正量为

$$\Delta w_{mi}(n)=\eta\delta_i^I(n)x_{km}(n) \tag{4.49}$$

其中

$$\delta_i^I(n)=f'(u_i^I(n))\sum_{j=1}^{J}\delta_j^J(n)w_{ij}(n) \tag{4.50}$$

则下一层迭代时，输入层 $M$ 上任一节点与隐含层 $I$ 上任一节点之间的权值为

$$w_{mi}(n+1)=w_{mi}(n)+\Delta w_{mi}(n) \tag{4.51}$$

**2. BP 学习算法的步骤**

BP 学习算法的步骤可归纳如下。

第 1 步，设置变量和参量：

$$\boldsymbol{X}_k=[x_{k1},x_{k2},\cdots,x_{kM}] \quad (k=1,2,\cdots,N)$$

为输入向量，或称训练样本，$N$ 为训练样本的个数。

$$\boldsymbol{w}_{mi}(n)=\begin{bmatrix} w_{11}(n) & w_{12}(n) & \cdots & w_{1I}(n) \\ w_{21}(n) & w_{22}(n) & \cdots & w_{2I}(n) \\ \vdots & \vdots & \vdots & \vdots \\ w_{M1}(n) & w_{M2}(n) & \cdots & w_{MI}(n) \end{bmatrix}$$

为第 $n$ 次迭代时输入层与隐含层 $I$ 之间的权值向量。

$$\boldsymbol{w}_{ij}(n)=\begin{bmatrix} w_{11}(n) & w_{12}(n) & \cdots & w_{1J}(n) \\ w_{21}(n) & w_{22}(n) & \cdots & w_{2J}(n) \\ \vdots & \vdots & \vdots & \vdots \\ w_{I1}(n) & w_{I2}(n) & \cdots & w_{IJ}(n) \end{bmatrix}$$

为第 $n$ 次迭代时隐含层 $I$ 和隐含层 $J$ 之间的权值向量。

$$\boldsymbol{w}_{jp}(n)=\begin{bmatrix} w_{11}(n) & w_{12}(n) & \cdots & w_{1P}(n) \\ w_{21}(n) & w_{22}(n) & \cdots & w_{2P}(n) \\ \vdots & \vdots & \vdots & \vdots \\ w_{J1}(n) & w_{J2}(n) & \cdots & w_{JP}(n) \end{bmatrix}$$

为第 $n$ 次迭代时隐含层 $J$ 与输出层之间的权值向量。

$$\boldsymbol{Y}_k(n)=[y_{k1}(n),y_{k2}(n),\cdots,y_{kp}(n)] \quad (k=1,2,\cdots,N)$$

为第 $n$ 次迭代时网络的实际输出。

$\boldsymbol{d}_k=[d_{k1},d_{k2},\cdots,d_{kp}](k=1,2,\cdots,N)$为网络的期望输出(导师信号)。

$\eta$ 为学习速率；$n$ 为迭代次数。

第 2 步，初始化，赋给 $\boldsymbol{W}_{mi}(0)$，$\boldsymbol{W}_{ij}(0)$、$\boldsymbol{W}_{jp}(0)$各一个较小的随机非零值；

第 3 步，随机输入样本 $\boldsymbol{X}_k$，$n=0$；

第 4 步，对输入样本 $\boldsymbol{X}_k$，前向计算 BP 网络每层神经元的输入信号 $u$ 和输出信号 $v$。

第 5 步，由期望输出 $\boldsymbol{d}_k$ 和上一步求得的实际输出 $\boldsymbol{Y}_k(n)$计算误差 $E(n)$，判断其是否满足

要求，若满足转至第 8 步；不满足转至第 6 步。

第 6 步，判断 $n+1$ 是否大于最大迭代次数，若大于转至第 8 步，若不大于，对输入样本 $\boldsymbol{X}_k$，反向计算每层神经元的局部梯度。

第 7 步，计算权值修正量，修正权值，$n=n+1$，转至第 4 步；

$$w_{jp}(n+1)=w_{jp}(n)+\Delta w_{jp}(n)=w_{jp}(n)+\eta\delta_p^P(n)v_j^J(n)$$

$$w_{ij}(n+1)=w_{ij}(n)+\Delta w_{ij}(n)=w_{ij}(n)+\eta\delta_j^J(n)v_i^I(n)$$

$$w_{mi}(n+1)=w_{mi}(n)+\Delta w_{mi}(n)=w_{mi}(n)+\eta\delta_i^I(n)x_{km}(n)$$

第 8 步，判断是否学完所有的训练样本，如果是则结束，否则转至第 3 步。

关于 BP 学习过程中，需要注意几点：

(1) BP 学习时权值的初始值是很重要的。初始值过大，过小都会影响学习速度，因此权值的初始值应选为均匀分布的小数经验值，大概为 $(-2.4/F, 2.4/F)$，也有人建议在 $(-3/\sqrt{F}, 3/\sqrt{F})$，其中 $F$ 为所连单元的输入端个数。另外，为避免每一步权值的调整方向是同向的(即权值同时增加或同时减少)，应将初始权值设为随机数。

(2) 神经元的激励函数是 Sigmoid 函数，如果 Sigmoid 函数的渐进值为 $+\alpha$ 和 $-\alpha$，则期望输出只能趋于 $+\alpha$ 和 $-\alpha$，而不能达到 $+\alpha$ 和 $-\alpha$。为避免学习算法不收敛，提高学习速度，应设期望输出为相应的小数，如逻辑函数其渐进值为 1 和 0，此时应设相应的期望输出为 0.99 和 0.01 等小数，而不应设为 1 和 0。

(3) 用 BP 算法训练网络时有两种方式：一种是顺序方式，即每输入一个训练样本修改一次权值，以上给出的 BP 算法步骤就是按顺序方式训练网络的。另一种是批处理方式，即：将组成一个训练周期的全部样本一次性输入网络后，以总的平均误差能量为目标函数修正权值的训练方式，称为批处理方式。

$$E_{av}=\frac{1}{N}\sum_{k=1}^{N}E_k=\frac{1}{2N}\sum_{k=1}^{N}\sum_{p=1}^{P}e_{kp}^2 \tag{4.52}$$

$e_{kp}$ 为网络输入第 $k$ 个训练样本时输出神经元 $p$ 的误差，$N$ 为训练样本的个数。

(4) 在 BP 学习中，学习步长 $\eta$ 的选择比较重要。$\eta$ 值大权值的变化就大，BP 学习的收敛速度就快，但是 $\eta$ 值过大会引起振荡即网络不稳定；$\eta$ 小可以避免网络不稳定，但是收敛速度就慢了。要解决这一矛盾最简单的方法是加入“动量项”。

(5) 要计算多层感知器的局部梯度 $\delta$，需要知道神经元的激励函数的导数。

(6) 在 BP 算法第 5 步需要判断误差 $E(n)$ 是否满足要求，这里的要求是：对顺序方式，误差小于设定的值 $\varepsilon$，即 $|E(n)|<\varepsilon$；对批处理方式，每个训练周期的平均误差 $E_{av}$ 的变化量在 0.1%到 1%之间，就认为误差满足要求了。

(7) 在分类问题中，会碰到属于同一类的训练样本有几组，在第一步设置变量时，一般使同一类的训练样本的期望输出相同。

**3. BP 学习算法的改进**

在实际应用中 BP 算法存在两个重要问题：收敛速度慢，目标函数存在局部极小点。

改善 BP 算法的一些主要的措施如下。

(1) 加入动量项。由于 BP 算法中学习步长 $\eta$ 的选取很重要，$\eta$ 值大网络收敛快，但过大会引起不稳定；$\eta$ 值小虽然可以避免不稳定，但收敛速度就慢了。要解决这一矛盾最简单的方法是加入“动量项”，即令

$$\Delta w_{ij}(n)=\alpha\Delta w_{ij}(n-1)+\eta\delta_j(n)v_i(n) \tag{4.53}$$

因为

$$v_j(n)=f(u_j(n)) \tag{4.54}$$

将式(4.54)写成

$$\Delta w_{ij}(n)=-\eta\sum_{t\to 0}^{n}\alpha^{n-t}\ \frac{\partial E(t)}{\partial w_{ij}(t)} \tag{4.55}$$

由上述推导可知：

① 本次修正量 $\Delta w_{ij}(n)$是一系列加权指数序列的和。当动量常数满足 $0\leqslant|\alpha|<1$ 时序列收敛，当 $\alpha=0$ 时上式不含动量项。

② 当本次的$\dfrac{\partial E(t)}{\partial w_{ij}(t)}$与前一次同符号时，其加权求和值增大，使 $\Delta w_{ij}(n)$较大，从而在稳定调节时加快了 $w$ 的调节速度。

③ 当$\dfrac{\partial E(t)}{\partial w_{ij}(t)}$与前次符号相反时，指数加权求和结果使 $\Delta w_{ij}(n)$减小了，起到了稳定作用。

在 BP 算法中加入动量项不仅可以微调权值的修正量，也可以使学习避免陷入局部最小。推导 BP 算法时，都是假定学习参数 $n$ 不变，实际上，对不同的 $w_{ij}$，$\eta$ 应是不一样的，应该记作 $\eta_{ij}$。值得一提的是，在应用 BP 算法时，可以让所有的权值可调，也可限制某些权值固定不变，此时可以设权值 $w_{ij}$ 的学习步长 $\eta_{ij}$ 为零。

(2) 尽可能使用顺序方式训练网络。顺序方式训练网络要比批处理方式更快，特别是在训练样本集很大，而且具有重复样本时，顺序方式的这一优点更为突出。值得一提的是，使用顺序方式训练网络以解决模式分类问题时，要求每一周期的训练样本的输入顺序是随机的，这样做是为了尽可能使连续输入的样本不属于同一类。

(3) 选用反对称函数作为激励函数。当激励函数为反对称函数(即 $f(-u)=-f(u)$)时，BP 算法的学习速度要快些。最常用的反对称函数是双曲正切函数：

$$f(u)=a\tanh(bu)=a\left[\frac{1-\exp(-bu)}{1+\exp(-bu)}\right]=\frac{2a}{1+\exp(-bu)}-a$$

一般取 $a=1.7159$，$b=\dfrac{2}{3}$。

(4) 归一化输入信号。当所有训练样本的输入信号都为正值时，与第一隐含层神经元相连的权值只能同时增加或同时减小，从而导致学习速度很慢。为避免出现这种情况，加快网络的学习速度，可以对输入信号进行归一化，使得所有样本的输入信号的均值接近零或与其标准方差相比非常小。规一化输入信号时需注意：

① 用主成分分析法(PCA)使训练样本的输入信号互不相关。

② 规一化互不相关的输入信号，使得它们的方差基本相同，从而使不同权值的学习速度基本相向。均值平移、去相关、协方差均衡如图 4-40 所示。

(5) 充分利用先验信息。样本训练网络的目的是获得未知的输入输出函数，学习就是找出样本中含有的有关的信息，从而推断出逼近的函数。在学习过程中可以利用先验知识例如方差、对称性等有关的信息，从而加快学习速度、改善逼近效果。

(6) 调整学习步长 $\eta$ 使网络中各神经元的学习速度相差不多。一般来说输出单元的局部梯度比输入端的大，可使前者的步长 $\eta$ 小些。还有，有较多输入端的神经元的 $\eta$ 比有较少输入端的神经元的 $\eta$ 小些。

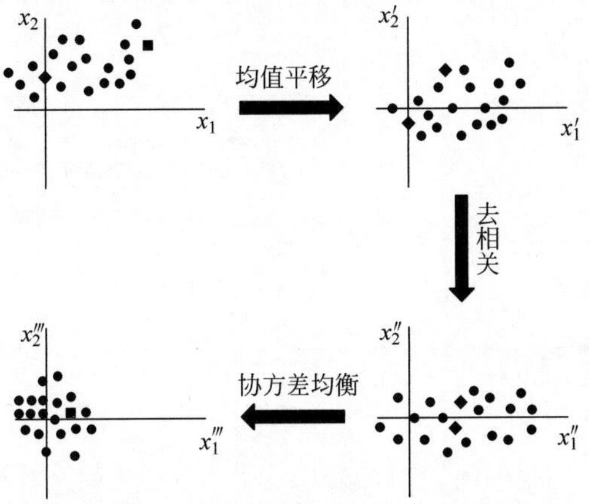


**图 4-40　均值平移、去相关、协方差均衡**

### 4. 仿真实验

MATLAB 神经网络工具箱中提供了大量与 BP 网络相关的工具箱函数。表 4-5 列出了这些函数的名称和基本功能。

**表 4-5　BP 网络的重要函数和功能**

| 函数名称 | 函数说明 |
|---|---|
| trainbfg() | BFGS 准牛顿 BP 算法函数 |
| traingd() | 梯度下降 BP 算法函数 |
| traingdx() | 动量及自适应 lrBP 的梯度训练递减函数 |
| traingda() | 自适应 lrBP 的梯度训练递减函数 |
| traingdm() | 梯度下降动量 BP 算法函数 |
| logsig() | S 型对数函数 |
| tansig() | 双曲正切 S 型传递函数 |
| purelin() | 线性传递函数 |

以上述工具箱中的函数为部件，利用 newff()函数可以进行 BP 网络的创建和仿真：

newff(**PR**,$[S_1\ S_2 \cdots S_N]$,{TF1 TF2…TF3},BTF,BLF,PF)

格式说明如下。

**PR**：由每组输入元素的最大值和最小值组成的 $R\times 2$ 维矩阵；

$S_i$：第 $i$ 层的长度，共计 $N$ 层；

BTF：BP 的训练函数，默认为 trainlm；

BLF：权值和阈值的 BP 学习算法，默认为 learngdm；

PF：网络的性能函数，默认为 mse。

**例 4.3**　试用多层感知器解决异或问题。

结果如图 4-41 和图 4-42 所示。

**例 4.4**　设计用于函数逼近的多层感知器(即 BP 网络)。

试设计神经网络实现下面这对数组的函数关系：

$P$=－1:0.1:1;

$T$=[－0.96 －0.577 －0.0729 0.377 0.641 0.66 0.461 0.1336 －0.201 －0.434 －0.5 －0.393 －0.1647 0.0988 0.3072 0.396 0.3449 0.1816 －0.0312 0.2183 －0.3201];

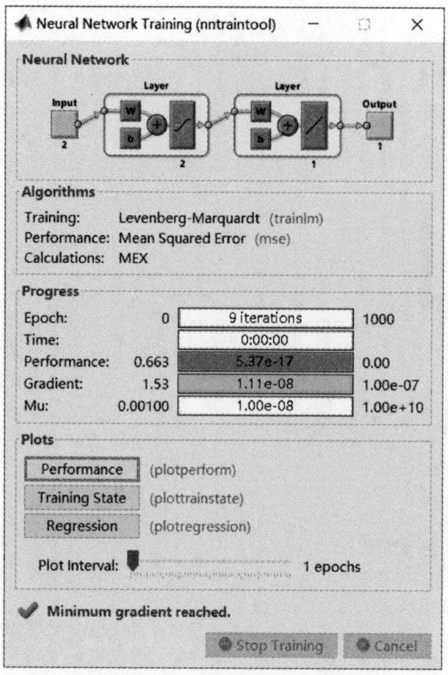


图 4-41 异或分类结果

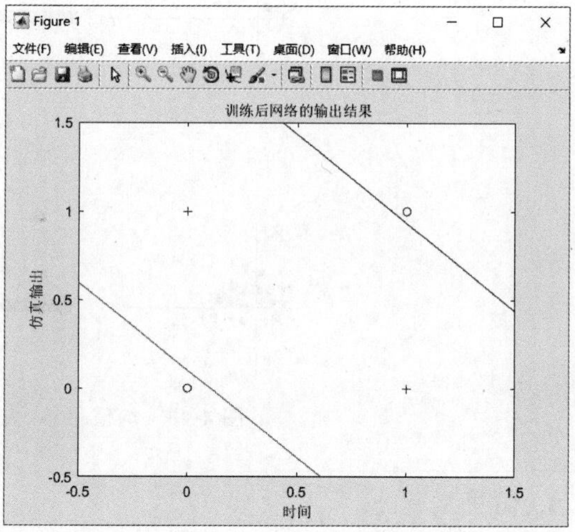


图 4-42 异或分类结果

运行结果如图 4-43 和图 4-44 所示。

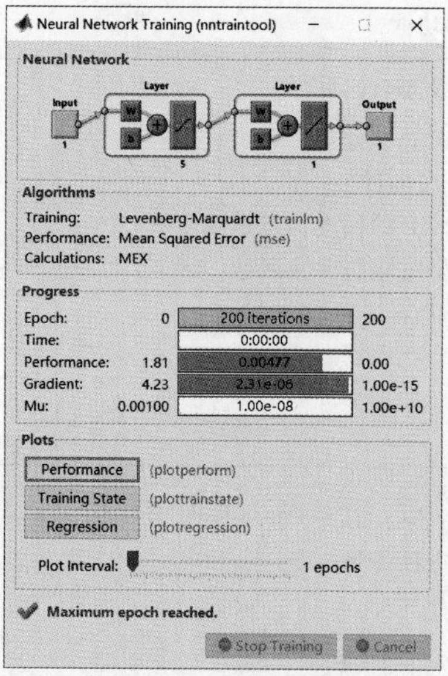


图 4-43 运行结果

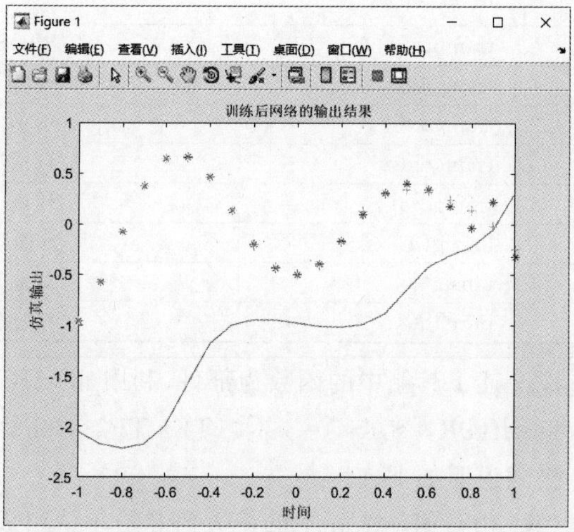


图 4-44 运行结果的展示效果

## 4.4.3 RBF 神经网络

1985 年，Powell 提出了多变量插值的径向基函数（Radial Basis Function，RBF）方法。1988 年，Broomhead 和 Lowe 首先将 RBF 应用于神经网络设计，构成了径向基函数神经网络，即 RBF 神经网络。

从结构上看，RBF 神经网络属于多层前向神经网络。它是一种三层前向网络，输入层由信号源节点组成；第二层为隐含层，隐单元的个数由所描述的问题而定，隐单元的变换函数是对中心点径向对称且衰减的非负非线性函数；第三层为输出层，它对输入模式做出响应。

RBF 神经网络的基本思想是：用径向基函数（RBF）作为隐单元的“基”，构成隐含层空间，隐含层对输入矢量进行变换，将低维的模式输入数据变换到高维空间内，使得在低维空间内的线性不可分问题在高维空间内线性可分。

RBF 神经网络结构简单、训练简洁而且学习的收敛速度快，能够逼近任意非线性函数。因此 RBF 网络有较为广泛的应用，如时间序列分析、模式识别、非线性控制和图像处理等。

**1. RBF 神经网络模型**

RBF 网络是单隐含层的前向网络，它由三层构成：第一层是输入层，第二层是隐含层，第三层是输出层。根据隐单元的个数，RBF 网络有两种模型：正规化网络（Regularization Network）和广义网络（Generalized Network）。

1）正规化网络

正规化网络的隐单元就是训练样本，所以正规化网络的隐单元的个数与训练样本的个数相同。假设训练样本有 $N$ 个，如图 4-45 所示。

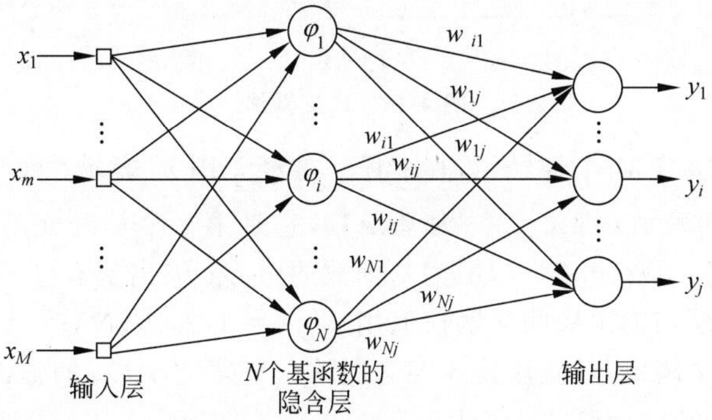


**图 4-45　正规化网络**

正规化网络的输入层有 $M$ 个神经元，其中任一神经元用 $m$ 表示；隐含层有 $N$ 个神经元，任一神经元用 $i$ 表示，$\phi(X,X_i)$为基函数，它是第 $i$ 个神经元的激励输出；输出层有 $J$ 个神经元，其中任一神经元用 $j$ 表示。隐含层与输出层的突触权值用 $w_{ij}$（$i=1,2,\cdots,N$；$j=1,2,\cdots,J$）表示。

设训练样本集 $X=[X_1,X_2,\cdots,X_k,\cdots,X_N]^T$，任一训练样本 $X_k=[x_{k1},x_{k2},\cdots,x_{km},\cdots,x_{kM}]$（$k=1,2,\cdots,N$），对应的实际输出为 $Y_k=[y_{k1},y_{k2},\cdots,y_{kj},\cdots,y_{kJ}]$（$k=1,2,\cdots,N$），期望输出为 $d_k=[d_{k1},d_{k2},\cdots,d_{kj},\cdots,d_{kJ}]$（$k=1,2,\cdots,N$）。

当网络输入训练样本 $X_k$ 时，网络第 $j$ 个输出神经元的实际输出为

$$y_{kj}(X_k)=\sum_{i=1}^{N}w_{ij}\phi(X_k,X_i) \tag{4.56}$$

一般"基函数"选为格林函数，记为

$$\phi(X_k,X_i)=G(X_k,X_i) \tag{4.57}$$

当格林函数 $G(X_k, X_i)$为高斯函数时：

$$G(X_k,X_i)=G(\| X_k-X_i \|)=\exp\left(-\frac{1}{2\sigma_i^2}\sum_{m=1}^{M}(x_{km}-x_{im})^2\right) \tag{4.58}$$

其中，$x_i=[x_{i1},x_{i2},\cdots,x_{im},\cdots,x_{iM}]$为高斯函数的中心，$\sigma_i^2$ 为高斯函数的方差。

正规化网络是一个通用逼近器，只要隐单元足够多，它就可以逼近任意 $M$ 元连续函数。且对任一未知的非线性函数，总存在一组权值使网络对该函数的逼近效果最好。

2）广义网络

正规化网络的训练样本 $X_i$ 与"基函数"$\phi(X_k,X_i)$是一一对应的，当 $N$ 很大时，网络的实

现复杂,且在求解网络的权值时容易产生病态问题(Ill Conditioning)。解决这一问题的方法是减少隐含层神经元的个数。假设训练样本有 $N$ 个,如图 4-46 所示。

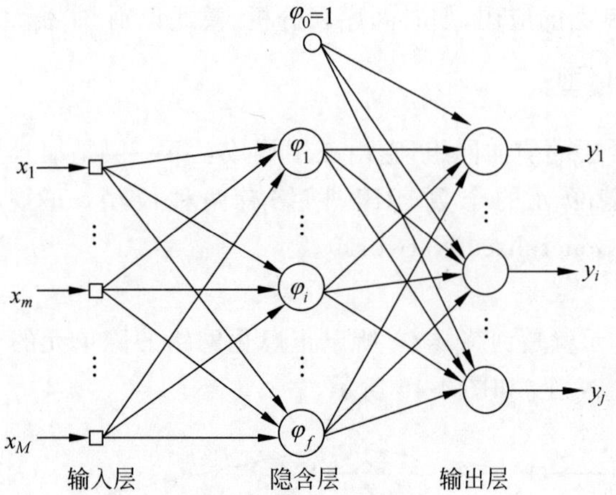


**图 4-46 广义网络**

广义网络的输入层有 $M$ 个神经元,其中任一神经元用 $m$ 表示;隐含层有 $I(I<N)$个神经元,任一神经元用 $i$ 表示,$\phi(X_k,t_i)$为基函数,它是第 $i$ 个神经元的激励输出,其中 $t_i=[t_{i1},t_{i2},\cdots,t_{im},\cdots,t_{iM}](i=1,2,\cdots,I)$为基函数的中心;输出层有 $J$ 个神经元,其中任一神经元用 $j$ 表示。隐含层与输出层的突触权值用 $w_{ij}(i=1,2,\cdots,N,j=1,2,\cdots,J)$表示。

输出单元还设置了阈值,其做法是令隐含层的一个神经元 $G_0$ 的输出恒为一,而令输出单元与其相连的权值为 $w_{0j}(j=1,2,\cdots,J)$。

设训练样本集 $X=[X_1,X_2,\cdots,X_k,\cdots,X_N]^{\mathrm{T}}$,任一训练样本 $x_k=[x_{k1},x_{k2},\cdots,x_{km},\cdots x_{kM}](k=1,2,\cdots,N)$,对应的实际输出为 $Y_k=[y_{k1},y_{k2},\cdots,y_{kj},\cdots,y_{kJ}](k=1,2,\cdots,N)$,期望输出为 $d_k=[d_{k1},d_{k2},\cdots,d_{kj},\cdots,d_{kJ}](k=1,2,\cdots,N)$。

当网络输入训练样本为 $X_k$ 时,网络第 $j$ 个输出神经元的实际输出为

$$y_{kj}(X_k)=w_{0j}+\sum_{i=1}^{I}w_{ij}\phi(X_k,t_i) \tag{4.59}$$

当"基函数"为高斯函数时:

$$\begin{aligned}\phi(X_k,t_i)&=G(\|X_k-t_i\|)\\&=\exp\left(-\frac{1}{2\sigma_i^2}\|x_k-t_i\|^2\right)\\&=\exp\left(-\frac{1}{2\sigma_i^2}\sum_{m=1}^{M}(x_{km}-t_{im})^2\right)\end{aligned}$$

其中,$t_i=[t_{i1},t_{i2},\cdots,t_{im},\cdots,t_{iM}]$为高斯函数的中心,$\sigma_i^2$ 为高斯函数的方差。在实际应用中,为了使 RBF 网络的实现更方便,降低网络的空间复杂度,习惯选用广义的 RBF 网络。

**2. RBF 网络的学习算法**

RBF 网络要学习的参数有三个:中心、方差和权值。根据径向基函数中心选取方法的不同,RBF 网络有多种学习方法,其中最常用的四种学习方法有:随机选取中心法,自组织选取中心法,有监督选取中心法和正交最小二乘法。其中自组织选取中心法由两个阶段构成:一是自组织学习阶段,即学习隐含层基函数的中心与方差的阶段;二是有监督学习阶段,即学习输出层权值的阶段。

1）学习中心

自组织学习过程要用到聚类算法，常用的聚类算法是K-均值聚类算法。假设聚类中心有$I$个（$I$的值由先验知识决定），设$t_i(n)(i=1,2,\cdots,I)$是第$n$次迭代时基函数的中心，K-均值聚类算法具体步骤如下。

第1步，初始化聚类中心，即根据经验从训练样本集中随机选取$I$个不同的样本作为初始中心$t_i(0)(i=1,2,\cdots,I)$，设置迭代步数$n=0$。

第2步，随机输入训练样本$X_k$。

第3步，寻找训练样本$X_k$离哪个中心最近，即找到$i(X_k)$使其满足

$$i(X_k)=\arg\min_i \| X_k-t_i(n) \| \tag{4.60}$$

式中，$t_i(n)$是第$n$次迭代时基函数的第$i$个中心。

第4步，调整基函数的中心。

$$t_i(n+1)=\begin{cases} t_i(n)+\eta[X_k(n)-t_i(n)], & i=i(X_k) \\ t_i(n), & \text{其他} \end{cases}$$

第5步，$n=n+1$转到第2步，直到学完所有的训练样本且中心的分布不再变化。

最后得到的$t_i(i=1,2,\cdots,I)$即为RBF网络最终的基函数的中心。

2）确定方差

中心一旦确定后就固定了，接着要确定基函数的方差。当RBF选用高斯函数，即：

$$G(\| X_k-t_i \|)=\exp\left(-\frac{1}{2\sigma_i^2}\| X_k-t_i \|^2\right)$$

方差可用

$$\sigma_1=\sigma_2=\cdots\sigma_I=\frac{d_{\max}}{\sqrt{2I}} \tag{4.61}$$

$I$为隐单元的个数，$d_{\max}$为所选取中心之间的最大距离。

3）学习权值

权值的学习可以用LMS方法，也可以直接用伪逆的方法求解，即

$$\boldsymbol{W}=\boldsymbol{G}^{+}\boldsymbol{D} \tag{4.62}$$

式中$\boldsymbol{D}=[d_1,\cdots,d_k,\cdots,d_N]^{\mathrm{T}}$是期望响应，$\boldsymbol{G}^{+}$是矩阵$\boldsymbol{G}$的伪逆，即

$$\boldsymbol{G}^{+}=(\boldsymbol{G}^{\mathrm{T}}\boldsymbol{G})^{-1}\boldsymbol{G}^{\mathrm{T}} \tag{4.63}$$

矩阵$\boldsymbol{G}$由下式确定

$$\boldsymbol{G}=\{g_{ki}\}$$

$$g_{ki}=\exp\left(-\frac{I}{d_{\max}^2}\| X_k-t_i \|^2\right) \quad k=1,2,\cdots,N \quad i=1,2,\cdots,I \tag{4.64}$$

关于以上的介绍，需要注意的几点：

(1) K-均值聚类算法的终止条件是网络学完所有的训练样本且中心的分布不再变化。在实际应用中只要前后两次中心的变化小于预先设定的值$\varepsilon$即$|t_i(n+1)-t_i(n)|<\varepsilon(i=1,2,\cdots,I)$，就认为中心的分布不再变化了。

(2)“基函数”$\phi(X,X_i)$除了选用高斯函数外也可使用多二次函数和逆多二次函数等中心点径向对称的函数。

多二次函数（式[4.65]）：

$$\phi(r)=(r^2+c^2)^{1/2} \tag{4.65}$$

逆多二次函数(式[4.66])：

$$\phi(r)=\frac{1}{(r^2+c^2)^{1/2}} \tag{4.66}$$

(3) 在介绍自组织选取中心法时，设所有的基函数的方差都是相同的，实际上每个基函数都有自己的方差，需要在训练过程中根据自身的情况确定。

(4) K-均值聚类算法实际上是自组织映射竞争学习过程的特例。它的缺点是过分依赖于初始中心的选择，容易陷入局部最优值。为克服此问题，Chen 于 1995 年提出了一种改进的 K-均值聚类算法，这种算法使聚类不依赖初始中心的位置，最终可以收敛于最优解或次优解。

### 3. RBF 网络与多层感知器的比较

RBF 网络与多层感知器都是非线性多层前向网络，它们都是通用逼近器。对于任一个多层感知器，总存在一个 RBF 网络可以代替它，反之亦然。但是，这两个网络也存在着很多不同点：

(1) RBF 网络只有一个隐含层，而多层感知器的隐含层可以是一层也可以是多层的。

(2) 多层感知器的隐含层和输出层的神经元模型是一样的。而 RBF 网络的隐含层神经元和输出层神经元不仅模型不同，而且在网络中起到的作用也不一样。

(3) RBF 网络的隐含层是非线性的，输出层是线性的。多层感知器解决模式分类问题时，它的隐含层和输出层通常选为非线性的。当用多层感知器解决非线性回归问题时，通常选择线性输出层。

(4) RBF 网络的基函数计算的是输入向量和中心的欧氏距离，而多层感知器隐单元的激励函数计算的是输入单元和连接权值间的内积。

(5) 多层感知器是对非线性映射的全局逼近，而 RBF 网络使用局部指数衰减的非线性函数(如高斯函数)对非线性输入输出映射进行局部逼近。这也意味着，逼近非线性输入输出映射时，要达到相同的精度，RBF 网络所需要的参数要比多层感知器少得多。

由于 RBF 网络能够逼近任意的非线性函数，可以处理系统内在的难以解析的规律性，并且具有极快的学习收敛速度，因此 RBF 网络有较为广泛的应用。目前 RBF 网络已经成功地用于非线性函数逼近、时间序列分析、数据分类、模式识别、信息处理、图像处理、系统建模、控制和故障诊断等。

### 4. RBF 的 MATLAB 仿真

MATLAB 神经网络工具箱中提供了大量的与径向基网络相关的工具箱函数。在 MATLAB 工作空间的命令行键入 help radbase，便可得到与径向基神经网络相关的函数，进一步利用 help 命令又能得到相关函数的详细介绍。表 4-6 列出了这些函数的名称和基本功能。

表 4-6　径向基网络的重要函数和功能

| 函数名称 | 功　能 |
|---|---|
| dist() | 计算向量间的距离函数 |
| radbase() | 径向基传输函数 |
| solverb() | 设计一个径向基神经网络 |
| solverbe() | 设计一个精确径向基神经网络 |
| simurb() | 径向基神经网络的仿真函数 |

续表

| 函数名称 | 功　能 |
| --- | --- |
| newrb() | 新建一个径向基神经网络 |
| newrbe() | 新建一个严格的径向基神经网络 |
| newgrnn() | 新建一个广义回归径向基神经网络 |
| ind2ver() | 将数据索引向量变换成向量组 |
| vec2ind() | 将向量组变换成数据索引向量 |
| newpnn() | 新建一个概率径向基神经网络 |

以上述工具箱中的函数为部件，利用 newrb()函数可以进行 RBF 网络的创建和仿真：

[net,tr]=newrb($P$,$T$,goal,sc,MN,DF)　%创建广义网(函数逼近)；

net=newrbe($P$,$T$,sc)　%创建正规网；

net=newpnn($P$,$T$,sc)　%创建概率神经网络(分类)；

net=newgrnn($P$,$T$,sc)　%设计广义回归神经网络(函数逼近)；

goal：方差精度；

sc：散布常数(越大函数拟合越平滑)；

MN：隐含层神经元的最大个数；

DF：两次显示之间所添加的神经元个数。

1) 计算矢量间的距离函数——dist()函数

大多数神经元网络的输入可通过表达式 $\boldsymbol{N}=\boldsymbol{w}*X+\boldsymbol{b}$ 来计算，其中 $\boldsymbol{w}$、$\boldsymbol{b}$ 分别为权重矢量和偏差矢量。但有一些神经元的输入可由 dist()函数来计算，dist()函数是一个欧氏(Euclidean)距离的权值函数，它对输入进行加权，得到被加权的输入。一般两个向量 $\boldsymbol{x}$ 和 $\boldsymbol{y}$ 之间的欧氏距离 $D$ 定义为：$D$=sum(($\boldsymbol{x}-\boldsymbol{y}$).^2).^0.5。dist()函数的调用格式为 $D$=dist($\boldsymbol{W}$,$\boldsymbol{X}$) 或 $D$=dist(pos)。

$D$=dist(pos)函数也可以作为一个阶层距离函数，用于查找某一层神经网络中的所有神经元之间的欧氏距离，函数也返回一个距离矩阵。

2) 径向基传输函数——radbas()函数

径向基函数神经元的传输函数为 radbas()函数，RBF 网络的输入同前面介绍的神经网络的表达式有所不同。其网络输入为权值向量 $\boldsymbol{W}$ 与输入向量 $\boldsymbol{X}$ 之间的向量距离乘以偏值 $b$，即 $d$=radbas(dist($\boldsymbol{W}$,$\boldsymbol{X}$)*$b$)。函数调用格式为

```
a = radbas(N)
或 a = radbas(Z,b)
```

3) 设计一个径向基网络函数——solverb()函数

径向基网络是由一个径向基神经元的隐含层和一个线性神经元的输出层组成的两层神经网络，径向基网络不仅能较好地拟合任意不连续的函数，而且能用快速的设计来代替训练。利用 solverb()函数设计的径向基神经网络，因在建立网络时预先设置了目标参数，故它同时也完成了网络的训练，可以不经过训练，直接使用。

该函数的调用格式为[$\boldsymbol{W}_1$,$b_1$,$\boldsymbol{W}_2$,$b_2$,nr,dr]=solverb($\boldsymbol{X}$,$\boldsymbol{T}$,dp)。

4) 设计一个精确径向基网络函数——solverbe()函数

solverbe()函数产生一个与输入向量 $\boldsymbol{X}$ 一样多的隐含层径向基神经网络，因而网络对设计的输入/目标向量集误差为 0，该函数的调用格式为：[$\boldsymbol{W}_1$,$b_1$,$\boldsymbol{W}_2$,$b_2$]=solverbe($\boldsymbol{X}$,$\boldsymbol{T}$,sc)

5）径向基网络仿真函数——simurb()函数

径向基网络设计和训练好以后便可对网络进行仿真，其调用格式为 $y=\text{simurb}(\boldsymbol{X},\boldsymbol{W}_1,b_1,\boldsymbol{W}_2,b_2)$。

6）新建一个径向基网络函数——newrb()函数

调用格式为 net=newrb(***X***,***T***,goal,spread)。

7）新建一个严格的径向基网络函数——newrbe()函数

利用 newrbe() 函数可以新建一个严格的径向基神经网络，调用格式为 net=newrbe(***X***,***T***,SPREAD)。

例如建立一个径向基网络，可利用以下命令：

```
>> X = [1 2 3];
>> T = [2.0 4.1 5.9];
>> net = newrbe(X,T);
y = sim(net,X)
```

结果显示：

```
y =   2.0000    4.1000    5.9000
```

8）新建一个广义回归径向基网络函数——newgrnn()函数

广义回归径向基网络 GRNN 是径向基网络的一种变化形式，由于训练速度快，非线性映射能力强，因此经常用于函数逼近，利用 newgrnn()函数可以新建一个广义回归径向基神经网络，调用格式为 net=newgrnn(***X***,***T***,SPREAD)。

利用 newgrnn()函数新建的广义回归径向基神经网络，也可以不经过训练，直接使用。例如建立一个广义回归径向基网络，可利用以下命令：

```
>> X = [1 2 3];T = [2.0 4.1 5.9];
>> net = newgrnn(X,T,0.1);y = sim(net,X)
```

结果显示：

```
y = 2.0000    4.1000    5.9000
```

9）将数据索引向量变换成向量组的函数——ind2vec()函数

ind2vec()函数的调用格式为 vec=ind2vec(**ind**)。

10）将向量组变换成数据索引向量的函数——vec2ind()函数

vec2ind()函数与 ind2vec()函数互为逆变化。vec2ind()函数的调用格式为：ind=vec2ind(**vec**)。

式中，**vec** 为 $m$ 行 $n$ 列的稀疏矩阵，**vec** 中的每个列向量，除仅包含一个 1 外，其余元素为 0；**ind** 为 $n$ 维行向量，向量 **ind** 中分量的最大值为 $m$。

11）新建一个概率径向基网络函数——newpnn()函数

概率径向基网络 PNN 也是径向基网络的一种变化形式，它具有结构简单、训练速度快等特点，应用范围非常广泛，特别适合于模式分类问题的解决。在模式分类中，它的优势在于可以利用线性学习算法来完成以往非线性算法所做的工作，同时又可以保持非线性算法高精度的特点，利用 newpnn()函数可以新建一个概率径向基神经网络，调用格式为：net=newpnn(***X***,***T***,SPREAD)。

利用 newrb()函数建立的径向基网络，能够在给定的误差目标范围内找到能解决问题的最小的网络。但并不等于径向基网络就可以取代其他前馈网络，这是因为径向基网络很可能需要比 BP 网络多得多的隐含层神经元来完成工作。BP 网络使用 sigmoid()函数，这样的神经元有很大的输入空间区域。而径向基网络使用的径向基函数，输入空间区域很小。这就导致了在实际需要的输入空间较大时，需要很多的径向基神经元。

**5. 仿真实例**

**例 4.5** 设计用于函数逼近的 RBF 网络。

本例采用径向基函数网络来完成函数逼近任务，将结果同 BP 网络以及改进 BP 算法的前向网络的训练结果做比较后，发现径向基函数网络所用的时间最短。

$P=-1:0.1:1;$

$T=[-0.96\ -0.577\ -0.0729\ 0.377\ 0.641\ 0.66\ 0.461\ 0.1336\ -0.201\ -0.434\ -0.5\ -0.393\ -0.1647\ 0.0988\ 0.3072\ 0.396\ 0.3449\ 0.1816\ -0.0312\ 0.2183\ -0.3201];$

图 4-47 展示了上述需进行函数拟合的训练样本，在二维平面空间中呈现非线性的分布。图 4-48 展示了径向基函数网络在训练过程中损失函数的变化，在经过 10 轮的训练后，损失值接近于 0，表示径向基函数网络已经收敛。图 4-49 展示了训练得到的径向基函数对训练样本的拟合结果，径向基函数网络很好地拟合了训练样本。

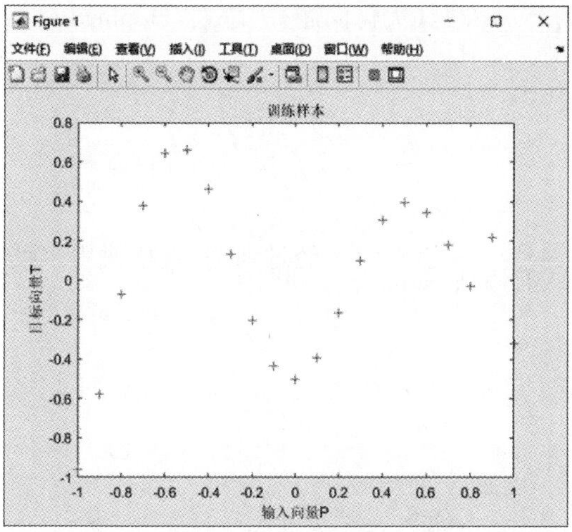


**图 4-47 训练样本**

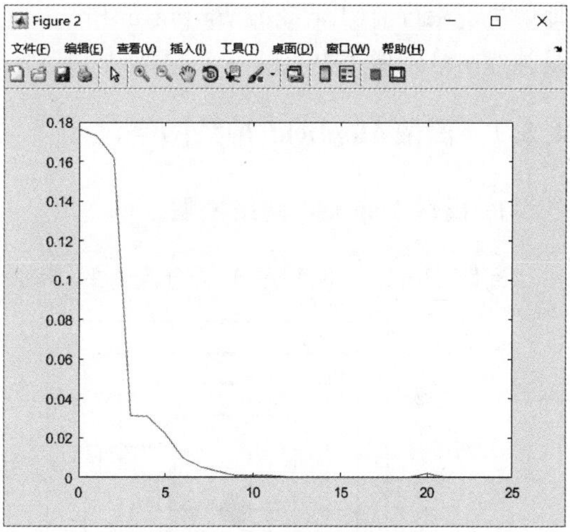


**图 4-48 损失函数的变化**

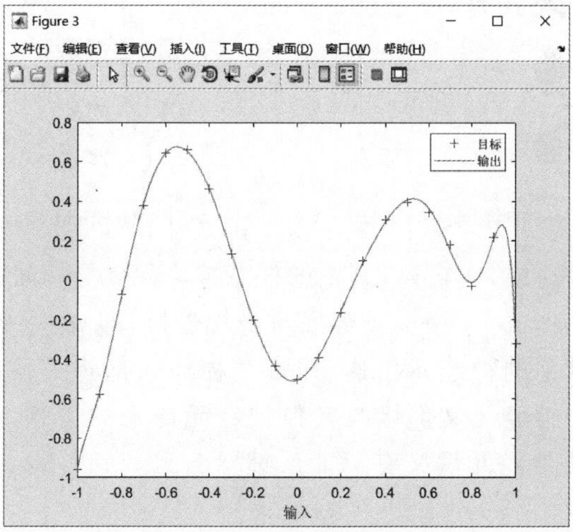


**图 4-49 径向基函数的拟合结果**

## 4.5 Hopfield 神经网络

对于前面介绍的多层前向网络，从学习的观点来看，它是一个强有力的学习系统，系统结构简单、易于编程；从系统的观点来看，它是一个静态非线性映射，通过简单的非线性处理单元的复合映射可获得复杂系统的非线性处理能力；从计算的观点来看，它并不是一个强有力的系统，缺乏丰富的动力学行为。

反馈神经网络是一个反馈动力学系统，具有更强的计算能力。1982 年，J. Hopfield 提出的单层全互连含有对称突触连接的反馈网络是最典型的反馈网络模型。Hopfield 用能量函数的思想形成了一种新的计算方法，阐明了神经网络与动力学的关系，并用非线性动力学的方法来研究这种神经网络的特性，建立了神经网络的稳定性判据，并指出信息存储在网络中神经元之间的连接上，形成了所谓的离散 Hopfield 网络。

1984 年，Hopfield 设计与研制了 Hopfield 网络模型的电路，指出神经元可以用运算放大器来实现，所有神经元的连接可用电子线路来模拟，称为连续 Hopfield 网络。连续 Hopfield 网络成功地解决了旅行商(Traveling Salesman Problem，TSP)计算难题(优化问题)。总之，Hopfield 网络是神经网络发展历史上的一个重要的里程碑。

### 4.5.1 离散 Hopfield 神经网络

#### 1. 离散 Hopfield 网络模型

离散 Hopfield 网络是单层全互连的，其表现形式有两种，如图 4-50 和图 4-51 所示。

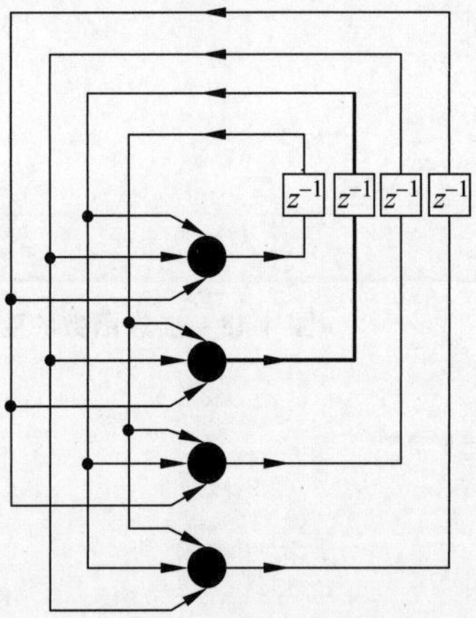


图 4-50 Hopfield 神经网络的结构一

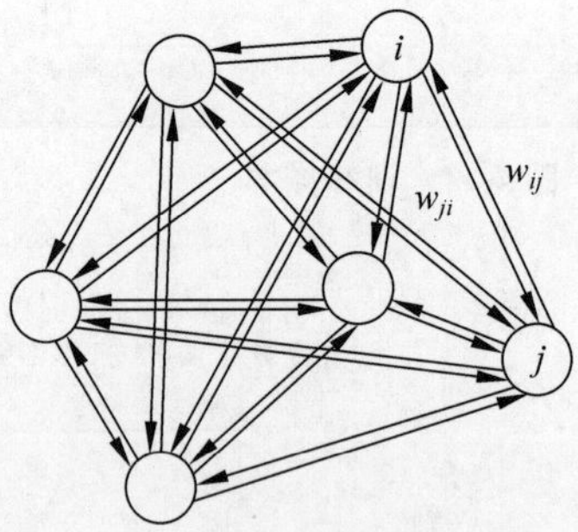


图 4-51 Hopfield 神经网络的结构二

神经元可取二值$\{0/1\}$或$\{-1/1\}$，其中的任意神经元 $i$ 与 $j$ 间的突触权值为 $w_{ij}$，神经元之间的连接是对称的，即 $w_{ij}=w_{ji}$，神经元自身无连接，即 $w_{ii}=0$。虽然神经元自身无连接，但每个神经元都同其他的神经元相连，即每个神经元都将其输出通过突触权值传递给其他的神经元，同时每个神经元又都接收其他神经元传来的信息，这样对于每个神经元来说，其输出信号经过其他神经元后又有可能反馈给自己，所以 Hopfield 网络是一种反馈神经网络。

Hopfield 网络中有 $n$ 个神经元，其中任意神经元 $i$ 的输入用 $u_i$ 表示，输出用 $v_i$ 表示，它们都是时间的函数，其中 $v_i(t)$也称为神经元 $i$ 在 $t$ 时刻的状态。

$$u_i(t)=\sum_{\substack{j=1\\j\neq i}}^{n}w_{ij}v_j(t)+b_i \tag{4.67}$$

式(4.67)中的 $b_i$ 表示神经元 $i$ 的阈值或偏差。相应神经元 $i$ 的输出或状态为

$$v_i(t+1)=f(u_i(t)) \tag{4.68}$$

式(4.68)中的激励函数 $f(\cdot)$可取阶跃函数 $u(t)$或符号函数 Sgn($t$)。如取符号函数，则 Hopfield 网络的神经元的输出 $v_i(t+1)$取离散值 1 或−1，即：

$$v_i(t+1)=\begin{cases}1 & 若\sum\limits_{\substack{j=1\\j\neq i}}^{n}w_{ij}v_j(t)+b_i\geqslant 0\\ -1 & 若\sum\limits_{\substack{j=1\\j\neq i}}^{n}w_{ij}v_j(t)+b_i<0\end{cases} \tag{4.69}$$

**2. 离散 Hopfield 网络的运行规则**

Hopfield 网络按动力学方式运行，其工作过程为状态的演化过程，即从初始状态按"能量"减小的方向进行演化，直到达到稳定状态，稳定状态即为网络的输出。Hopfield 网络的工作方式主要有两种形式。

(1) 串行(异步)工作方式：在任一时刻 $t$，只有某一神经元 $i$(随机的或确定的选择)依上式变化，而其他神经元的状态不变。

(2) 并行(同步)工作方式：在任一时刻 $t$，部分神经元或全部神经元的状态同时改变。

下面以串行(异步)工作方式说明 Hopfield 网络的运行步骤。

第 1 步，对网络进行初始化；

第 2 步，从网络中随机选取一个神经元 $i$；

第 3 步，求出该神经元 $i$ 的输入：

$$u_i(t)=\sum_{\substack{j=1\\j\neq i}}^{n}w_{ij}v_j(t)+b_i$$

第 4 步，求出该神经元 $i$ 的输出，此时网络中的其他神经元的输出保持不变：

$$v_i(t+1)=f(u_i(t))$$

第 5 步，判断网络是否达到稳定状态，若达到稳定状态或满足给定条件，则结束；否则转到第 2 步继续运行。

这里网络的稳定状态定义为：若网络从某一时刻以后，状态不再发生变化，则称网络处于稳定状态，用公式描述见式(4.70)。

$$v(t+\Delta t)=v(t)\quad \Delta t>0 \tag{4.70}$$

Hopfield 网络要存在稳定状态，则要求 Hopfield 网络模型满足如下条件：网络为对称连接，即 $w_{ij}=w_{ji}$；神经元自身无连接即 $w_{ii}=0$。这样 Hopfield 网络的突触权值矩阵 $\boldsymbol{W}$ 为对角线为 0 值的对称矩阵。

在满足以上参数的条件下，Hopfield 网络的"能量函数"(Lyapunov 函数)的"能量"在网络运行过程中应不断地降低，最后达到稳定的平衡状态。

Hopfield 网络的"能量函数"定义为

$$E=-\frac{1}{2}\sum_{\substack{i=1\\i\neq j}}^{n}\sum_{\substack{j=1\\j\neq i}}^{n}w_{ij}v_iv_j+\sum_{i=1}^{n}b_iv_i \tag{4.71}$$

Hopfield 反馈网络是一个非线性动力学系统，Hopfield 网络按动力学方式运行，即按"能量函数"减小的方向进行演化，直到达到稳定状态。因而上式所定义的"能量函数"值应单调减小。为说明这一问题，可考虑网络中的任意神经元 $i$，其能量函数为

$$E_i=-\frac{1}{2}\sum_{\substack{j=1\\j\neq i}}^{n}w_{ij}v_iv_j+b_iv_i \tag{4.72}$$

从 $t$ 时刻至 $t+1$ 时刻的能量变化量为

$$\begin{aligned}\Delta E_i&=E_i(t+1)-E_i(t)\\&=-\frac{1}{2}\sum_{\substack{j=1\\j\neq i}}^{n}w_{ij}v_i(t+1)v_j+b_iv_i(t+1)+\frac{1}{2}\sum_{\substack{j=1\\j\neq i}}^{n}w_{ij}v_i(t)v_j-b_iv_i(t)\\&=-\frac{1}{2}[v_i(t+1)-v_i(t)]\left[\sum_{\substack{j=1\\j\neq i}}^{n}w_{ij}v_j+b_i\right]\end{aligned}$$

因为神经元 $i$ 为网络中的任意神经元，而网络中的所有神经元都按同一规则进行状态更新，所以网络的能量变化量应小于或等于零，即

$$\Delta E\leqslant 0$$

$$E(t+1)\leqslant E(t) \tag{4.73}$$

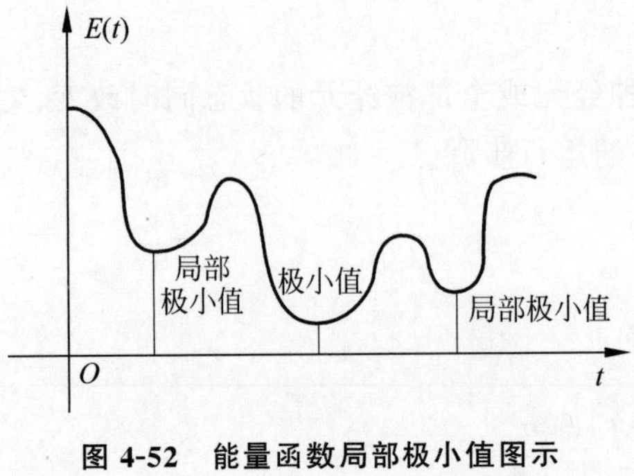


图 4-52 能量函数局部极小值图示

所以在满足参数的条件下，Hopfield 网络状态是向着能量函数减小的方向演化。由于能量函数有界，所以系统必然会趋于稳定状态，该稳定状态即为 Hopfield 网络的输出。能量函数的变化曲线如图 4-52 所示，曲线含有全局最小点和局部最小点。将这些极值点作为记忆状态，可将 Hopfield 网络用于联想记忆；将能量函数作为代价函数，全局最小点看成最优解，则 Hopfield 网络可用于最优化计算。

### 4.5.2 连续 Hopfield 神经网络

1984 年，Hopfield 采用模拟电子线路实现了 Hopfield 网络，该网络中神经元的激励函数为连续函数，所以该网络也被称为连续 Hopfield 网络。在连续 Hopfield 网络中，网络的输入、输出均为模拟量，各神经元采用并行(同步)工作方式。利用这一特征 Hopfield 将该网络应用于优化问题的求解上，并成功地解决了 TSP 问题。

连续 Hopfield 神经网络结构如图 4-53 所示。

Hopfield 神经网络中的每个神经元都是由运算放大器及其相关的电路组成，其中任意一个运算放大器 $i$(或神经元 $i$)都有两组输入：第一组是恒定的外部输入，用 $I_i$ 表示，这相当于放大器的电流输入；第二组是来自其他运算放大器的反馈连接，如其中的另一任意运算放大器 $j$(或神经元 $j$)，用 $w_{ij}$ 表示，这相当于神经元 $i$ 与神经元 $j$ 之间的连接权值。$u_i$ 表示运算放大器 $i$ 的输入电压，$v_i$ 表示运算放大器 $i$ 的输出电压，它们之间的关系为

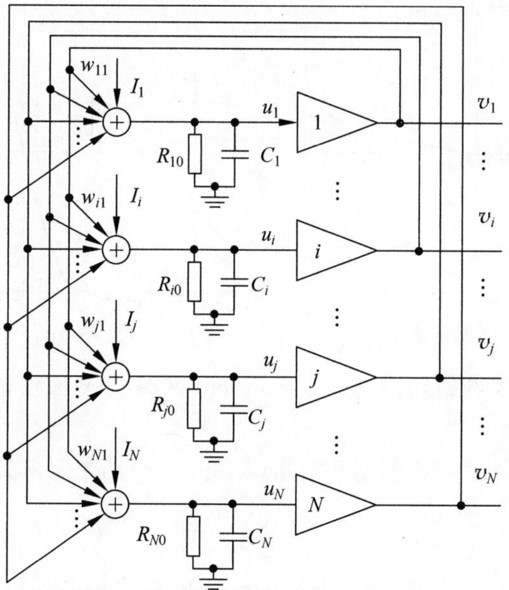


**图 4-53 连续 Hopfield 神经网络结构**

$$v_i = f(u_i) \tag{4.74}$$

其中的激励函数 $f(\cdot)$常取双曲线正切函数，即

$$v_i = f(u_i) = \tanh\left(\frac{a_i u}{2}\right) = \frac{1-\exp(-a_i u_i)}{1+\exp(-a_i u_i)} \tag{4.75}$$

其中，$\frac{a_i}{2}$为曲线在原点的斜率，即

$$\frac{a_i}{2} = \frac{\mathrm{d}f(u_i)}{\mathrm{d}u_i} \mid u_i = 0 \tag{4.76}$$

因此，称 $a_i$ 为运算放大器 $i$(或神经元 $i$)的增益。

激励函数 $f(\cdot)$的反函数为 $f^{-1}(\cdot)$为

$$u_i = f^{-1}(v_i) = -\frac{1}{a_i}\log\left(\frac{1-v_i}{1+v_i}\right) \tag{4.77}$$

连续 Hopfield 网络的激励函数及反函数，或连续 Hopfield 网络中运算放大器的输入/输出关系如图 4-54 和图 4-55 所示。

对于连续 Hopfield 神经网络模型，根据基尔霍夫电流定律有：

$$C_i \frac{\mathrm{d}u_i}{\mathrm{d}t} + \frac{u_i}{R_{i0}} = \sum_{j=1}^{N} \frac{1}{R_{ij}}(v_j - u_i) + I_i$$

$$C_i \frac{\mathrm{d}u_i}{\mathrm{d}t} = \sum_{j=1}^{N} w_{ij}(v_j - u_i) + I_i - \frac{u_i}{R_{i0}} \tag{4.78}$$

其中的 $w_{ij} = \frac{1}{R_{ij}}$。设$\frac{1}{R_i} = \frac{1}{R_{i0}} + \sum_{j=1}^{N} w_{ij}$，则得到

$$C_i \frac{\mathrm{d}u_i}{\mathrm{d}t} = \sum_{j=1}^{N} w_{ij} v_j + I_i - \frac{u_i}{R_i} \tag{4.79}$$

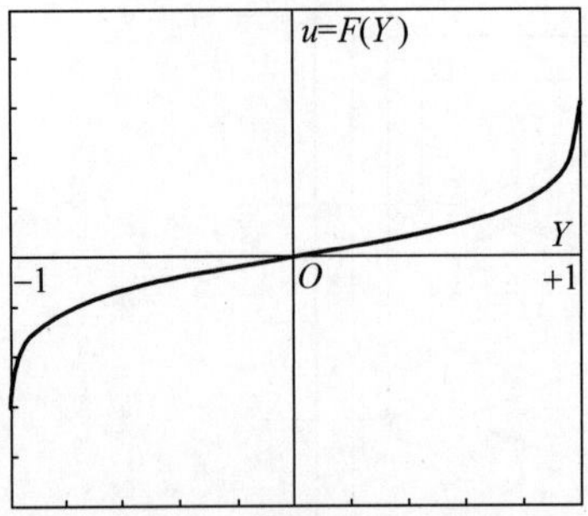


图 4-54　激励函数波形

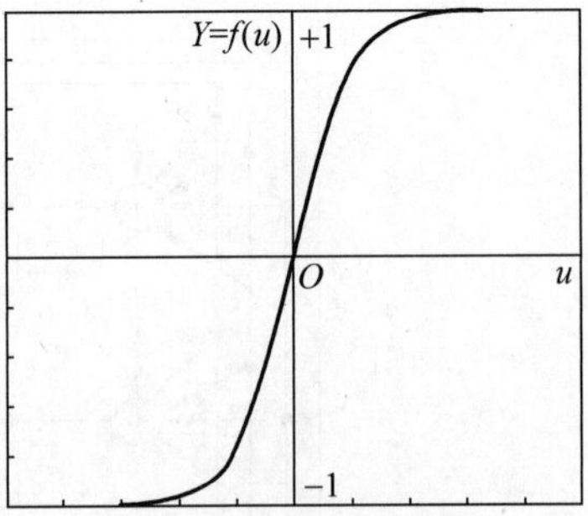


图 4-55　反函数波形

与离散 Hopfield 神经网络相同，连续 Hopfield 网络的突触权值是对称的，且无自反馈，即：$w_{ij}=w_{ji}, w_{ii}=0$。

对于连续 Hopfield 神经网络模型的能量(Lyapunov)函数定义如下：

$$E=-\frac{1}{2}\sum_{i=1}^{N}\sum_{j=1}^{N}w_{ij}v_iv_j+\sum_{i=1}^{N}\frac{1}{R_i}\int_0^{u_i}f^{-1}(v_i)\mathrm{d}v_i-\sum_{i=1}^{N}I_iv_i \tag{4.80}$$

该能量函数 $E$ 是单调下降的，所以连续 Hopfield 网络模型是稳定的。

连续 Hopfield 网络模型突出了生物系统神经计算的主要特性，如：

(1) 连续 Hopfield 网络的神经元作为 I/O 变换，其传输特性具有 Sigmoid 特性；

(2) 具有时空整合作用，空间体现在神经元的连接上，时间体现在网络的演化上；

(3) 在神经元之间存在着大量的兴奋性和抑制性连接，这种连接主要是通过反馈来实现；

(4) 具有既代表产生动作电位的神经元，又有代表按渐进方式工作的神经元，即保留了动态和非线性两个最重要的计算特性。

## 4.5.3　联想记忆

联想记忆(Associative Memory, AM)是神经网络理论的一个重要组成部分，也是神经网络用于智能控制、模式识别与人工智能等领域的一个重要功能。它主要利用神经网络良好的容错性，能使不完整的、污损的、畸变的输入样本恢复成完整的原型，适于识别、分类等用途。Hopfield 网络模拟了生物神经网络的记忆功能，也常常被称为联想记忆网络。

### 1. 联想记忆的基本概念

人脑具有联想的功能，可以从一种事物联系到与其相关的事物或其他事物。人工神经网络是对生物神经网络的模拟，同时也具有联想的功能。人工神经网络的联想就是指系统在给定一组刺激信号的作用下，该系统能联系出与之相对应的信号。联想是以记忆为前提的，即首先将信息存储起来，再按某种方式或规则将相关信息取出。联想记忆的过程就是信息的存取过程。这里所谓的联想记忆也称为基于内容的存取(Content-Addressed Memory)，信息被分布于生物记忆的内容之中，而不是某个确定的地址。

(1) 信息的存储是按内容存储记忆的(Content Addressable Memory, CAM)，而传统的计算机是基于地址存储的(Addressable Memory)，即一组信息对应着一定的存储单元。

(2) 信息的存储是分布的，而不是集中的。

1）联想记忆的分类

通常情况下，联想记忆可分为自联想与异联想。Hopfield 网络属于自联想。

（1）自联想记忆（Auto-Associative Memory）

自联想能将网络中的输入模式映射到存储在网络中不同模式中的一种。联想记忆网络不仅能将输入模式映射为自己所存储的模式，而且还能对具有缺省/噪声的输入模式有一定的容错能力。

设在学习过程中给联想记忆网络存入 $M$ 个样本：$\{X^i\}$，$i=1, 2, \cdots, M$。若给联想记忆网络加以输入 $X'=X^m+V$，其中 $X^m$ 是 $M$ 个学习样本之一，$V$ 是偏差项（可代表噪声、缺损与畸变等），通过自联想的联想记忆网络的输出为 $X^m$，即可使之复原（比如，破损照片→完整照片）。

一般情况下，自联想的输入与输出模式具有相同的维数。

（2）异联想记忆（Hetero-Associative Memory）

最早的异联想网络模型是 Kosko 的双向联想记忆神经网络。异联想网络在受到具有一定噪声的输入模式激发时，能通过状态的演化联想到原来样本的模式对。假定两组模式对之间有一定对应关系，$X^i \to Y^i$（如：某人照片→某人姓名），$i=1, 2, \cdots, M$。若给联想记忆网络加以输入 $X'=X^m+V$，比如 $X'$ 为某人的破损照片，$V$ 是偏差项（可代表噪声、缺损与畸变等），通过异联想的联想记忆网络的输出为姓名，即可得到某人的姓名。

异联想的输入模式维数与输出模式一般不相等。异联想可以由自联想通过映射得到。

（3）联想记忆的工作过程

联想记忆的工作过程分为两个阶段：一是记忆阶段，也称为存储阶段或学习阶段；二是联想阶段，也称为恢复阶段或回忆阶段。

① 记忆阶段

在记忆阶段就是通过设计或学习网络的权值，使网络具有若干稳定的平衡状态，这些稳定的平衡状态也称为吸引子（Attractor）。吸引子有一定的吸引域（Basin of Attraction）。吸引子的吸引域就是能够稳定该吸引子的所有初始状态的集合，吸引域的大小用吸引半径来描述，吸引半径可定义为：吸引域中所含的所有状态之间的最大距离或吸引子所能吸引状态的最大距离，如图 4-56 所示。

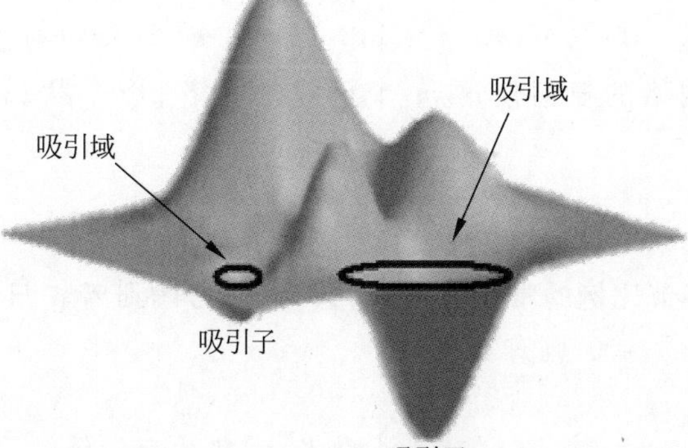


**图 4-56　吸引子与吸引域的示意图**

吸引子也就是联想记忆网络的能量函数的极值点，联想记忆网络的能量函数如图 4-57 所示。记忆过程就是将要记忆和存储的模式设计训练成网络吸引子的过程。

② 联想阶段

联想过程就是给定输入模式，联想记忆网络通过动力学的演化过程达到稳定状态，即收敛到吸引子，回忆起已存储模式的过程。简化的联想过程如图 4-58 所示。

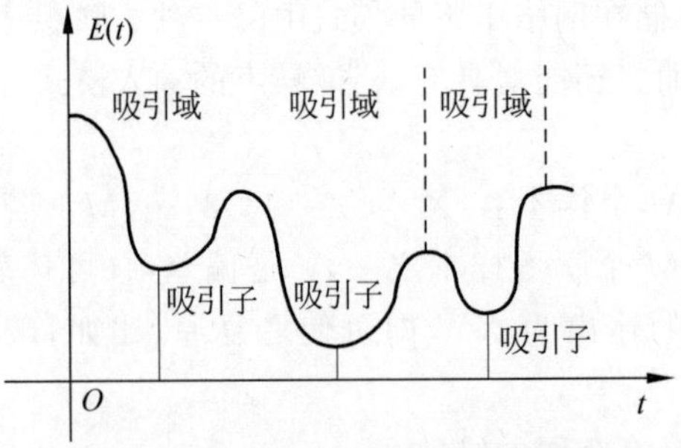


**图 4-57 联想记忆网络的能量函数**

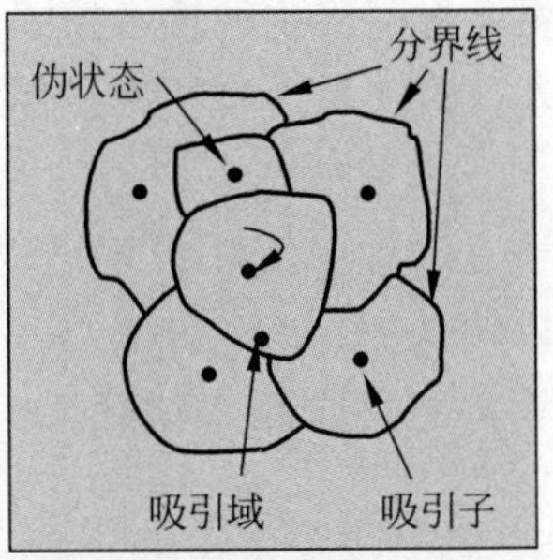


**图 4-58 简化的联想过程**

吸引子的数量代表着联想记忆的记忆容量（Memory Capacity）或存储容量（Storage Capacity），存储容量就是在一定的联想出错概率容限下，网络中存储互不干扰样本的最大数目，存储容量与联想记忆的允许误差、网络结构、学习方式以及网络的设计参数有关。简单来说，一定的网络的吸引子越多，则网络的存储容量就越大。吸引子具有一定的吸引域，吸引域是衡量网络容错性的指标，吸引域越大网络的容错性能越好，或者说网络的联想能力就越强。

**2. Hopfield 联想记忆网络**

Hopfield 网络是一神经动力学系统，具有稳定的平衡状态，即存在着吸引子，因而 Hopfield 网络具有联想记忆功能。将 Hopfield 网络作为 AM 需要设计或训练网络的权值，使吸引子存储记忆模式。常用的设计或学习算法有：外积法（Outer Product Method）、投影学习法（Projection Learning Rule）、伪逆法（Pseudo Inverse Method）以及特征结构法（Eigen Structure Method）等。

现考虑离散 Hopfield 网络的联想记忆功能。设网络有 $N$ 个神经元，每个神经元均取 1 或 $-1$ 二值，则网络共有 $2^N$ 个状态，这 $2^N$ 个状态构成离散状态空间。设在网络中存储 $m$ 个 $n$ 维的记忆模式（$m<n$）：

$$\boldsymbol{U}_k=[u_1^k,u_2^k,\cdots,u_i^k,\cdots,u_n^k]^{\mathrm{T}} \tag{4.81}$$

$$k=1,2,\cdots,m \quad i=1,2,\cdots,n \quad u_i^k\in\{-1,1\}$$

采用外积法设计网络的权值使这 $m$ 个模式是网络 $2^N$ 个状态空间中的 $m$ 个稳定状态。即

$$w_{ij}=\frac{1}{N}\sum_{k=1}^{m}u_i^k u_j^k \quad (i,j=1,2,\cdots,n) \tag{4.82}$$

其中的 $1/N$ 作为调节比例的常量，这里取 $N=n$。考虑到离散 Hopfield 网络的权值满足如下条件：$w_{ij}=w_{ji}$；$w_{ii}=0$，则有

$$w_{ij}=\begin{cases}\dfrac{1}{n}\displaystyle\sum_{k=1}^{m}u_i^k u_j^k, & j\neq i\\ 0, & j=i\end{cases} \tag{4.83}$$

用矩阵表示，则有

$$\boldsymbol{W}=\frac{1}{n}\left(\sum_{k=1}^{m}\boldsymbol{U}_k\boldsymbol{U}_k^{\mathrm{T}}-m\boldsymbol{I}\right) \tag{4.84}$$

其中 $\boldsymbol{I}$ 为 $n\times n$ 的单位矩阵。

以上是离散 Hopfield 网络的存储记忆过程，下面再看其联想回忆过程。从所记忆的 $m$ 个模式中任选设一模式 $\boldsymbol{U}_1$，经过编码可使其元素取值为 1 和 −1。设离散 Hopfield 网络中神经元的偏差均为零。将模式 $\boldsymbol{U}_1$ 加到该离散 Hopfield 网络中，假定记忆模式矢量彼此是正交的，则网络的状态为

$$\boldsymbol{U}_i^{\mathrm{T}}\boldsymbol{U}_j=\begin{cases}0, & (j\neq i)\\ n, & (j=i)\end{cases}\quad i,j=1,2,\cdots,m \tag{4.85}$$

$$\boldsymbol{W}\boldsymbol{U}_l=\frac{1}{n}\left(\sum_{k=1}^{m}\boldsymbol{U}_k\boldsymbol{U}_k^{\mathrm{T}}-m\boldsymbol{I}\right)\boldsymbol{U}_l=(n-m)\boldsymbol{U}_l \tag{4.86}$$

网络状态的演化为 $\mathrm{Sgn}(\boldsymbol{W}\boldsymbol{U}_l)=\mathrm{Sgn}((n-m)\boldsymbol{U}_l)=\boldsymbol{U}_l$，可见网络稳定在模式 $\boldsymbol{U}_l$。

**例 4.6** 对两个记忆模式 $\boldsymbol{y}_1=(1,-1,1)$，$\boldsymbol{y}_2=(-1,1,-1)$，按式(4.82)设计网络权值使网络达到稳定状态。

**解：**

(1) 按照公式，核对参数：两个记忆模式，维度为 3，因此得到 $m=2,n=3$；

(2) 将记忆模式按上下标数学公式写出：

$$(1\quad -1\quad 1)——(u_1^1\quad u_2^1\quad u_3^1)$$

$$(-1\quad 1\quad -1)——(u_1^2\quad u_2^2\quad u_3^2)$$

(3) 按公式计算 $w_{12}$，$w_{13}$，$w_{23}$：

$$w_{12}=1/3\cdot(u_1^1\cdot u_2^1+u_1^2\cdot u_2^2)=-2/3=w_{21}$$

其余元素的计算以此类推，可以得到 $\boldsymbol{w}=\frac{1}{3}\times\begin{bmatrix}0&-2&2\\-2&0&-2\\2&-2&0\end{bmatrix}$。

(4) 检验网络的稳定性，按照式(4.86)，将 $\boldsymbol{y}_1=(1,-1,1)$，$\boldsymbol{y}_2=(-1,1,-1)$ 分别带入计算：

$$\boldsymbol{w}\times\boldsymbol{y}_1=\frac{1}{3}\times\begin{bmatrix}0&-2&2\\-2&0&-2\\2&-2&0\end{bmatrix}\times\begin{bmatrix}1\\-1\\1\end{bmatrix}=\frac{4}{3}\times\begin{bmatrix}1\\-1\\1\end{bmatrix}$$

$$\boldsymbol{w}\times\boldsymbol{y}_2=\frac{1}{3}\times\begin{bmatrix}0&-2&2\\-2&0&-2\\2&-2&0\end{bmatrix}\times\begin{bmatrix}-1\\1\\-1\end{bmatrix}=\frac{4}{3}\times\begin{bmatrix}-1\\1\\-1\end{bmatrix}$$

(5) 因此，$\mathrm{Sgn}(\boldsymbol{W}\boldsymbol{U}_l)=\boldsymbol{U}_l$。

计算结果说明，当两个状态网络全部记住时，网络达到了稳定状态。

### 3. Hopfield 联想记忆的运行步骤

第 1 步，设定记忆模式。将想要存储的模式进行编码，得到取值为 1 和 −1 的记忆模式($m<n$)：

$$\boldsymbol{U}_k=[u_1^k,u_2^k,\cdots,u_i^k,\cdots,u_n^k]^{\mathrm{T}}\quad k=1,2,\cdots,m$$

第 2 步，设计网络的权值。

$$w_{ij}=\begin{cases}\dfrac{1}{N}\displaystyle\sum_{\mu=1}^{M}u_i^k u_j^k, & j\neq i\\ 0, & j=i\end{cases}$$

其中 $w_{ij}$ 是神经元 $j$ 到 $i$ 的突触权值，一旦计算完毕，突触权值将保持不变。

第 3 步，初始化网络状态。将想要识别的模式 $\boxed{\boldsymbol{U}'=[u_1',u_2',\cdots,u_i',\cdots,u_n']^{\mathrm{T}}}$ 设为网络状态。初始状态。即 $v_i(0)=u_i$，是网络中任意神经元 $i$ 在 $t=0$ 时刻的状态。

第 4 步，迭代更新，直至收敛。

$$v_i(t+1)=\mathrm{Sgn}\left[\sum_{j=1}^{N}w_{ij}x_j(n)\right] \quad t=t+1$$

在训练时，随机地选择一个神经元使用上述规则更新该神经元的状态。上述训练过程反复迭代直到网络中所有神经元的状态不再发生变化，假设此时的 $t=T$。

第 5 步，网络输出。这时的网络状态(稳定状态)，即为网络的输出 $\boldsymbol{y}=v_i(T)$。

以上的第 1 步和第 2 步是联想记忆网络的记忆过程，第 3 步至第 5 步所组成的迭代过程是联想记忆网络的联想过程。

对于以上所介绍的 Hopfield 联想记忆网络，需要做如下几点说明。

(1) 以上的 Hopfield 联想记忆网络的激励函数为符号函数，即神经元的状态取 1 和 −1 的情况。对于联想记忆网络的激励函数为阶跃函数，即神经元的状态取 1 和 0 时，相应的公式有所变化。

(2) Hopfield 联想记忆网络的记忆容量就是在一定的联想出错概率容限下，网络中存储互不干扰样本的最大数目。记忆容量 $\alpha$ 反映所记忆的模式 $m$ 和神经元的数目 $N$ 之间的关系：$\alpha=m/N$。记忆 $m$ 个模式所需的神经元数 $N=m/\alpha$，连接权值数目为 $(m/\alpha)^2$，若 $\alpha$ 增加一倍，连接权值数目降为原来的 1/4，这是一对矛盾，在技术实现上也是很困难的。实验和理论研究表明 Hopfield 联想记忆网络的记忆容量的上限为 $0.15N$。

(3) Hopfield 联想记忆网络存在伪状态(Spurious States)，伪状态是指除记忆状态之外网络多余的稳定状态。从以上对 Hopfield 联想记忆网络的分析可见，要构成一个对所有输入模式都很合适的 Hopfield 联想记忆网络需要满足的条件是很苛刻的。所记忆的模式 $m$ 过大时，权值矩阵 $\boldsymbol{W}$ 中会存在若干相同的特征值；所记忆的模式 $m$ 小于神经元的数目 $N$ 时，权值矩阵 $\boldsymbol{W}$ 中会存在若干 0，构成所谓的零空间。零空间存在于网络中，零空间是 Hopfield 网络的一个固有特性，即 Hopfield 联想记忆网络不可避免地存在着伪状态。

**4. 联想记忆网络的改进**

在讨论联想记忆网络的改进时，首先要明确对联想记忆网络的基本要求，这就是：

(1) 联想记忆网络必须具有较大的记忆容量；

(2) 网络联想记忆必须具有一定的容错性，即吸引子要有一定的吸引域；

(3) 在技术上是可实现的。

三者是一个统一的整体，而容错性则是其核心，没有容错性就谈不上联想，容错性的优劣是由各吸引子吸引域的大小与形状所决定的。

联想记忆网络的根本问题之一就是除存在记有记忆样本的吸引子之外，还有“多余”的稳定状态即伪状态存在，伪状态的存在影响到联想记忆网络的容错性。若能减小甚至消除伪状态的吸引域，就可提高联想记忆网络的容错性，增大记忆容量。

为此可从系统的三方面考虑：

(1) 调节系统的动力学特性，但为了利用系统的并行性，同步动力学是必要的；

(2) 改变网络权值矩阵的设计或学习算法，如除采用外积法外还可考虑采用投影学习法、伪逆法或特征结构法等。这些方法都是人为设定的，因有较好的性能而常被采用。但从优化的角度看，它们远非是最优的。要人为设定一种适合于各种样本集的最佳方案是很困难的，应充分发挥神经网络可学习性这一优点，用训练方法使之自动找出最优或较优解。这些方法着眼于使样本被"记住"及提高记忆容量上，而忽略了对其容错性的考虑。

(3) 修改神经元的激励函数。对于激励函数常用的是符号函数，也可采用连续单调函数作为激励函数，即采用连续的 Hopfield 网络，连续型 Hopfield 网络对于高维系统建立的是高阶非线性微分方程，这是非常难以模拟和实现的。而取二值或多值的离散型 Hopfield 网络，通过合适长度的二进制编码，可以让任意精度表示任意实数，而且所占用的存储空间较小。

### 5. 仿真实现

Hopfield 神经网络常用于存储一个或者多个稳定的目标向量，当向网络提供输入向量时，存储在网络中的接近于输入的目标向量就被唤醒。Hopfield 神经网络设计的目标就是使得网络存储一些特定的平衡点，当给定网络一个初始条件时，网络最后会在这样的点上停下来。由于输出又被反馈到输入，所以一旦网络开始运行，整个网络就是递归的。

MATLAB 神经网络工具箱中提供了建立、训练和仿真 Hopfield 神经网络的有关函数。

在 MATLAB 工作空间的命令行键入 help hopfield，便可得到与 Hopfield 神经网络相关的函数，进一步利用 help 命令又能得到相关函数的详细介绍。表 4-7 列出了这些函数的名称和基本功能。

**表 4-7　Hopfield 网络的重要函数和功能**

| 函数名称 | 功　能 |
|---|---|
| satlin() | 饱和线性传输函数 |
| satlins() | 饱和对称线性传输函数 |
| newhop() | 生成一个 Hopfield 回归网络 |
| solvehop() | 设计一个 Hopfield 回归网络 |
| simuhop() | 仿真一个 Hopfield 回归网络 |

1) 饱和线性传输函数——satlin()函数

对于饱和线性传输函数，如果输入大于 0 且小于 1 时返回其输入值；如果输入小于 0 则返回 0；如果输入大于 1，则返回 1。函数的调用格式为：

$$\boldsymbol{a}=\text{satlin}(\boldsymbol{N})$$

$$\text{或 } \boldsymbol{a}=\text{satlin}(\boldsymbol{Z},\boldsymbol{b})$$

$$\boldsymbol{a}=\text{satlin}(\boldsymbol{P})$$

satlin($\boldsymbol{N}$)函数在给定网络的输入矢量矩阵 $\boldsymbol{N}$ 时，返回该层的输出矢量矩阵 $\boldsymbol{a}$。当 $\boldsymbol{N}$ 中的元素介于 0～1 时，其输出等于输入，在输入值小于 0 时返回 0，大于 1 时返回 1。

```
代码：
n = -5:.1:5;
a = satlin(n);
plot(n,a)
axis([-5,5,-1,2])
grid on
title('satlin函数示意图')
运行结果：如图 4-59 所示。
```

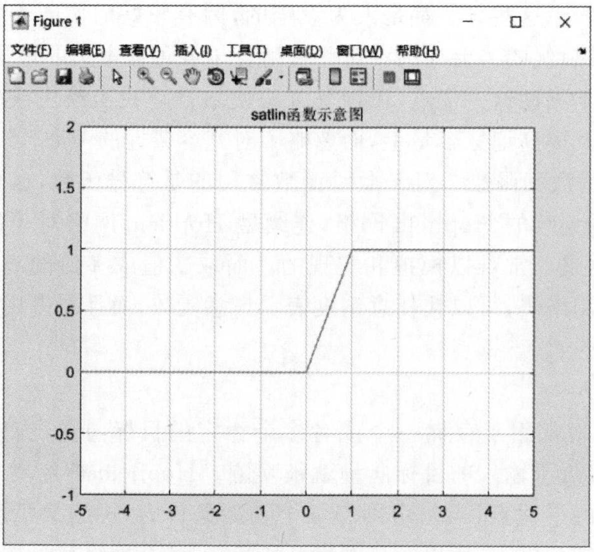


**图 4-59 饱和线性传输函数的示意图**

2）饱和对称线性传输函数——satlins()函数

对于饱和对称线性传输函数，如果输入大于−1且小于1时，返回其输入值；如果输入小于−1，则返回−1；如果输入大于1，则返回1。函数的调用格式同satlin()函数。

3）建立网络函数——newhop()函数

Hopfield神经网络经常被应用于模式的联想记忆中。Hopfield神经网络仅有一层，其输入用netsum()函数，权函数用dotprod()函数，传输函数用对称饱和线性satlins()函数，层中的神经元有来自它自身的连接权和偏值。函数的调用格式为：

net＝newhop(T)

式中T为目标向量；net为生成的神经网络。

例如：利用以下命令可得到一个Hopfield网络的每个神经元的权值 $w$ 和偏置值 $b$。

```
代码：
>> T = [1 -1; -1 1];
>> net = newhop(T);
>> W = net.lw{1,1}
>> b = net.b{1,1}
运行结果：
W =
       0.6925    -0.4694
      -0.4694     0.6925
b =
       0
       0
```

4）设计网络函数——solvehop()函数

Hopfield神经网络由一系列对称饱和线性神经元组成，神经元的输出通过权矩阵反馈回输入。由任何初始输出矢量开始，网络不断修正，直到有一个稳定的输出矢量。这些稳定的输出矢量认为是由初始矢量调用所唤醒的记忆。设计Hopfield网络包括计算对称饱和线性层的权值和偏差，以便目标矢量是网络的稳定输出矢量。函数的调用格式为：

$$[w,b]=\text{solvehop}(T)$$

5）网络仿真函数——simuhop()函数

Hopfield 神经网络由一层饱和线性神经元组成，神经元的输出通过权矩阵与输入相连。神经元的输出分配给初始状态后，神经元由任何初始输出矢量开始，网络不断修正，直到有一个稳定的输出矢量，网络可作任意次的迭代修正。在某些点上，网络达到稳定，新的输出等于以前的输出，最后的输出矢量可以看作是初始矢量的分类。每个 Hopfield 网络都有有限个这样稳定的输出矢量。利用 simuhop()函数可以测试一个 Hopfield 神经网络的性能。函数的调用格式为：

$$[y,yy]=\mathrm{simuhop}(T,w,b,ts)$$

**例 4.7**　设计一个 Hopfield 神经网络，并检验这个网络是否稳定在这些点上。

```
代码：
T = [ -1  -1 1;1  -1 1]'
 % 建立网络
net = newhop(T);
 % 仿真网络
[Y,Pf,Af] = sim(net,2,[],T);
运行结果：
y =
          -1      -1    1
           1      -1    1
```

**例 4.8**　设计一个含有三个神经元的 Hopfield 网络，并可视化该网络的初始状态和模拟结果。

```
T = [1 1; - 1 1; - 1  - 1];
axis([ - 1 1  - 1 1  - 1 1]);
set(gca,'box','on');
axis manual;
hold on;
plot3(T(1,:),T(2,:),T(3,:),'rp');
title('含有三个神经元都 Hopfield 网络状态空间');
xlabel('a(1)');
ylabel('a(2)');
zlabel('a(3)');
view([ - 36 30]);
net = newhop(T);
a = {rands(3,1)}; [y,Pf,Af] = sim(net,{1,10},{},a);
record = [cell2mat(a) cell2mat(y)];
start = cell2mat(a);
hold on;
plot3(start(1,1),start(2,1),start(3,1),'bx',record(1,:),record(2,:),record(3,:));
color = 'rgbmy';
for i = 1:25
        a = {rands(3,1)};
         [y,Pf,Af] = sim(net,{1,10},{},a);
         record = [cell2mat(a) cell2mat(y)];
         start = cell2mat(a); plot3(start(1,1),start(2,1),start(3,1),'kx',record(1,:),
record(2,:),record(3,:),color(rem(i,5) + 1));
End
运行结果：如图 4 - 60 所示。
```

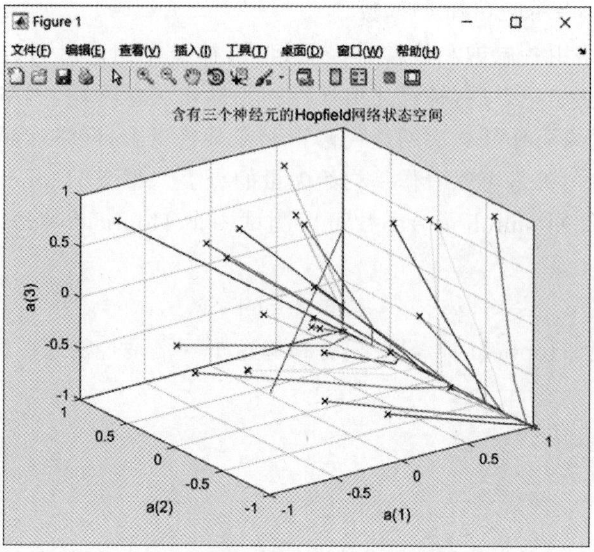


图 4-60　运行结果图

**例 4.9**　用 Hopfield 求解 TSP 旅行商问题。旅行商问题常被称为“旅行推销员问题”，是指一名推销员要拜访多个地点时，如何找到在拜访每个地点一次后再回到起点的最短路径。

根据问题描述来建立 Hopfield 网络，并得到解，但是该解不一定是最优解，用 Hopfield 得到的解可能是次优解，或没有解。

假设 8 个城市的坐标为：

| | |
|---|---|
| 0.100000000000000 | 0.100000000000000 |
| 0.900000000000000 | 0.500000000000000 |
| 0.900000000000000 | 0.100000000000000 |
| 0.450000000000000 | 0.900000000000000 |
| 0.900000000000000 | 0.800000000000000 |
| 0.500000000000000 | 0.500000000000000 |
| 0.100000000000000 | 0.450000000000000 |
| 0.450000000000000 | 0.100000000000000 |

求这 8 个城市的旅行商解。

**解**：具体算法步骤：

(1) 置初值和权值，$t=0, A=1.5, D=1.0, U_0=0.02$；

(2) 读入 $N$ 个城市之间的距离 $d_{xy}(x, y=1,2,\cdots,N)$；

(3) 神经网络的输入 $U_{xi}(t)$ 得初始化 $x, i=1,2,\cdots N$；

$U_{xi}(t)=U_0'+\delta_{xi}$，其中，$U_0'=0.5\times U_0\ln(N-1)$，$N$ 为城市个数，$\delta_{xi}$ 为$(-1,+1)$区间的随机值；

(4) 利用动态方程计算 $\frac{\mathrm{d}U_{xi}}{\mathrm{d}t}$；

(5) 根据异界欧拉法计算 $U_{xi}(t+1)$；

$$U_{xi}(t+1)=U_{xi}(t)+\frac{\mathrm{d}U_{xi}}{\mathrm{d}t}\Delta T$$

(6) 采用 sigmoid 函数计算 $V_{xi}(t)$；

$$V_{xi}(t)=\frac{1}{2}\left(1+\tanh\left(\frac{U_{xi}(t)}{U_0}\right)\right)$$

(7) 计算能量函数 $E$；

(8) 检查路径合法性，判断迭代是否结束，若未结束返回到第(4)步；

(9) 输出迭代次数、最优路径、能量函数、路径长度及能量变化。

通过反复迭代计算(4)～(8)步之后，可以得到如下结果。

| | | | | | | | |
|---|---|---|---|---|---|---|---|
| 0 | 0 | 0 | 1 | 0 | 0 | 0 | 0 |
| 0 | 0 | 0 | 0 | 0 | 0 | 1 | 0 |
| 0 | 0 | 0 | 0 | 0 | 1 | 0 | 0 |
| 1 | 0 | 0 | 0 | 0 | 0 | 0 | 0 |
| 0 | 0 | 0 | 0 | 0 | 0 | 0 | 1 |
| 0 | 1 | 0 | 0 | 0 | 0 | 0 | 0 |
| 0 | 0 | 1 | 0 | 0 | 0 | 0 | 0 |
| 0 | 0 | 0 | 0 | 1 | 0 | 0 | 0 |

运行结果展示如图 4-61 所示，能量函数的变化如图 4-62 所示。

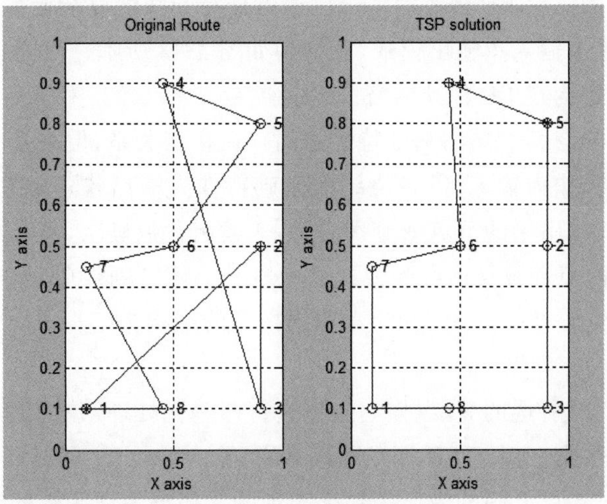


图 4-61　运行结果

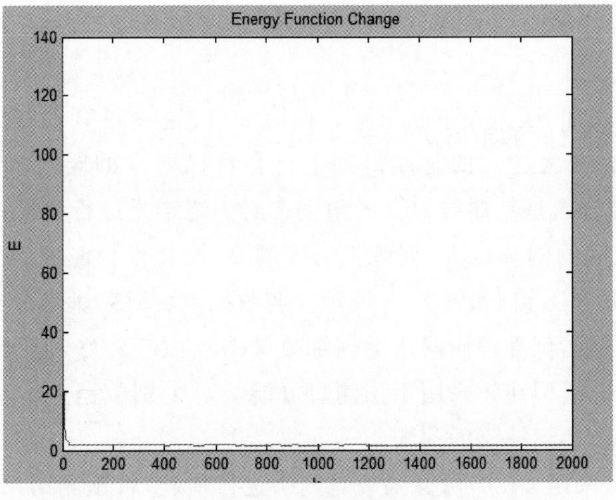


图 4-62　能量函数的变化

## 4.6 神经网络的应用案例

### 4.6.1 铁矿粉烧结的基础特性预测

#### 1. 问题描述

铁矿粉烧结的基础特性作为评价铁矿粉质量好坏的重要标志之一，掌握铁矿粉烧结的基础特性的变化规律对于指导配矿具有重要意义。

#### 2. 解决方法

根据神经网络可以以任意精度逼近任意非线性复杂函数的特点，采用 BP 神经网络建立对铁矿粉同化性、液相流动性和粘结相强度的预报模型，并分别进行训练和仿真。

#### 3. 具体实现

含有一个隐含层的三层 BP 神经网络可以逼近任意非线性复杂函数，因此选取三层 BP 网络结构，模型采用的是多输入单输出模式，其结构如图 4-63 所示。对同化性、液相流动性和粘结相强度三个指标分别构建 BP 神经网络。

铁矿粉的化学成分与其烧结的基础特性之间存在密切关系，但关系一般为非线性的，实验选用铁矿粉的化学成分作为输入，以各烧结的基础特性为输出建立 BP 网络模型。建立三层 BP 神经网络时，输入/输出层的节点数分别由输入/输出参数确定，其个数等于输入/输出参数的个数；中间隐含层的节点数可由经验公式 $J=2n+1$ 计算确定（$n$ 为输入层的节点数）；因此，同化模型的结构为 6－13－1；液相流动预报模型的结构为 7－15－1；粘结相强度预报模型的结构为 8－17－1。

在预测之前，首先对所选的 50 组样本数据进行归一化处理，并选出 10 组数据作为检验数据，其余 40 组为训练数据。对于 BP 神经网络来说，输入/输出之间是一个高度非线性的映射关系，这种关系是通过各层之间的激活函数来实现的。根据激活函数的要求，数据归一化不仅可以将不同参数去量纲化和缩小数值差别，而且还可以加快网络的收敛速度、减小预报误差。本案例中首先将样本数据归一化到 0.1～0.9，最后结果再做反归一化处理，即可得到预测结果。

随着迭代次数的增加，误差在不断下降。在第 20 次迭代和第 22 次迭代之间突破了目标误差 0.001，最终在第 22 次迭代的时候得到了符合目标要求的误差精度，训练过程终止，如图 4-64 所示。回归拟合图是从曲线拟合的角度来对训练结果进行分析，输出曲线（实线）与目标输出曲线（虚线）之间的偏离越小，训练拟合度越高，同化性预测模型的训练拟合度 $R$ 达到了 0.9933，总体来看效果不错，如图 4-65 所示。各数据点（圆圈）大部分集中在对角线周围，说明训练对大部分的数据同化性预测网络的训练收敛图点拟合较好，但也注意到个别数据点偏离较大。因此训练好的模型在将来用于预测时可能会对个别数据点的预测出现较大的偏差，无法对每一个预测点都达到精确的预测。

网络训练完毕后，采用 sim()仿真函数对网络进行检验，将预测结果反归一化后与实际数值对比，结果如图 4-66 所示。

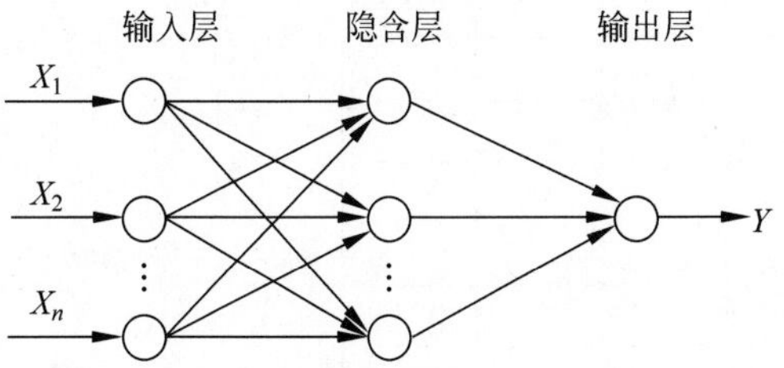


图 4-63　BP 神经网络的结构图

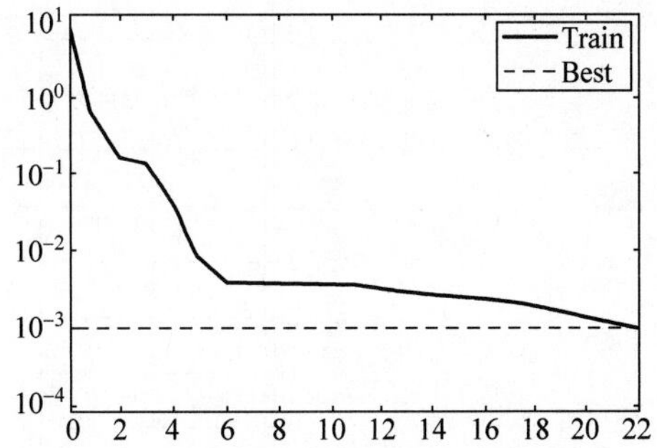


图 4-64　同化性预测网络的训练收敛图

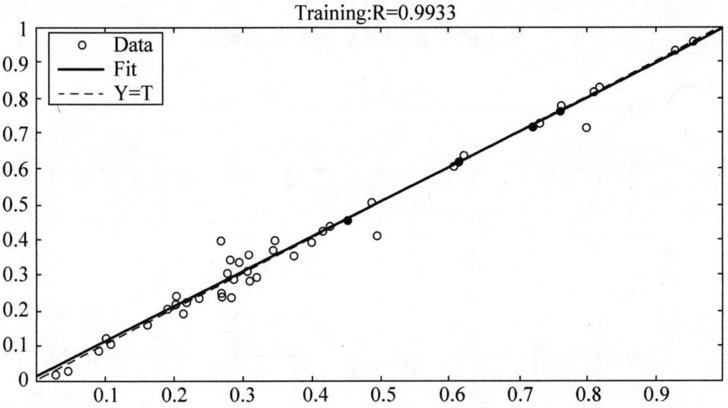


图 4-65　同化性预测网络的回归拟合图

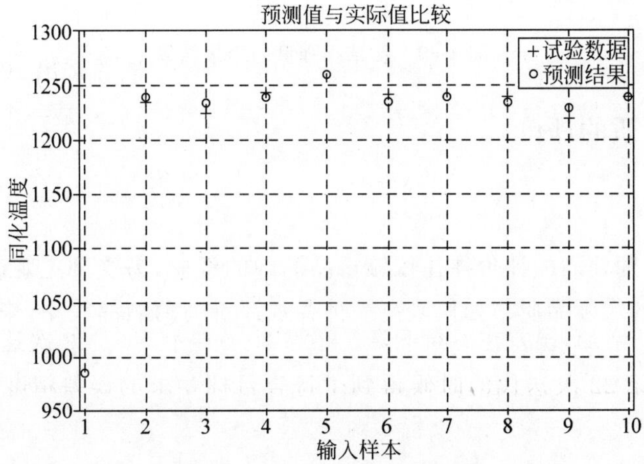


图 4-66　同化性的预报结果

以同样的方法对铁矿粉液相流动性和粘结相强度进行预测。对液相流动性和粘结相强度的预报结果虽然不如对同化性的预报结果，但大部分的预报误差还是控制在 4% 以内的，液相流动性的预报命中率达到了 75%（如图 4-67 所示），粘结相强度的预报命中率达到了 80%（如图 4-68 所示）。由此可见，通过铁矿粉化学成分预测其烧结的基础特性可行的。

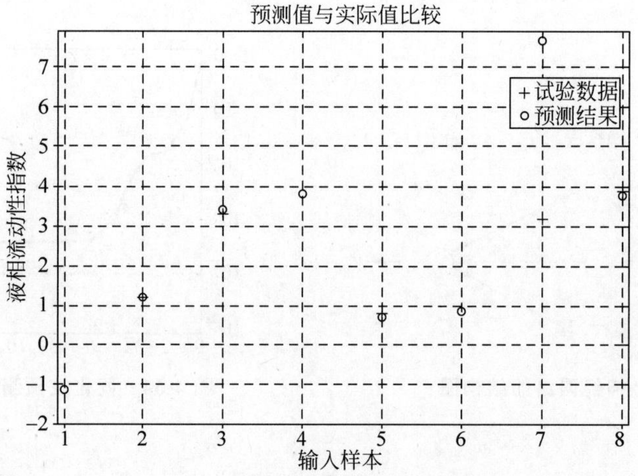


**图 4-67 液相流动性的预报结果**

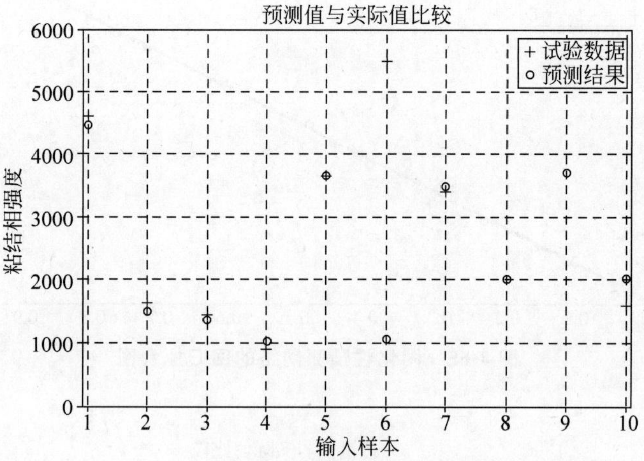


**图 4-68 粘结相强度的预报结果**

## 4.6.2 葡萄酒品质的评价

### 1. 问题描述

实际生活中，对葡萄酒的评价往往依赖于品酒师的经验，易受到主观因素的影响，而不能如实地反映葡萄酒的实际品质。如何研究一种客观评价葡萄酒的模型，来实现葡萄酒质量的综合、精准评价呢？

### 2. 解决方法

通过主成分分析，对影响葡萄酒品质的因素进行计算、优化及处理，获得预处理的结果后，将主成分的分析结果作为 RBF 神经网络的输入，将品酒员给出的评分作为输出（期望输出），进行训练和仿真。

### 3. 具体实现

利用 SPSS19 对数据进行主成分的分析求解。各成分的贡献率及其累积贡献率如表 4-8 所示。由此可知，前两组的主成分提取了原始数据 78％的信息，可认为基本上保留了原始数据的信息。提取前两组的主成分,并计算主成分得分。

表 4-8 解释的总方差

| 成分 | 初始特征值 | | | 提取的主成分 | | |
|---|---|---|---|---|---|---|
| | 合计 | 方差% | 累积% | 合计 | 方差% | 累积% |
| 1 | 5.326 | 59.177 | 59.177 | 5.326 | 59.177 | 59.177 |
| 2 | 1.662 | 18.469 | 77.646 | 1.662 | 18.469 | 77.646 |
| 3 | 0.760 | 8.442 | 86.088 | | | |
| 4 | 0.706 | 7.839 | 93.928 | | | |
| 5 | 0.304 | 3.373 | 97.301 | | | |
| 6 | 0.144 | 1.597 | 98.898 | | | |
| 7 | 0.040 | 0.443 | 99.341 | | | |
| 8 | 0.031 | 0.340 | 99.681 | | | |
| 9 | 0.029 | 0.319 | 100.000 | | | |

通过葡萄酒的参数做出主成分分析得出两个主成分作为 RBF 网络的输入。对红葡萄酒的第 2 组评委的评分去掉一个最高分,去掉一个最低分,然后求平均分作为葡萄酒的质量评价得分,即 RBF 网络的输出。由此构建葡萄酒的评价预测体系。将 27 组葡萄酒数的 21 组作为训练样本(如表 4-9 所示),6 组作为葡萄酒的测试样本(如表 4-10 所示)。根据以上分析,确定网络的输入层结点为 2,输出层结点为 1,使用广义 RBF 网络,取表 4-9 中的 21 组数据作为训练样本,表 4-10 中的 6 组数据作为测试样本。

表 4-9 训练的样本数据

| 序号 | F1(主成分 1) | F2(主成分 2) | 评分 |
|---|---|---|---|
| 1 | 358.6431 | −250.627 | 62.625 |
| 2 | 189.2517 | −99.4705 | 80.125 |
| … | … | … | … |
| 21 | 26.895 75 | −5.930 11 | 72.75 |

表 4-10 测试的样本数据

| 序号 | F1 | F2 | 评分 |
|---|---|---|---|
| 1 | 87.615 75 | −28.9416 | 73.375 |
| 2 | 22.241 57 | 8.209 782 | 72.125 |
| 3 | 9.290 787 | 15.525 01 | 71.5 |
| 4 | 333.8294 | −217.734 | 71.75 |
| 5 | 142.8848 | −64.0797 | 80.875 |
| 6 | 27.441 94 | −5.146 15 | 74 |

通过建立 RBF 网络对葡萄酒质量进行仿真训练,网络的训练图如图 4-69 所示。训练 20 步就达到了最小值,收敛速度比较快,充分展现了 RBF 网络简单高效的优点。

在完成网络训练后,对 6 组数据进行验证。6 组数据的预测结果、预测相对误差均小于 0.08,符合对预测精度的要求,如图 4-70 所示。

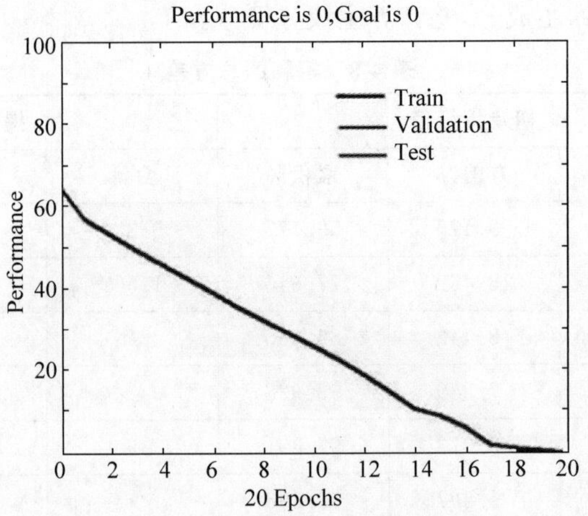


**图 4-69　RBF 训练过程图**

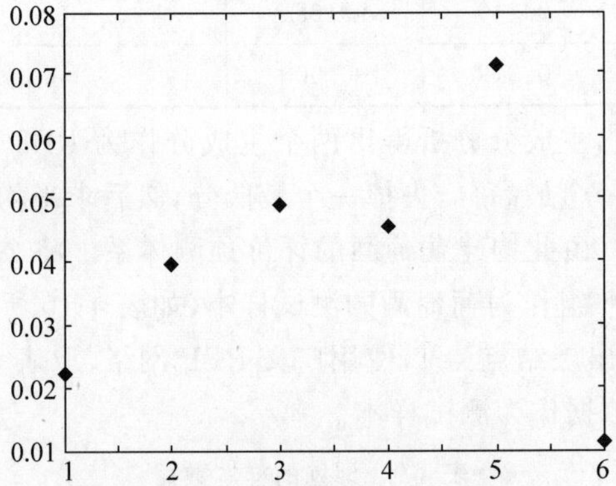


**图 4-70　葡萄酒预测的相对误差图**

葡萄酒预测的相对误差的具体数值如表 4-11 所示。从表 4-11 可看出最好的预测结果接近 0.01，最差的也小于 0.08，通过计算可知平均准确率达到 98.89%，预测结果的准确度很高。

**表 4-11　葡萄酒预测的相对误差值**

| | 1 | 2 | 3 | 4 | 5 | 6 |
|---|---|---|---|---|---|---|
| 相对误差 | 0.0221 | 0.0399 | 0.0490 | 0.0453 | 0.0712 | 0.0111 |

## 4.6.3　地震数据中随机噪声的去噪

### 1. 问题描述

地震数据的有效信号反射弱，且易受多次波的影响，不可避免地存在随机噪声干扰，去除对地震数据中的随机噪声，对于地震数据的分析具有重要意义。

### 2. 解决方法

采用神经网络模型，识别出随机噪声信号，对该信号进行小波包分解，获取多类别随机噪声信号，利用级联 BP 神经网络模型提取出多类别随机噪声信号，实现地震数据中随机噪声的去除。

### 3. 具体实现

利用 BP 神经网络对含有随机噪声的地震信号进行处理，通过神经网络输入模式计算其模式相应的真实随机噪声输出值，以地震的随机噪声作为神经元，每个神经元在神经网络中间层的随机噪声激活值 $U_b$ 计算公式为：

$$U_b = \sum_{a=1}^{x} (C_{ab} \cdot n) - \beta_b \ (b = 1, 2, \cdots, z)$$

式中，随机噪声信号输出层的节点量为 $x$，中间层的随机噪声单元量为 $z$；$n$ 表示输入值；输入层到中间层的连接权和中间层单元的阈值分别为 $C_{ab}$ 和 $\beta_b$。

激活地震的随机噪声后，设置随机噪声的输入向量按照地震信号采集提取轮廓、面积、平均幅度、不变矩 1 和不变矩 2 五个特征，设置输入层节点数是 5，识别类型影响输出向量，输出层的节点量是 2，地震信号用 0 表示，其他类别用 1 表示，为完成地震的随机噪声信号的准确识别提供基础。根据以上方式设计的神经网络模型如图 4-71 所示。

级联 BP 神经网络模型先初次分类地震目标信号，获取地震目标信号的种类有高频地震信号、中频地震信号和低频地震信号。模型根据三种目标信号，采用级联 BP 神经网络实现地震信号的随机噪声的去除，三种目标信号分别输入至神经网络中，级联 BP 神经网络模型如图 4-72 所示。

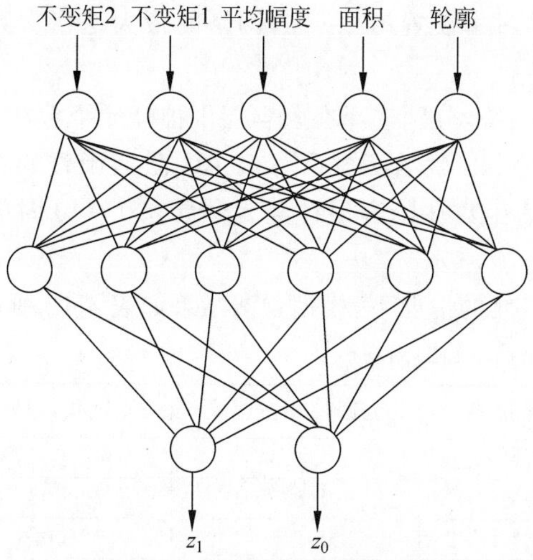


图 4-71　整体 BP 神经网络模型

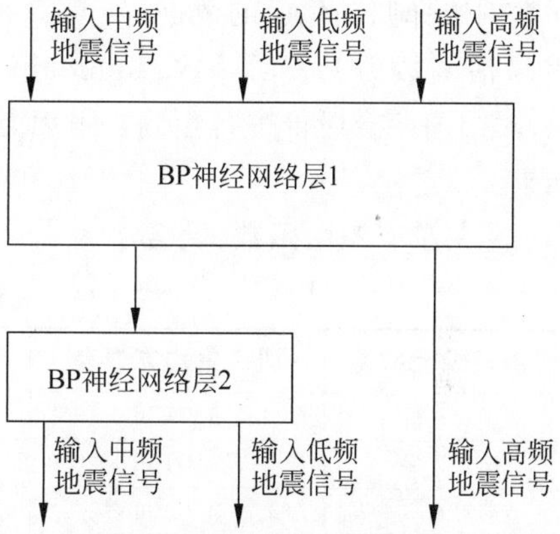


图 4-72　级联 BP 神经网络模型

实验结果表明，本去噪算法随着信道组数的增加信噪比提高，均方误差降低，去噪性能较优。算法对三种地震信号滤除的平均耗时为 1.93s，耗时短，对地震信号中噪声的滤除效率高。由此可见，这种改进方法对地震数据的随机噪声信号的去噪效果较好，为分析地震区域的地质结构以及预防地震的发生提供理论依据。

### 4.6.4　股票价格预测

**1. 问题描述**

量化交易是未来股票交易的主要方式之一。股票价格预测精度的高低直接影响量化交易的成功与否，如何构建模型对股票价格进行准确预测，从而在股市的量化交易中获取最大利润呢？

**2. 解决方法**

股票交易是一个复杂的非线性系统，采用传统的方法很难完成股价的预测，BP 神经网络能够拟合非线性数据间的关系，实验通过研究 BP 神经网络模型，调整神经网络中隐含层神经元个数和激活函数，确定最优网络模型。

### 3. 具体实现

本案例的数据源自东方财富旗下 Choice 金融终端，数据集选取的日期为 2020 年 10 月至 2022 年 2 月，以单日股价信息作为本案例的数据，原始实验数据包含证券代码、证券名称、交易时间、开盘价、最高价、收盘价、涨跌、涨跌额、成交量和成交额等 10 种股票交易信息，采用 BP 神经网络进行股价预测。为了对最终 BP 神经网络模型的稳定性进行探究，另选 10 只股票，每只股票都分为训练集和测试集，分别进行股价趋势预测。不同股票建立的神经网络模型是相互独立的，每只股票的预测模型有独立的网络权值和偏置值。

股价预测模型是一个三层的 BP 神经网络模型，包括输入层，一个隐含层和输出层。输入层包含 13 个特征属性，这 13 个特征属性是由原始的 11 种股票交易信息计算得到的技术指标。隐含层包含数个神经元和激活函数，用于完成特征的非线性变换。输出层只包含一个神经元，使用没有激活函数的神经元，线性输出对股价的预测值。神经网络的损失函数为均方误差，通过随机梯度下降法进行网络参数的学习，学习率设置为 0.004，网络的最大迭代次数为 109 次，最大误差为 0.005。

案例选择归一化后的数据进行 BP 神经网络训练，分别选择在隐含层中神经元个数在 1～10 和激活函数为无激活函数、sigmoid 激活函数、tanh 激活函数以及 ReLU 激活函数的不同情况，对中国茅台股价进行预测。下面是四种激活函数在隐含层神经元个数在 1～10 时的预测结果。

(1) 在没有激活函数、隐含层为 1～10 个神经元的情况下，模型预测结果如表 4-12 所示。

**表 4-12　无激活函数下股价的预测结果**

| 隐含层神经元数量 | 训练集均方误差 | 训练集准确率 | 测试集均方误差 | 测试集准确率 |
|---|---|---|---|---|
| 1 | 0.0136 | 68.00% | 0.4134 | 68.00% |
| 2 | 0.0199 | 68.40% | 0.3355 | 72.00% |
| 3 | 0.0094 | 75.20% | 0.1450 | 72.00% |
| 4 | 0.0060 | 78.00% | 0.1136 | 76.00% |
| 5 | 0.0071 | 81.20% | 0.1223 | 80.00% |
| 6 | 0.0098 | 78.40% | 0.0502 | 78.00% |
| 7 | 0.0072 | 77.60% | 0.0491 | 76.00% |
| 8 | 0.0068 | 76.00% | 0.0597 | 82.00% |
| 9 | 0.0053 | 80.80% | 0.0492 | 76.00% |
| 10 | 0.0070 | 71.20% | 0.0380 | 76.00% |

(2) 在选择 sigmoid 激活函数、隐含层为 1～10 个神经元的情况下，模型预测结果如表 4-13 所示。

**表 4-13　sigmoid 激活函数下股价的预测结果**

| 隐含层神经元数量 | 训练集均方误差 | 训练集准确率 | 测试集均方误差 | 测试集准确率 |
|---|---|---|---|---|
| 1 | 0.0230 | 82.00% | 0.0916 | 78.00% |
| 2 | 0.0197 | 84.00% | 0.1117 | 78.00% |
| 3 | 0.0101 | 84.80% | 0.0983 | 80.00% |
| 4 | 0.0095 | 85.20% | 0.0923 | 80.00% |
| 5 | 0.0041 | 84.30% | 0.0652 | 84.00% |

续表

| 隐含层神经元数量 | 训练集均方误差 | 训练集准确率 | 测试集均方误差 | 测试集准确率 |
|---|---|---|---|---|
| 6 | 0.0068 | 84.39% | 0.0998 | 84.00% |
| 7 | 0.0051 | 85.20% | 0.0696 | 82.00% |
| 8 | 0.0092 | 84.39% | 0.0994 | 80.00% |
| 9 | 0.0062 | 84.00% | 0.0970 | 80.00% |
| 10 | 0.0046 | 84.80% | 0.0797 | 80.00% |

(3) 在选择 tanh 激活函数、隐含层为 1～10 个神经元的情况下，模型预测结果如表 4-14 所示。

**表 4-14　tanh 激活函数下股价的预测结果**

| 隐含层神经元数量 | 训练集均方误差 | 训练集准确率 | 测试集均方误差 | 测试集准确率 |
|---|---|---|---|---|
| 1 | 0.0162 | 80.80% | 0.1231 | 70.00% |
| 2 | 0.0102 | 80.40% | 0.0846 | 72.00% |
| 3 | 0.0088 | 82.39% | 0.1748 | 74.00% |
| 4 | 0.0116 | 77.20% | 0.0447 | 80.00% |
| 5 | 0.0036 | 82.80% | 0.0550 | 84.00% |
| 6 | 0.0084 | 78.00% | 0.2280 | 72.00% |
| 7 | 0.0050 | 77.20% | 0.1053 | 80.00% |
| 8 | 0.0088 | 77.20% | 0.0650 | 70.00% |
| 9 | 0.0073 | 76.40% | 0.1343 | 72.00% |
| 10 | 0.0091 | 72.40% | 0.0596 | 68.00% |

(4) 在选择 ReLU 激活函数，隐含层为 1～10 个神经元的情况下，模型预测结果如表 4-15 所示。

**表 4-15　ReLU 激活函数下股价的预测结果**

| 隐含层神经元数量 | 训练集均方误差 | 训练集准确率 | 测试集均方误差 | 测试集准确率 |
|---|---|---|---|---|
| 1 | 0.0199 | 72.80% | 0.1431 | 70.00% |
| 2 | 0.0259 | 66.00% | 0.0766 | 68.00% |
| 3 | 0.0231 | 70.80% | 0.0897 | 70.00% |
| 4 | 0.0070 | 76.80% | 0.0950 | 74.00% |
| 5 | 0.0095 | 82.60% | 0.0732 | 76.00% |
| 6 | 0.0105 | 76.20% | 0.1486 | 70.00% |
| 7 | 0.0060 | 75.60% | 0.0731 | 74.00% |
| 8 | 0.0088 | 77.20% | 0.0650 | 70.00% |
| 9 | 0.0073 | 76.40% | 0.1343 | 72.00% |
| 10 | 0.0091 | 72.40% | 0.0596 | 68.00% |

从以上的结果中可以得出 BP 神经网络能够完成对股价的预测，BP 神经网络模型参数不同，预测结果也会有所不同。在隐含层中神经元个数在 1～10 和四种不同激活函数的情况下，隐含层神经元个数为 5、激活函数为 sigmoid 激活函数时预测效果最优。最优模型训练集的均方误差为 0.0041，预测准确率为 84.30%，测试集误差为 0.0652，预测准确率为 84.00%。股价预测模型的误差迭代图像如图 4-73 所示，股价预测模型的训练集和测试集的拟合效果如图 4-74 所示。

案例选择决策树、KNN、线性回归、岭回归四种回归算法对本案例的贵州茅台股价数据进行预测分析，选择前 250 个交易日作为训练集，后 50 个交易日作为测试集。预测结果如表 4-16 所示。

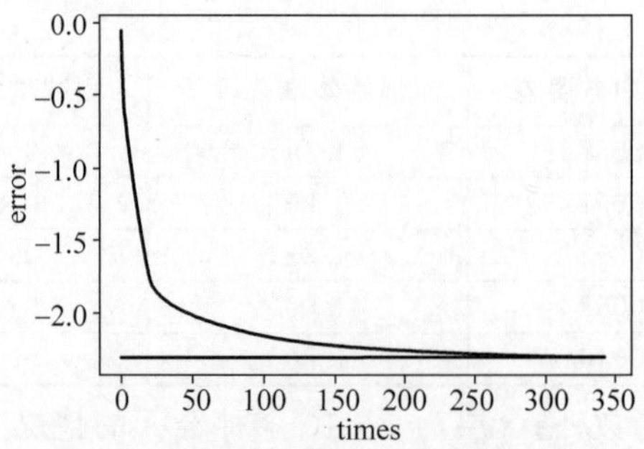


图 4-73 模型的误差迭代图像

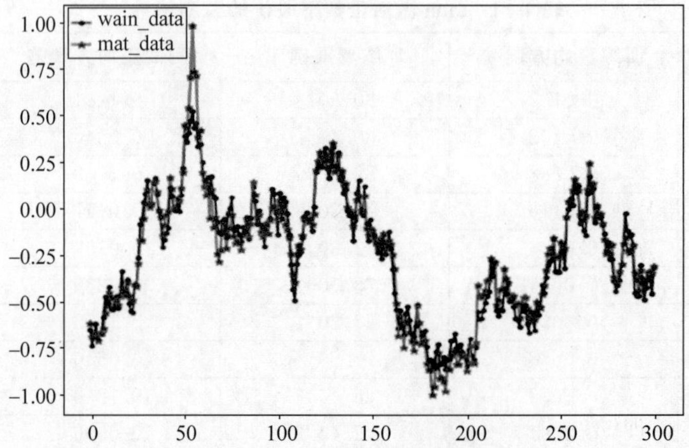


图 4-74 模型的拟合效果

表 4-16 不同回归算法的预测结果

| 回归算法 | 训练集均方误差 | 训练集准确率 | 测试集均方误差 | 测试集准确率 |
|---|---|---|---|---|
| 决策树 | 0.0024 | 69.60% | 0.0575 | 68.00% |
| KNN | 0.0063 | 84.39% | 0.0954 | 68.00% |
| 线性回归 | 0.0070 | 68.40% | 0.0918 | 78.00% |
| 岭回归 | 0.1824 | 73.30% | 0.2906 | 76.00% |

由表 4-16 可以得出，案例选用的 BP 神经网络模型在股价预测方面的效果优于决策树、KNN、线性回归、岭回归四种回归算法，表明本案例所提出的 BP 神经网络模型在预测股价趋势上具有较高的准确率。

为了验证隐含层的神经元个数为 5、激活函数为 sigmoid 激活函数时，BP 神经网络模型预测的稳定性，另外选择十只股票在结构下进行训练和预测，训练集为前 250 个交易日，测试集为后 50 个交易日，测试结果如表 4-17 所示。

表 4-17 模型的预测结果

| 证券名称 | 训练集均方误差 | 训练集准确率 | 测试集均方误差 | 测试集准确率 |
|---|---|---|---|---|
| 中信证券 | 0.0076 | 88.80% | 0.1236 | 86.00% |
| 青岛啤酒 | 0.0105 | 88.40% | 0.0688 | 78.00% |
| 中国平安 | 0.0026 | 79.60% | 0.0640 | 80.00% |
| 比亚迪 | 0.0051 | 79.60% | 0.0166 | 82.00% |
| 牧原股份 | 0.0113 | 82.40% | 0.0851 | 80.00% |
| 云南白药 | 0.0101 | 87.20% | 0.0815 | 80.00% |
| 五粮液 | 0.0112 | 81.20% | 0.0804 | 82.00% |

续表

| 证券名称 | 训练集均方误差 | 训练集准确率 | 测试集均方误差 | 测试集准确率 |
|---|---|---|---|---|
| 东方财富 | 0.0075 | 88.80% | 0.0361 | 82.00% |
| 建设银行 | 0.0061 | 83.60% | 0.0141 | 90.00% |
| 腾讯控股 | 0.0104 | 79.60% | 0.1575 | 78.00% |

从预测结果来看,BP 神经网络模型在隐含层中神经元个数为 5、激活函数为 sigmoid 函数的情况下,分别对十只股票进行训练和测试后,BP 神经网络模型取得了训练集的误差平均为 0.0082,准确率平均为 83.92%,测试集均方误差平均为 0.0728,准确率平均为 81.8%的效果,表明 BP 神经网络模型在隐含层中神经元个数为 5、激活函数为 sigmoid 函数的情况下,模型具有一定的稳定性和准确性。

### 4.6.5 水泥熟料的强度预测

**1. 问题描述**

在以往传统的水泥熟料的强度预测的建模中,为了便于处理和运算,许多非线性模型不得不转换为线性模型来处理,这种非线性关系线性化的做法无疑影响了预测的精度。

**2. 解决方法**

神经网络在非线性拟合预测上显示出了明显的优越性。神经网络具有通过学习逼近任意非线性映射的能力,将神经网络应用于非线性系统的建模与辨识,可以不受非线性模型的限制,便于给出工程上易于实现的学习算法。

**3. 具体实现**

基于神经网络算法的水泥熟料的强度预测的原理结构图如图 4-75 所示。

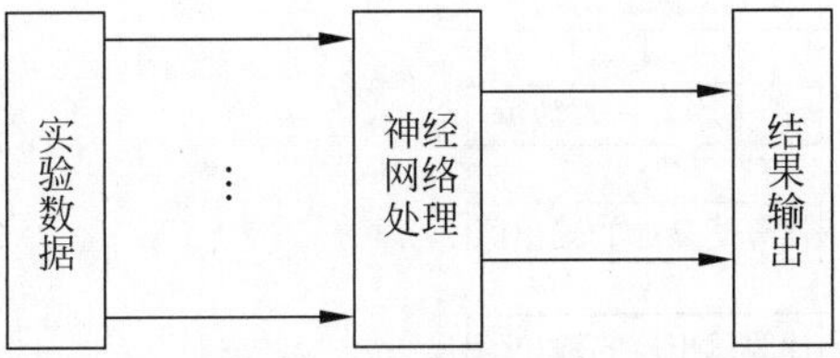


图 4-75 水泥熟料的强度预测的原理结构图

整个模型的结构可为三部分:实验测量、神经网络对信号的处理、结果输出。实验测量部分主要完成熟料矿物的组成含量的测量工作,为神经网络的输入提供数据,神经网络负责数据的处理,输出处理后得到熟料的 3d(天)和 28d(天)强度值,最后,参考神经网络的输出结果确定混合材的最终掺加量以便保证水泥产品的出厂质量。

水泥熟料强度预测系统的人工神经网络模型采用三层前向网络,根据前面的分析,确定了网络的输入层有六个节点,分别输入上面介绍的熟料强度预测的输入参数,隐含层节点个数待定,在学习和预测过程中具有一定的经验性,输出层有两个节点,在预测结束时给出预测结果,即熟料的 3d 和 28d 强度值,如图 4-76 所示。

经过一年时间的现场实验,从某水泥厂取得了 300 组熟料矿物组成和测定强度值的样本数据。考虑到生产过程的稳定性问题和实验过程中的误差问题,采用"掐头去尾"的手段,将最开始的 50 组数据和最后的 50 组数据去除,取中间的 200 组稳定数据作为网络的训练样本和

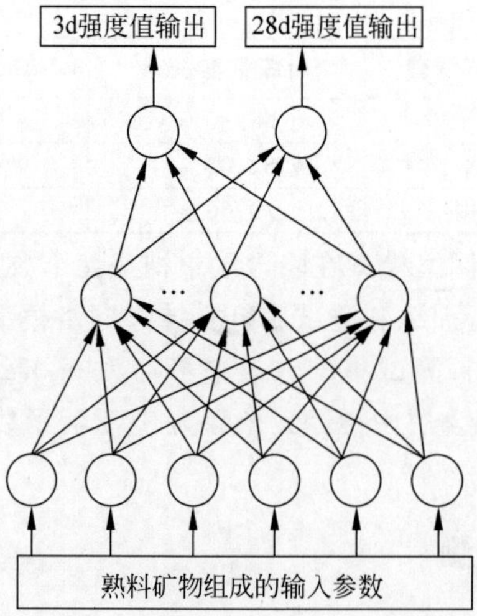


图 4-76 熟料强度预测系统的人工神经网络模型

测试样本使用。用 190 组数据对网络进行训练，剩余的 10 组数据用于测试，保证模型预测结果具有代表性。

BP 神经网络经常具有多层结构，除了输入层和输出层，它们中间的部分称为隐含层。这些隐含层经常使用 S 型神经元，输出层则使用线性神经元。这样的多层神经网络能够学习输入和输出之间的非线性关系，而且线性的输出层保证了网络的输出具有 −1 到 1 之外的范围。案例的 BP 网络隐含层采用了正切 S 型神经元，输出层采用了线性神经元。这样的 BP 网络可以逼近任何的连续函数，如果隐含层包含足够多的神经元，它还可以逼近任何具有有限个断点的非连续函数。BP 算法的具体计算流程如图 4-77 所示。

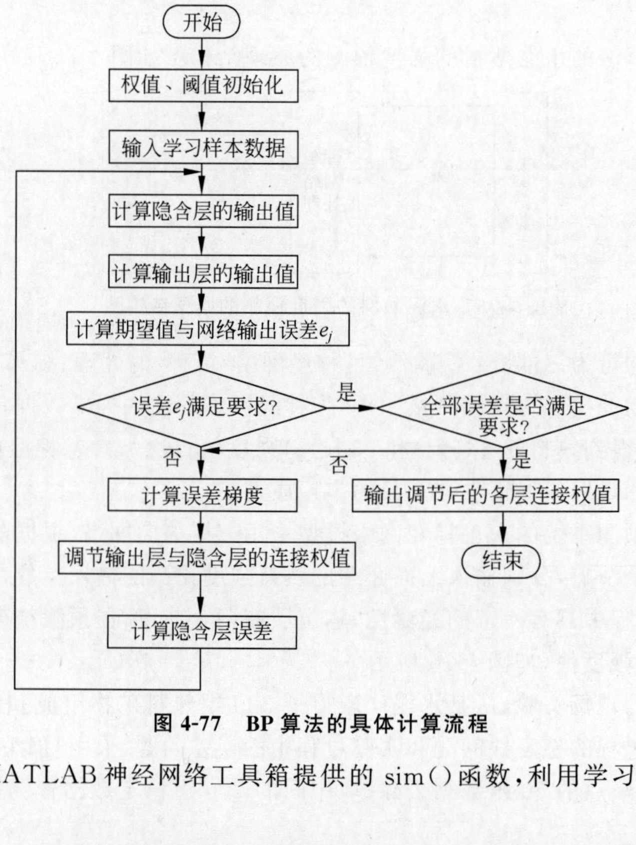


图 4-77 BP 算法的具体计算流程

预测时使用 MATLAB 神经网络工具箱提供的 sim() 函数，利用学习后确定的网络结构及连接权值和阈值信息，根据输入的熟料强度的主要影响因素的属性值，预测具有该矿物组成的熟料的 3d 和 28d 强度，实现了实时的离线预测。

## 本章习题

1. 单层感知器模型与多层感知器模型的区别是什么？

2. 请指出 BP 算法的缺陷及改进方案。

3. 试述离散型 Hopfield 神经网络的结构及工作原理。

4. 简述 BP 网络与 RBF 网络的不同。

5. 若有如下四类八个输入模式：

类别 1：$\boldsymbol{X}_1=(1,1)^{\mathrm{T}}$，$\boldsymbol{X}_2=(1,2)^{\mathrm{T}}$；

类别 2：$\boldsymbol{X}_3=(2,-1)^{\mathrm{T}}$，$\boldsymbol{X}_4=(2,0)^{\mathrm{T}}$；

类别 3：$\boldsymbol{X}_5=(-1,2)^{\mathrm{T}}$，$\boldsymbol{X}_6=(-2,1)^{\mathrm{T}}$；

类别 4：$\boldsymbol{X}_7=(-1,-1)^{\mathrm{T}}$，$\boldsymbol{X}_8=(-2,-2)^{\mathrm{T}}$。

(1) 设计一个感知器模型求解此问题，并论述详细的设计过程。

(2) 若所设计的感知器模型的学习训练速率 $\alpha=1$，初始连接权向量和阈值为

$$\boldsymbol{W}=\begin{pmatrix}1 & 0\\ 0 & 1\end{pmatrix} \quad \boldsymbol{\theta}=\begin{pmatrix}-1\\ -1\end{pmatrix}$$

请根据感知器学习算法训练该感知器。

6. 设计一单隐层单输出神经网络，实现对二值化图像卡片上数字的奇偶分类。

7. 一个前馈层次型神经网络有两个源节点，两个隐含层，第一个隐含层有四个神经元，第二个有两个神经元，以及三个输出神经元。画出这个网络的结构图。

8. 单计算节点感知器有三个输入。给定三对训练样本如下：

$\boldsymbol{X}_1=(1.1,-1,2)^{\mathrm{T}}$，$d_1=-1$；

$\boldsymbol{X}_2=(1.3,2.5,-2)^{\mathrm{T}}$，$d_2=1$；

$\boldsymbol{X}_3=(-1,1.7,1.5)^{\mathrm{T}}$，$d_3=1$。

设初始权值分别是 0.15，−1，0，设初始阈值为 0.1，学习率是 0.6，试用感知器学习规则训练这个感知器。

9. 一个单隐含层的神经网络，各连接权值如图 4-78 所示，输入 $x_1=0.5$，$x_2=0.7$，假设所有神经元的初始阈值都是 0.1，转移函数都是双极性 S 型函数。计算网络的输出 $o_1$ 和 $o_2$。

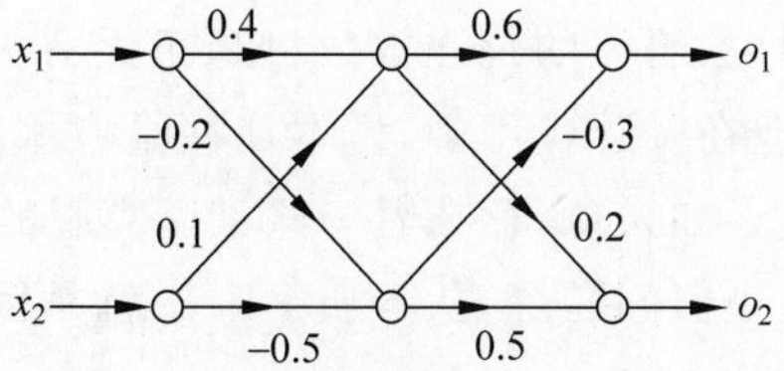


图 4-78　单隐含层的神经网络结构图

习题

# 第 5 章

案例导读

# 支持向量机

**本章导读**

在计算智能的发展过程中，由于神经网络在理论上缺乏实质性突破，发展备受质疑。在20世纪90年代，出现了一种理论坚实的机器学习方法——支持向量机（Support Vector Machine，SVM），给计算智能带来了新的发展。

支持向量机是在“统计学习理论”基础上发展起来的一种机器学习方法。“统计学习理论”是一种专门研究“小样本”情况下机器学习规律的理论。它为有限样本的机器学习问题建立了一个良好的理论框架，其核心思想就是机器学习模型要与有限的训练样本相适应，对机器学习中的小样本、非线性、高维和局部极小点等问题提出了较好的解决方案。

本章首先介绍支持向量机的历史发展背景以及统计学习理论的基本内容，在此基础之上，阐述最优分类超平面、分类支持向量机解决线性分类和非线性分类问题、支持向量机在解决分类问题中的学习算法，并将其与多层前向网络进行比较；之后，介绍损失函数和回归支持向量机；最后，通过两个仿真实例展示支持向量机解决实际问题的过程和方法。

接下来就开启本章对支持向量机的学习旅程吧！相信通过本章节的学习，读者将会充分领略支持向量机的奥秘，并对支持向量机模型以及算法原理的理解有一个全面的认识。

## 5.1 支持向量机概述

### 5.1.1 历史背景

传统统计学是一种渐进理论，研究的是样本数目趋于无穷大时的极限特性。现有的学习方法多基于传统统计学理论，但在实际应用中，样本往往是有限的，因此一些理论上很优秀的学习方法在实际中的表现却不尽如人意，存在着一些难以克服的问题，比如说如何确定网络结构的问题、过学习问题、局部极小值问题等，从本质上来说就是因为理论上“需要无穷样本”与实际中“样本有限”的矛盾造成的。

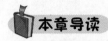

与传统统计学相比，统计学习理论（Statistical Learning Theory，SLT）是一种专门研究小样本情况下机器学习规律的理论。V. Vapnik 等从 20 世纪 60—70 年代开始进行此方法的研究，到 20 世纪 90 年代中期，随着其理论的不断发展和成熟，成功提出了一个较完善的基于有限样本的理论体系——统计学习理论。统计学习理论是一种专门研究小样本情况下机器学习规律的理论，它从更本质上研究机器学习问题，为解决有限样本的学习问题提供了一个统一

的框架。同时，在这一理论基础上发展了一种新的通用机器学习方法——支持向量机，体现了该理论的实用性。

支持向量机具有直观的几何解释、简洁的数学形式和人为设定参数少等优点，因而便于理解和使用。与其他考虑经验风险最小化（Empirical Risk Minimization，ERM）原则的机器学习算法不同，支持向量机采用结构风险最小化（Structural Risk Minimization，SRM）的原则来训练学习机，并用 VC 维理论来度量结构风险。统计学习理论中的 VC 维理论和结构风险最小化原则的提出都为支持向量机算法打下了坚实的理论基础，使得支持向量机具有全局优化、适应性强、理论完备、泛化性能好等优点。建立在严格理论基础之上的支持向量机较好地解决了传统机器学习方法中的模型选择和过学习问题、非线性与维数灾难问题、局部极小值等问题。

### 5.1.2 统计学习理论

1995 年，V. Vapnik 的著作《统计学习理论的本质》的发表标志着统计学习理论的成熟。统计是无需很多先验知识的最基本的、唯一的分析手段。统计学习理论是目前针对小样本统计估计和预测学习的最佳理论。下面对统计学习理论的核心内容进行介绍。

基于数据的机器学习是现代计算智能中的重要内容，其研究的实质是根据给定的训练样本求出对系统输入输出之间依赖关系的估计，使它能对未知样本的输出做出尽可能准确的预测，学习机的学习原理如图 5-1 所示。

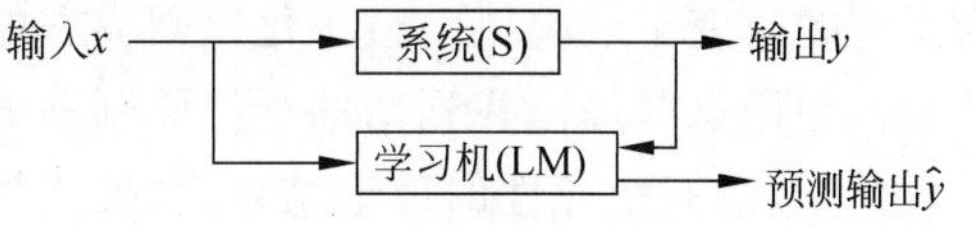

图 5-1 学习机的学习原理

#### 1. 经验风险最小化

机器学习的目的是根据给定的训练样本求出某系统输入输出之间依赖关系的一个估计，使它能够对未知输出 $f(x,\omega)$ 做出尽可能准确的预测，其中，函数 $f(x,\omega)$ 由参数 $\omega$ 控制。给定一个新输入的样本 $x_i$ 和一个特定的参数 $\omega$，系统将给出一个唯一的输出 $f(x_i,\omega)$。确定参数 $\omega$ 的过程就是我们常说的“学习”过程或“训练”过程。

所谓的机器学习问题就是根据独立同分布的训练样本 $(x_1,y_1),\cdots,(x_n,y_n)$，其中，$x_i \in R^n$，$i=1,2,\cdots,n$，$n$ 为样本的数目，$y_i$ 为类标号，在一组函数 $\{f(x,\omega)\}$ 中找到一个最优的函数 $f(x,\omega)$ 对依赖关系进行估计使它的期望风险最小，即

$$R(\omega)=\int L[y,f(x,\omega)\mathrm{d}F(x,y)] \tag{5.1}$$

其中，$\{f(x,\omega)\}$ 称作预测函数集，$\omega \in \Omega$ 为函数的广义参数，$F(x,y)$ 称为联合概率分布。$\{f(x,\omega)\}$ 可以表示任何函数集，$L[y,f(x,\omega)]$ 为由于使用 $[f(x,\omega)]$ 对 $y$ 进行预测而造成的损失函数，不同类型的学习问题可以采用不同形式的损失函数。

由于 $F(x,y)$ 未知，可以利用的信息只有样本，式(5.1)表示的期望风险无法计算，因此传统的学习方法中更多采用了经验风险最小化准则一般根据概率论中的大数定理，采用算术平均来逼近期望风险，即采用样本误差定义经验风险：

$$R_{\mathrm{emp}}(\omega)=\frac{1}{n}\sum_{i=1}^{n}L[y_i,f(x_i,w)] \tag{5.2}$$

用参数 $\omega$ 求经验风险 $R_{\mathrm{emp}}(\omega)$ 的最小值代替求期望风险 $R(\omega)$ 的最小值。

经验风险最小化原则认为，经验风险最小的模型是最优的模型。当样本容量足够大时，经

验风险将收敛到期望风险,经验风险最小化能保证有很好的学习效果,在现实中被广泛采用。但是,当样本容量很小时,经验风险最小化学习的效果就未必很好,会产生过拟合现象,称为"过学习"。事实上,从期望风险最小化到经验风险最小化并没有可靠的理论依据,只是直观上合理的想当然做法。

经验风险最小化原则不成功的一个典型案例就是神经网络的"过学习"问题：训练误差(经验风险)过小反而会导致泛化能力的下降,即真实误差(期望风险)的增加。出现过学习现象的主要原因是由于学习样本不充分和学习机器设计不合理。

**2. 学习机器的复杂性与推广性**

当试图用一个复杂的学习机器去拟合有限的样本,必然会丧失推广能力。由此可见,有限样本下学习机器的复杂性与推广性之间存在矛盾。机器的复杂度高,必然会导致其推广性差;反之,一个推广性好的学习机器,其分类能力必然不够强。

设计一个好的学习机器的目标就变成如何在学习能力和推广性之间取得一个平衡,使得在满足给定学习能力的前提下,提高其推广性。

统计学习理论被认为是目前针对小样本统计估计和预测学习的最佳理论。它从理论上较为系统的研究了经验风险最小化原则成立的条件、有限样本下经验风险与期望风险的关系以及如何利用这些理论找到新的学习原则和方法等问题。

其中,最有指导性的理论结果是"推广性的界"的结论,与之相关的一个核心概念是"函数集的 VC 维"。

**3. 函数集的 VC 维**

学习的目的不是用经验风险去逼近期望风险,而是通过求解使经验风险最小化的函数来逼近期望风险最小化的函数,因此,其一致性条件比传统统计学中的一致性条件更严格。

为了研究学习过程中一致收敛的速度和推广性,统计学习理论定义了一系列有关函数集学习性能的指标,VC 维(Vapnik Chervonenkis Dimension)是其中最重要的一个定义,VC 维是建立在点集被"打散"的概念基础上的。

模式识别方法中 VC 维的直观定义是：对于一个指标函数集,如果存在 $h$ 个样本能够被函数集中的函数按所有可能的 $2^h$ 种形式分开,则称函数集能够把 $h$ 个样本打散。函数集的 VC 维就是它能打散的最大样本数目 $h$。若对任意数目的样本都有函数能将它们打散,则函数集的 VC 维是无穷大。有界实函数的 VC 维可以通过用一定的阈值将其转换为指示函数来定义。

VC 维还反映了模型的学习能力,VC 维越大,则模型的容量越大,学习机器越复杂。比如,以二维平面中的线性分类器为例(如图 5-2 所示)：二维平面中有 3 个点(并未给出标签),线性函数组成的集合能够对所有 $8(2^3)$ 种情形正确进行分类。值得注意的是,按照上述定义来看,只要存在 3 个样本能够被成功打散,并且不存在 4 个样本能够被打散的话,就称这一函数集合的 VC 维是 3。所以该二维线性函数集合所表示的分类器的 VC 维是 3。

**4. 推广性的界**

统计学习理论系统地研究了各种类型函数集的经验风险(即训练误差)和实际风险(即期望风险)之间的关系,即推广性的界。推广性的界是指对指示函数集中的所有函数,经验风险 $R_{\text{emp}}(\omega)$ 和实际风险 $R(\omega)$ 之间以至少 $1-\eta$ 的概率满足如下关系：

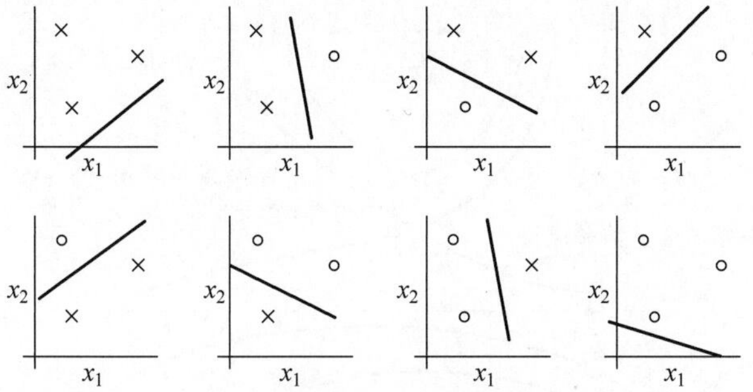


**图 5-2 二维平面中的线性分类器**

$$R(\omega) \leqslant R_{\mathrm{emp}}(\omega) + \sqrt{\frac{h[\ln(2n/h)+1]-\ln(\eta/4)}{n}} \tag{5.3}$$

其中不等式左边是实际风险，右边是置信范围(Confidence Interval)，$h$ 是函数集的 VC 维，$n$ 是样本数。

式(5.3)从理论上说明学习机器的实际风险由两部分组成：一部分是经验风险 $R_{\mathrm{emp}}(\omega)$，即训练误差；另一部分是置信范围，它和学习机器的 VC 维及训练样本数有关。式(5.3)可以简单地表示为

$$R(\omega) \leqslant R_{\mathrm{emp}}(\omega) + \varphi\left(\frac{h}{n}\right) \tag{5.4}$$

式(5.4)表明，在有限样本训练下，学习机的 VC 维越高(学习机器的复杂性越高)，则置信范围越大，导致真实风险与经验风险之间可能的差别就越大，这就是出现过学习现象的原因。因此，在样本数一定的情况下，要想得到较小的实际风险，不但要使经验风险最小外，还要使 VC 维尽量小，以缩小置信范围，取得较小的实际风险，从而保证学习机的泛化性，对未来样本有较好的预测性能。

### 5. 结构风险最小化

经验风险最小化原则在样本有限(即 $h/n$ 较大)时是不合理的，此时一个小的经验风险值并不能保证小的实际风险值。为解决此问题，就需要在保证分类精度(即减小经验风险)的同时，降低学习机器的置信范围，从而使得学习机器在整个样本集上的实际风险得到控制，这就是结构风险最小化原则的基本思想。

结构风险最小化为学习者提供了一种不同于经验风险最小化的更科学的学习机器设计原则，显然，利用结构风险最小化原则的思想，就可以完美解决神经网络中的过学习问题。支持向量机方法实际上就是这种思想的具体实现。

通过观察结构风险最小化示意图(如图 5-3 所示)，分析真实风险、经验风险和置信范围与 VC 维的变化关系曲线，可见要获得最小的真实风险就需要折中考虑经验风险和置信范围的大小，需要同时最小化经验风险和置信范围。相对于神经网络等方法依赖先验知识和经验来构建学习机器和改变训练样本数量使经验风险接近实际风险的做法，统计学习理论提出了一种基于函数 VC 维的新策略。该策略把函数集构造为一个函数子集序列，使各个子集按照 VC 维的大小排列，在每个子集中寻找最小的经验风险，在子集间折中考虑经验风险和置信范围，取得实际风险最小。

实现结构风险最小化原则主要有两种思路：第一种思路，从每个子集入手，给定一个函数集合，按照上面的方法来组织一个嵌套的函数结构，在每个子集中求取最小经验风险，然后选

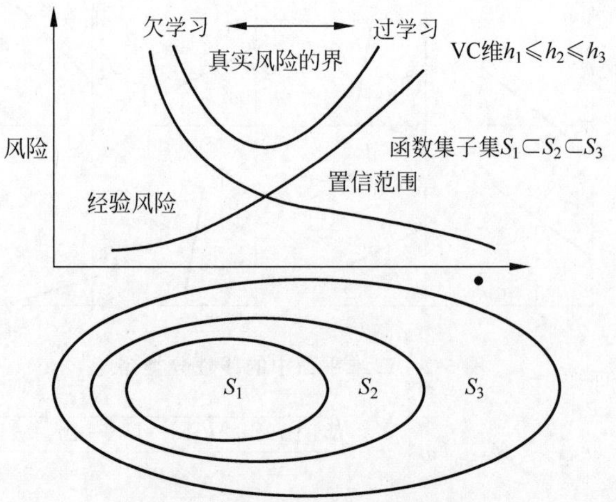


图 5-3 结构风险最小化示意图

择使最小经验风险和置信范围之和最小的子集。显然这种方法比较费时，当子集数目很大时不可行。第二种思路，设计函数集的某种结构，使每个子集中都能取得最小的经验风险，然后选择适当的子集使置信范围最小，再从这个子集中选出使经验风险最小的函数，即最优函数。

## 5.2 分类支持向量机

### 5.2.1 最优分类超平面

来自于统计学习理论的支持向量机，就是受到线性可分情况下的最优分类面的启发而发明的。对于一个线性可分的样本集，肯定存在无数多个解，任何一个解都能正确地进行样本的分类(如图 5-4 所示)。如果采用感知器或多层前向神经网络来实现，在训练过程中网络随机的产生一个分类线并移动它，直到训练集合中属于相同类别的点正好位于该分类线的同一侧，就完成训练。但是这种训练过程决定了不能保证获得的分隔线位于两个类别的中心(不是最优的分类线)，这对于分类问题的容错性和泛化性是不利的。

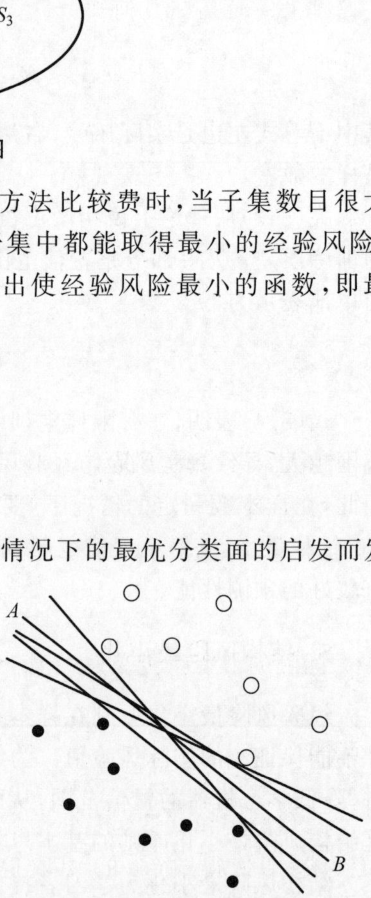


图 5-4 线性可分情况下的多解性

对于图 5-4 中的多条分类线来说，多数人肯定会选择位于两个类别中间的分类线 $AB$，以保证两类样本距离分类线都最远，把满足上述条件的分类线就称为最优分类线。当样本的特征是三维时，分隔两类的边界就成为一个平面，而在多维的特征空间中，分隔两类的就成为超平面，而这个保持两个类间隔最大分界的就为最优超平面(Optimal Hyperplane)。两类样本中距离分类超平面最近的长度称为分类间隔(Margin)，因此，最优超平面也称为最大间隔超平面。

为了直观起见，以下对二维空间中线性可分情况下的最优分类线进行介绍。在图 5-5 中，显示了二维空间中线性可分情况下的最优分类线，图中的"○"和"•"分别表示两类训练样本，$H$ 为最优分类线，$H_1$、$H_2$ 分别为过两类样本中离分类线最近的点且平行于分类线的直线，那么 $H_1$ 和 $H_2$ 之间的距离即为两类的分类间隔。构造最优分类线 $H$，使得样本集中的所有样本满足如下条件：

(1) 能被某一超平面正确划分,以保证经验风险最小;

(2) 距该超平面最近的异类向量与超平面之间的距离最大,即分类间隔最大,以保证置信范围最小。

对于图5-4中的能够正确分类的任意直线方程可以表示为 $\boldsymbol{w}\cdot\boldsymbol{x}+b=0$,其中,$\boldsymbol{w}=[\boldsymbol{w}_1,\boldsymbol{w}_2]$,$\boldsymbol{x}=[\boldsymbol{x}_1,\boldsymbol{x}_2]$。假设训练样本输入为 $\boldsymbol{x}_i$,$i=1,2,\cdots,n$,$\boldsymbol{x}_i\in\mathbf{R}^d$,对应的期望输出为 $y_i\in\{+1,-1\}$,其中 $+1$ 和 $-1$ 分别代表两类的类别标签。分类线将平面分为两部分,其中标签为1的样本使 $\boldsymbol{w}\cdot\boldsymbol{x}_i+b>0$,而标签为 $-1$ 的样本使 $\boldsymbol{w}\cdot\boldsymbol{x}_i+b<0$,两者联合写为 $y_i\times(\boldsymbol{w}\cdot\boldsymbol{x}_i+b)>0$。

根据平面解析几何知识,对于任意样本 $\boldsymbol{x}_i$ 距离分类线的距离可以表示为式(5.5):

$$d=\frac{\boldsymbol{w}\cdot\boldsymbol{x}_i+b}{\|w\|} \tag{5.5}$$

其中,$\|w\|=(\boldsymbol{w}^{\mathrm{T}}\boldsymbol{w})^{1/2}$,$d$ 表示距离(为正时表示标签为1的样本,为负时表示标签为 $-1$ 的样本)。对于正、负样本到分类线的距离之和,也就是间隔,可以表示为式(5.6):

$$L=d^{+}+d^{-}=\frac{\boldsymbol{w}\cdot\boldsymbol{x}_i^{+}+b}{\|w\|}+\left(-\frac{\boldsymbol{w}\cdot\boldsymbol{x}_j^{-}+b}{\|w\|}\right) \tag{5.6}$$

当分类线位于两类中间时,会存在两条与分类线距离相等的直线 $\boldsymbol{w}\cdot\boldsymbol{x}+b=c$ 和 $\boldsymbol{w}\cdot\boldsymbol{x}+b=-c$,其中 $c>0$,将两条直线的方程代入式(5.6)得到式(5.7):

$$L=\frac{2c}{\|w\|} \tag{5.7}$$

在直线不变的情况下,$c$ 值可以通过直线方程的缩放改变为任意的非0值,因此,同样可以缩放整个方程使 $c=1$。这样当分类线位于两类中间时,正、负样本的间隔就是式(5.8):

$$L=\frac{2}{\|w\|} \tag{5.8}$$

在式(5.8)中,为了最大化间隔 $L$,就要最小化 $\|w\|$,这就等价于最小化 $\|w\|^2$。则对最大间隔的求解就转变为式(5.9):

$$\begin{aligned}&\min\frac{1}{2}\|w\|^2\\&\text{s. t.}\quad y_i[\boldsymbol{w}\cdot\boldsymbol{x}_i+b]\geqslant 1\quad i=1,2,3,\cdots,N\end{aligned} \tag{5.9}$$

最优分类线就是众多分类线中令间隔最大的那条分类线,即使得式(5.9)中取得最小值的 $\boldsymbol{w}^*$,根据 $d^{+}=d^{-}$ 可求得对应的 $b^*=-\boldsymbol{w}^*\cdot(\boldsymbol{x}_i^{+}+\boldsymbol{x}_j^{-})/2$。由 $\boldsymbol{w}^*$ 和 $b^*$ 确定的分类线就称为最优分类线(如图5.5中的 $H$),距离 $H$ 最近的样本 $\boldsymbol{x}_i^{+}$、$\boldsymbol{x}_j^{-}$ 就称为支持向量(如图5.5所示中位于 $H_1$ 和 $H_2$ 上的样本)。

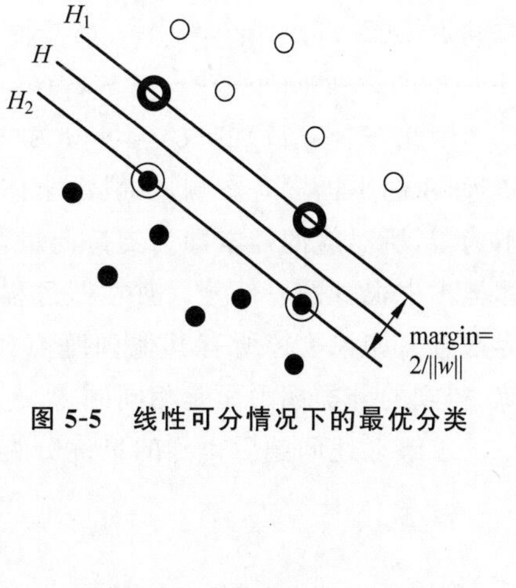

图 5-5　线性可分情况下的最优分类

将上述二维的结果推广到多维空间,最优分类线就成为最优分类超平面。最优分类超平面体现了结构风险最小化的原则,使分类间隔最大,增加了支持向量机的推广能力,此为该方法的核心思想之一。

## 5.2.2　线性支持向量机

对于二分类问题中的线性可分的情况,支持向量机就是从求解最优超平面发展而来的。

对于二分类中的线性不可分情况,则是对线性可分情况下的方法进行调整后得到的。对于分类的决策函数可以表示为式(5.10):

$$f(x)=\mathrm{sgn}(\boldsymbol{w}^{*}\cdot\boldsymbol{x}+\boldsymbol{b}^{*}) \tag{5.10}$$

其中 sgn()为符号函数,$\boldsymbol{w}^{*}$ 和 $\boldsymbol{b}^{*}$ 是最优超平面的参数。在线性可分情况下,求解 $\boldsymbol{w}^{*}$ 和 $\boldsymbol{b}^{*}$ 是下一个在不等式约束(式(5.9))条件下的优化问题,可以通过拉格朗日法求解。对每个样本引入一个拉格朗日系数(式(5.11)):

$$\alpha_i\geqslant 0,\quad i=1,2,3,\cdots,N \tag{5.11}$$

从而把优化问题等价的转换为下面的拉格朗日函数最优化求解问题,如式(5.12)所示:

$$L=\frac{1}{2}\parallel w\parallel^{2}-\sum_{i=1}^{n}\alpha_i y_i(\boldsymbol{x}_i\cdot\boldsymbol{w}+b)+\sum_{i=1}^{n}\alpha_i \tag{5.12}$$

由相关的理论可知,上述约束最优化问题的解由拉格朗日函数的鞍点决定。在鞍点处目标函数 $L$ 对 $\boldsymbol{w}$ 和 $b$ 的偏导数都为 0,从而得到最优解(式(5.13)):

$$\boldsymbol{w}^{*}=\sum_{i=1}^{N}\alpha_i^{*}y_i\boldsymbol{x}_i \tag{5.13}$$

并且有式(5.14):

$$\sum_{i=1}^{N}y_i\alpha_i^{*}=0 \tag{5.14}$$

将式(5.13)、式(5.14)代入拉格朗日函数(式(5.12))中可以将上述二次规划问题转换为“对偶”问题(式(5.15)):

$$W(\alpha)=\sum_{i=1}^{n}\alpha_i-\frac{1}{2}\sum_{i,j=1}^{n}\alpha_i\alpha_j y_i y_j(\boldsymbol{x}_i\cdot\boldsymbol{x}_j) \tag{5.15}$$

在约束条件(式(5.16))下:

$$\sum_{i=1}^{n}y_i\alpha_i=0,\alpha_i\geqslant 0,\quad i=1,2,\cdots,n \tag{5.16}$$

求公式(5.15)中 $W$ 的最大值,这是一个对 $\alpha_i$ 的二次优化问题,也是个二次规划问题(Quadratic Programming, QP),存在唯一解,称为式(5.9)的对偶问题,而式(5.9)称为原问题。通过对偶问题的求解,得到 $a_i^{*}$,就可以通过式(5.13)求出原问题的参数 $\boldsymbol{w}^{*}$ 和 $b^{*}$。

根据最优性条件——Karush-Kühn-Tucker 条件(简称 KKT 条件),这个优化问题的解必须满足式(5.17):

$$\alpha_i\{[(\boldsymbol{x}_i\cdot\boldsymbol{w})+b]y_i-1\}=0\quad i=1,\cdots,n \tag{5.17}$$

因此,式(5.17)的成立,可分为两种情况:当 $\alpha_i=0$ 时,其所对应的样本距离最优超平面较远,对超平面没有影响,一般占全体样本的大部分;当$(\boldsymbol{x}_i\cdot\boldsymbol{w}+b)y_i-1=0$ 时,$\alpha_i$ 的取值不为零,所对应的样本即为支持向量,如图 5.5 中用圆圈标出的样本点所示,它们通常只是全体样本中很少的一部分。对学习过程而言,支持向量是训练集中的关键元素,它们距离决策边界最近。如果去掉所有其他训练点(或者移动位置,但是不穿越 $H_1$ 或 $H_2$),再重新进行训练,得到的分类超平面是相同的。

求解上述问题后得到的最优分类函数是式(5.18):

$$f(x)=\mathrm{sgn}\left\{\sum_{i=1}^{n}y_i\alpha_i^{*}(\boldsymbol{x}_i\cdot\boldsymbol{x})+b^{*}\right\} \tag{5.18}$$

在训练得到最优超平面后,对于给定的未知样本 $\boldsymbol{x}$,只需计算 $f(\boldsymbol{x})$即可判断 $\boldsymbol{x}$ 所属的分类。

由于最优超平面的解完全由支持向量决定，所以这种方法后来就被称为支持向量机。

若训练样本集是线性不可分的，或事先不知道它是否线性可分，将允许存在一些误分类的点，此时引入一个松弛变量 $\xi_i \geqslant 0$，约束条件变为式(5.19)：

$$y_i[(\boldsymbol{w} \cdot \boldsymbol{x}_i) + b] \geqslant 1 - \xi_i \quad \xi_i \geqslant 0, \quad i = 1, \cdots, n \tag{5.19}$$

当分类出现错误时，$\xi_i$ 大于 0，因此，$\sum_i \xi_i$ 是训练集中错分样本数的上界。这样就需要在目标函数中为分类误差分配一个额外的代价函数，即引入错误惩罚分量。所以，现在的目标函数就变为式(5.20)：

$$\Phi(\boldsymbol{w}, \xi) = \frac{1}{2}(\boldsymbol{w} \cdot \boldsymbol{w}) + C\left(\sum_{i=1}^{n} \xi_i\right) \tag{5.20}$$

其中，$C>0$ 是一个指定的常数，称为惩罚因子，控制对错分样本的惩罚程度。折中考虑最小错分样本和最大分类间隔，就得到了线性不可分情况下的最优超平面。

只有"离群点"才有松弛变量，或者说其他点的松弛变量为 0。惩罚因子 $C$ 决定了对离群点带来的损失有多重视，$C$ 越大，对目标函数的损失越大，暗示着越不愿意放弃离群点。线性不可分情况和线性可分情况的差别就在于可分模式中的约束条件中 $\alpha_i \geqslant 0$ 在不可分模式中换为了更严格的条件 $0 \leqslant \alpha_i \leqslant C$。除了这一修正，线性不可分情况的约束最优化问题中权值 $w$ 和阈值 $b$ 的最优值的计算都和线性可分情况中的过程是相同的。

## 5.2.3　非线性支持向量机

### 1. 引入核函数的原因

在线性支持向量机中，对于少数异常样本造成的线性不可分的状况，采用了松弛变量，加入了惩罚因子，使得仍然能够使用线性支持向量机完成分类。在实际生活中，遇到的问题通常是非线性的，使用线性支持向量机就不能得到较好的结果。例如图 5-6，把横轴上端点 $a$ 和 $b$ 之间红色部分里的所有点定为正类，两边的黑色部分里的点定为负类。能否找到一个线性函数把两类正确分开吗？不能，因为二维空间里的线性函数就是指直线，显然在二维空间中找不到符合条件的直线。

虽然找不到直线，但可以找到一条曲线，如图 5-7 所示中这一条。该曲线将平面划分为两部分，通过点在这条曲线的上方还是下方就可以判断点所属的类别(在横轴上随便找一点，计算这一点的函数值，会发现负类的点函数值一定比 0 大，而正类的一定比 0 小)。这条曲线就是大家熟知的二次曲线，它的函数表达式可以写为 $g(x) = c_0 + c_1 x + c_2 x^2$。

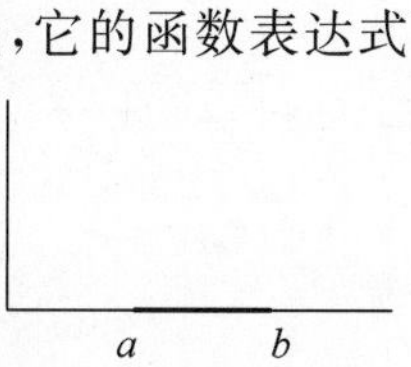


图 5-6　线性不可分

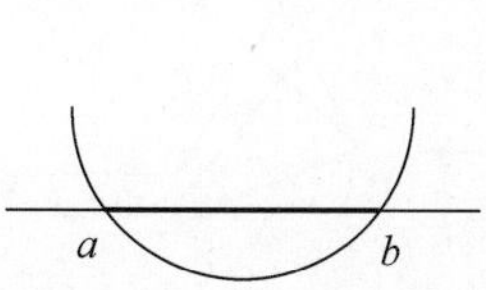


图 5-7　非线性可分

问题是以上函数不是一个线性函数，为了与支持向量机相匹配，新建向量 $\boldsymbol{y}$ 和 $\boldsymbol{\alpha}$：

$$\boldsymbol{y} = \begin{bmatrix} y_1 \\ y_2 \\ y_3 \end{bmatrix} = \begin{bmatrix} 1 \\ x \\ x^2 \end{bmatrix}, \quad \boldsymbol{\alpha} = \begin{bmatrix} \alpha_1 \\ \alpha_2 \\ \alpha_3 \end{bmatrix} = \begin{bmatrix} c_0 \\ c_1 \\ c_2 \end{bmatrix} \tag{5.21}$$

这样 $g(x)$ 就可以转换为 $f(\boldsymbol{y})=\langle\boldsymbol{\alpha},y\rangle$，即 $g(x)=f(\boldsymbol{y})=\boldsymbol{\alpha y}$，从而将原来的非线性函数转换为了线性函数。

上述通过将样本的特征变换到高维空间的方法，给解决非线性的分类问题提供了思路。解决非线性问题的关键是找到将 $x$ 映射到 $\boldsymbol{y}$ 上的方法，即将低维空间映射到高维空间。V. Vapnik 等通过引入核函数映射的方法将低维空间中线性不可分的样本变换到高维空间，使得样本在高维空间中变得线性可分。利用核函数能够简化样本从低维空间到高维空间映射的计算，只需要将线性支持向量机中的内积运算 $\langle\boldsymbol{x}_i,\boldsymbol{x}\rangle$ 替换为核函数 $K(\boldsymbol{x}_i,\boldsymbol{x})$ 即可。

**2. 非线性支持向量机**

在现实世界中，很多分类问题都是线性不可分的，即在原来的样本空间中无法找到一个最优的线性分类函数，这就使得线性支持向量机的应用具有很大的局限性。但是可以设法通过非线性变换将原样本空间的非线性问题转换为另一个空间中的线性问题。SVM 就是基于这一思想实现的一种学习机。SVM 首先将输入向量通过非线性映射变换到一个高维的特征向量空间，然后在该特征空间中构造最优分类超平面。

由于在上面的二次规划(QP)问题中，无论是目标函数还是分类函数都只涉及内积运算，如果采用核函数(Kernel Function)就可以避免在高维空间进行复杂运算，而通过原空间的函数来实现内积运算。因此，选择合适的内积核函数 $K(\boldsymbol{x}_i,\boldsymbol{x}_j)=\Phi(\boldsymbol{x}_i)\cdot\Phi(\boldsymbol{x}_j)$ 就可以实现某一非线性变换后的线性分类，而计算复杂度却没有增加多少，从而巧妙地解决了高维空间中计算带来的“维数灾难”问题。

此时，相应的决策函数转换为式(5.22)：

$$f(x)=\operatorname{sgn}\left\{\sum_{i=1}^{n} y_i a_i^* K(\boldsymbol{x}_i,\boldsymbol{x})+b^*\right\} \tag{5.22}$$

而算法的其他条件均不变，由于最终的判别函数中实际只包含与支持向量的内积以及求和，因此识别时的计算复杂度取决于支持向量的个数。

根据支持向量机示意图(如图 5-8 所示)可以看出，支持向量机求得的决策函数在形式上类似于含有一个隐含层的神经网络，其输出是若干中间层节点的线性组合，而每一个中间层节点对应于输入样本与一个支持向量的内积，因此也被称作是支持向量网络。

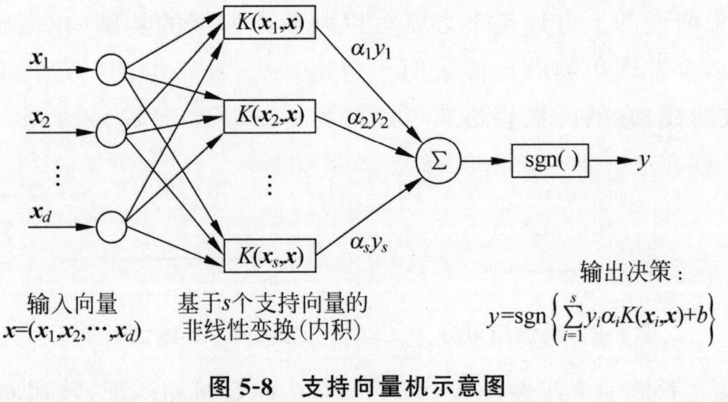


**图 5-8 支持向量机示意图**

在式(5.22)中，满足 Mercer 条件的内积函数 $K(\boldsymbol{x}_i,\boldsymbol{x}_j)$ 称为核函数，选择不同的核函数可以生成不同的支持向量机，下面列出了几种常用的核函数。

(1) 线性核函数(式(5.23))：

$$K(\boldsymbol{x},\boldsymbol{x}_i)=\boldsymbol{x}\cdot\boldsymbol{x}_i \tag{5.23}$$

线性可分的支持向量机和线性不可分的 SVM 是一类的，仅仅在于核函数的不同。

(2) 多项式核函数(式(5.24))：

$$K(\boldsymbol{x},\boldsymbol{x}_i)=[(\boldsymbol{x}\cdot\boldsymbol{x}_i)+1]^q \tag{5.24}$$

此时得到的支持向量机是一个 $q$ 阶多项式分类器,其中 $q$ 是由用户决定的参数。

(3) Gauss 核函数(式(5.25))：

$$K(\boldsymbol{x},\boldsymbol{x}_i)=\exp\left\{-\frac{\|\boldsymbol{x}-\boldsymbol{x}_i\|}{2\sigma^2}\right\} \tag{5.25}$$

得到的 SVM 是一种径向基函数分类器,是非线性分类 SVM 的最主流函数。

(4) Sigmoid 核函数(式(5.26))：

$$K(\boldsymbol{x},\boldsymbol{x}_i)=\tanh(v(\boldsymbol{x}\cdot\boldsymbol{x}_i)+c) \tag{5.26}$$

得到的 SVM 实现的是一个两层感知器神经网络。

下面介绍一个非常简单的可用核函数,用这个核函数能够构建映射 $\Phi$。

假设数据是位于 $R^2$ 中的向量,选择 $K(\boldsymbol{x}_i,\boldsymbol{x}_j)=(\boldsymbol{x}_i,\boldsymbol{x}_j)^2$,然后寻找满足下述条件的空间 $H$：使映射 $\Phi$ 从 $R^2$ 映射到 $H$ 且满足 $(\boldsymbol{x}\cdot\boldsymbol{y})^2=\Phi(\boldsymbol{x})\cdot\Phi(\boldsymbol{y})$。可以选择 $H=R^3$ 以及 $\Phi(\boldsymbol{x})$：

$$\Phi(\boldsymbol{x})=\begin{bmatrix}\boldsymbol{x}_1^2\\ \sqrt{2}\boldsymbol{x}_1\boldsymbol{x}_2\\ \boldsymbol{x}_2^2\end{bmatrix} \tag{5.27}$$

此时就实现了从空间 $R^2$ 到空间 $H$ 的映射。以上向量的下标表示向量的组成成分。支持向量机用于二维样本分类的变换,如图 5-9 所示。

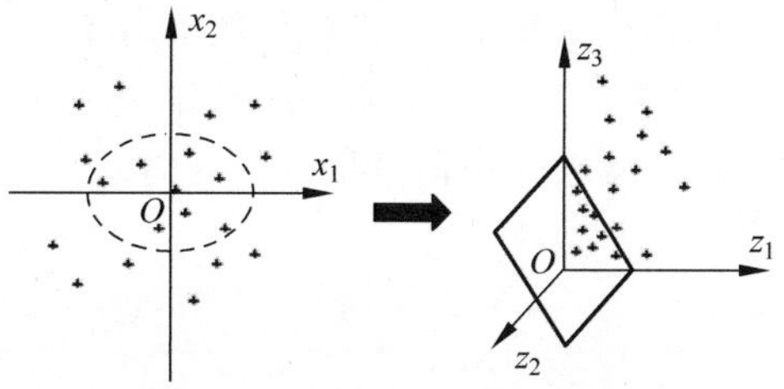


**图 5-9 SVM 用于二维样本分类**

### 5.2.4 SVM 与多层前向网络的比较

当采用径向基核函数时,支持向量机实现的是一种径向基函数分类器。它与传统径向基函数方法的基本区别在于：用 SVM 方法,径向基函数的中心位置以及中心数目、网络的权值都是由训练过程中自动确定；而传统 RBF 网络对这些参数的确定则依赖于经验知识。

当采用 Sigmoid 函数作为核函数时,支持向量机实现的是一种多层感知器神经网络。应用 SVM 方法,隐节点数目(它确定神经网络的结构)、隐节点对输入节点的权值和输出节点对隐节点的权值都是在设计(训练)的过程中自动确定的。而多层感知器的隐节点数目是需要依赖经验知识事先确定的。此外,在多层感知器中,模型复杂性的控制是通过使特征数目尽量小,也就是使隐含层神经元数目尽可能小来实现的,而支持向量机与此不同,它是通过控制与维数无关的模型复杂性来实现学习机器的设计。

与径向基函数网络和多层感知器相比,支持向量机避免了在前者的设计中经常使用的启发式结构,它不依赖于设计者的经验知识；而且支持向量机的理论基础决定了它最终求得的是全局最优值而不是局部极小值,也保证了它对于未知样本的良好泛化能力而不会出现过学习现象(用经验风险代替实际风险造成的)。

### 5.2.5 学习算法

对于分类问题,用支持向量机算法进行求解的学习算法过程如下。

步骤1:给定一组输入样本 $\boldsymbol{x}_i, i=1,\cdots,n$ 及其对应的期望输出 $y_i \in \{+1,-1\}$。

步骤2:选择合适的核函数 $K(\boldsymbol{x}_i,\boldsymbol{x}_j)=\Phi(\boldsymbol{x}_i)\cdot\Phi(\boldsymbol{x}_j)$ 及相关参数。

步骤3:在约束条件 $\sum_{i=1}^{n} y_i\alpha_i = 0$ 和 $0 \leqslant \alpha_i \leqslant C$ 下求解 $W(\alpha)=\sum_{i=1}^{n}\alpha_i - \frac{1}{2}\sum_{i,j=1}^{n}\alpha_i\alpha_j y_i y_j K(\boldsymbol{x}_i\cdot\boldsymbol{x}_j)$ 的最大值,得到最优权值 $\alpha_i^*$。

步骤4:计算 $\boldsymbol{\omega}^* = \sum_{i=1}^{n}\alpha_i^* y_i \Phi(\boldsymbol{x}_i)$, $b^* = \frac{1}{y_\xi} - \boldsymbol{\omega}^* \cdot \boldsymbol{x}_\xi$,其中 $\boldsymbol{x}_\xi$ 为一个特定的支持向量。

步骤5:对于待分类向量 $\boldsymbol{x}$,计算 $f(\boldsymbol{x})=\mathrm{sgn}\left\{\sum_{i=1}^{n} y_i\alpha_i^* K(\boldsymbol{x}_i,\boldsymbol{x})+b^*\right\}$ 为 $+1$ 还是 $-1$,决定 $\boldsymbol{x}$ 属于哪一类。

尽管支持向量机算法的性能在许多实际问题的应用中得到了验证,但是该算法在计算上存在着一些问题,包括训练算法速度慢、算法复杂而难以实现以及检测阶段运算量大等。

传统的利用标准二次型优化技术解决对偶问题的方法可能是训练算法慢的主要原因。首先,支持向量机算法需要计算和存储核函数矩阵,当样本点数目较大时,需要很大的内存,如当样本点数目超过4000时,存储核函数矩阵需要多达128MB内存;其次,SVM在二次型寻优过程中要进行大量的矩阵运算,多数情况下,寻优算法是占用算法时间的主要部分。

此外,在分类问题中,由于支持向量机方法的基本理论只考虑了二值分类的情况,因此在多值分类的情况中,系统需要组合多个支持向量机进行分类。

## 5.3 回归支持向量机

支持向量机除了应用于模式分类领域外,在非线性回归分析中的应用也很成功。通过构造适当的损失函数,在实函数集 $\Omega=\{f(x,\alpha),\alpha\in\Lambda\}$ 上估计样本未知分布 $F(y/x)$,而损失函数描述了实函数集内函数的优劣程度,损失函数越小的越好。

### 5.3.1 损失函数

一般情况下,常用的几种损失函数有以下几种。

(1) 二次损失函数(式(5.28)):

$$L_{\text{Quad}}[y,f(x,\alpha)]=[y-f(x,\alpha)]^2 \tag{5.28}$$

(2) Laplace 损失函数(式(5.29)):

$$L_{\text{Lap}}[y,f(x,\alpha)]=|y-f(x,\alpha)| \tag{5.29}$$

(3) Huber 损失函数(式(5.30)):

$$L_{\text{Huber}}[y,f(x,\alpha)]=\begin{cases}\eta\,|y-f(x,\alpha)|-\dfrac{\eta^2}{2}, & |y-f(x,\alpha)|>\eta \\ \dfrac{1}{2}\,|y-f(x,\alpha)|, & |y-f(x,\alpha)|\leqslant\eta\end{cases} \tag{5.30}$$

(4) ε 不敏感损失函数(式(5.31)): V. Vapnik 提出的不敏感(Insensitive)损失函数有两个优势: 一方面具有很好的鲁棒性; 另一方面,用它作为损失函数来求解支持向量时有很好的稀疏解,使这种函数有很好的应用价值。不敏感损失函数的形式为

$$L_{\varepsilon}[y,f(x,\alpha)]=\begin{cases}0, & |y-f(x,\alpha)|\leqslant\varepsilon\\ |y-f(x,\alpha)|-\varepsilon, & 其他\end{cases} \tag{5.31}$$

当 $\varepsilon=0$ 时,函数变为绝对损失函数。当 $\varepsilon\neq 0$ 时,不敏感损失函数会将绝对损失函数值小于或等于 ε 的样本的损失计为 0,将绝对损失函数值大于 ε 的样本的损失值计为 $|y-f(x,a)|-\varepsilon$。

### 5.3.2 回归支持向量机的实现

假定数据集 $X=\{(\boldsymbol{x}_i,y_i)\,|\,i=1,\cdots,n\}$。首先考虑用线性回归函数 $f(\boldsymbol{x})=\boldsymbol{w}\cdot\boldsymbol{x}+b$ 拟合数据集 $X$ 的问题。所有训练数据在精度 ε 下无误差地用线性函数拟合,即:

$$\begin{cases}y_i-\boldsymbol{w}\cdot\boldsymbol{x}_i-b\leqslant\varepsilon\\ \boldsymbol{w}\cdot\boldsymbol{x}_i+b-y_i\leqslant\varepsilon\end{cases}\quad i=1,\cdots,n \tag{5.32}$$

考虑到允许拟合误差存在的情况:

$$\begin{cases}y_i-\boldsymbol{w}\cdot\boldsymbol{x}_i-b\leqslant\varepsilon+\xi_i\\ \boldsymbol{w}\cdot\boldsymbol{x}_i+b-y_i\leqslant\varepsilon+\xi_i\end{cases}\quad i=1,\cdots,n \tag{5.33}$$

优化目标函数为

$$\min\Phi(w,\xi_i,\xi_i^*)=\frac{1}{2}(\boldsymbol{w}\cdot\boldsymbol{w})+C\sum_{i=1}^{l}(\xi_i+\xi_i^*) \tag{5.34}$$

对偶问题为: 在约束条件 $0\leqslant\alpha_i,\alpha_i^*\leqslant C,i=1,\cdots,n$ 下求式(5.33)的最大值。

$$W(\alpha_i,\alpha_i^*)=\sum_{i=1}^{n}y_i(\alpha_i-\alpha_i^*)-\varepsilon\sum_{i=1}^{n}(\alpha_i+\alpha_i^*)-\frac{1}{2}\sum_{i=1}^{n}\sum_{j=1}^{n}(\alpha_i-\alpha_i^*)(\alpha_j-\alpha_j^*)(\boldsymbol{x}_i\cdot\boldsymbol{x}_j) \tag{5.35}$$

回归函数为

$$f(\boldsymbol{x})=\boldsymbol{w}\cdot\boldsymbol{x}+b=\sum_{i=1}^{n}(\alpha_i-\alpha_i^*)(\boldsymbol{x}\cdot\boldsymbol{x}_i)+b \tag{5.36}$$

## 5.4 支持向量机的应用

随着对 SVM 研究的发展和深入,其应用也越来越广泛,基于 SVM 思想的一些模型和方法被广泛应用于各个领域,包括模式识别(如人脸识别、字符识别、笔迹鉴别、文本分类、语音鉴别、图像识别、图像分类、图像检索等)和回归估计(如非线性系统估计、预测预报、建模与控制等),以及网络入侵检测、邮件分类、数据挖掘和知识发现、信号处理、金融预测、生物信息等新领域。

### 5.4.1 实例 1: 支持向量机解决异或问题

为了阐述支持向量机的设计过程,这里以 XOR(异或)问题为例进行说明。表 5-1 中列出了输入向量以及四个可能状态的期望响应。该问题在二维输入空间不是线性可分的,为此利用核映射方法映射到高维空间来解决。

表 5-1　异或问题

| 输入向量 $\boldsymbol{x}$ | 期望输出 $d$ |
|---|---|
| (−1,−1) | −1 |
| (−1,+1) | +1 |
| (+1,−1) | +1 |
| (+1,+1) | −1 |

该问题在二维输入空间不是线性可分的，为此利用核映射方法映射到高维空间来解决。令 $K(\boldsymbol{x},\boldsymbol{x}_i)=(1+x^{\mathrm{T}}x_i)^2$ 并且 $\boldsymbol{x}=[x_1,x_2]^{\mathrm{T}}$，$\boldsymbol{x}_i=[x_{i1},x_{i2}]^{\mathrm{T}}$，把内积核 $K(x,x_i)$ 表示为二次多项式的核，其展开式如式(5.37)所示：

$$K(x,x_i)=1+x_1^2x_{i1}^2+2x_1x_2x_{i1}x_{i2}+x_2^2x_{i2}^2+2x_1x_{i1}+2x_2x_{i2} \tag{5.37}$$

可以推断出在特征空间中由输入向量 $\boldsymbol{x}$ 产生的映射为

$$\Phi(\boldsymbol{x})=[1,x_1^2,\sqrt{2}x_1x_2,x_2^2,\sqrt{2}x_1,\sqrt{2}x_2]^{\mathrm{T}} \tag{5.38}$$

类似地，可以得到式(5.39)：

$$\Phi(\boldsymbol{x}_i)=[1,x_{i1}^2,\sqrt{2}x_{i1}x_{i2},x_{i2}^2,\sqrt{2}x_{i1},\sqrt{2}x_{i2}]^{\mathrm{T}},\quad i=1,2,3,4 \tag{5.39}$$

将 $K(\boldsymbol{x}_i,\boldsymbol{x}_j)$看作是 $n\times n$ 的对称矩阵 $\boldsymbol{K}$ 的第 $ij$ 项元素(其中 $n$ 表示训练样本数目)，将四组样本代入，计算 $\boldsymbol{K}$ 矩阵，则可得到：

$$\boldsymbol{K}=\begin{bmatrix}9&1&1&1\\1&9&1&1\\1&1&9&1\\1&1&1&9\end{bmatrix}$$

因此对偶问题的目标函数为

$$W(\alpha)=\sum_{i=1}^{n}\alpha_i-\frac{1}{2}\sum_{i,j=1}^{n}\alpha_i\alpha_j y_i y_j(\boldsymbol{x}_i\cdot\boldsymbol{x}_j) \tag{5.40}$$

求 $W(\alpha)$的最大值，即对 $\alpha$ 分别求偏导，得到式(5.41)：

$$W(\alpha)=\alpha_1+\alpha_2+\alpha_3+\alpha_4-\frac{1}{2}(9\alpha_1^2-2\alpha_1\alpha_2-2\alpha_1\alpha_3+2\alpha_1\alpha_4+9\alpha_2^2+2\alpha_2\alpha_3-2\alpha_2\alpha_4+9\alpha_3^2-2\alpha_3\alpha_4+9\alpha_4^2) \tag{5.41}$$

关于 Lagrange 乘子最优化 $W(\alpha)$即可得到如下同时存在的四个方程

$$\begin{aligned}&9\alpha_1-\alpha_2-\alpha_3+\alpha_4=1 \quad -\alpha_1+\alpha_2+9\alpha_3-\alpha_4=1\\&-\alpha_1+9\alpha_2+\alpha_3-\alpha_4=1 \quad \alpha_1-\alpha_2-\alpha_3+9\alpha_4=1\end{aligned} \tag{5.42}$$

因此，Lagrange 乘子的最优值为

$$\alpha_1^*=\alpha_2^*=\alpha_3^*=\alpha_4^*=\frac{1}{8} \tag{5.43}$$

这一结果表明在该例子中的四个输入向量$\{\boldsymbol{x}_i\}_{i=1}^4$ 都是支持向量。

$W(\alpha)$的最优值为

$$W^*(\alpha)=\frac{1}{4} \tag{5.44}$$

相应的，可以得到：$\frac{1}{2}\|\boldsymbol{\omega}^*\|^2=\frac{1}{4}$，则最优权值为

$$\boldsymbol{\omega}^*=\frac{1}{8}[-\Phi(\boldsymbol{x}_1)+\Phi(\boldsymbol{x}_2)+\Phi(\boldsymbol{x}_3)-\Phi(\boldsymbol{x}_4)]$$

$$=\frac{1}{8}\left[-\begin{bmatrix}1\\1\\\sqrt{2}\\1\\-\sqrt{2}\\-\sqrt{2}\end{bmatrix}+\begin{bmatrix}1\\1\\-\sqrt{2}\\1\\-\sqrt{2}\\\sqrt{2}\end{bmatrix}+\begin{bmatrix}1\\1\\-\sqrt{2}\\1\\\sqrt{2}\\-\sqrt{2}\end{bmatrix}-\begin{bmatrix}1\\1\\\sqrt{2}\\1\\\sqrt{2}\\\sqrt{2}\end{bmatrix}\right]=\begin{bmatrix}0\\0\\-\frac{1}{\sqrt{2}}\\0\\0\\0\end{bmatrix} \tag{5.45}$$

$\boldsymbol{\omega}_0$ 的第一个分量表明偏差 $b$ 为 0，最优分类面为

$$(\boldsymbol{\omega}^*)^{\mathrm{T}}\Phi(\boldsymbol{x})=0 \tag{5.46}$$

即

$$\left[0,0,\frac{-1}{\sqrt{2}},0,0,0\right]\begin{bmatrix}1\\\boldsymbol{x}_1^2\\\sqrt{2}\boldsymbol{x}_1\boldsymbol{x}_2\\\boldsymbol{x}_2^2\\\sqrt{2}\boldsymbol{x}_1\\\sqrt{2}\boldsymbol{x}_2\end{bmatrix}=0 \tag{5.47}$$

可以推导出：$-\boldsymbol{x}_1\boldsymbol{x}_2=0$，即为分类面方程。该分类面在特征空间中是一个超平面，如图 5-10 所示。图中实心圆点和实心方框分别代表两个类别，可以被图 5-10 中所示的线性分类面分开。

在原始二维输入空间中，分类函数是双曲线，如图 5-11 所示。图中的“□”和“○”分别代表两个不同的类别，“+”表示支持向量。在图 5-11 中可以看出，这两类样本点可以被图中所示的分类曲线分开，而且这四个样本点均为支持向量。

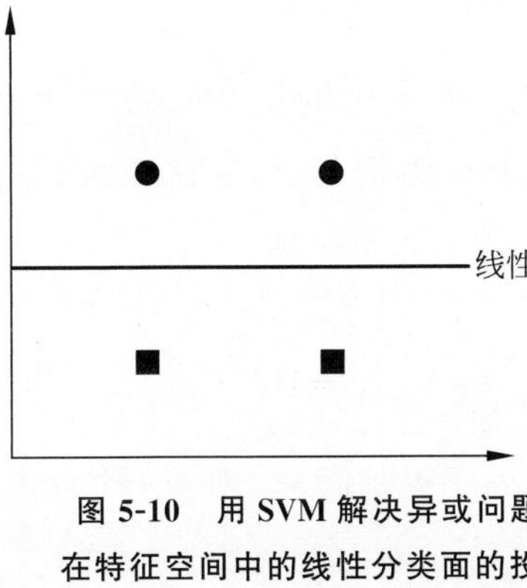


**图 5-10　用 SVM 解决异或问题：在特征空间中的线性分类面的投影**

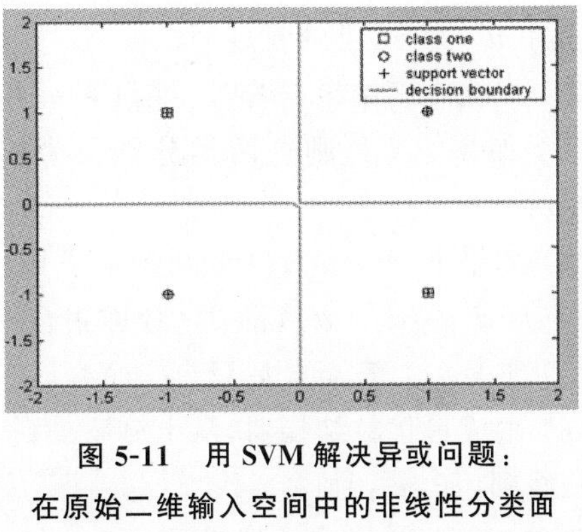


**图 5-11　用 SVM 解决异或问题：在原始二维输入空间中的非线性分类面**

## 5.4.2　实例 2：用支持向量机对人工样本进行分类

对如图 5-12 所示的人工样本，用支持向量机进行分类。图中的“×”代表类别 1，“·”代表类别 2，“○”圈起来的表示支持向量。类别 1 和类别 2 均包括 50 个样本。

图中两个类别的决策边界如实线所示，决策边界是两个类别中使用符号“○”圈起来的三个样本所决定的，并且这三个样本到决策边界的距离都相等，为最大间隔。从实验结果可以知道，在 100 个样本中共有 3 个支持向量，而错分样本数为 0 个，即分类正确率为 100.0%。

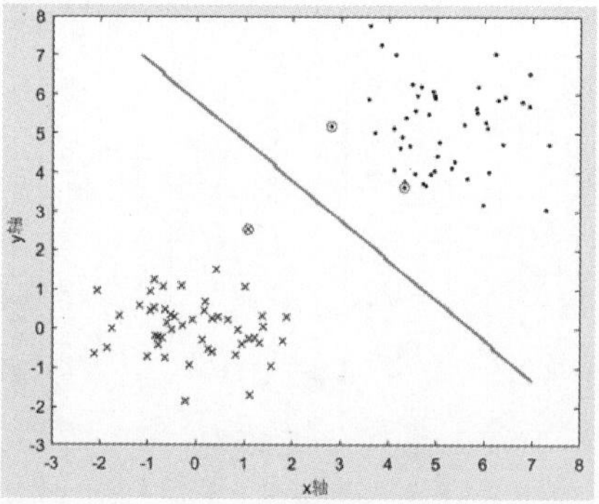


图 5-12 用 SVM 对两类样本进行分类

### 5.4.3 实例 3：基于粒计算的哈夫曼树 SVM 多分类模型研究

针对多分类问题，将粒计算与最优二叉树相结合来构建 SVM 多分类模型。应用粒计算思想粒化多分类问题，计算出每个类别的粒度；以粒度为权值集合，构建哈夫曼树，以解决类内样本分布不均和分类效率低下的问题；对粗粒结点分别设计多个 SVM 分类器。全局模型的构建过程如下。

步骤 1：粒计算预处理

在多分类问题模型的建立中，应用粒计算进行处理，采用粒计算三元论思想。首先，用粒计算的思想对问题进行观察、定义和转化，即多层次、多视角地分析问题，找出基本元素粒、粒层、粒度，并从粒计算的角度解释其含义。其次，用主成分分析、聚类分析计算每类的粒度。

步骤 2：基于粒度的哈夫曼树的构建

根据不同领域的问题进行粒度的计算，依据粒度构造哈夫曼树。算法步骤如下。

(1) 计算每一类 $S_i(i=1,2,\cdots,k)$ 归属于训练样本集的粒度，得到 $D=(d_1,\cdots,d_i,\cdots,d_k)$，其中 $d_i$ 为 $S_i$ 类的粒度值。

(2) 根据粒度结果，构造 $k$ 棵只有一个粒的二叉树。

(3) 如果 $k=2$，则这两类分别作为左、右子树，粒度和作为根节点，算法结束(二分类问题)。

(4) 如果 $k>2$，从 $D$ 中找出所有类别中粒度最小的两个 $d_i$ 和 $d_j$，整合新的粒 $S_{ij}$，新粒 $S_{ij}$ 的粒度 $d_{ij}=d_i+d_j$，将 $d_{ij}$ 放回集合 $D$ 中。

(5) 重复(4)，直至最后只剩一个粒，该粒即为二叉树的根节点。

(6) 生成最优粒结构树，从上到下编码，左子树赋值 0，右子树赋值 1。则每一个分类都能被最快找到，如 $S_1$:0110。

步骤 3：SVM 多分类器设计

根据粒结构树构造内部分类器。由不同多分类问题的决策树可知分类器分为三种：一对一、一对多和多对多。算法步骤如下。

(1) 根据前面构建的粒哈夫曼树对应得到不同粒层、混合粒、纯粒，每一个分支粒训练一个 SVM 分类器。

(2) 根据粒哈夫曼树，需要三种分类器，如果中间粒需要多对多 SVM，将粒分为 $a_1$ 和 $a_2$ 组，$a_1+a_2=a$，$a$ 为中间粒所包含的类别总数；如果中间粒需要一对多 SVM 分类器，将粒分为 1 和 $a-1$ 组；如果中间粒需要二分类，则直接运用 SVM 即可。

(3) 重复(2),直到分类结束。

(4) 运用测试样本集,实现模型的仿真验证。

步骤 4:全局模型

根据以上描述,构建粒哈夫曼树的 SVM 全局模型如图 5-13 所示。

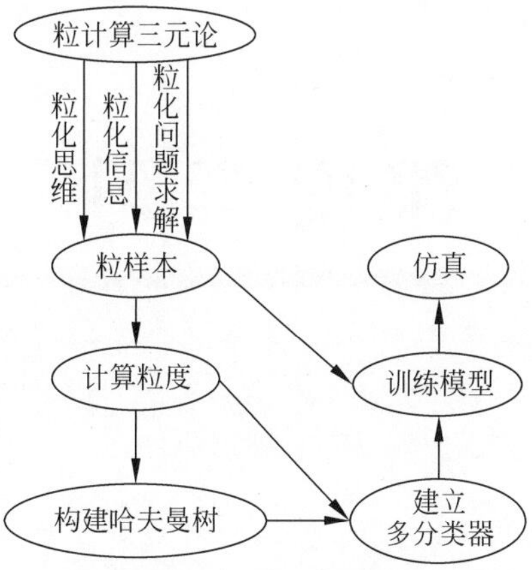


**图 5-13　SVM 全局模型**

该模型依据实际问题计算粒度,按粒度排序后构建哈夫曼树,提高了搜索速度,进而构建 SVM 分类器,能够解决样本内分布不均造成的分类速度慢的问题,加快了分类速度,提高了分类精度。

## 本章习题

1. 简述支持向量机的基本思想。

2. 简述分类支持向量机的原理。

3. 支持向量机采用核函数将输入空间变换到高维空间,变换后的空间一般来说维数太高,计算量太大,简述避免或者减少这种情况的方法。

4. 支持向量机比神经网络的优越性体现在哪几方面?

5. 简述 VC 维的定义,并计算二维空间中直线函数集合 $y=\theta(\boldsymbol{w}^{\mathrm{T}}\boldsymbol{x}+b)$ 的 VC 维,其中 $\boldsymbol{w}, b$ 是自由参数,$\theta(\cdot)$表示指示函数。当推广到 $n$ 维空间中时,求 $n$ 维空间中线性指示函数集合的 VC 维。

6. 简单叙述结构风险最小化原则。

7. 用来解决异或问题的多项式学习机器的内积核定义为:

$$K(\boldsymbol{x},\boldsymbol{x}_i)=(1+\boldsymbol{x}^{\mathrm{T}}\boldsymbol{x}_i)^p$$

能够解决异或问题的阶数 $p$ 的最小值是多少?假设 $p$ 为正整数,用一个比最小值大的 $p$ 会产生什么结果?

8. 讨论如何将支持向量机用于解决 $M$ 个模式分类问题的情况,这里 $M>2$。

习题

# 第 6 章

案例导读

# 深度学习

**本章导读**

深度学习是通向人工智能的途径之一，它是一种能够使计算机系统从经验和数据中得到提高的技术，是一种新型的机器学习方法，是经典神经网络的发展，具有强大的能力和灵活性。深度学习将大千世界表示为嵌套的层次概念体系(由较简单概念间的联系定义复杂概念、从一般抽象概括到高级抽象表示)。在过去几十年的发展中，它借鉴了大量关于人脑、统计学和应用数学的知识。近年来，得益于更强大的计算机、更大的数据集和创新的网络结构等技术，深度学习的普及性和实用性都有了极大的发展。未来几年，深度学习更是充满了活力，有望进一步提高并应用到新领域，是最有可能实现强人工智能的一种方法。相信通过本章节的学习，你将会充分领略深度学习的奥秘，并初步了解深度学习模型及其算法原理，为进一步的学习打下基础。

## 6.1 深度学习概述

深度学习(Deep Learning, DL)由 Hinton 等于 2006 年提出，是机器学习(Machine Learning)和计算智能的一个新兴领域，是人工神经网络及其联结主义的进一步发展。

深度学习被引入机器学习使其更接近于最初的目标——人工智能(Artificial Intelligence, AI)。深度学习是学习样本数据的内在规律和表示层次，这些学习过程中获得的信息对诸如文字、图像和声音等数据的解释有很大的帮助。它的最终目标是让机器能够像人一样具有分析学习能力，能够识别文字、图像和声音等数据。

深度学习是一个复杂的机器学习算法，在自然语言、语音和图像识别方面取得的效果，远远超过先前的相关技术。它在搜索技术、数据挖掘、机器翻译、自然语言处理、多媒体学习、语音识别、推荐和个性化技术，以及其他相关领域都取得了很多成果。深度学习使机器模仿视听和思考等人类的活动，解决了很多复杂的模式识别难题，使得人工智能相关技术取得了很大进步。

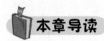

深度学习本质上是含有多个隐含层的机器学习模型，通过大规模数据进行训练，得到大量更具代表性的特征信息，从而对样本进行分类和预测，提高模型的分类和预测的精度。这个过程是通过深度学习模型的手段达到特征学习的目的。深度学习模型和传统浅层学习模型的区别在于：①深度学习模型结构含有更多的层次，包含隐含层节点的层数通常在五层以上，有时甚至包含多达百层以上的隐含层；②明确强调了特征学习对于深度模型的重要性，即通过逐

层特征提取，将数据样本在原空间特征变换到一个新的特征空间来表示初始数据，这使得分类或预测问题更加容易实现。与人工设计的特征提取方法相比，利用深度模型学习得到的数据特征对大数据的丰富内在信息更有代表性。

在传统机器学习领域中，最为关键的问题是如何对输入样本进行特征空间的选择。传统机器学习是对输入数据进行特征提取，然后将提取后的特征放入传统的机器学习算法中进行训练，最后输出训练结果；而深度学习更类似于"黑箱模型"，它直接将输入的数据投入深度学习算法中，经过"黑箱模型"的操作最后得到输出结果。传统机器学习与深度学习的基本原理对比如图 6-1 所示。

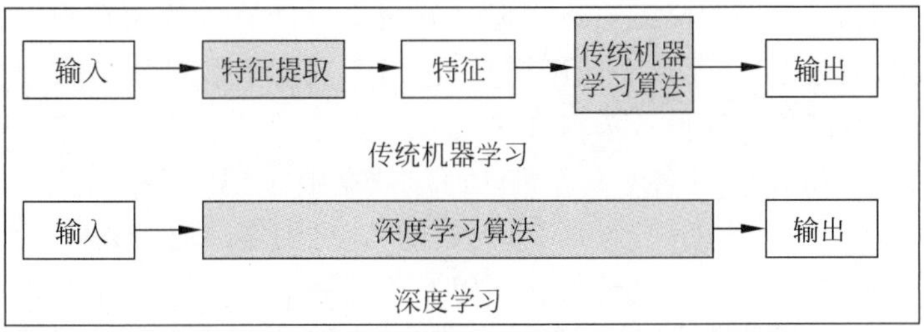


**图 6-1 传统机器学习与深度学习的基本原理对比图**

深度学习是机器学习领域一个新的研究方向，近年来在语音识别、计算机视觉等多类应用中取得突破性的进展。其动机在于建立模型模拟人类大脑的神经连接结构，在处理图像、声音和文本这些信号时，通过多个变换阶段分层对数据特征进行描述，进而完成特定的机器学习任务。

在大数据时代，数据是最珍贵的财富，但海量的数据并非都是有价值的，如何挖掘出有用的数据，就需要机器学习算法。大数据和机器学习势必颠覆传统行业的运营方式，必将驱动公司业务的发展。人工智能就是一个产业，人工智能的实现手段主要靠机器学习的各种算法。在机器学习的算法中，深度学习是一个智能化程度非常高的算法。现在云计算和大数据技术的发展，让神经网络和深度学习得以在实际中应用。下面对深度学习、机器学习、人工智能、大数据、数据挖掘、数据科学的相互关系做一个简单的介绍，上述各学科之间的关系如图 6-2 所示。

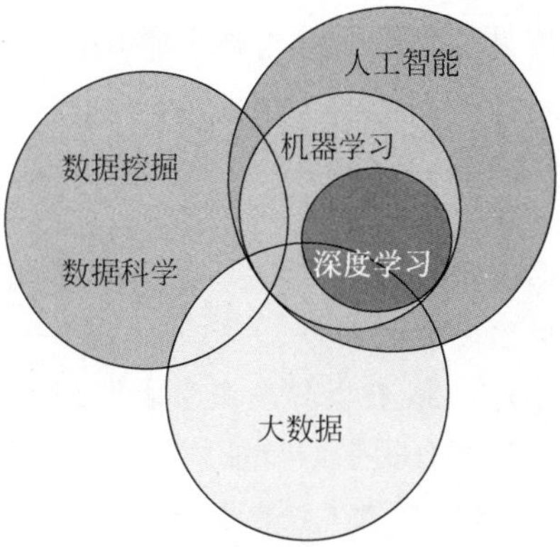


**图 6-2 各学科之间的关系**

深度学习的概念源于人工神经网络的研究。含多个隐含层的多层感知器就是一种深度学习结构。深度学习通过组合低层特征形成更加抽象的高层表示属性类别或特征，以发现数据的分布式特征。深度学习是机器学习研究中的一个新的领域，其动机在于建立、模拟人脑进行分析学习的神经网络，它模仿人脑的机制来解释数据，如图像、声音和文本。

机器学习是指用某些算法指导计算机利用已知数据得出适当的模型，并利用此模型对新的情境给出判断的过程。机器学习的思想并不复杂，它仅仅是对人类生活中学习过程的一个模拟。而在这整个过程中，最关键的是数据。任何通过数据训练的学习算法的相关研究都属于机器学习，包括很多已经发展多年的技术，比如线性回归、K 均值、决策树、随机森林、PCA、SVM 以及 ANN。

人工智能是研究、开发用于模拟、延伸和扩展人的智能的理论、方法、技术及应用系统的一门新的技术科学。人工智能是计算机科学的一个分支,它企图了解智能的实质,并生产出一种新的能以人类智能相似的方式做出反应的智能机器,该领域的研究包括语音识别、图像识别、机器人、自然语言处理、智能搜索和专家系统等。人工智能可以对人的意识、思维的信息过程进行模拟。人工智能不是人的智能,但能像人那样思考、也有可能超过人的智能。

大数据(Big Data),按照 Gartner 的说法,"大数据是高容量、高速度和高种类的信息资产,它们需要具有成本效益的、创新的信息处理形式,以增强洞察力、决策能力和流程自动化"。大数据意味着大量原始数据,而常规应用程序(例如传统数据库管理系统)无法高效处理这些原始数据。由于数量庞大,应用程序无法将数据存储在单台计算机的内存中。如此大量的结构化和非结构化数据(大数据)经常使企业不堪重负,需要利用大数据技术来分析业务现状与发展趋势,以便采取更好的战略性业务举措和决策。

数据挖掘(Data Mining),顾名思义就是从海量数据中"挖掘"隐藏信息,按照专业的定义,这里的数据是"大量的、不完全的、有噪声的、模糊的、随机的实际应用数据",信息指的是"隐含的、规律性的、人们事先未知的、但又是潜在有用的并且最终可理解的信息和知识"。在商业环境中,企业希望让存放在数据库中的数据能"说话",支持决策,所以,数据挖掘更偏向应用。数据挖掘通常与计算机科学有关,并通过统计、在线分析处理、情报检索、机器学习、专家系统(依靠过去的经验法则)和模式识别等诸多方法来实现上述目标。

数据科学(Data Science),是从数据中提取有用知识的一系列技能和技术。数据科学涉及大数据(结构化和非结构化)的处理,包括数据的准备、分析和清理。它还涉及编程、数学、统计、解决问题,以不同方式查看事物的能力,直观地捕获数据等。可以说,数据科学是从数据中获取见解和信息所涉及的技术的更广义术语。

### 6.1.1 起源和命运变迁

深度学习是神经网络研究的延伸和发展,是神经网络的第三次兴起。2006 年,加拿大多伦多大学教授 Geoffrey Hinton 提出了深度学习以及改进了模型训练方法,从而打破了 BP 神经网络发展的瓶颈。

Hinton 在世界顶级学术期刊《科学》上的一篇论文中提出了两个观点: ①多层人工神经网络模型有很强的特征学习能力,深度学习模型学习得到的特征数据对原始数据有更本质的代表性,这将大大便于分类和可视化问题; ②对于深度神经网络很难训练达到最优的问题,可以采用逐层训练方法解决。将上层训练好的结果作为下层训练过程中的初始化参数。在论文中深度模型在训练过程中逐层初始化并采用无监督学习方式。

值得一提的是,从感知机诞生到神经网络的发展,再到深度学习的萌芽,深度学习的发展并非一帆风顺。在 2006 年发表的论文中,Geoffrey Hinton 提出了深度置信网(Deep Belief Net,DBN),其由一系列受限玻尔兹曼机(Restricted Boltzmann Machine,RBM)组成,提出了非监督贪心逐层预训练(Layerwise Pre-Training)算法,应用效果优良,取得突破性进展。深度置信网与之后 Ruslan Salakhutdinov 提出的深度玻尔兹曼机(Deep Boltzmann Machine,DBM)重新点燃了人工智能领域对于神经网络和玻尔兹曼机(Boltzmann Machine)的热情,由此掀起了深度学习的浪潮。从目前的最新研究进展来看,只要数据足够大、隐含层足够多,即便不加"Pre-Training"的预处理,深度学习也可以取得很好的结果,反映了大数据和深度学习相辅相成的内在联系。

近年来,深度学习的发展逐渐成熟。2012 年 6 月,《纽约时报》披露了 Google Brain 项目,吸引了公众的广泛关注。这个项目是由著名的斯坦福大学的机器学习教授 Andrew Ng 和在大规模计算机系统方面的世界顶尖专家 Jeff Dean 共同主导，用 16 000 个 CPU Core 的并行计算平台去训练含有 10 亿个节点的深度神经网络（Deep Neural Networks，DNN），使其能够自我训练，对 2 万个不同物体的 1400 万张图片进行辨识。在开始分析数据前，并不需要向系统手工输入诸如“脸、肢体、猫的长相是什么样子”等这类特征。Jeff Dean 说：“我们在训练时从来不会告诉机器：‘这是一只猫（即无标注样本）’。系统其实是自己发明或领悟了‘猫’的概念。”

2014 年 3 月，同样也是基于深度学习方法，Facebook 的 DeepFace 项目使得人脸识别技术的识别率已经达到了 97.25%，只比人类识别 97.5%的正确率略低，准确率几乎可媲美人类。该项目利用了 9 层的神经网络来获得脸部表征，神经网络处理的参数高达 1.2 亿。

2016 年 3 月人工智能围棋比赛，由位于英国伦敦的 Google 旗下的 DeepMind 公司的戴维·西尔弗、艾佳·黄和戴密斯·哈萨比斯与他们的团队开发的 AlphaGo（阿尔法狗）战胜了世界围棋冠军、职业九段选手李世石，并以 4∶1 的大比分获胜。AlphaGo 的主要工作原理就是深度学习，通过两个不同神经网络“大脑”合作来提升棋艺。第一大脑：落子选择器（Move Picker）；第二大脑：棋局评估器（Position Evaluator）。这些大脑是多层神经网络与 Google 图片搜索引擎识别图像的模型，它们从多层启发式二维卷积开始，去处理围棋棋盘上的双方对弈状况，就像图片分类器网络处理图片一样。经过特征的提取，两个神经网络层产生对当前局面的判断，进行动作的分类和逻辑推理，从而取得超乎寻常的围棋水平。

### 6.1.2 基本概念和思想

#### 1. 深度学习的基本概念

深度学习是相对于简单学习而言的，目前多数分类、回归等学习算法都属于简单学习或者浅层结构，浅层结构通常只包含一层或两层的非线性特征转换层，典型的浅层结构有高斯混合模型（GMM）、隐马尔可夫模型（HMM）、条件随机场（CRF）、最大熵模型（MEM）、逻辑回归（LR）、支持向量机（SVM）和多层感知器（MLP）。其中，最成功的分类模型是支持向量机，其使用一个浅层线性模式分类模型，当不同类别的数据在原始低维空间无法划分时，会将数据通过核函数映射到高维空间中并寻找最优分类超平面。

浅层结构学习模型的相同点是采用一层简单结构将原始输入信号或特征转换到特定表达的特征空间中。浅层模型的局限性表现为对复杂函数的表示能力有限，针对复杂分类问题其泛化能力受到一定的制约，比较难解决一些更加复杂的自然信号处理问题，如人类语音和自然图像等。而深度学习可通过学习一种深层非线性网络结构，表征输入数据，实现复杂函数逼近，并展现了强大的从少数样本集中学习数据集本质特征的能力。深度学习通过组合低层特征形成更加抽象的高层表示属性类别或特征，以发现数据的分布式特征表示，其本质是对输入数据进行分层特征表示，实现将低级特征进一步抽象成高级特征表示。

要了解深度学习的基本概念，首先需要了解人类的大脑是如何工作的。1981 年的诺贝尔医学奖，颁发给了 David Hubel、Torsten Wiesel 和 Roger Sperry。前两位的主要贡献是发现了人的视觉系统的信息处理是分级。如图 6-3 所示，从视网膜（Retina）出发，经过低级的 V1 区提取边缘特征，再到 V2 区的基本形状或目标的局部，再到高层 V4 的整个目标（如判定为一张人脸），以及到更高层的 PFC（前额叶皮层）进行分类判断等。也就是说高层的特征是低层特征的组合，从低层到高层的特征表达越来越抽象和概念化。

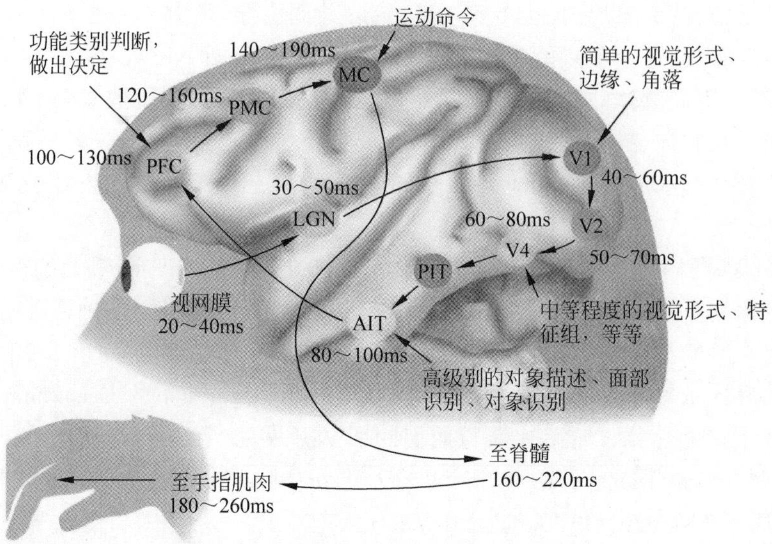


图 6-3 人的视觉处理系统(Simon Thorpe)

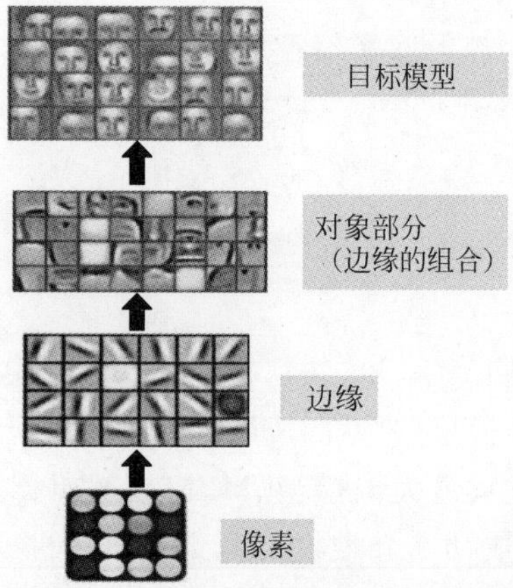


图 6-4 视觉系统的分层处理结构

这个发现激发了人们对于神经系统的进一步思考。大脑的工作过程，是一个对接收信号不断迭代、不断抽象的概念化的过程，如图 6-4 所示。例如，从原始信号摄入开始(瞳孔摄入像素)，接着做初步处理(大脑皮层某些细胞发现边缘和方向)，然后抽象(大脑判定眼前物体的形状，如椭圆形)，然后进一步抽象(大脑进一步判定该物体是张人脸)，最后识别人脸。这个过程其实和人类的认知是相吻合的，因为复杂的图形，往往就是由一些基本结构组合而成的。从上述大脑的识别过程可以看出：大脑是一个深度架构，认知过程也是深度的。

而深度学习，恰恰就是通过组合低层特征形成更加抽象的高层特征(或属性类别)。例如，在计算机视觉领域，深度学习算法从原始图像去学习得到一个低层次表达，如边缘检测器、小波滤波器等，然后在这些低层次表达的基础上，通过线性或者非线性组合，来获得一个高层次的表达。此外，不仅图像存在这个规律，对于语音和自然语言也具有相类似的特点。

### 2. 深度学习的基本思想

对于深度学习来说，其思想就是堆叠多个层，也就是说上一层的输出作为下一层的输入。通过这种方式，就可以实现对输入信息进行分级表达了。

假设有一个系统 $S$，它有 $n$ 层($S_1, S_2, \cdots, S_n$)，它的输入是 $I$，输出是 $O$，形象地表示为：$I => S_1 => S_2 => \cdots\cdots => S_n => O$，如果输出 $O$ 等于输入 $I$，即输入 $I$ 经过这个系统变化之后没有任何的信息损失，这意味着输入 $I$ 经过每一层 $S_i$ 都没有任何的信息损失，即在任何一层 $S_i$，它都是原有信息(即输入 $I$)的另外一种表示。

深度学习需要自动地学习特征，假设有一堆输入 $I$(如一些图像或者文本)，设计了一个系统 $S$(有 $n$ 层)，通过调整系统中参数，使得它的输出仍然是输入 $I$，那么就可以自动地得到输

入 $I$ 的一系列层次特征,即 $S_1$, $S_2$,…,$S_n$。前面是假设输出严格地等于输入,这个限制太严格,可以略微地放松这个限制。例如,只要使得输入与输出的差别尽可能地小即可,上述就是深度学习的基本思想。

### 6.1.3 深度学习与神经网络

深度学习是机器学习研究中的一个新的领域,其动机在于建立、模拟人脑进行分析学习的神经网络,它模仿人脑的机制来解释数据,如图像、声音和文本。

深度学习的概念源于人工神经网络的研究,特别地含多隐含层的神经网络就是一种深度学习结构。深度学习通过组合低层特征形成更加抽象的高层表示属性类别或特征,以发现数据的分布式特征表示。

深度学习本身算是机器学习的一个分支,将其可以简单理解为神经网络的发展和延伸。二三十年前,神经网络是机器学习领域很火热的一个方向,但是后来慢慢衰落了,原因包括两方面:一是比较容易过拟合,参数比较难调优(Tune),而且需要不少技巧(Trick);二是训练速度比较慢,在层次比较少(小于或等于 3)的情况下效果并不比其他方法更优。

所以中间有 20 多年的时间,神经网络很少被关注,这段时间基本上是支持向量机和 Boosting 算法的天下。但是,Hinton 坚持了下来,并最终(和 Bengio、Yann LeCun 等一起)提出了一个实际可行的深度学习框架。

深度学习与传统的神经网络之间既有一些相同点也有很多不同点。

两者的相同点在于深度学习采用了神经网络相似的分层结构,系统是由包括输入层、隐含层(多层)、输出层组成的多层网络,只有相邻层节点之间有连接,同一层以及跨层节点之间相互无连接,每一层可以看作是一个逻辑回归模型。这种分层结构,是比较接近人类大脑的结构的,如图 6-5 所示。

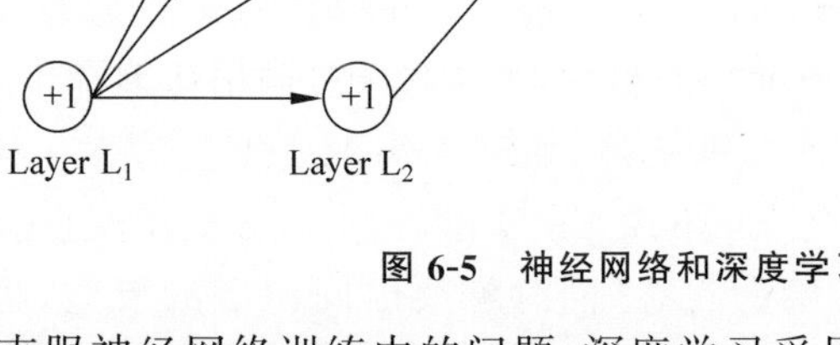


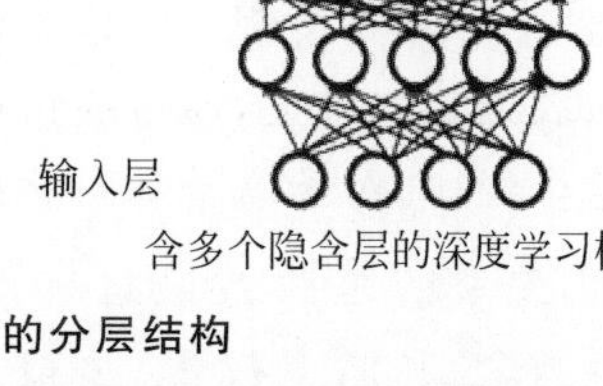

含多个隐含层的深度学习模型

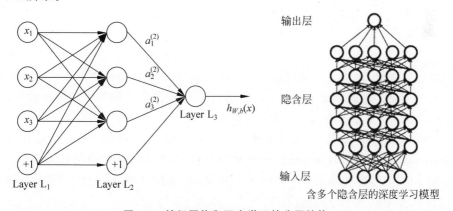

**图 6-5 神经网络和深度学习的分层结构**

为了克服神经网络训练中的问题,深度学习采用了与神经网络很不同的训练机制。在传统神经网络(这里主要指多层前向神经网络)中,采用的是误差反向传播的方式进行,简单来讲就是采用迭代的算法来训练整个网络,随机设定初值,计算当前网络的输出,然后根据当前输出和标签之间的差(误差)去改变前面各层的参数,直到收敛(整体是一个梯度下降法)。而深度学习整体上是一个分层的训练机制。这样做是因为,如果采用反向传播的机制,对于一个深度网络(七层以上),残差传播到最前面的层已经变得太小,出现所谓的梯度扩散(Gradient Diffusion)。

### 6.1.4 训练过程

#### 1. 传统神经网络的训练问题

BP 算法作为传统训练多层网络的典型方法，实际上对仅含几层的网络，该训练方法就已经很不理想。深度结构(涉及多个非线性处理单元层)非凸目标代价函数中普遍存在的局部最小是训练困难的主要来源。

BP 算法存在的问题如下。

(1) 梯度越来越稀疏。从顶层越往下，误差校正信号越来越小，也就是常说的梯度消失问题。

(2) 收敛到局部最小值。尤其是从远离最优区域开始时(随机值初始化会导致这种情况的发生)。

(3) 一般，只能用有标签的数据来训练。但大部分的数据是没标签的，而大脑可以从没有标签的数据中学习。

#### 2. 深度学习的训练过程

如果对所有层同时训练，时间复杂度会太高；如果每次训练一层，偏差就会逐层传递。这会面临跟上面监督学习中相反的问题，会严重欠拟合(因为深度网络的神经元和参数太多了)。

2006 年，Hinton 提出了在非监督数据上建立多层神经网络的一个有效方法，简单地说，分为两步，一是每次训练一层网络，二是调优，使原始数据 $x$ 向上生成的高级表示 $r$ 和该高级表示 $r$ 向下生成的 $x'$ 尽可能一致。方法是：

(1) 首先逐层构建单层神经元，这样每次都是训练一个单层网络。

(2) 当所有层训练完后，Hinton 使用 Wake-Sleep 算法进行调优。

将除最顶层的其他层间的权重变为双向的，这样最顶层仍然是一个单层神经网络，而其他层则变为了图模型。向上的权重用于"认知"，向下的权重用于"生成"，然后使用 Wake-Sleep 算法调整所有的权重，让认知和生成达成一致，也就是保证生成的最顶层表示能够尽可能正确地复原底层的节点。比如顶层的一个节点表示人脸，那么所有人脸的图像应该激活这个节点，并且这个结果向下生成的图像应该能够表现为一个大概的人脸图像。

Wake-Sleep 算法分为醒(Wake)和睡(Sleep)两部分：Wake 阶段，可以看作认知过程，通过外界的特征和向上的权重(认知权重)产生每一层的抽象表示(节点状态)，并且使用梯度下降修改层间的下行权重(生成权重)，也就是"如果现实跟我想象的不一样，改变我的权重使得我想象的东西就是这样的"；Sleep 阶段，可以看作生成过程，通过顶层表示(醒时学得的概念)和向下权重，生成底层的状态，同时修改层间向上的权重，也就是"如果梦中的景象不是我脑中的相应概念，改变我的认知权重使得这种景象在我看来就是这个概念"。

深度学习的训练过程具体如下：

首先，使用自下而上的非监督学习。从底层开始，一层一层地往顶层训练，采用无标定数据(有标定数据也可)分层训练各层参数。这一步可以看作是一个无监督训练过程，是和传统神经网络区别最大的部分(这个过程可以看作是特征学习(Feature Learning)过程)。

具体地，先用无标定数据训练第一层，训练时先学习第一层的参数(这一层可以看作是得到一个使得输出和输入差别最小的三层神经网络的隐含层)，由于模型能力的限制以及稀疏性约束，使得得到的模型能够学习到数据本身的结构，从而得到比输入更具有表示能力的特征。在学习得到第 $n-1$ 层后，将 $n-1$ 层的输出作为第 $n$ 层的输入，训练第 $n$ 层，由此分别得到各层的参数。

其次，使用自顶向下的监督学习。这一步就是通过带标签的数据去训练，误差自顶向下传输，对网络进行微调，基于第一步得到的各层参数进一步微调整个多层模型的参数，这一步是一个有监督训练过程。

需要说明的是，深度学习的第一步实质上是一个网络参数初始化的过程。区别于传统神经网络初值的随机初始化，深度学习的早期模型是通过无监督学习输入数据的结构得到的，因而这个初值更接近全局最优，从而能够取得更好的效果。

## 6.2 深度学习模型

### 6.2.1 深度神经网络

#### 1. 深度神经网络的简介

深度神经网络是深度学习的一种结构，它是一种具备至少一个隐含层的神经网络。与浅层神经网络类似，深度神经网络也能够为复杂非线性系统提供建模，但多出的隐含层为模型提供了更高的抽象层次，因而提高了模型的能力。

深度神经网络，从结构上来说和传统意义上的神经网络相似，但是神经网络在发展时遇到了一些瓶颈，长期难以解决。一开始的神经元不能表示异或运算，研究人员通过增加网络层数，增加隐含层可以表达复杂的异或运算，并发现神经网络的层数直接决定了它对现实的表达能力。但是随着层数的增加会出现神经网络越来越容易陷入局部最优解的情况，用数据训练深层网络有时候还不如浅层网络，并会出现梯度消失的问题。经常使用的 Sigmoid 函数作为神经元的输入输出函数，在 BP 反向传播梯度时，信号量为 1 的传到下一层就变成 0.25 了，到最后面几层基本无法达到调节参数的作用。深度神经网络通过跨层连接、深度残差学习的机制，避免了在 BP 反向传播时梯度消失的问题，并且将常用激活函数 Sigmoid 函数替换成了 ReLU 和 Maxout 等，在一定程度上克服了梯度消失的问题。

深度神经网络是一种判别模型，可以使用反向传播算法进行训练。权重更新可以使用式(6.1)进行随机梯度下降法求解：

$$\omega_{ij}(t+1)=\omega_{ij}(t)-\eta\frac{\partial C}{\partial \omega_{ij}} \tag{6.1}$$

其中，$\eta$ 为学习率，$C$ 为损失函数。损失函数的选择与学习的类型(例如监督学习、无监督学习、增强学习)以及激活函数相关。

深度神经网络目前是许多人工智能应用的基础。由于深度神经网络在自然语言生成、语音识别和图像识别上的突破性应用，其应用范围有了爆炸性的增长。这些深度神经网络被部署到了从自动驾驶汽车、癌症检测到复杂游戏等各种应用中。在这许多领域中，深度神经网络能够达到超越人类的准确率，而其出众的表现源于它能使用统计学习方法从原始感官数据中提取高层特征，在大量的数据中获得输入空间的有效表征。这与之前使用手动提取特征或专家设计规则的方法不同。

然而深度神经网络获得出众准确率的代价是高计算复杂性成本。虽然通用计算引擎(尤其是 GPU)已经成为其训练和推理的砥柱，但提供对深度神经网络计算专属的加速方法也越来越热门。

根据应用情况不同，深度神经网络的形态和大小也各异。深度神经网络的形态和大小正快速演化以提升模型准确性和效率。所有深度神经网络的输入是一组神经网络将加以分析处理的信息值，这些值可以是一张图片的像素、一段音频的样本振幅、某系统或者游戏状态的数字化表示。

处理输入的网络有两种主要形式：前馈以及循环。前馈网络中，所有计算都是在前一层输出基础上进行的一系列运算，最终一组运算就是网络的输出。在这类深度神经网络中，网络并无记忆，输出也总是与之前网络的输入顺序无关。相反，循环网络(LSTM 是一个很受欢迎的变种)是有内在记忆的，允许长期依存关系影响输出。在这些网络中，一些中间运算的状态值会被存储于网络中，也被用作与处理后一输入有关的其他运算的输入。

深度神经网络通常都是前馈神经网络，但也有自然语言处理等方面的研究将其拓展到递归神经网络。卷积神经网络(Convolutional Neural Networks，CNN)在计算机视觉领域取得了成功的应用。此后，卷积神经网络也作为听觉模型被使用在自动语音识别领域，较以往的方法获得了更优的结果。

**2. 深度神经网络的基本结构**

按不同层的位置划分，深度神经网络内部的结构可以分为：输入层、隐含层和输出层，一般第一层是输入层，最后一层是输出层，而中间层就是隐含层。层与层之间是全连接或局部连接的，即第 $i$ 层的任意一个神经元一定与第 $i+1$ 层的任意一个神经元相连，网络结构示意图如图 6-6 所示。

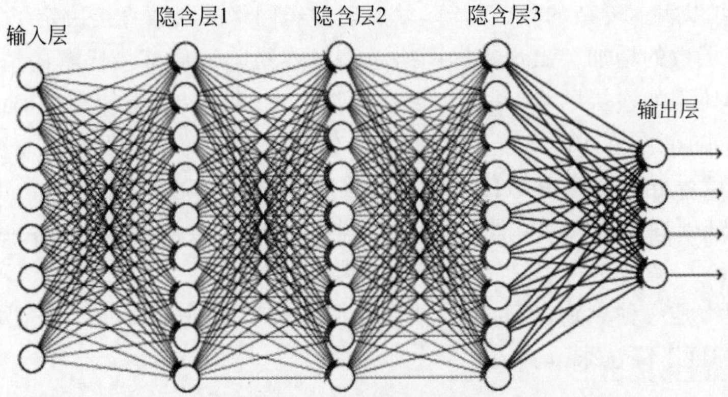


**图 6-6 网络结构示意图**

虽然 DNN 整体上很复杂，但是从小的局部模型来说，还是和感知器一样，即一个线性关系 $z=\sum_{i=1}^{m}\omega_i x_i+b$ 加上一个激活函数 $\sigma(z)$。

由于 DNN 层数多，参数也多，对于各线性关系系数 $\omega$ 和偏置 $b$ 的定义需要一定的规则。线性关系系数 $\omega$ 的定义：第二层的第四个神经元到第三层的第二个神经元的线性系数定义为 $\omega_{24}^{3}$。上标 3 代表线性系数 $\omega$ 所在的层数，而下标对应的是输出的第三层索引 2 和输入的第二层索引 4，$\omega$ 定义的规则示意图如图 6-7 所示。

偏置 $b$ 的定义：第二层的第三个神经元对应的偏置定义为 $b_3^2$。其中，上标 2 代表所在的层数，下标 3 代表偏置所在的神经元的索引，偏置 $b$ 定义的规则示意图如图 6-8 所示。

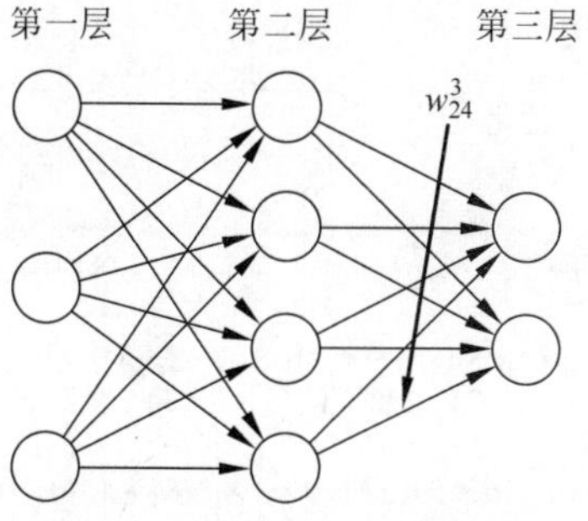


图 6-7　$\omega$ 定义的规则示意图

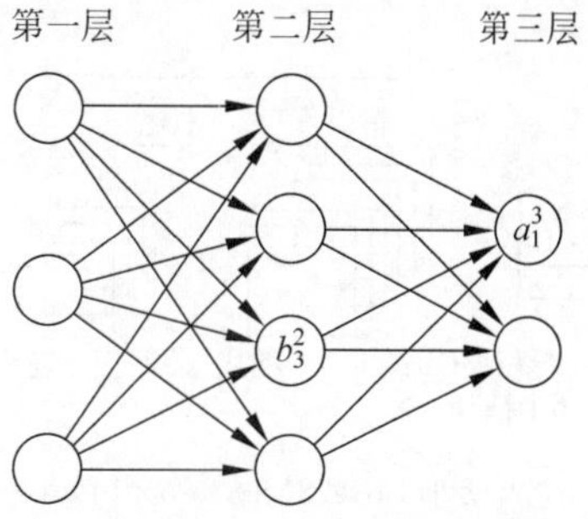


图 6-8　偏置 $b$ 定义的规则示意图

**3. DNN 的发展瓶颈**

与其他神经网络模型类似，如果仅仅是简单地训练，深度神经网络可能会存在很多问题。常见的两类问题是过拟合和过长的训练时间。

深度神经网络很容易产生过拟合现象，因为增加的抽象层使得模型能够对训练数据中较为罕见的依赖关系进行建模。对此，权重递减(L2 正则化)或者稀疏(L1 正则化)等方法可以用在训练过程中以减小过拟合现象。另一种用于深度神经网络训练的方法是丢弃正则化(Dropout Regularization)，即在训练中随机丢弃一部分隐含层神经元以避免对较为罕见的依赖进行建模。

反向传播算法和梯度下降法由于其实现简单，与其他方法相比能够收敛到更好的局部最优值而成为神经网络训练的通行方法。但是，这些方法的计算代价很高，尤其是在训练深度神经网络时，因为深度神经网络的规模(即层数和每层的节点数)、学习率、初始权重等众多参数都需要考虑。由于时间代价的原因扫描所有参数并不可行，因而小批量训练(Mini-Batching)，即将多个训练样本组合进行训练而不是每次只使用一个样本进行训练，被用于加速模型训练。此外，最显著的速度提升来自 GPU，因为矩阵和向量计算非常适合用 GPU 实现。但使用大规模集群进行深度神经网络训练仍然存在困难，因而深度神经网络在训练并行化方面仍有提升的空间。

## 6.2.2　卷积神经网络

**1. 卷积神经网络提出的背景**

深度学习中的深度没有固定的定义，2006 年 Hinton 解决了局部最优解问题，将隐含层发展到 7 层，达到了深度学习上所说的真正深度。不同问题的解决所需要的隐含层数自然也是不相同的，一般语音识别 4 层就可以，而图像识别 20 层屡见不鲜。但随着层数的增加，又出现了参数爆炸增长的问题。假设输入的图片是 1K×1K 的图片，隐含层就会有 1M 节点，会有数百万个权重需要调节，这将容易导致过度拟合和陷入局部最优解问题的出现。为了解决上述问题，提出了卷积神经网络，其基本结构图如图 6-9 所示。

**2. 卷积神经网络简介**

受 Hubel 和 Wiesel 对猫视觉皮层电生理研究启发，Yann LeCun 等研究人员提出了卷积神经网络，并最早将卷积神经网络用于手写数字识别，取得了成功，并一直保持了其在该问题的领先地位。近年来随着硬件计算性能的提升和大数据集的出现，卷积神经网络在多个方向

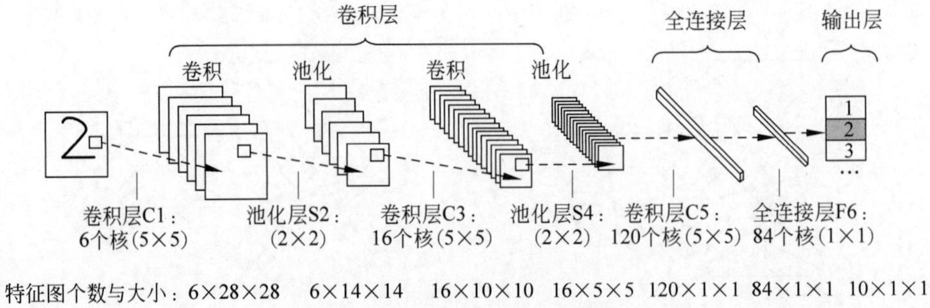


**图 6-9 CNN 的基本结构图**

持续发力，在语音识别、人脸识别、通用物体识别、运动分析、自然语言处理甚至脑电波分析方面均有突破。

从神经学角度来说，卷积神经网络的设计灵感来自人脑视觉皮层对外界事物的感知，人眼以图像的形式把感知到的事物传递给大脑，大脑通过逐层地对该图像进行抽象，抽取出图像的边角等代表图像高层特征给大脑做出准确的判断。

卷积神经网络与普通神经网络的区别在于，卷积神经网络包含了多个由卷积层和上采样层构成的特征抽取器。在卷积神经网络的卷积层中，一个神经元只与部分邻层神经元连接。在卷积神经网络的一个卷积层中，通常包含若干特征图(Feature Map)，每个特征图由一些规则排列的神经元组成，同一特征图的神经元共享权值，这里共享的权值就是卷积核。卷积核一般以随机小数张量的形式进行初始化，在网络训练过程中卷积核将学习到合理的权值。共享权值(卷积核)带来的直接好处是减少网络各层之间的连接，同时又降低了过拟合的风险。上采样也称为池化(Pooling)，通常有均值池化(Mean Pooling)和最大值池化(Max Pooling)两种形式。上采样可以看作一种特殊的卷积过程。卷积和上采样大大简化了模型的复杂度，减少了模型的参数。

卷积神经网络的两个核心操作：卷积和池化，两者在卷积神经网络模型中的位置如图 6-10 所示。

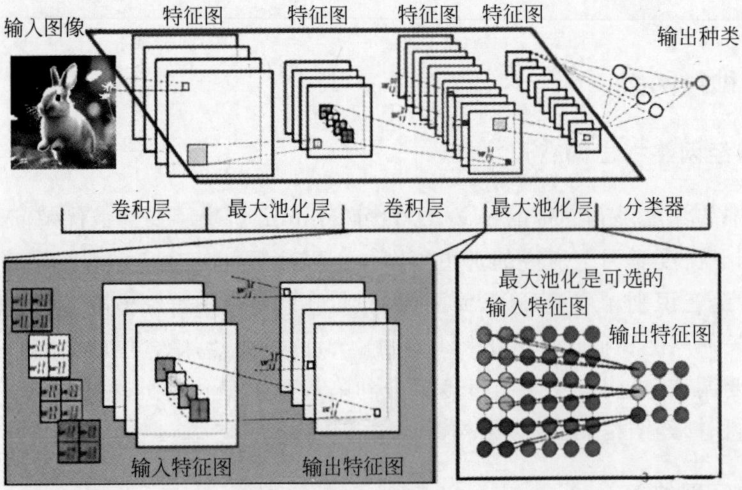


**图 6-10 卷积和池化示意图**

(1) 卷积：实质上是一种邻域的线性运算，主要作用是抽取特征，使网络具有一定的旋转和平移不变性，也起到一定的维度变换效果。一般设定一个 3×3 或 5×5 的卷积窗口，采用 ReLU 激活函数，对输入 $X$ 进行卷积操作。卷积可能是单通道的也可能是多通道的。操作时分为填充(Padding)和非填充两种方式,也可改变卷积的步长,或是增大卷积核元素的间距对卷积核进行膨胀。对同一个输入可以设置不同的卷积窗口或步长来尽可能地多抽取特征。

(2) 池化:实质上是一种邻域运算,均值池化是线性的,最大值池化是非线性的,主要起到降维作用。设置一个池化窗口,对输入 $X$ 进行池化,采用 ReLU 或 Sigmod 作为激活函数,注意函数的饱和死区特性导致反向传播时梯度消失的问题,可以配合批标准化使用。池化有最大值池化、均值池化和全局池化等。

### 3. 卷积神经网络在图像识别中的应用原理

1) 图像输入(Image Input)

卷积神经网络在图像识别中大获成功,达到了前所未有的准确度,具体来说就是已经赶上人类的视觉能力,现在已经在实际场景中得到了广泛的应用。

如果采用经典的神经网络模型,则需要读取整幅图像作为神经网络模型的输入(即全连接的方式),当图像的尺寸越大时,其连接的参数将变得很多,不仅导致计算量非常大,而且极易限入局部最优解。

而人类对外界的认知一般是从局部到全局,先对局部有感知的认识,再逐步对全体有认知,这是人类的认识模式。在图像中的空间联系也是类似,局部范围内的像素之间的联系较为紧密,而距离较远的像素则相关性较弱。因而,每个神经元其实没有必要对全局图像进行感知,只需要对局部进行感知,然后在更高层将局部的信息综合起来就得到了全局的信息。

这种模式就是卷积神经网络中降低参数数目的重要思想:局部感受野,如图 6-11 所示。

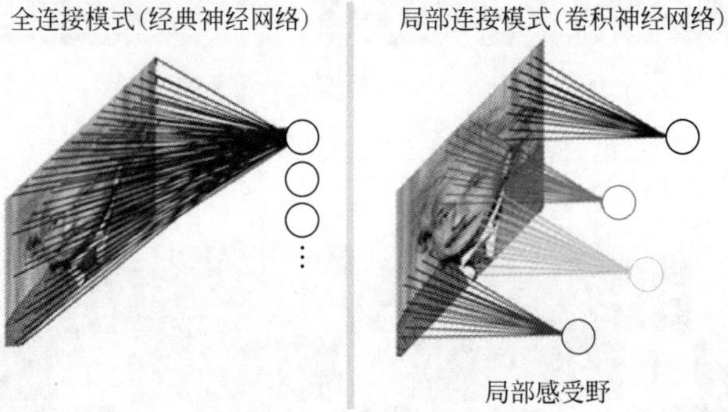


图 6-11　局部感受野示意图

2) 特征提取

卷积神经网络是在特征提取(Feature Extraction)的基础上完成图像的分类。如图 6-12 所示,用卷积神经网络识别给定一张图中的字母(X 或者 O)。

如果字母 X、字母 O 是固定不变的,那么最简单的方式就是图像之间的像素一一比对就行,但在现实生活中,字体都有着各个形态上的变化,如平移、缩放、旋转、微形变等,如图 6-13 所示。

对于各种形态变化的 X 和 O,都能通过卷积神经网络准确地识别出来,这就涉及应该如何有效地提取特征,作为识别的关键因子。

卷积神经网络采用局部视野,在图像间进行小块区域间的比对,在图像中间大致相同的位置找到一些特殊的特征(小块图像)进行匹配。相比起传统的整幅图逐一比对的方式,卷积神经网络的这种小块匹配方式能够更好地比较两幅图像之间的相似性,如图 6-14 所示。

以字母 X 为例,可以提取出三个重要特征(两个交叉线、一条对角线),如图 6-15 所示。

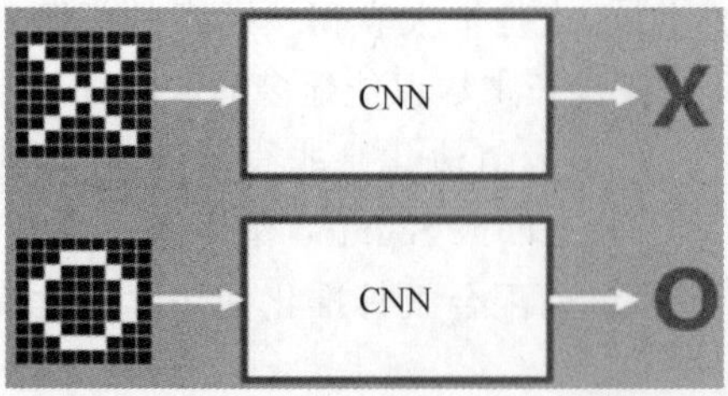


图 6-12　CNN 识别 X 和 O

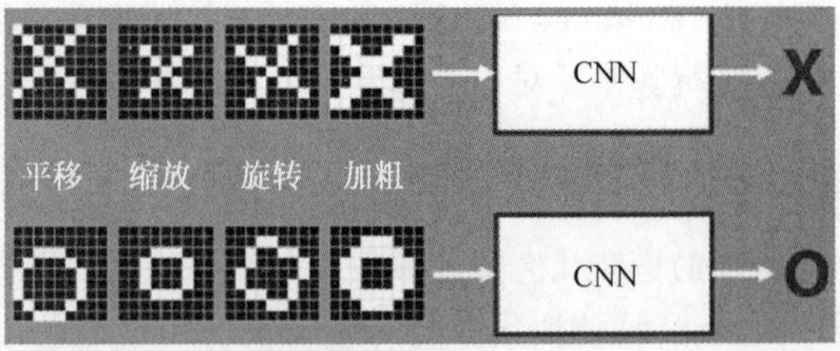


图 6-13　字体形态变化后的识别

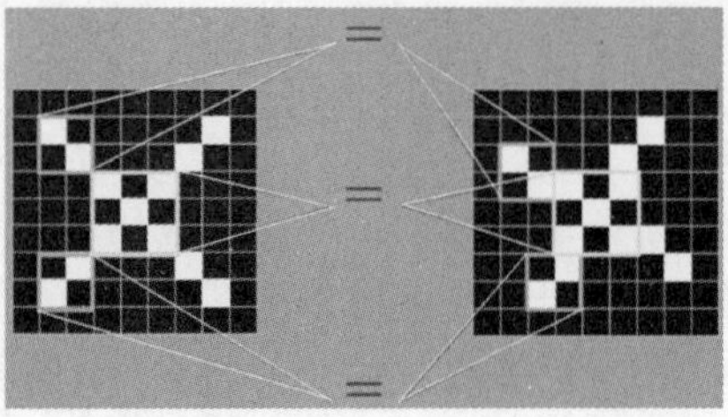


图 6-14　卷积神经网络的小块匹配模式

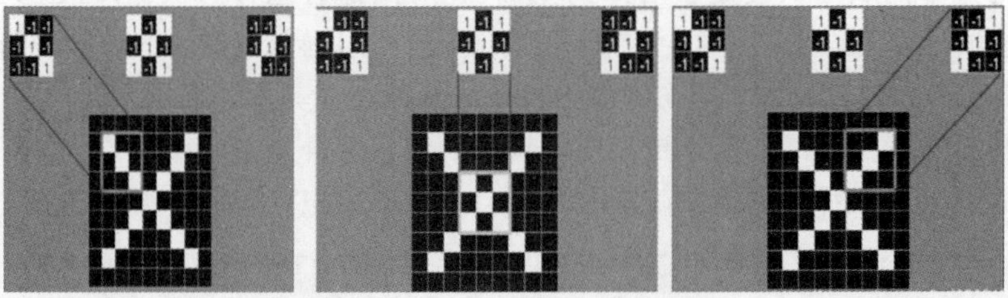

图 6-15　以 X 为例提取三个重要特征

假如以像素值“1”代表白色，像素值“－1”代表黑色，则字母 X 的三个重要特征如图 6-16 所示。

图 6-16　字母 X 的三个重要特征

卷积神经网络通过样本的学习就能够发现具有识别的重要特征，并在计算的过程中使用卷积完成特征的匹配。

3）卷积(Convolution)

当给定一张新图时，卷积神经网络并不能准确地知道这些特征到底要匹配原图的哪些部分，所以它会在原图中把每一个可能的位置都进行尝试，相当于把这个特征(Feature)变成了一个过滤器。这个用来匹配的过程就被称为卷积操作，这也是卷积神经网络名字的由来。卷积的计算示意图如图 6-17 所示。

4）卷积计算过程

在本例中，要计算一个特征和其在原图上对应的某一小区域的卷积和，只需将两个小区域内对应位置的像素值进行乘法运算，然后将整个小区域内乘法运算的结果累加起来，最后再除

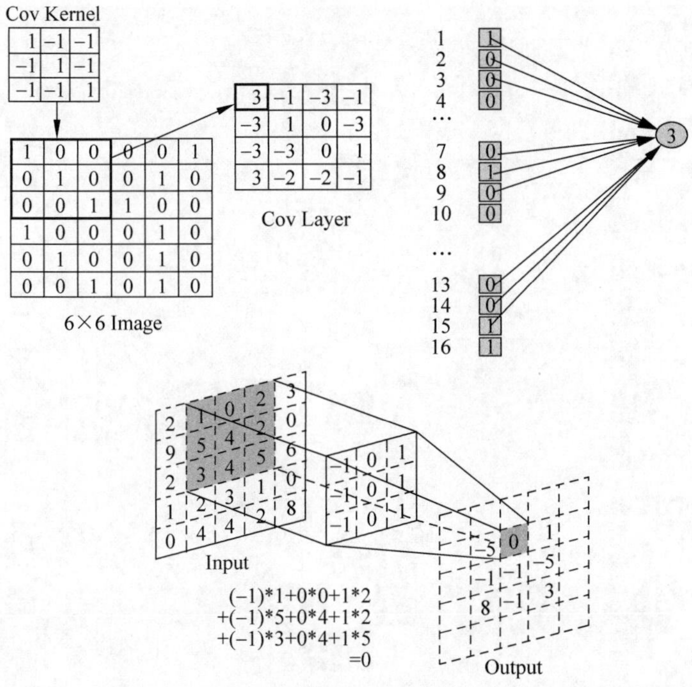


图 6-17　卷积的计算示意图

以小区域内像素点的总个数即可(注：也可不除以总个数)。

如果两个像素点都是白色(值均为 1)，那么 1×1=1，如果均为黑色，那么(−1)×(−1)=1，也就是说，每一对能够匹配上的像素，其相乘结果为 1。类似地，任何不匹配的像素相乘结果为−1。根据卷积的计算方式，以第一块像素为例，特征匹配后的卷积计算结果为 1。具体计算过程如图 6-18 所示。

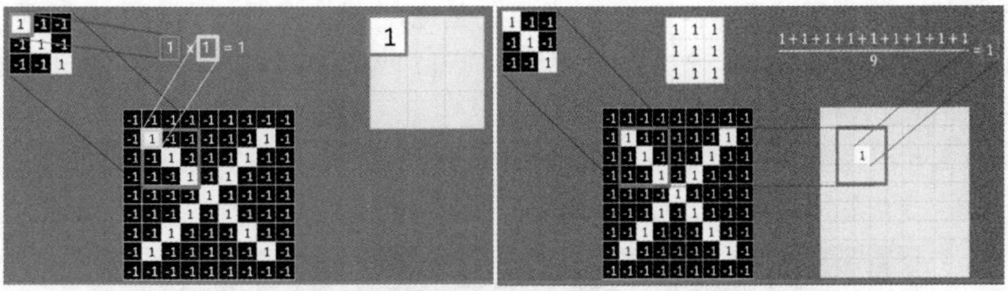

图 6-18　卷积计算过程

以此类推，对三个特征图像不断地重复着上述过程，通过每一个特征的卷积操作，会得到一个新的二维数组，称之为特征图。其中的值，越接近 1 表示对应位置和特征的匹配越完整，越是接近−1，表示对应位置和特征的反面匹配越完整，而值接近 0 的表示对应位置没有任何匹配或者说没有什么关联，如图 6-19 所示。

可以看出，当图像尺寸增大时，其内部的加法、乘法和除法操作的次数会增加得很快，每一个过滤器的大小和数目呈线性增长。由于有许多因素的影响，很容易使得计算量变得相当庞大。

5）池化(Pooling)

为了有效地减少计算量，卷积神经网络使用的另一个有效的操作被称为池化。池化就是将输入图像进行缩小，减少像素信息，只保留重要信息。

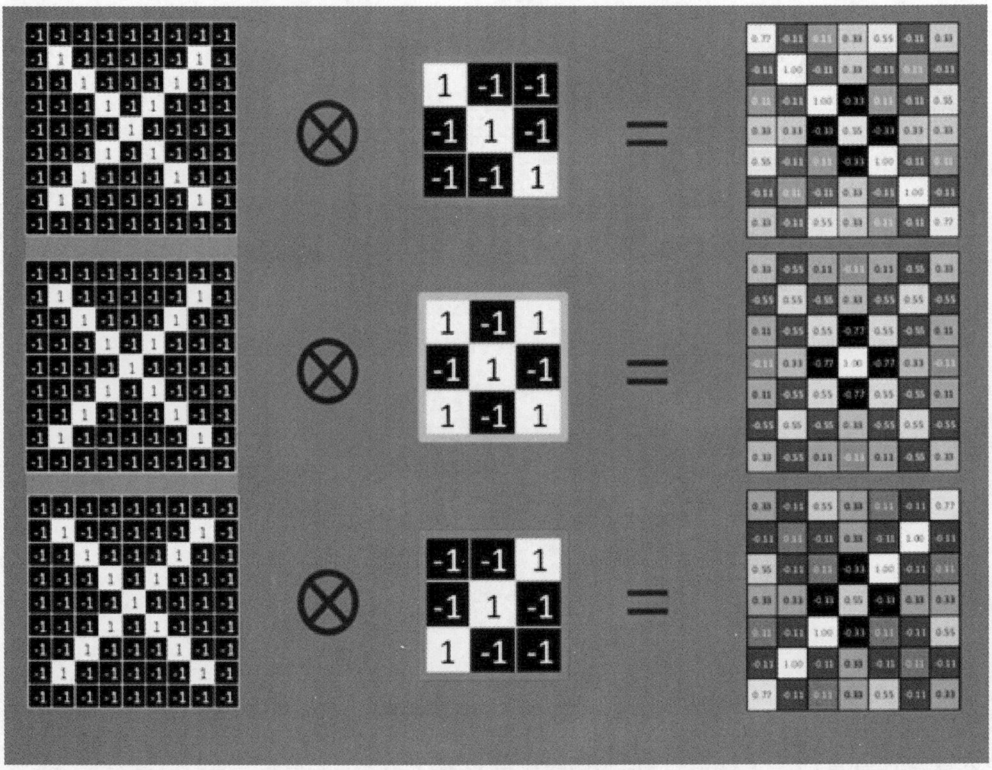

图 6-19 图像特征的匹配结果

池化的操作也很简单，通常情况下，池化区域是 2×2 大小，然后按一定规则转换成相应的值，如取这个池化区域内的最大值、平均值等，以这个值作为结果的像素值。

最大池化（Max-Pooling）保留了每一小块内的最大值，也就是相当于保留了这一块最佳的匹配结果（因为值越接近 1 表示匹配越好）。也就是说，它不会关注窗口内到底是哪一个地方匹配了，而只关注是不是有某个地方匹配上了。通过加入池化层，图像缩小了，进而能从很大程度上减少计算量，降低机器负载。

图 6-20 显示了左上角 2×2 池化区域的最大池化的结果，取该区域的最大值 1.00＝Max(0.77，－0.11，－0.11，1.00)，作为池化后的结果。

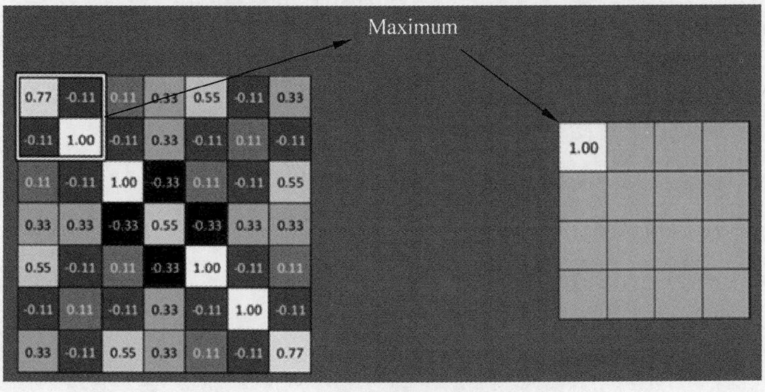


图 6-20 最大池化的计算过程

其他区域也是类似，取区域内的最大值作为池化后的结果，特征图经过池化后，得到一个尺寸变小的新特征图，结果如图 6-21 所示。

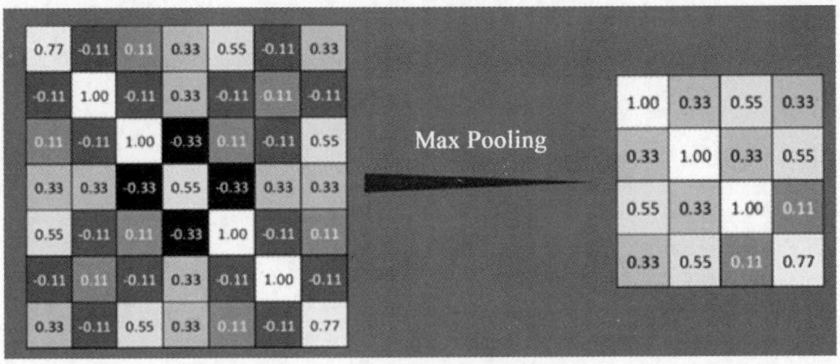


**图 6-21 最大池化的结果**

对所有的特征图执行同样的操作，结果如图 6-22 所示。

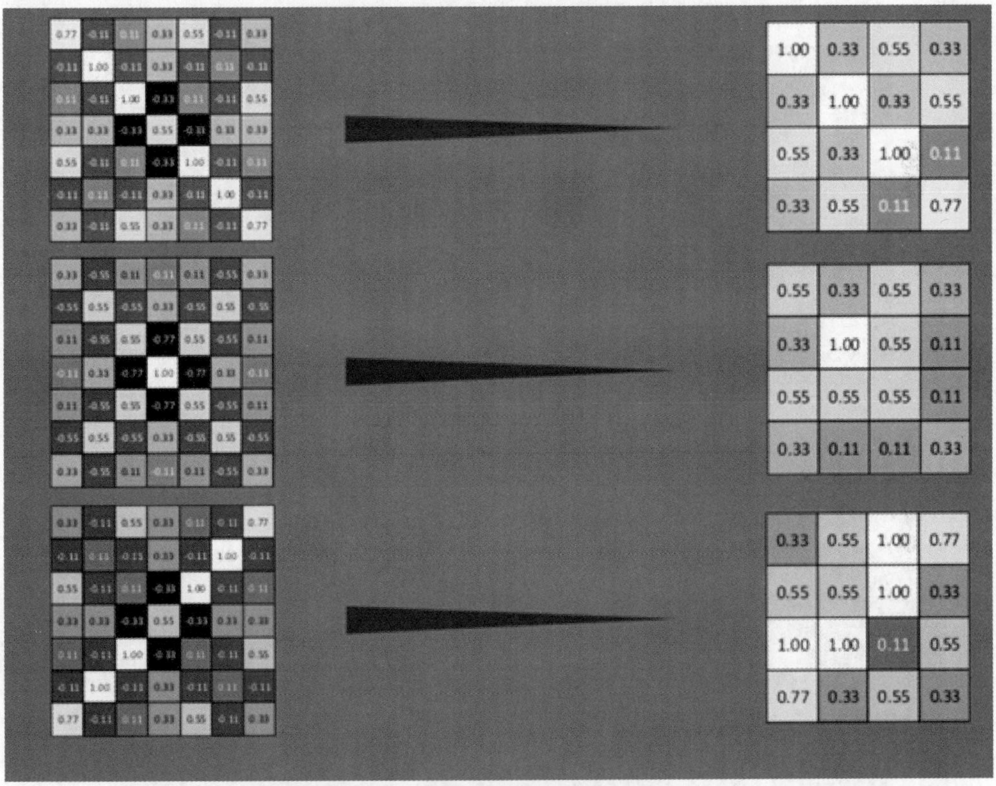


**图 6-22 所有图像的池化结果**

除了最大值池化外，取邻域内的均值(称为均值池化)也是最常用的池化方法。此外，池化时一般选择与池化区域相同的步长以减小特征图的尺寸。在上述例子中使用了 2×2 的池化区域，所以步长为 2，池化得到的特征图就为输入特征图的一半。

6) 激活函数

常用的激活函数有 Sigmoid、Tanh、ReLU 等，前两者 Sigmoid/Tanh 比较常见于全连接层，后者 ReLU 常见于卷积层。

在感知器中，感知器在接收到各个输入，然后进行求和，再经过激活函数后输出。激活函数的作用是加入非线性因素，把卷积输出结果做非线性映射，原理示意如图 6-23 所示。

在卷积神经网络中，激活函数一般使用 ReLU(Rectified Linear Unit，修正线性单元)，它的特点是计算公式简单：Max(0，$T$)，即对于输入的负值，输出全为 0；对于正值，则不进行操作直接输出，并且梯度计算简单，消除了梯度消失问题，网络收敛快。

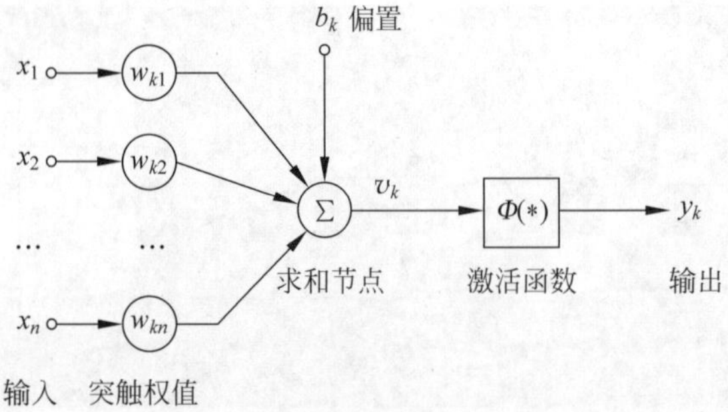


图 6-23　感知器的原理示意图

在图 6-24 中，使用 ReLU 激活函数进行运算，第一个值，取 Max(0，0.77)，结果为 0.77；第二个值，取 Max(0，－0.11)，结果为 0，以此类推，经过 ReLU 激活函数后，得到右边的结果。

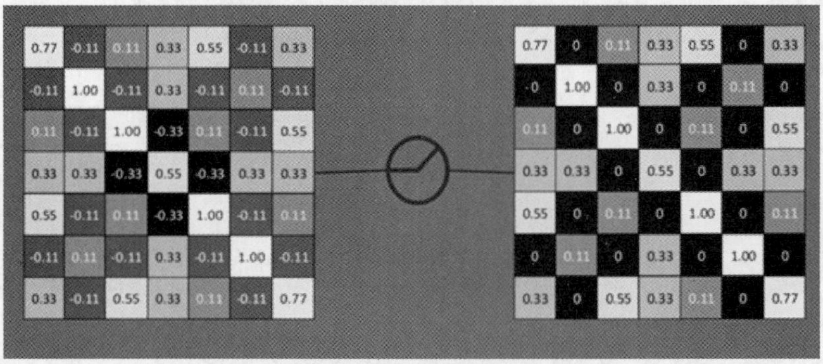

图 6-24　执行 ReLU 激活函数操作

通过将上面所提到的卷积、激活函数、池化组合在一起，构成了卷积神经网络的基本模块，如图 6-25 所示。

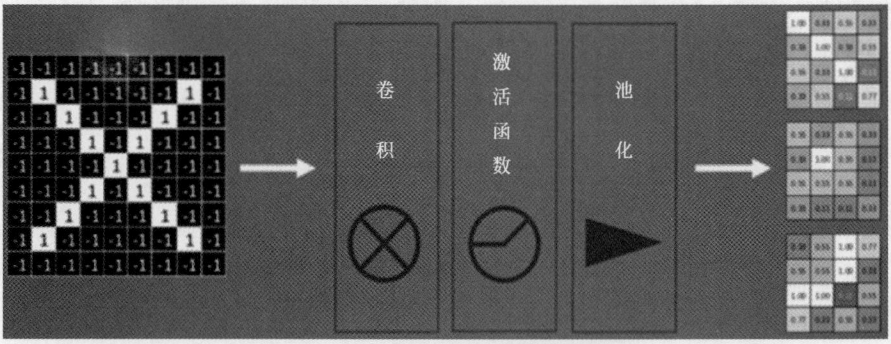


图 6-25　执行卷积、激活函数、池化操作

通过对基本模块的重复，增加更多的层，加大网络的深度，就得到了特征提取网络，如图 6-26 所示。

图 6-26　特征提取网络

7）全连接层(Fully Connected Layers)

全连接层在整个卷积神经网络中起到"分类器"的作用，即通过卷积、激活函数、池化等完成特征的提取和变换后，使用全连接层对特征进行识别分类。

首先将经过卷积、激活函数、池化后的深度网络得到的特征展开，如图 6-27 所示。

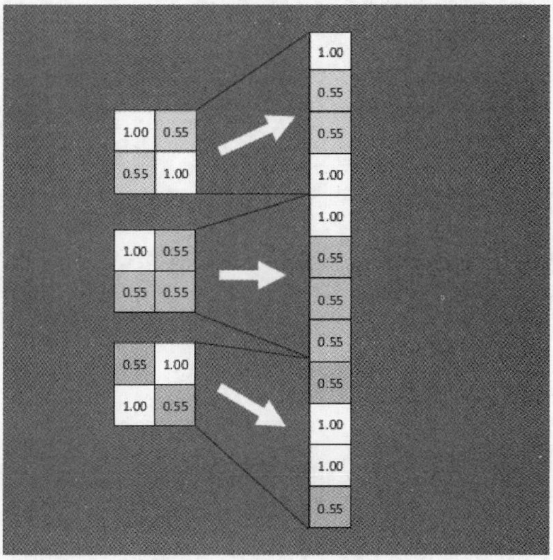


图 6-27 特征展开

由于神经网络属于监督学习，在模型训练时，根据训练样本对模型进行训练，从而得到全连接层的权重(如预测字母 X 的所有连接的权重)，如图 6-28 所示。

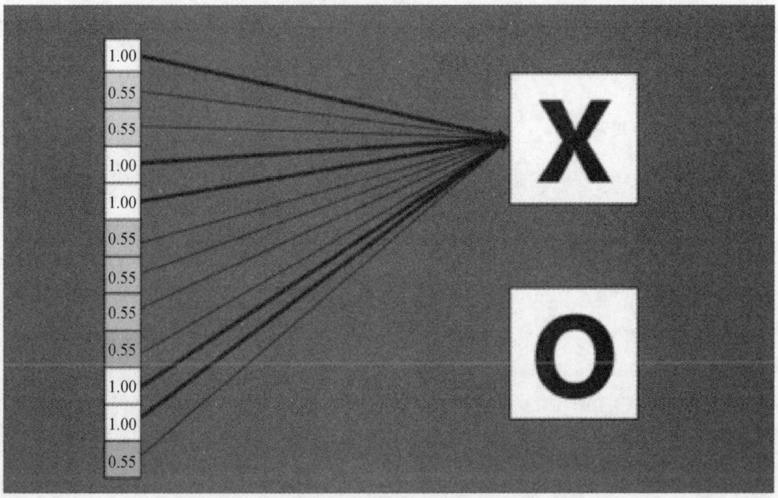


图 6-28 全连接层的权重

在利用该模型进行结果识别时，根据以上构造的模型训练得出来的权重，以及经过前面的卷积、激活函数、池化后的深度网络计算出来的特征，进行加权求和，得到各个结果的预测值，然后取值最大的作为识别的结果(如图 6-29 所示，最后计算出来字母 X 的识别值为 0.92，字母 O 的识别值为 0.51，则结果判定为 X)。

上述这个过程定义的操作称为"全连接层"，全连接层也可以有多个，如图 6-30 所示。

8）卷积神经网络

将以上所有部分按顺序连接后，就形成了一个卷积神经网络结构，如图 6-31 所示。

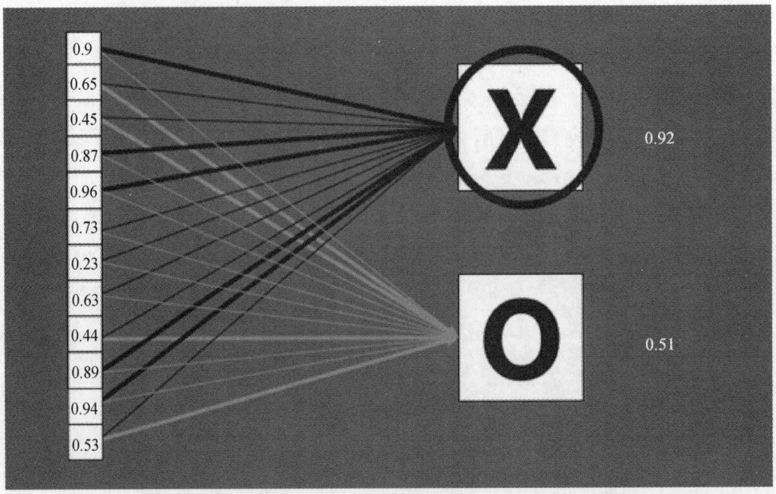


图 6-29 识别结果

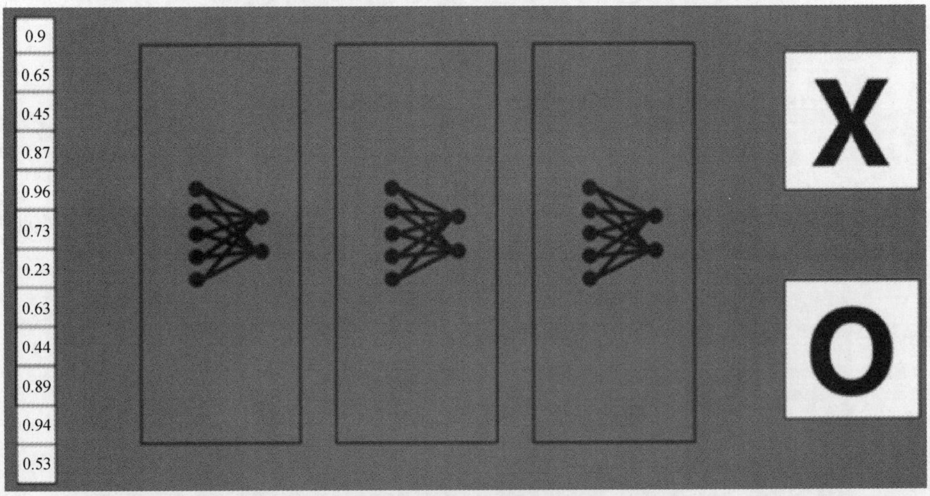


图 6-30 全连接层操作

图 6-31 卷积神经网络结构

以上通过字母的识别过程，详细介绍了卷积神经网络的各组成部分：一部分是起到特征提取的作用，主要由卷积、激活函数和池化等运算构成，另一部分是起到分类识别的作用，主要由全连接层和分类头构成。图 6-32 所示便是著名的由 Yann LeCun 发明的手写文字识别的卷积神经网络结构图。

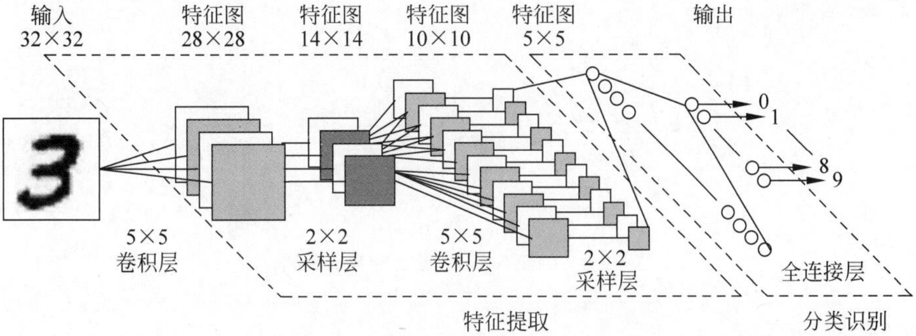


图 6-32 手写文字识别的 CNN 结构图

### 6.2.3 循环神经网络

#### 1. 循环神经网络(RNN)简介

全连接的深度神经网络还存在着另一个问题——无法对时间序列上的变化进行建模。然而,样本出现的时间顺序对于自然语言处理、语音识别、视频分析等应用非常重要。为了适应这种需求,就出现了另一种神经网络结构——循环神经网络。在普通的全连接网络或卷积神经网络中,每层神经元的信号只能向上一层传播,样本的处理在各个时刻独立,因此又被称为前向神经网络(Feed-Forward Neural Networks)。而在循环神经网络中,神经元的输出可以在下一个时间戳直接作用到自身,即第 $i$ 层神经元在 $m$ 时刻的输入,除了$(i-1)$层神经元在该时刻的输出外,还包括其自身在$(m-1)$时刻的输出。

循环神经网络的目的是用来处理序列数据。在传统的神经网络模型中,是从输入层到隐含层再到输出层,层与层之间是全连接的,每层之间的节点是无连接的。但是这种普通的神经网络对于很多问题却无能为力。例如,预测句子的下一个单词是什么,一般需要用到前面的单词,因为一个句子中前后单词并不是独立的。循环神经网络之所以称为循环神经网络,即一个序列当前的输出与前面的输出也有关。具体的表现形式为网络会对前面的信息进行记忆并应用于当前输出的计算中,即隐含层之间的节点不再是无连接而是有连接的,并且隐含层的输入不仅包括输入层的输出还包括上一时刻隐含层的输出。理论上,循环神经网络能够对任何长度的序列数据进行处理。但是在实践中,为了降低复杂性往往假设当前的状态只与之前的几个状态相关,如图 6-33 所示便是一个典型的循环神经网络。

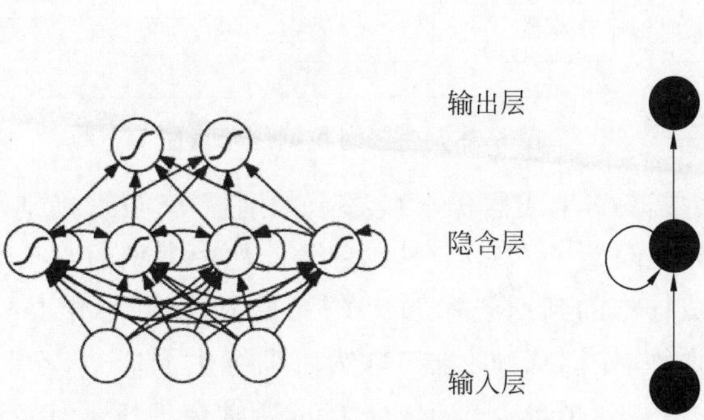


图 6-33 典型的循环神经结构

将循环神经网络在时间上进行展开,得到的结果如图 6-34 所示。

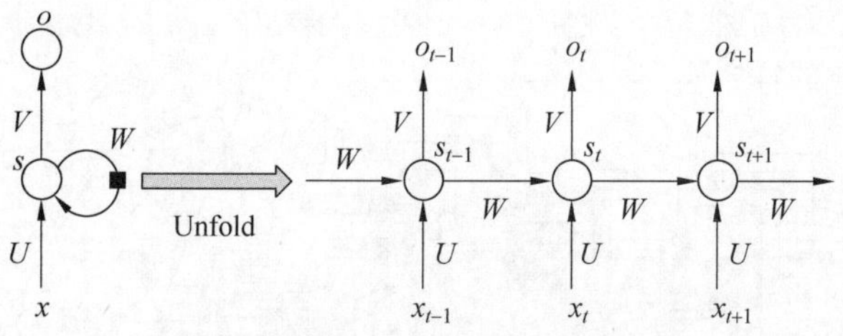


图 6-34 RNN 在时间上的展开结果

**2. 循环神经网络小结**

循环神经网络的主要用途是处理和预测序列数据。循环神经网络的来源就是为了刻画一个序列当前的输出与之前信息的关系。从网络结构上，循环神经网络会记忆之前的信息，并利用之前的信息影响后面节点的输出。也就是说，循环神经网络的隐含层之间的节点是有连接的，隐含层的输入不仅包括输入层的输出，还包括上一时刻隐含层的输出。

循环神经网络可以看成一个在时间上传递的神经网络，它的深度是时间的长度。与卷积神经网络相似，“梯度消失”现象在循环神经网络中也存在，只不过发生在时间轴上。对于时刻 $t$ 来说，它产生的梯度在时间轴上向历史传播几层之后就消失了，根本就无法影响太遥远的过去。因此，之前说“所有历史”共同作用只是理想的情况，在实际中，这种影响也就只能维持若干个时间戳。为了解决时间上的梯度消失，机器学习领域发展出了长短时记忆网络(LSTM)。

## 6.2.4 生成对抗网络

**1. 生成对抗网络简介**

生成对抗网络(Generative Adversarial Network，GAN)，是一种类似于对抗博弈游戏的训练网络，通过让两个神经网络相互博弈进行学习，在不断地优化迭代后使模型达到最优，即纳什平衡状态。GAN 在采样上计算较快且准确率较高、可以并行生成样本、能生成更清晰逼真锐利的图像、具有更加灵活的框架。生成网络尽可能生成逼真样本，判别网络则尽可能去判别该样本是真实样本还是生成器生成的假样本，示意图如图 6-35 所示。

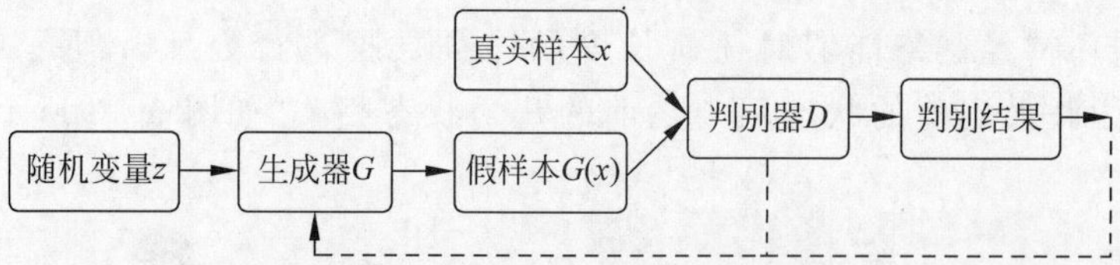


图 6-35 生成对抗网络示意图

随机变量 $z$ 通过生成器 $G$ 生成假样本 $G(x)$，判别器 $D$ 负责判别输入样本的真假。判别器 $D$ 的工作是解决二分类问题，$V(D,G)$是二分类问题中常见的交叉熵损失。生成器 $G$ 为了欺骗判别器 $D$，要使生成样本的判别概率 $D(G(z))$最大，即最小化 $\log(1-D(G(z)))$。判别器 $D$ 和生成器 $G$ 交替训练，先训练判别器 $D$，然后训练生成器 $G$，不断往复。生成器 $G$ 需要最小化 $V(D,G)$的最大值。为了最大化 $V(D,G)$，通常会训练迭代 $k$ 次判别器 $D$，然后再迭代 1 次生成器 $G$。当生成器 $G$ 固定时，可以对 $V(D,G)$求导，求出最优判别器 $D^*(x)$：

$$D^*(x)=\frac{p_g(x)}{p_g(x)+p_{\text{data}}(x)} \tag{6.2}$$

把最优判别器代入上述目标函数，进一步求出生成器的目标函数，等价于优化 $p_{\text{data}}(x)$和

$p_g(x)$的 JS 散度。当模型达到纳什均衡时,$p_{data}(x)=p_g(x)$,判别器 $D$ 不论是对于 $p_{data}(x)$还是 $p_g(x)$中采样的样本,其预测概率均为 1/2,即生成样本与真实样本达到了难以区分的地步。

### 2. 基本原理

生成对抗网络是深度学习中一个比较大的分支,主要思想是通过生成器与判别器不断对抗进行训练,最终使得判别器难以分辨生成器生成的数据和真实的数据。对于生成对抗网络,最终的目标一般是得到生成器,因为训练结束后需要得到神经网络生成出来的数据。

GAN 由生成网络 $G$ 和判别网络 $D$ 组成。它们的功能描述如下。

(1) 生成网络 $G$:接收一个随机的噪声 $z$ 并通过该噪声生成图像,记为 $G(z)$。

(2) 判别网络 $D$:负责判别一张图像是否真实。输入一张图像 $x$,输出 0、1 值,0 代表图片是由 $G$ 生成的,1 代表是真实图像。

理想状态下,$G$ 可以生成"以假乱真"的图像。而 $D$ 难以判断 $G$ 生成的图片是否真实,因此 $D(G(z))=0.5$,此时得到的生成网络 $G$ 就可以用来生成图片。所以,GAN 模型的基本思想就是这两种网络的对抗,基本结构一定要有生成器与判别器。

### 3. 训练过程

接下来以图像的生成为例,分析 GAN 的训练过程,GAN 训练算法的伪代码如表 6-1 所示。

表 6-1 GAN 训练算法的伪代码

**Input**:随机噪声$\{z_1,z_2,\cdots,z_m\}$in $\mathbf{R}^d$;真实样本$\{x_1,x_2,\cdots,x_m\}\subset\chi$。

**Output**:生成样本 $X_{fake}$。

**for t=0 to T−1 do**

  从高斯噪声分布 $\gamma$ 中随机采样出 $m$ 个样本,即$\{z_1,z_2,\cdots,z_m\}$in $\mathbf{R}^d$;

  从真实数据分布 $\chi$ 中随机采样出 $m$ 个样本,即$\{x_1,x_2,\cdots,x_m\}\subset\chi$;

  通过小批量随机梯度下降法来更新判别器 $D_\omega$ 的参数,具体公式为:

$$\nabla_\omega \frac{1}{m}\sum_{i=1}^{m}[\log D_\omega(x_i)+\log(1-D_\omega(G_\theta(z_i)))]$$

  再从高斯噪声分布 $\gamma$ 中随机采样出另外的 $m$ 个样本,即$\{z_1,z_2,\cdots,z_m\}$in $\mathbf{R}^d$;

  通过小批量随机梯度下降法来更新生成器 $G_\theta$ 的参数,具体公式为

$$\nabla_\theta \frac{1}{m}\sum_{i=1}^{m}\log(1-D_\omega(G_\theta(z_i)))$$

**return** $X_{fake}$

1) 生成器(Generator)

对于生成器,其内部一般由卷积层和全连接层构成,采用上采样,通过接收的噪声生成图像。此处的噪声是服从某些分布的随机数,一般选正态分布随机数,该随机数由一个长度为 $n$ 的向量构成,每个向量都会生成一个对应的图像。

2) 判别器(Discriminator)

对于判别器,其内部一般也是由卷积层和全连接层组成,并且采用下采样。它接收一个批次的图片,每个图片都相应标记为真或假。判别器的训练过程和以往的监督学习的训练方法一致。

3) 生成对抗模型(Generative Adversarial Model)

在构建好生成器与判别器后,将两个组合起来,构成用来训练生成网络的对抗网络。对于

GAN,它接收一个批次的噪声并输出标签,如果为真,说明生成器生成的图像骗过了判别器,否则根据这个损失来调整生成器的内部参数。整个训练的过程为:

(1) 从高斯分布中采样一个批次长度为 $n$ 的噪声向量。

(2) 利用(1)中的噪声向量,使用生成器生成假图像。

(3) 从真实数据采一个批次的真实图像,与(2)中的假图像混合,做好标签,训练判别器。

(4) 再从高斯分布中采样长度为 $n$ 的一个批次的噪声向量,标签为 True,训练 GAN,此时 GAN 中的判别器参数不能更新,只训练生成器。

(5) 按指定轮数重复上述步骤。

以上训练过程还可以进一步归结为三个阶段。

(1) 固定判别器,训练生成器。如图 6-36 所示,让生成器不断生成“假数据”,然后让判别器去判断。最初生成器较弱,其生成的“假数据”很容易被识破。但随着训练的进行,生成器技能持续提升,最终骗过判别器。

(2) 固定生成器,训练判别器。如图 6-37 所示,通过(1)后,固定生成器,开始训练判别器。判别器通过不断的训练来提高鉴别能力,最终可以准确地判断出所有的“假数据”。此时,生成器无法骗过判别器。

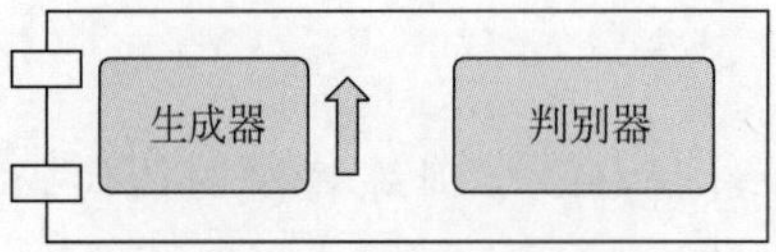


**图 6-36 固定判别器**

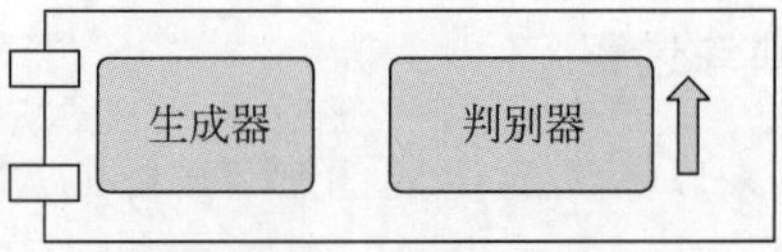


**图 6-37 固定生成器**

(3) 循环步骤(1)和步骤(2)。如图 6-38 所示,通过不断循环,生成器和判别器的能力都越来越强。最终得到一个效果非常好的生成器,此时就能用它来生成图像了。

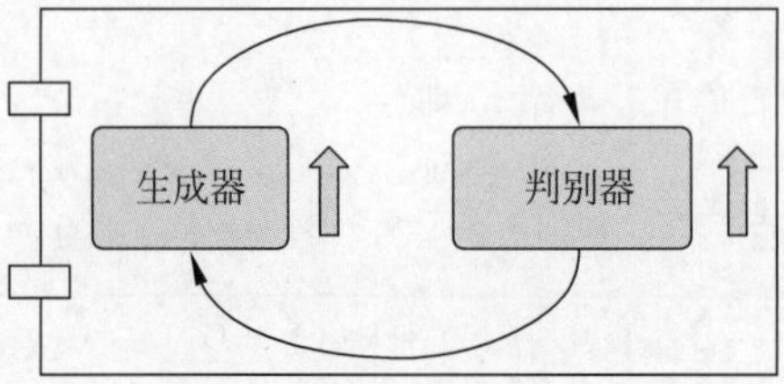


**图 6-38 循环训练**

综合上述生成对抗网络的训练过程,可以得到图 6-39 所示的生成对抗网络的模型结构。

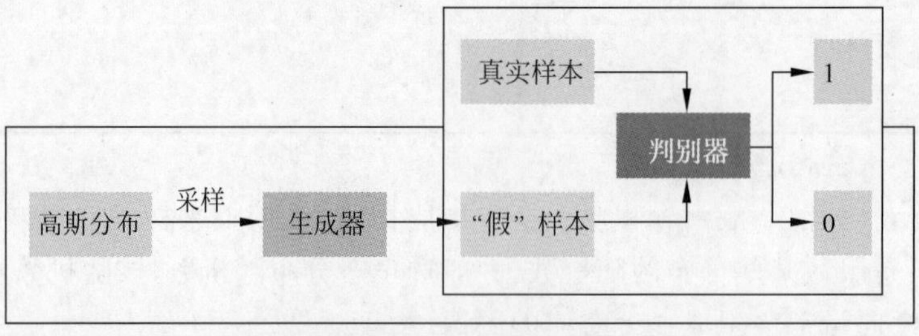


**图 6-39 生成对抗网络的模型结构**

### 4. 生成对抗网络的衍生模型及评述

早期的生成模型有受限玻尔兹曼机、深度信念网络、变分自动编码器、深度玻尔兹曼机等,然而由于泛化性没有很好,影响了它们的性能和结果。

1）基于目标函数优化的 GAN

最初的 GAN 是通过最小化 JS 散度使生成器的损失函数最小，但 JS 散度由于自身函数域的问题，容易出现梯度消失现象，导致生成数据和真实数据分布差异较大。为了解决这类问题，以下两种 GAN 模型诞生。

（1）Least Square GAN（LS-GAN）：为了避免使用 JS 散度造成的梯度为 0 的问题，LS-GAN 被提出。LS-GAN 使用最小二乘损失函数代替传统 GAN 模型中的交叉熵损失函数，在判别器达到最优时，将生成器优化的目标变为皮尔森卡方散度，解决了梯度消失的问题，并且在整个学习过程中比基本 GAN 模型更加稳定。但尽管如此，LS-GAN 使用的还是 F-散度，在衡量两个分布的相似度时，仍然避不开零测集的问题，训练依然不稳定。

（2）Wasserstein GAN（W-GAN）：针对散度距离问题以及训练不稳定的情况，W-GAN 被提出，它没有使用 JS 散度，而是使用 Earth-Mover 距离来计算真实数据的概率分布与生成数据的相似度，能够解决训练不稳定、梯度消失的问题，但是由于判别器使用了权值裁剪法，W-GAN 有可能出现质量较低的数据样本，甚至在收敛过程中失败。

为了使模型训练更加稳定，均值和协方差特征匹配 GAN（Mc-GAN）引入了新的积分概率度量标准（Integral Probability Metrics，IPM）进行训练，对判别器的二阶矩阵进行了约束，但是由于裁剪的使用最终限制了模型的容量，且需要张量分解，因此难以扩展到高阶矩阵匹配。

2）基于架构优化的 GAN

虽然采用目标函数优化的方法，能够有效改善基本 GAN 模型梯度消失、训练不稳定等问题，但是这些方法或多或少都存在一些缺陷，于是研究者们从架构的角度进行考虑和优化，与其他的模型和算法进行结合，并取得了一些成果，下面将列举一些常见的优化变体。

（1）辅助分类器 GAN（AC-GAN）：辅助分类器 GAN 在基本 GAN 模型的基础上增加了一个能够对类别标签进行分类的分类器进行辅助训练，能够以半监督的方式生成多样化和高分辨率的可分辨图像，但是当训练数据较少时，训练的图片多样性不足，仍然可能出现梯度消失等问题。

（2）信息生成对抗网络（Info-GAN）：在基本 GAN 模型中，生成器的输入是一段噪声 $z$，因此很难控制 $z$ 与生成数据的语义特征的对应关系，为了增加 GAN 模型的可解释性，提出了信息生成对抗网络，在随机噪声中添加了可解释性的潜在编码，从而能够帮助控制数据的生成。但是由于添加了解释性信息，增加了计算的负担，使得生成图像的多样性也不足。

（3）Deep Convolutional GAN（DC-GAN）：DC-GAN 的提出为 GAN 的发展做出了突出贡献，它将卷积神经网络 CNN 和 GAN 结合起来，填补了 CNN 在有监督学习和无监督学习成功之间的差距。实验结果表明，DC-GAN 在大部分场景中都能学习到特征，并能利用学习到的特征来完成新的任务，在大多数训练下是稳定的。但是 DC-GAN 只对结构进行了改进，没有对优化方法进行改进，还有一定的改进空间。

3）基于自编码器优化的 GAN

除了添加约束条件之外，结合其他模型的优点来优化 GAN 模型也是非常好的方向，目前已有将 GAN 与 VAE、RBM 等融合在一起的诸多研究，其中基于 VAE 的优化则更为常见。

（1）对抗自动编码器（Adversarial Autoencoders，AAE）

AAE 结合了 GAN 与自动编码器的思想，通过将自编码器的隐含层的编码向量的聚合后验与任意先验分布匹配，利用 GAN 来执行变分推论，这种方法能使得生成的图像质量更高，生成结果更加可控。但是由于很难把 AAE 扩展到高分辨率的图片数据上，并且解码器是以重构误差为目的进行训练，而非 GAN 那样以骗过判别器为目的，因此可能更难生成非常新的图像。

(2) Bidirectional GAN (Bi-GAN)

Bi-GAN 结合了编码器和判别器的结构来进行优化，将实际数据的概率分布映射到隐空间，从而有助于学习如何提取相关特征。但是由于 Bi-GAN 新增了一个编码器，增加了优化函数的计算复杂性。

4) GAN 的其他优化

除了以上提到的两种架构优化方法外，还有将 GAN 与其他领域知识结合从而对 GAN 进行优化的研究。纽约大学和 Facebook 的研究人员提出了对抗网络的拉普拉斯生成对抗网络(LAPGAN)，该方法使用级联的卷积网络，从粗到精生成图像。生成对抗网络的每个级别都使用生成对抗网络技术来训练单独的生成卷积模型。LAPGAN 模型收敛速度快，能够生成分辨率高的样本，但是必须在有监督的情况下进行训练。

针对不同的领域和问题，GAN 相对于传统的方法具有一定的优势，但是仍然存在一些问题没有解决，许多应用仍处于起步阶段，在未来还有较大的研究空间。GAN 是一个持续进行的研究领域，因此，要研究出单个能够改善所有不足的衍生模型是一项挑战。

经过综合比较和分析上述提到的 GAN 不同衍生模型的优化方法、优势、不足，以及适合的应用场景，对未来 GAN 的研究内容进行汇总(见表 6-2)。

(1) 从基本 GAN 模型内部结构的角度进行优化，尝试替换某个函数或者计算方法，从而实现对目标函数的改进，得到优化的 GAN 模型；

(2) 尝试在基本 GAN 模型的基础上附加一些方法或者辅助工具，来控制 GAN 模型的结果朝目标方向改进；

(3) 尝试结合其他模型的优点，来改进 GAN 训练不稳定等不足，比如目前有 VAE、RBM 与 GAN 的结合，未来可以根据应用需要，综合对算法进行优化；

(4) 从多层次的角度进行改进，比如可以整体框架是 GAN 模型，而内部框架的实现可以采用其他框架或方法，每一级别也可以采用另外的框架或方法。

GAN 的分析与比较见表 6-2。

**表 6-2 GAN 的分析与比较**

| 名称 | 改 进 | 优 势 | 不足 | 应用场景 |
|---|---|---|---|---|
| LS-GAN | 用最小二乘损失函数代替传统 GAN 模型中的交叉熵损失函数 | 解决了梯度消失的问题，更加稳定 | 可能会降低生成样本的多样性，训练时生成器可能会发生的梯度弥散问题 | 生成高质量图像 |
| WGAN | 使用 Earth-Mover 距离来计算真实数据的概率分布与生成数据的相似度 | 解决了训练不稳定、梯度消失的问题 | 产生的数据样本质量较低，甚至在收敛过程中有时会失败 | 适合 GAN 模型不收敛、模式崩溃时使用 |
| Mc-GAN | 利用均值和协方差构建 IPM 进行训练，对判别器的二阶矩阵进行约束 | 使得模型训练更稳定 | 裁剪的使用最终限制了模型的容量；需要矩阵(张量)分解，难以扩展到高阶矩匹配 | 生成图像 |

续表

| 名称 | 改　进 | 优　势 | 不足 | 应用场景 |
|---|---|---|---|---|
| AC-GAN | 附加类别标签输入生成器,判别器给出两个概率输出 | 生成丰富多样和高分辨率的图像 | 训练数据较少时,多样性不足 | 图像生成和分类 |
| Info-GAN | 在随机噪声中增加了可解释性的潜在编码 | 增加了对GAN魔性的可解释性,能够控制图像的生成 | 增加计算负担,造成生成图像的多样性不足 | 生成图像 |
| DCGAN | 将卷积神经网络CNN和GAN结合起来 | 提高了GAN的适用性和稳定性 | 只对结构进行改进,没有对优化方法进行改进 | 生成图像 |
| Big-GAN | 对生成器应用正交正则化时可以使用简单的"截断技巧"进行训练 | 使得模型训练稳定,且能使得生成图像的品质更好 | 模型大、参数多、成本较高 | 生成高质量图像 |
| AAE | 将自编码器的隐含层编码向量的聚合后验与任意先验分布匹配,利用GAN来执行变分推论 | 生成图像的质量更高,结果更可控 | 可能难以生成非常新的图像 | 生成图像 |
| Bi-GAN | 结合编码器和判别器的结构来进行优化,将实际数据的概率分布映射到隐空间 | 无监督Bi-GAN比现有的弱监督模型具有更好的视觉特征学习性能 | 增加了优化函数的计算复杂性 | 生成图像 |
| BEGAN | 从Wasserstein距离得出的损失来匹配自动编码器的损失分布 | 收敛很快,而且判别器和生成器的训练平衡 | 在超参数的选取上有一定的难度 | 生成高质量图像 |
| LAPGAN | 在金字塔框架内使用级联的卷积网络,在金字塔的每个级别使用GAN方法 | 收敛速度很快,能生成分辨率高的样本 | 必须在有监督的情况下训练 | 生成高质量图像 |

## 6.3　深度学习框架

在深度学习初始阶段,要完成深度学习模型的建立,需要进行繁重的编码工作。不同的深度学习研究者都需要编写大量重复的代码。为了提高工作效率,一些研究人员就将深度学习中常用的运算和模块,写成了一个框架发布到网络上让所有研究人员一起使用。随着深度学习的发展,出现了许多以深度学习为主的框架,并且随着时间的推移,一些好用的框架被大量使用,成为学习和研究深度学习的最流行工具。

深度学习框架的出现降低了使用者的入门门槛,不需要从复杂的神经网络开始编代码,可以根据需要选择已有的模型,通过训练得到模型参数,也可以在已有模型的基础上增加自己的层,或者是在顶端选择自己需要的分类器和优化算法(如常用的梯度下降法)。

当然也正因如此,没有什么框架是完美的,就像一堆积木里可能没有你需要的那一种积木,所以不同的框架适用的领域不完全一致。总的来说,深度学习框架提供了一系列的深度学习的组件(实现了通用的算法),当需要使用新的算法的时候就需要用户自己去设计,然后调用深度学习框架的函数接口实现用户自定义的新算法。

目前，全世界流行的深度学习框架有 PyTorch、TensorFlow、Keras、PaddlePaddle、Chainer、MegEngine 和 MindSpore 等。

**1. PyTorch**

PyTorch 是一个广泛支持机器学习算法的科学计算框架。易于使用且高效，主要是以一个简单的和快速的脚本语言 LuaJIT 和底层的 C/CUDA 实现。PyTorch 以张量为核心，具备自动梯度功能，具有很大的灵活性，实现了复杂的神经网络的拓扑结构，能够构建复杂的深度学习网络。PyTroch 主要提供两种核心功能：支持 GPU 加速的张量计算；方便优化模型的自动微分机制。

PyTorch 的主要优点如下。

(1) 简洁易懂：PyTorch 的 API 设计相当简洁一致，基本上是 tensor、autograd、nn 三级封装，学习起来十分容易。

(2) 便于调试：PyTorch 采用动态图，可以像普通 Python 代码一样进行调试。不同于 TensorFlow，PyTorch 的错误说明通常很容易看懂。

(3) 强大高效：PyTorch 提供了非常丰富的模型组件，可以快速实现想法。

**2. TensorFlow**

TensorFlow 可以说是当今最受欢迎的开源的深度学习框架，可用于各类深度学习相关的任务中，是谷歌基于 DistBelief 进行研发的第二代人工智能学习系统，它的命名来源于本身的运行原理。Tensor（张量）意味着 $N$ 维数组，Flow（流）意味着基于数据流图的计算，TensorFlow 是张量从网络的一端流动到另一端的计算过程。TensorFlow 是将复杂的数据结构传输至人工智能神经网络中进行分析和处理过程的系统。TensorFlow 是一个采用数据流为核心，用于数值计算的开源软件库，具有高度的灵活性和真正的可移植性。

TensorFlow 是目前深度学习的主流框架之一，其主要特性如下所述。

(1) TensorFlow 支持 Python、JavaScript、C++、Java、Go、C#、Julia 和 R 等多种编程语言。

(2) TensorFlow 不仅拥有强大的计算集群，还可以在 iOS 和 Android 等移动平台上运行模型。

(3) TensorFlow 编程的入门难度较大。初学者需要仔细考虑神经网络的架构，正确评估输入和输出数据的维度和数量。

(4) TensorFlow 使用静态计算图进行操作。也就是说，需要先定义模型，然后运行计算，如果需要对架构进行更改，则需要重新训练模型。选择这样的方法是为了提高效率，但是许多现代神经网络工具已经能够在学习过程中改进，并且不会显著降低学习速度。在这方面，TensorFlow 的主要竞争对手是 PyTorch。

(5) JAX 是开源的 TensorFlow 简化库，是专为高性能机器学习研究打造的产品，其能实现编译和自动求导的任意组合，因此可以在不脱离 Python 环境的情况下实现复杂算法并获得最优性能。这降低了 TensorFlow 的调试难度和开发者的学习成本，有利于 AI 技术的进一步应用。

此外，TensorFlow 还包括一个可视化工具——TensorBoard。通过使用可视化工具可以很直观地查看整个神经网络的结构、框架，展示一个神经网络的内部结构。

### 3. Keras

Keras是一个由Python语言编写的深度学习框架,可以方便地定义和训练几乎所有类型的深度学习模型。Keras最开始是为研究人员开发的,其目的在于快速实验,能够运行在TensorFlow或Theano之上。Keras使用很少的程序代码、花费很少的时间就可以建立深度学习模型,进行训练、评估准确率,并进行预测。Keras具有以下重要特性:

(1) 相同的代码可以在CPU或GPU上无缝切换运行。

(2) 具有用户友好的应用程序编程接口,便于快速开发深度学习模型的原型。

(3) 内置支持卷积神经网络(用于计算机视觉)、循环神经网络(用于序列处理)以及二者的任意组合。

(4) 支持任意网络架构:多输入或多输出模型、层共享、模型共享等。

### 4. PaddlePaddle

飞桨(PaddlePaddle)是百度自主研发的集深度学习核心框架、工具组件和服务平台为一体的技术领先、功能完备的开源的深度学习平台,有全面的官方支持的工业级应用模型,涵盖自然语言处理、计算机视觉、推荐引擎等多个领域,并开放多个预训练深度学习模型,支持一键部署和迁移学习,目前已经被中国企业广泛使用,并拥有活跃的开发者社区生态。PaddlePaddle同时支持稠密参数和稀疏参数场景的大规模深度学习并行训练,支持千亿规模参数、数百个节点的高效并行训练。PaddlePaddle拥有多端部署能力,支持服务器端、移动端等多种异构硬件设备的高速推理,预测性能有显著优势。目前PaddlePaddle已经实现了API的稳定和向后兼容,具有完善的中英双语使用文档。PaddlePaddle具有如下特点。

(1) 支持多种深度学习模型,如深度神经网络、卷积神经网络、循环神经网络等复杂记忆模型。

(2) Spark Paddle是Apache Spark和PaddlePaddle的结合体,它提供了一个高可扩展性的分布式深度学习平台。Spark Paddle利用Spark的分布式计算能力,将大规模数据集分发到不同的计算节点上进行训练,大大提高了训练速度。

(3) 相比偏底层的TensorFlow,PaddlePaddle能让开发者聚焦于构建深度学习模型的高层部分。

(4) PaddlePaddle运行速度快,代码简洁,用它来开发模型能为开发者省去一些时间。这使得PaddlePaddle很适合于工业应用,尤其是需要快速开发的场景。

### 5. Chainer

Chainer是一个开源的深度学习框架,完全在NumPy和CuPy两个Python库的基础上用Python编写。该开发工作由日本风险公司Preferred Networks与IBM、英特尔、微软和NVIDIA合作进行。Chainer是第一个引入按运行定义方法的深度学习框架。训练网络的传统过程分为两个阶段:定义网络中数学运算(例如矩阵乘法和非线性激活)之间的固定连接,然后运行实际的训练计算,称为静态图方法。Theano和TensorFlow是采用这种方法的著名框架。相反,在动态图方法中,当训练开始时,网络中的连接是不确定的。该网络是在训练期间根据实际计算确定的。该深度学习框架的优点如下。

(1) 直观且灵活。如果网络具有复杂的控制流,则在定义和运行方法中,需要针对此类构造进行专门设计的操作。另外,在运行定义方法中,可以使用编程语言的结构(例如if语句和for循环)来描述这种流程。这种灵活性对于实现循环神经网络特别有用。

（2）易于调试。在定义并运行方法中，如果训练计算中发生错误，通常很难检查故障，因为编写的代码定义了网络和实际位置，错误是分开的。在按运行定义方法中，可以仅使用语言的内置调试器暂停计算，然后检查网络中流动的数据。

**6. MegEngine**

MegEngine（旷视天元）是一个深度学习框架，它主要包含训练和推理两方面内容。训练侧一般使用 Python 搭建网络，推理侧考虑到产品性能的因素，一般使用 C++ 语言集成 MegEngine 框架。无论在训练侧还是推理侧，MegEngine 都担负着将训练和推理的代码运行到各种计算后端上的任务。目前 MegEngine 支持的计算后端有 CPU、GPU、ARM 和一些领域专用的加速器，覆盖了云、端、芯等各个场景。MegEngine 主要有以下三大特征：

（1）训推一体，不管是训练任务还是推理任务都可以由 MegEngine 一个框架来完成。

（2）动静结合，MegEngine 同时支持动态图和静态图，并且动静之间的转换也非常方便。

（3）多平台的高性能支持。

**7. MindSpore**

MindSpore 是华为公司推出的新一代深度学习框架，是源于全产业的最佳实践，拥有最佳匹配昇腾处理器算力，支持终端、边缘、云全场景的灵活部署，开创全新的 AI 编程范式，降低 AI 开发门槛。MindSpore 采用多维度自动并行，通过数据并行、模型并行、Pipeline 并行、异构并行、重复计算、高效内存复用及拓扑感知调度，降低通信开销，实现整体迭代时间最小（计算时间＋通信时间）。

大幅提升动态图下分布式训练的效率是其最大的优势，在深度学习中，当数据集和参数量的规模越来越大，训练所需的时间和硬件资源会随之增加，最后会变成制约训练的瓶颈。分布式并行训练，可以降低对内存、计算性能等硬件的需求，是进行训练的重要优化手段。当前 MindSpore 动态图模式已经支持数据并行，通过对数据按批量维度进行切分，将数据分配到各个计算单元中进行模型训练，从而缩短训练时间。

## 6.4 深度学习的应用案例

在最近几年里，深度学习在语音识别、图像分类、文本理解等众多领域取得了很大的成功，为计算智能做出了巨大的贡献。特别是在视觉感知中，改变了传统的机器学习从开始的传感器中获取图像，然后通过预处理、特征提取、特征选择，再到推理、预测或识别等步骤完成图像识别的流程。深度学习将特征提取、特征选择和推断三个步骤相结合，逐渐形成了一种从训练数据出发，经过一个端到端（End-to-End）的模型，然后直接输出得到最终结果的一种新模型。深度学习让之前难以解决的一些问题变得简单。

澳大利亚海洋生物学家使用深度学习在数以万计的高清照片中寻找海牛，以更好地了解这个濒临灭绝的群体数量。日本的一位农民，训练的卷积神经网络模型，按照大小、形状以及其他特征来进行黄瓜分类。中国的放射科医生使用卷积神经网络，在医学扫描中能够识别帕金森病的迹象。美国的数据科学家在树莓派上使用深度学习来追踪加州火车的动态。

接下来介绍三个深度学习在农业方面的应用实例。

### 6.4.1　玉米籽粒的完整性识别

基于深度卷积神经网络的智能识别玉米籽粒完整性方法，对比了 BP 神经网络和卷积神经网络的识别精度。卷积神经网络使用卷积、池化和激活函数等运算构成，先对输入的灰度图像进行卷积操作，逐层挖掘图像的深层特征，实现对单玉米籽粒图像的特征抽象和特征降维，然后通过一个全连接网络实现识别。而 BP 神经网络则建立在从图像上使用人工进行特征提取的基础上。

图 6-40 为 BP 网络识别的原理，BP 神经网络的八个输入项见表 6-3。

**表 6-3　BP 神经网络的八个输入项**

| 输入变量 | 输入项含义 | 计算方法 |
|---|---|---|
| Input1 | 面积 | 籽粒域像素点个数和 |
| Input2 | 周长 | 籽粒边缘像素点个数和 |
| Input3 | 粗糙度 | $(Input2)^2/(4\times\pi\times Input1)$ |
| Input4 | 长度 | 最小外接矩形的长 |
| Input5 | 宽度 | 最小外接矩形的宽 |
| Input6 | 长宽比 | Input4/Input5 |
| Input7 | 矩形面积 | Input4×Input5 |
| Input8 | 密度比 | Input1/Input7 |

**图 6-40　BP 网络识别的原理框图**

图 6-41 为 CNN 网络识别的原理。

**图 6-41　CNN 网络识别的原理框图**

CNN 网络直接以图像作为输入，这使得 CNN 网络受人工干预更少。通过卷积操作，使 CNN 网络能自动抽象和提取图像的特征。降采样是对输入图像进行降维，可通过池化和等间隔采样的图像缩小来实现。

CNN 网络的输入图像是基于单籽粒的图像，需要对多籽粒的图像进行分割和提取，归一化前的单籽粒图像和归一化后的单籽粒图像分别如图 6-42 和图 6-43 所示。

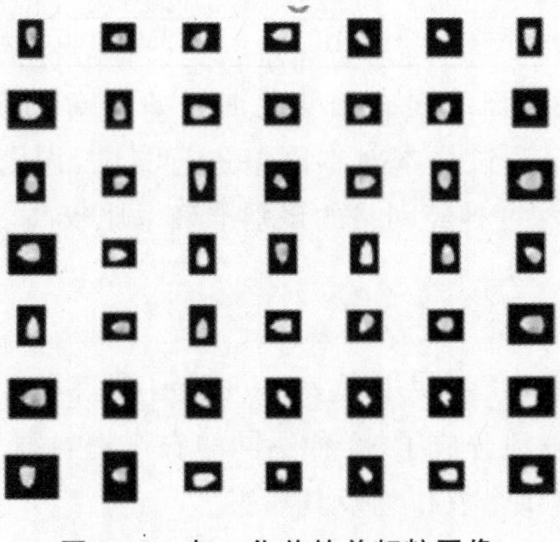

**图 6-42　归一化前的单籽粒图像**

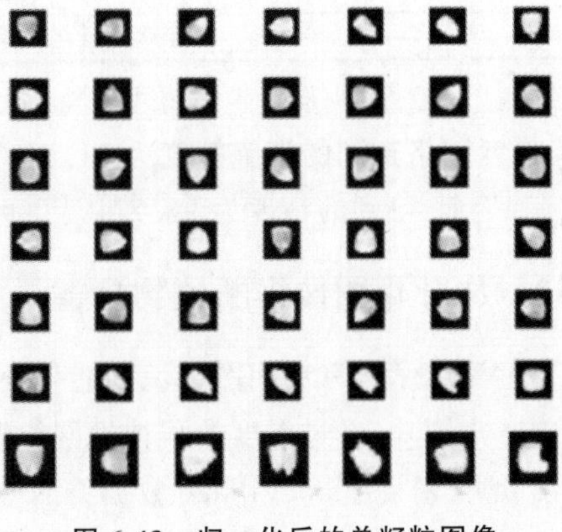

**图 6-43　归一化后的单籽粒图像**

BP 神经网络的训练结果如图 6-44 所示，其训练误差为 0.122。

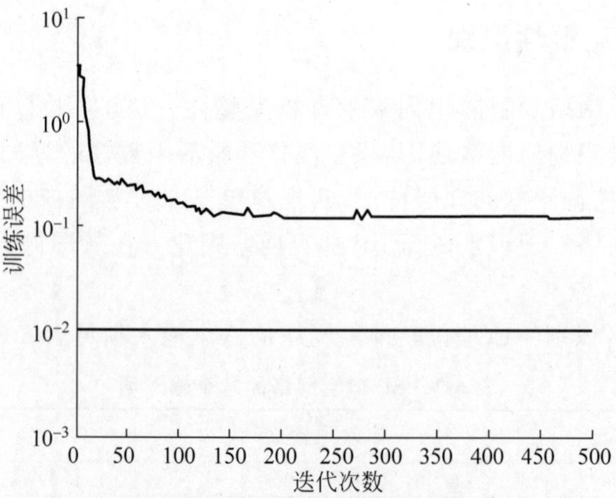


**图 6-44 BP 神经网络的训练结果**

使用 456 个测试样本对已训练好的 BP 神经网络进行测试，识别错误样本有 128 个，得到的识别率为 71.93%，BP 网络识别错误的样本如表 6-4 所示。

**表 6-4 BP 网络错误识别的样本**

| Input1 | Input2 | Input3 | Input4 | Input5 | Input6 | Input7 | Input8 |
|---|---|---|---|---|---|---|---|
| 5 | 57 | 115 | 155 | 200 | 255 | 323 | 394 |
| 9 | 60 | 116 | 156 | 202 | 262 | 325 | 397 |
| 11 | 61 | 117 | 157 | 203 | 264 | 326 | 398 |
| 12 | 62 | 120 | 158 | 208 | 273 | 328 | 399 |
| 15 | 65 | 123 | 164 | 211 | 275 | 331 | 407 |
| 17 | 68 | 127 | 165 | 217 | 282 | 332 | 414 |
| 21 | 74 | 129 | 168 | 218 | 284 | 337 | 416 |
| 23 | 82 | 130 | 169 | 224 | 286 | 342 | 417 |
| 35 | 85 | 131 | 170 | 225 | 293 | 344 | 419 |
| 37 | 87 | 134 | 171 | 229 | 297 | 346 | 421 |
| 39 | 93 | 136 | 173 | 230 | 300 | 350 | 422 |
| 42 | 95 | 138 | 178 | 231 | 302 | 351 | 431 |
| 47 | 98 | 141 | 185 | 234 | 303 | 372 | 432 |
| 51 | 100 | 144 | 188 | 236 | 304 | 377 | 438 |
| 53 | 102 | 145 | 192 | 243 | 305 | 386 | 443 |
| 56 | 108 | 146 | 194 | 247 | 318 | 387 | 456 |

经过 3040 个训练样本训练 CNN 深度网络，CNN 训练误差的变化曲线如图 6-45 所示。CNN 深度网络达到的训练精度为 91.76%，用 456 个测试样本对本网络进行测试，识别错误样本有 17 个，得到的精度为 96.271%。可见，CNN 深度神经网络的识别准确率比较高。

## 6.4.2 从叶片图像推断植物病害

通过深度学习方法用图像识别能自动诊断农作物病害，使用了 54 306 张有病害和健康的农作物叶片图片，经过深度卷积神经网络训练后，精确地分成了 38 种不同的农作物病害类型。

图 6-46 来自 PlantVillage 数据集的叶图像，代表每个农作物及其病害。

为了识别上述农作物的病害，分别采取了 AlexNet 和 GoogLeNet 模型进行实验，AlexNet 模型的结构如图 6-47 所示，GoogLeNet 的结构如图 6-48 所示。

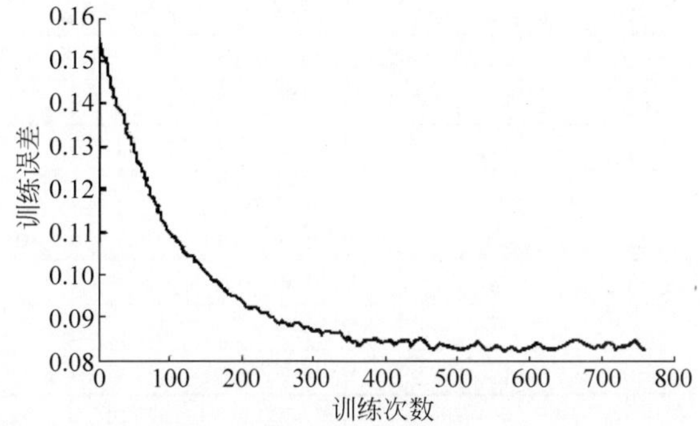


图 6-45　CNN 训练误差的变化曲线

图 6-46　38 种农作物病害叶片的图片

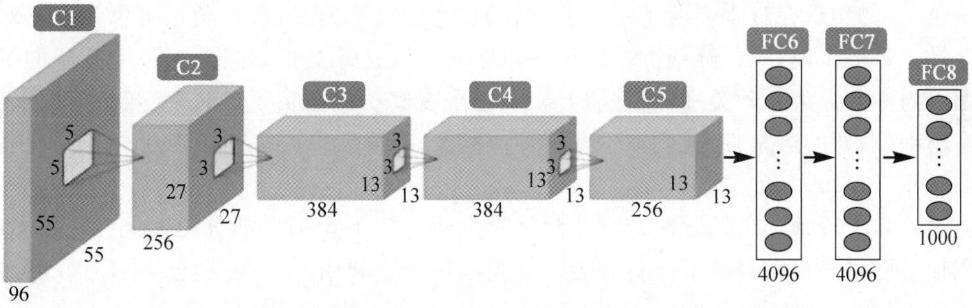


图 6-47　AlexNet 模型的结构

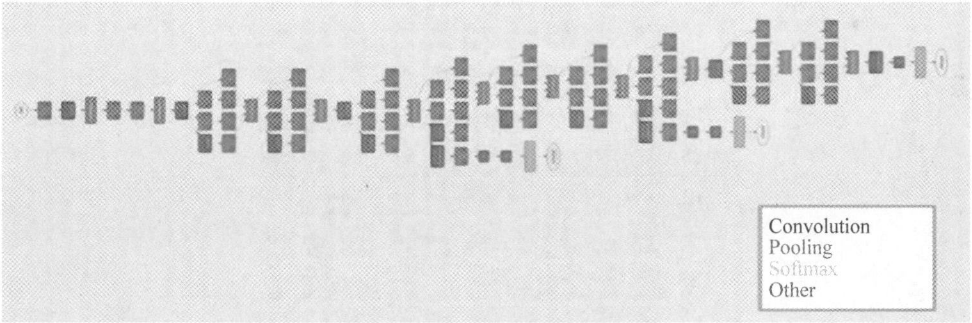


图 6-48　GoogLeNet 的结构

两个网络在不同实验配置下，经过训练迭代了 30 次之后，在测试集 $F_1$ 上的平均得分如表 6-5 所示。表格中的每个单元格代表对应实验配置的平均 $F_1$ 得分，还包括平均精度(Mean Precision)、平均召回率(Mean Recall)、总体准确度(Overall Accuracy)。

表 6-5　模型训练和测试结果

| | | **AlexNet** | **GoogLeNet** |
|---|---|---|---|
| **Train:20%<br>Test:80%** | Color | $0.9118_{(0.9137,0.9132,0.9130)}$ | $0.9430_{(0.9440,0.9431,0.9429)}$ |
| | Grayscale | $0.8524_{(0.8539,0.8555,0.8553)}$ | $0.8828_{(0.8842,0.8835,0.8841)}$ |
| | Segmented | $0.8945_{(0.8956,0.8963,0.8969)}$ | $0.9377_{(0.9388,0.9380,0.9380)}$ |
| **Train:40%<br>Test:60%** | Color | $0.9555_{(0.9557,0.9558,0.9558)}$ | $0.9729_{(0.9731,0.9729,0.9729)}$ |
| | Grayscale | $0.9088_{(0.9090,0.9101,0.9100)}$ | $0.9361_{(0.9364,0.9363,0.9364)}$ |
| | Segmented | $0.9404_{(0.9409,0.9408,0.9408)}$ | $0.9643_{(0.9647,0.9642,0.9642)}$ |

续表

| | | AlexNet | GoogLeNet |
|---|---|---|---|
| Train:50% Test:50% | Color | $0.9644_{(0.9647,0.9647,0.9647)}$ | $0.9772_{(0.9774,0.9773,0.9773)}$ |
| | Grayscale | $0.9312_{(0.9315,0.9318,0.9319)}$ | $0.9507_{(0.9510,0.9507,0.9509)}$ |
| | Segmented | $0.9551_{(0.9552,0.9555,0.9556)}$ | $0.9720_{(0.9721,0.9721,0.9722)}$ |
| Train:60% Test:40% | Color | $0.9724_{(0.9725,0.9725,0.9725)}$ | $0.9824_{(0.9825,0.9824,0.9824)}$ |
| | Grayscale | $0.9388_{(0.9396,0.9395,0.9391)}$ | $0.9547_{(0.9554,0.9548,0.9551)}$ |
| | Segmented | $0.9595_{(0.9597,0.9597,0.9596)}$ | $0.9740_{(0.9743,0.9740,0.9745)}$ |
| Train:80% Test:20% | Color | $0.9782_{(0.9786,0.9782,0.9782)}$ | $0.9836_{(0.9839,0.9837,0.9837)}$ |
| | Grayscale | $0.9449_{(0.9451,0.9454,0.9452)}$ | $0.9621_{(0.9624,0.9621,0.9621)}$ |
| | Segmented | $0.9722_{(0.9725,0.9724,0.9723)}$ | $0.9824_{(0.9827,0.9824,0.9822)}$ |

### 6.4.3 黄瓜分类

Makoto 的父母在日本经营了一个黄瓜农场，为获取好的收益，在黄瓜出售前需要对黄瓜进行分类。一般来说，颜色鲜艳、刺多、体态匀称的才算是好黄瓜，然而，同一个品种的黄瓜需要根据不同标准分为 9 种类别，通常需要人工逐个观察。根据黄瓜的长短、粗细、颜色、纹理、是否有小刮痕、弯的还是直的、刺多不多等评价标准，对黄瓜进行定级分类，是一项十分枯燥和烦琐的工作。

作为一名工程师，Makoto 决定利用深度学习建立一个黄瓜自动分类系统。Makoto 选择了卷积神经网络来自动对黄瓜进行分类。首先，Makoto 利用人工的分类结果，对 9 种级别的黄瓜图像，建立了训练集，如图 6-49 所示，由上至下黄瓜质量依次递减。

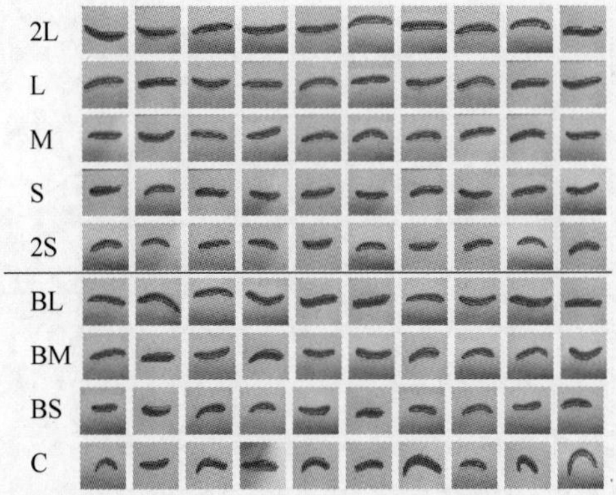


图 6-49　黄瓜分类的样本集

为了训练卷积神经网络，Makoto 利用 3 个月的时间，标注并建立了一个由 7000 张黄瓜图像组成的数据集。这些图像都是由 Makoto 的妈妈进行分类并标注的，随后 Makoto 利用 TensorFlow 框架建立了一个卷积神经网络，并完成网络的训练。Makoto 测试时的准确率很高，达到了 95%，但是当他将这个系统用于实践时，识别准确率却降到了 70%。Makoto 初步分析原因是训练的神经网络模型有了“过拟合”的问题，是样本数量不足而造成的现象。

此外，由于深度学习所需的计算量大，而 Makoto 使用家用计算机来训练神经网络，效率比较低。尽管他已经事先将所有的图像缩小到 80 像素×80 像素，系统仍然需要 2～3 天来完成 7000 张图像的训练。使用低分辨率的图像导致的结果是，系统目前还并不能识别出颜色、纹理、刮痕和小刺，只能分辨出形状、长度和是否弯曲。而如果要提高图像分辨率，系统的计算量猛增，效率又会拖慢。所以 Makoto 将模型布置到谷歌的云机器学习（Cloud Machine

Learning)平台,进一步改善他的黄瓜分类机。

图 6-50 是 Makoto 制作的黄瓜分类机的工作场景:如果一根黄瓜属于某一个品类,小刷子就会把它推到相应的箱盒里。

图 6-50 黄瓜分类机

图 6-51 是 Makoto 设计的黄瓜分选机的系统。该系统以 Raspberry Pi 3 为主控制器,用一架相机为每根黄瓜拍照。在最初阶段,系统在 TensorFlow 上运行小规模的神经网络来检测这是否是黄瓜的照片。随后,该系统接下来将黄瓜的照片上传至谷歌云服务器上的一个更大的 TensorFlow 神经网络执行更加精细的分类。

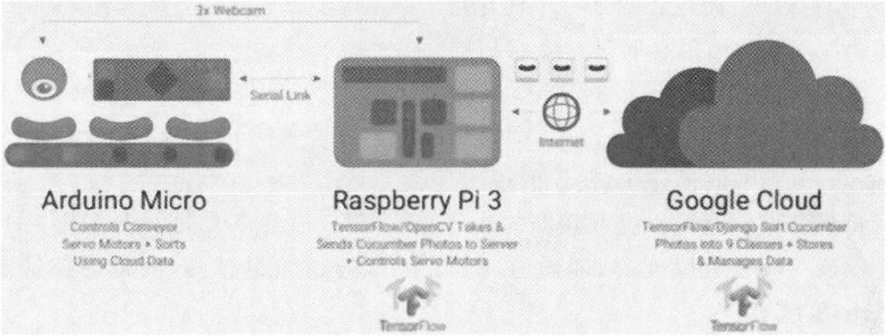


图 6-51 黄瓜分类机的系统图解

人工智能在农业领域的研发及应用早在 21 世纪初就已经开始,其中既有耕作、播种和采摘等智能机器人,也有智能探测土壤、探测病虫害、气候灾难预警等智能识别系统,还有在家畜养殖业中使用的禽畜智能穿戴产品。

随着深度学习的发展,人工智能在农业领域的应用才刚刚开始,面临的挑战比其他任何行业都要大,因为农业涉及的不可知因素太多了。地理位置、周围环境、气候水土、病虫害、生物多样性、复杂的微生物环境等,这些因素都在影响着农作生产。在一个特定环境中测试成功的算法,换一个环境未必就能奏效。现阶段看到的一些人工智能成功应用的例子大都是在特定的地理环境或者特定的种植养殖模式。当外界环境变化后,如何快速建立算法和模型是人工智能领域面临的挑战,这需要来自行业间以及农学家之间更多的协作。

## 本章习题

1. 深度学习快速发展的原因是(　　)。(两个选项)

(A) 现在有了更好更快的计算能力

(B) 神经网络是一个全新的领域

(C) 现在可以获得更多的数据

(D) 深度学习已经取得了重大的进展，如在线广告、语音识别和图像识别方面有了很多的应用

2. 一个用户正在构建一个识别黄瓜（$y=1$）与西瓜（$y=0$）的二元分类器，你会推荐(　　)激活函数用于输出层？

(A) ReLU

(B) Leaky ReLU

(C) Sigmoid

(D) Tanh

3. 关于深度学习的说法正确的是(　　)。

(A) 批规范化是在不引入新参数的情况下保证每一层网络的输入具有相同的分布

(B) 与 Sigmoid 函数相比，ReLU 较不容易使网络产生梯度消失

(C) 梯度下降法实现简单，当目标函数是凸函数时，可基于二阶收敛快速到达目标值

(D) 用 Sigmoid 激活函数时，如果权重初始化较大或较小时，容易出现梯度饱和、梯度消失，可选用 Tanh 函数改进

4. 在典型的卷积神经网络中，你能看到的是(　　)。

(A) 多个卷积层后面跟着的是一个池化层

(B) 多个池化层后面跟着的是一个卷积层

(C) 全连接层(FC)位于最后的几层

(D) 全连接层(FC)位于开始的几层

5. 下面关于 CNN 的描述中，错误的说法是(　　)。

(A) 局部感知使网络可以提取数据的局部特征，而权值共享大大降低了网络的训练难度

(B) 卷积核一般是有厚度的，即通道(Channel)，通道数量越多，获得的特征图(Feature Map)就越多

(C) 卷积是指对图像的窗口数据和滤波矩阵做内积的操作，在训练过程中滤波矩阵的大小和值不变

(D) SAME 填充(Padding)一般是向图像边缘添加 0 值

6. 关于深度学习编程框架的这些陈述中，正确的选项是(　　)。

(A) 通过编程框架，您可以使用比低级语言(如 Python)更少的代码来编写深度学习算法

(B) 即使一个项目目前是开源的，良好的管理有助于确保它长期保持开放，而不会仅仅因为一个公司的举措而关闭或修改

(C) 深度学习编程框架的运行需要基于云的机器

7. 为什么在用反向传播算法进行参数学习时要采用随机参数初始化的方式而不是直接令 $W=0$，$\boldsymbol{b}=0$？

8. 梯度消失问题是否可以通过增加学习率来缓解？

习题

# 第三单元 进化计算

案例导读

# 第 7 章

# 遗传算法

**本章导读**

遗传算法(Genetic Algorithm,GA)是一种基于自然选择和基因遗传学原理的优化搜索方法。它仿效生物的进化与遗传规律,根据“适者生存”和“优胜劣汰”的原则,借助选择、交叉、变异等操作,使要解决的问题从初始解一步步逼近最优解。其本质是一种高效、并行、全局搜索的方法,能在搜索过程中自动获取和积累有关搜索空间的知识,并自适应地控制搜索过程以求得最佳解。本章介绍遗传算法的发展历程、生物学基础、基本原理和算法流程,通过本章学习,读者将对遗传算法有一个较为全面的了解。

## 7.1 遗传算法简介

### 7.1.1 发展历程

遗传算法起源于对生物系统所进行的计算机模拟研究。早在 20 世纪 40 年代,就有学者开始研究如何利用计算机进行生物模拟的技术,他们从生物学的角度进行了生物的进化过程模拟、遗传过程模拟等研究工作。

20 世纪 60 年代,美国密歇根大学的 J. Holland 教授认识到生物的遗传和自然进化现象与人工自适应系统具有一定的相似关系,提出了在研究和设计人工自适应系统时,可借鉴生物遗传机制,以群体方式进行自适应搜索,同时充分认识到了交叉、变异等运算策略的重要性。1967 年,Holland 教授的学生 J. D. Bagley 在他的博士论文中首次提出“遗传算法”这一术语,并讨论了遗传算法在博弈中的应用,但早期研究缺乏带有指导性的理论,此后 Holland 教授指导他的学生完成了多篇有关遗传算法研究的论文。

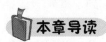

1971 年,R. B. Hollstien 在他的博士论文中首次把遗传算法用于函数优化。1975 年,Holland 教授出版了第一本系统论述遗传算法和人工自适应系统的专著 *Adaptation in Natural and Artificial Systems*《自然系统和人工系统的自适应性》,在该书中系统地阐述了遗传算法的基本理论和方法,并提出了“模式理论”,该理论首次确认了结构重组遗传操作对于获得“隐并行性”的重要性,从而奠定了遗传算法的理论基础。同样是在 1975 年,K. A. de Jong 完成了他的博士论文 *An Analysis of the Behavior of a Class of Genetic Adaptive System*(一类遗传自适应系统的行为分析),该论文把 Holland 的模式理论与计算实验结合起来,并将选择、交叉和变异操作进一步完善和系统化,同时提出诸如“代沟”等新的遗传操作技

术。Jong 的研究工作为遗传算法及其应用打下了坚实的基础，在遗传算法发展进程中起到了里程碑的作用，因此有一种观点认为 1975 年是遗传算法的诞生年。

20 世纪 80 年代，Holland 教授实现了第一个基于遗传算法的机器学习系统——分类器系统，开创了基于遗传算法的机器学习的新概念，为分类器系统构造出了一个完整的框架。从此，遗传算法进入兴盛发展时期，被广泛应用于自动控制、生产计划、图像处理、机器人等研究领域。1989 年，Goldberg 出版了专著 *Genetic Algorithms in Search, Optimization and Machine Learning*《搜索、优化和机器学习中的遗传算法》，该书系统总结了遗传算法的主要研究成果，全面而完整地论述了遗传算法的基本原理及其应用，奠定了现代遗传算法的科学基础。同年，美国斯坦福大学的 Koza 基于自然选择原则创造性地提出了用层次化的计算机程序来表达问题的遗传程序设计方法，成功地解决了许多问题。

1991 年，Davis 编辑出版了《遗传算法手册》一书，书中包括了遗传算法在科学计算、工程技术和社会经济中的大量应用实例。这本书为推广和普及遗传算法的应用起到了重要的指导作用。1992 年，Koza 发表了专著《遗传程序设计：基于自然选择法则的计算机程序设计》，将遗传算法应用于计算机程序的优化设计及自动生成，提出了遗传编程的概念，并成功地将遗传编程应用于人工智能、机器学习、符号处理等方面；1994 年，Koza 又出版了《遗传程序设计 第二册：可重用程序的自动发现》，深化了遗传程序设计的研究，使程序设计自动化展现了新局面。

1993 年，MIT 出版社创刊了新杂志 *Evolutionary Computation*；1997 年，IEEE 又创刊了 *Transactions on Evolutionary Computation*。目前，关于遗传算法研究的热潮仍在持续，当前科学技术正处于多学科交叉融合、互相渗透的新时代，这也是近代科学技术发展的一个显著特征。在人工智能领域，有很多问题需要在复杂而庞大的搜索空间中寻找最优解或准优解，如旅行商问题和规划问题等组合优化问题就是典型的例子。研究能在搜索过程中自动获得和积累有关搜索空间的知识，并能自适应地控制搜索过程，从而得到最优解或准优解的通用搜索算法一直是令人瞩目的课题。因此，在人工智能时代，遗传算法与机器学习算法的交叉融合为其带来了新的生命力。

### 7.1.2 生物学基础

生物对自然环境具有极强的自适应能力，从而能够在自然界中生存繁衍。受生物进化的启示，科学家致力于对生物各种生存特性进行机理研究和行为模拟，遗传算法就是受遗传学说和生物进化论的启发而发展起来的。孟德尔遗传规律揭示了遗传学的两个基本定律——“分离定律”和“自由组合定律”。本小节简单回顾遗传学的有关知识，以便能够更好地深入了解遗传算法的运行机理。

#### 1. 遗传学术语

(1) 细胞(Cell)：细胞通常由细胞膜、细胞质与细胞核三部分组成。细胞膜在最外层，细胞质处于中间层，细胞核在最内层。细胞核由核膜、染色质、核液组成，是存储和复制遗传物质的场所。

(2) 染色体(Chromosome)：染色体是细胞核中的染色质在细胞分裂时的一种特殊表现，是遗传物质的载体，主要由蛋白质和 DNA 组成。

(3) 脱氧核糖核酸(DNA)：大分子有机聚合物，双螺旋结构。

(4) 基因型(Genotype)：遗传因子组合的模型。

(5) 表现型(Phenotype): 由染色体决定性状的外部表现。

(6) 基因座(Locus): 遗传基因在染色体中所占据的位置,同一基因座可能有的全部基因称为等位基因(Allele)。

(7) 个体(Individual): 指染色体带有特征的实体。

(8) 种群(Population): 个体的集合,该集合内个体数称为种群的大小。

(9) 进化(Evolution): 生物在其延续生存的过程中,逐渐适应其生存环境,使得其品质不断得到改良,这种生命现象称为进化。

(10) 适应度(Fitness): 度量某个物种对于生存环境的适应程度。对生存环境适应程度较高的物种将获得更多的繁殖机会,而对生存环境适应程度较低的物种,其繁殖机会就会相对较少,甚至逐渐灭绝。

(11) 选择(Selection): 指决定以一定的概率从种群中选择若干个体的操作。

(12) 复制(Reproduction): 细胞在分裂时,遗传物质 DNA 通过复制而转移到新产生的细胞中,新的细胞就继承了旧细胞的基因。

(13) 交叉(Crossover): 在两个染色体的某一相同位置处的 DNA 被切断,其前后两串分别交叉组合形成两个新的染色体。又称基因重组,俗称"杂交"。

(14) 变异(Mutation): 在细胞进行复制时可能以很小的概率产生某些复制差错,从而使 DNA 发生某种变异,产生出新的染色体,这些新的染色体表现出新的性状。

(15) 编码(Coding): 从表现型到基因型的映射。

(16) 解码(Decoding): 从基因型到表现型的映射。

**2. 进化论**

经过长期进化,形成了地球上的各类生物。解释生物进化的学说,主要是达尔文的自然选择学说。

(1) 遗传: 子代和父代具有相同或相似的性状,保证物种的稳定性;

(2) 变异: 子代与父代、子代不同个体之间总有差异,变异是生命多样性的根源;

(3) 生存斗争和适者生存: 具有适应性变异的个体被保留,不具适应性变异的个体被淘汰。

自然选择过程是长期的、缓慢的、连续的过程。根据进化论,生物在遗传、变异、选择三种因素的综合作用过程中,不断向前发展和进化。遗传保留了原物种的部分特征,变异为物种多样性提供了可能,选择则是通过遗传和变异起作用的,能够通过选择控制变异和遗传的方向,朝着适应环境的方向发展,从而使生物从简单到复杂,从低级到高级不断发展和进化。

### 7.1.3 遗传算法的特点

本节我们来讨论遗传算法的特点。从数学角度来看,遗传算法实质上是一种搜索寻优技术。首先由问题可能存在的所有解构成初始种群,初始种群由经过编码的若干个体组成。按照"适者生存"和"优胜劣汰"原则,在每一代,根据问题域中个体的适应度大小选择个体,借助于自然遗传学的遗传算子进行选择、交叉和变异,产生出新一代种群。整个过程使种群一代代进化,后代种群比前代更加适应环境,末代种群中的最优个体经过解码,可以作为问题近似最优解。

遗传算法属于搜索算法,因此也具有搜索算法的四个典型特征: 第一,组成一组候选解; 第二,依据某些适应性条件测算这些候选解的适应度; 第三,根据适应度保留某些候选解,放弃其他候选解; 第四,对保留的候选解进行某些操作,生成新的候选解。在遗传算法中,以上四个搜索算法的特征以一种特殊的方式融合在一起,基于染色体种群的并行式搜索,带有随机性的选择、交叉、变异操作，这种特殊的融合方式使得遗传算法与其他搜索算法有着明显区别。

除此之外，遗传算法本身还具有如下六个特点。

### 1. 智能化搜索

智能化体现在自组织、自适应和自学习，遗传算法采用有指导的搜索策略，而指导搜索的依据就是种群中个体的适应度，也就是待求解问题的目标函数。利用适应度使遗传算法逐步逼近目标值，整个搜索过程体现智能化。

利用遗传算法可以解决那些结构尚无人能理解的复杂问题，体现了遗传算法另一层次的智能化。

### 2. 渐进式优化

遗传算法利用选择、交叉、变异等操作，使后代结果优越于前代，通过一代代的更新迭代，逐渐得出最优解，计算过程是一种循环迭代的过程，采用的是渐进式的优化方式进行。

### 3. 全局最优解

遗传算法由于采用交叉、变异等操作，产生出新的个体构成新的种群，从而每一代更迭的过程中能够逐渐扩大搜索范围，使得搜索得到的结果是全局最优解。这一点非常关键，全局最优一直属于 NP 难问题。

### 4. 黑箱式结构

遗传算法根据所解决问题的特性，进行编码和适应度选择。一旦完成字符串编码和适应度函数表达，其余的选择、交叉、变异等操作都可按常规执行。我们可以将个体的编码看成输入，适应度值结果看成输出，则遗传算法可以看作一种黑箱式结构(类似神经网络)，如图 7-1 所示。

### 5. 普适性框架

传统的优化算法需要将所解决的问题用数学式子表示，而有的问题难以找到合适的表达式，导致算法的普适性不强。采用遗传算法，只用编码和适应度表示问题，并不要求明确的数学表达式，因而具有更强的普适性。遗传算法应用时，只需要有一些简单的原则要求，在实施过程中可以赋予更多的含义，可应用于离散问题及函数关系不明确等复杂问题，借助计算思维转换，即可完成对比关系的确定，从而实现问题求解。因此，普适性框架是遗传算法的一个典型特征。普适性框架的思维转换如图 7-2 所示。

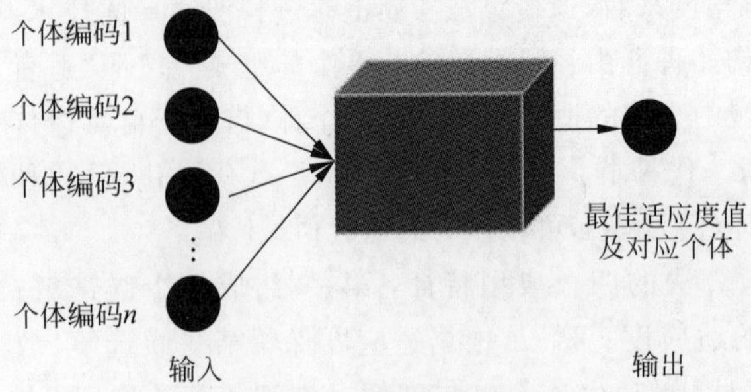


图 7-1　黑箱式结构

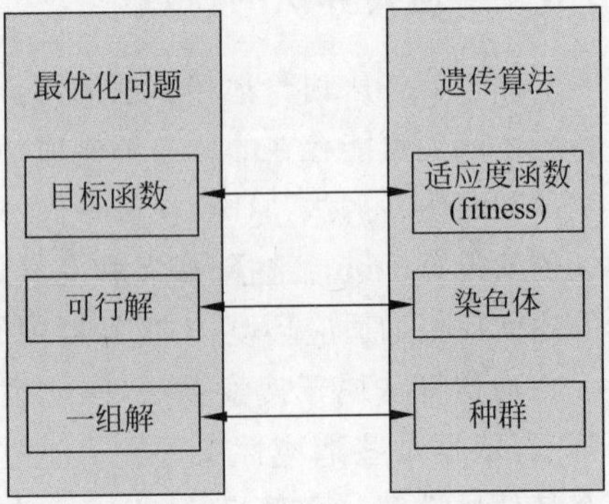


图 7-2　普适性框架的思维转换

### 6. 并行式计算

遗传算法是从初始群体出发，经过选择、交叉、变异等操作，产生一组新的群体。每次迭代计算，都是针对一组个体同时进行，从而可以同时搜索解空间内的多个区域，并相互交流信息，这种搜索方式使得进化计算能以较少的计算获得较大的收益。因此，尽管遗传算法是一种搜索算法，但是由于采用这种并行计算机理，搜索速度很高，这种并行式计算是遗传算法的一个重要特征。

## 7.2　遗传算法的原理与实现

### 7.2.1　遗传算法的原理

遗传算法模拟了自然选择和遗传过程中的繁殖、交配、突变等现象，是一种基于自然选择和遗传机理的优化搜索算法。用遗传算法对问题进行求解时，每一个可能解都被编码成一个染色体(个体)，若干个体构成所有可能解(群体)。随机产生若干个体(初始解)，根据预定的目标函数对每一个个体进行评估，计算适应度值；根据每个个体的适应度值，选择“优秀”的个体用来产生下一代，“选择”操作体现了“适者生存”的原理；选择完成后，经过“交叉”和“变异”操作，生成新的一代种群。如此循环往复，朝着最优解的方向一代一代逐步进化，最终获得最优解。

由于这一代的个体继承了上一代的优良品质和性状，因此表现更加优秀。遗传算法的实施过程中包括编码、产生群体、计算适应度、选择、交叉、变异等操作。

遗传算法的计算模块如图 7-3 所示，具体流程如图 7-4 所示。图中 $G$ 代表迭代的代数，$N$ 表示种群中的个体数目，$i$ 表示已处理个体的累计数，当累计数 $i$ 等于总数 $N$ 时，说明这一代的个体已全部处理完毕，需要转入下一代群体。

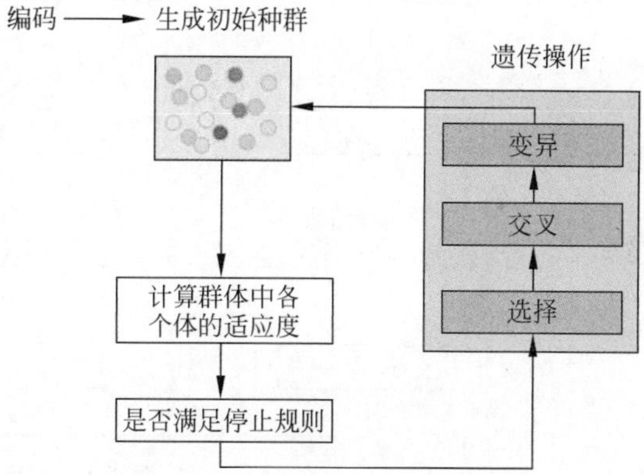

**图 7-3　遗传算法的计算模块**

遗传算法的流程具体描述如下。

(1) 初始化：随机创建由字符串组成的初始群体，设置进化代数计数器 $G=0$，设置最大进化代数 $T$，随机生成 $N$ 个个体作为初始群体 $P(0)$。

(2) 个体评价：计算各群体 $P(t)$中各个个体的适应度。

(3) 根据遗传概率，利用下述操作产生新群体。

① 选择：指决定以一定的概率从种群中选择若干个体的操作，该操作将选择算子作用于群体。选择的目的是把优化的个体直接遗传到下一代或通过配对交叉产生新的个体再遗传到下一代，选择操作是建立在群体中个体的适应度评估基础上的。

② 交叉：将选出的两个个体进行交换，所产生的新个体加入新种群中，该操作的核心是交叉算子，通过将交叉算子作用于群体的方式获得新个体。

③ 变异：随机地改变某一个体的某个字符后加入新种群中，该操作将变异算子作用于群体，即对群体中的个体串的某些基因座上的基因值作变动。

群体 $P(t)$经过选择、交叉、变异运算之后得到下一代群体 $P(t+1)$。

(4) 反复执行(2)、(3)后，一旦达到终止条件，选择具有最大适应度的最佳个体作为遗传

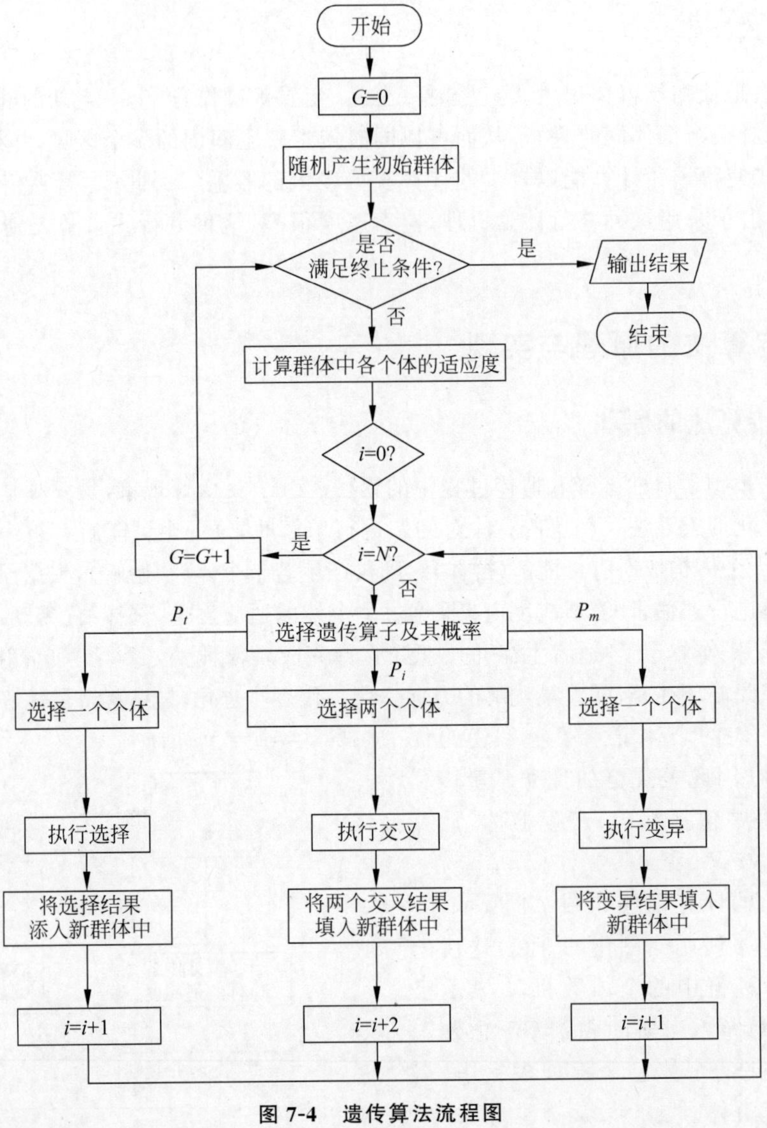


图 7-4　遗传算法流程图

算法的最优解输出,终止计算。

## 7.2.2　遗传编码

遗传算法的工作对象是字符串,因此对字符串的编码有两点要求:一是字符串要反映所研究问题的性质;二是字符串的表达要便于计算机处理。常用的遗传编码算法有霍兰德二进制编码、格雷编码、实数编码(浮点数编码)等,下面分别介绍。

### 1. 二进制编码

二进制编码是将原问题的结构变换为染色体的位串结构。在二进制编码中,首先要确定二进制字符串的长度 $L$,该长度与变量的定义域和所求问题的计算精度有关。

**例 7.1**　假设变量 $x$ 的定义域为[4,10],要求的计算精度为 $10^{-5}$,则需要将[4,10]至少分为 600000 个等长小区间,每个小区间用一个二进制串表示,串长至少等于 20,原因是

$$524288=2^{19}<600000<2^{20}=1048576$$

这样,对应于区间[4,10]内满足精度要求的每个值 $x$,都可用一个 20 位编码的二进制串 $\langle b_{19},b_{18},\cdots,b_0\rangle$来表示。

二进制编码存在的主要缺点是"汉明悬崖"问题。什么是"汉明悬崖"呢?"汉明悬崖"就是在某些相邻整数的二进制代码之间有很大的汉明距离,使得遗传算法的交叉和突变都难以跨越。举个例子,7 和 8 的二进制数分别为 0111 和 1000,当算法从 7 改进到 8 时,就必须改变所有的位,这对计算是非常不利的。

**2. 格雷编码**

格雷编码是对二进制编码进行变换后所得到的一种编码方法。这种编码方法要求两个连续整数的编码之间只能有一个码位不同,其余码位都是完全相同的,格雷编码有效地解决了"汉明悬崖"问题,其基本原理如下。

设有二进制串$\langle b_1,b_2,\cdots,b_n\rangle$,对应的格雷串为$\langle g_1,g_2,\cdots,g_n\rangle$,则从二进制编码到格雷编码的原理如下。

若二进制码表示为 $B[N-1]B[N-2]\cdots B[2]B[1]B[0]$。

相应地,则二进制格雷码表示为 $G[N-1]G[N-2]\cdots G[2]G[1]G[0]$。

其中最高位保留:$G[N-1]=B[N-1]$。

其他各位:$G[i]=B[i+1]\oplus B[i](i=0,1,2,\cdots,N-2)$。

其中,$\oplus$表示异或。

**例 7.2**　十进制数 7 和 8 的二进制编码分别为 0111 和 1000,而其格雷编码分别为 0100 和 1100。请读者自行计算。

**3. 实数编码(浮点数编码)**

实数编码是将每个个体的染色体,用某一范围的一个实数(浮点数)来表示,其编码长度等于该问题变量的个数。

这种编码方法是将问题的解空间映射到实数空间上,然后在实数空间上进行遗传操作。由于实数编码使用的是变量的真实值,因此这种编码方法也叫作真值编码方法。

实数编码具有如下优点:适用于表示范围较大的数;适用于对精度要求较高的问题;便于较大空间的遗传搜索;改善了遗传算法的计算复杂性,提高了运算效率;便于遗传算法与经典优化方法的混合使用;便于设计针对问题的知识型遗传算子;便于处理复杂的决策变量约束条件;适用于多维、高精度要求的连续函数优化问题。

从生物学角度看,编码就相当于选择遗传物质,它是研究遗传的基础。同样,在遗传算子中编码也是一项基础性工作。

### 7.2.3　遗传操作

**1. 遗传算法基本操作**

遗传算法中的基本遗传操作包括选择、交叉和变异三种,而每种操作又包括多种不同的方法,下面分别对它们进行介绍。

1) 选择操作

选择操作是指根据选择概率按某种策略从当前种群中挑选出一定数目的个体,使它们能够有更多的机会被遗传到下一代中。

常用的选择策略可分为比例选择、排序选择和竞技选择三种类型。

(1) 比例选择。比例选择方法的基本思想是：各个个体被选中的概率与其适应度大小成正比。

常用的比例选择策略包括“轮盘赌”选择和“繁殖池”选择。

① 轮盘赌选择。轮盘赌选择法又被称为转盘赌选择法或轮盘选择法。在这种方法中，个体被选中的概率取决于该个体的相对适应度。而相对适应度的定义为：

$$P(x_i)=\frac{f(x_i)}{\sum_{j=1}^{N}f(x_j)} \tag{7.1}$$

其中，$P(x_i)$是个体 $x_i$ 的相对适应度，即个体 $x_i$ 被选中的概率；$f(x_i)$是个体 $x_i$ 的原始适应度；分母是种群的累加适应度。

轮盘赌选择算法的基本思想是：根据每个个体的选择概率 $P(x_i)$将一个圆盘分成 $N$ 个扇区，其中第 $i$ 个扇区的中心角为：

$$2\pi\frac{f(x_i)}{\sum_{j=1}^{N}f(x_j)}=2\pi P(x_i) \tag{7.2}$$

再设立一个移动指针，将圆盘的转动等价为指针的移动。选择时，假想转动圆盘，若静止时指针指向第 $i$ 个扇区，则选择个体 $i$。其物理意义如图 7-5 所示。

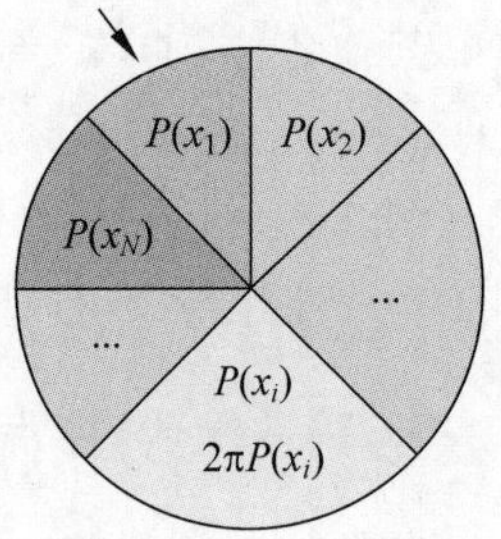


图 7-5 轮盘选择原理

从统计角度看，个体的适应度值越大，其对应的扇区的面积越大，被选中的可能性也越大。这种方法有点类似于发放奖品使用的轮盘，并带有某种赌博的意思，因此亦被称为轮盘赌选择。

② 繁殖池。繁殖池选择是比例选择中常用的一种方法。该方法的基本思想是：首先计算种群中每个个体的繁殖数目 $M$，并分别把每个个体复制成 $N$ 个个体；接着将这些复制后的个体组成一个临时种群，即形成一个繁殖池，然后从繁殖池中成对地随机抽取个体进行交叉操作，并用新产生的个体取代当前个体，最后形成下一代个体种群。

对于种群中第 $i$ 个个体的繁殖数目 $N_i$，可按下式计算：

$$N_i=\text{round}(\text{rel}_i\times N) \tag{7.3}$$

其中，round($x$)表示与 $x$ 距离最小的整数；$N$ 表示种群规模；rel 表示种群中第 $i$ 个个体的相对适应度，其计算公式为

$$\text{rel}_i=f(x_i)\Big/\sum_{j=1}^{N}f(x_j) \tag{7.4}$$

其中，$f(x_i)$是种群中第 $i$ 个个体的适应度。

可见，个体的适应度越大，其相对适应度和繁殖数目也越大，即它在繁殖池中被选择的机会也就越大。而对那些 $N_i=0$ 的个体，肯定会被淘汰。

(2) 排序选择。排序选择(Ranking Selection)法的基本思想是：首先对种群中的所有个体，按其相对适应度的大小进行排序；然后根据每个个体的排列顺序，为其分配相应的选择概率；最后基于这些选择概率，采用比例选择(如轮盘赌选择)方法产生下一代种群。

这种方法的主要优点是消除了个体适应度差别很大所产生的影响。

(3) 竞技选择。竞技选择(Tournament Selection)法也称为锦标赛选择法，其基本思想

是：首先在种群中随机地选择 $k$ 个(允许重复)个体进行锦标赛式比较，适应度大的个体将胜出，并被作为下一代种群中的个体；重复以上过程，直到下一代种群中的个体数目达到种群规模为止。参数 $k$ 被称为竞赛规模，通常取 $k=2$。

这种方法实际上是将局部竞争引入选择过程中，它既能使得那些好的个体有较多的繁殖机会，又可避免某个个体因其适应度过高而在下一代繁殖较多的情况。

2) 交叉操作

交叉操作是指按照某种方式对选择的父代个体的染色体的部分基因进行交配重组，从而形成新的个体。交配重组是自然界中生物遗传进化的一个主要环节，也是遗传算法中产生新的个体的最主要方法。根据个体编码方法的不同，遗传算法中的交叉操作可分为二进制交叉和实值交叉两种类型。

(1) 二进制交叉。二进制交叉(Binary Valued Crossover)是指在二进制编码情况下所采用的交叉操作，它主要包括单点交叉、两点交叉、多点交叉和均匀交叉等方法。

① 单点交叉。单点交叉也称简单交叉，它是先在两个父代个体的编码串中随机设定一个交叉点，然后对这两个父代个体交叉点前面或后面部分的基因进行交换，并生成子代中的两个新的个体。假设两个父代的个体串分别是

$$X=x_1x_2\cdots x_kx_{k+1}\cdots x_n$$

$$Y=y_1y_2\cdots y_ky_{k+1}\cdots y_n$$

随机选择第 $k$ 位为交叉点，若采用对交叉点后面的基因进行交换的方法，单点交叉是将 $X$ 中的 $x_{k+1}$ 到 $x_n$ 部分与 $Y$ 中的 $y_{k+1}$ 到 $y_n$ 部分进行交叉，交叉后生成的两个新的个体是

$$X'=x_1x_2\cdots x_ky_{k+1}\cdots y_n$$

$$Y'=y_1y_2\cdots y_kx_{k+1}\cdots x_n$$

**例 7.3** 设有两个父代的个体串 $A=001101$ 和 $B=110010$，若随机交叉点为 4，则交叉后生成的两个新的个体是

$$A'=001110$$

$$B'=110001$$

② 两点交叉。两点交叉是指先在两个父代个体的编码串中随机设定两个交叉点，然后再按这两个交叉点进行部分基因交换，生成子代中的两个新的个体。

假设两个父代的个体串分别是

$$X=x_1x_2\cdots x_i\cdots x_j\cdots x_n$$

$$Y=y_1y_2\cdots y_i\cdots y_j\cdots y_n$$

随机设定第 $i$、$j$ 位为两个交叉点(其中 $i<j<n$)，两点交叉是将 $X$ 中的 $x_{i+1}$ 到 $x_j$ 部分与 $Y$ 中的 $y_{i+1}$ 到 $y_j$ 部分进行交换，交叉后生成的两个新的个体是

$$X'=x_1x_2\cdots x_iy_{i+1}\cdots y_jx_{j+1}\cdots x_n$$

$$Y'=y_1y_2\cdots y_ix_{i+1}\cdots x_jy_{j+1}\cdots y_n$$

**例 7.4** 设有两个父代的个体串 $A=001101$ 和 $B=110010$，若随机交叉点为 3 和 5，则交叉后的两个新的个体是

$$A'=001011$$

$$B'=110100$$

③ 多点交叉。多点交叉是指先随机生成多个交叉点，然后再按这些交叉点分段地进行部分基因交换，生成子代中的两个新的个体。

假设交叉点个数为 $m$，则可将个体串划分为 $m+1$ 个分段，其划分方法是：

当 $m$ 为偶数时，对全部交叉点依次进行两两配对，构成 $m/2$ 个交叉段。

当 $m$ 为奇数时，对前 $(m-1)$ 个交叉点依次进行两两配对，构成 $(m-1)/2$ 个交叉段，而第 $m$ 个交叉点则按单点交叉方法构成一个交叉段。

下面以 $m=3$ 为例进行讨论。假设两个父代的个体串分别是 $X=x_1x_2\cdots x_i\cdots x_j\cdots x_k\cdots x_n$ 和 $Y=y_1y_2\cdots y_i\cdots y_j\cdots y_k\cdots y_n$，随机设定第 $i$、$j$、$k$ 位为三个交叉点(其中 $i<j<k<n$)，则将构成两个交叉段。交叉后生成的两个新的个体是

$$X'=x_1x_2\cdots x_iy_{i+1}\cdots y_jx_{j+1}\cdots x_ky_{k+1}\cdots y_n$$

$$Y'=y_1y_2\cdots y_ix_{i+1}\cdots x_jy_{j+1}\cdots y_kx_{k+1}\cdots x_n$$

**例 7.5** 设有两个父代的个体串 $A=001101$ 和 $B=110010$，若随机交叉点为 1、3 和 5，则交叉后的两个新的个体是

$$A'=010100$$

$$B'=101011$$

④ 均匀交叉。均匀交叉(Uniform Crossover)是先随机生成一个与父串具有相同长度，并被称为交叉模板(或交叉掩码)的二进制串，然后再利用该模板对两个父串进行交叉，即将模板中 1 对应的位进行交换，而 0 对应的位不交换，依此生成子代中的两个新的个体。事实上，这种方法对父串中的每一位都是以相同的概率随机进行交叉的。

**例 7.6** 设有两个父代的个体串 $A=001101$ 和 $B=110010$，若随机生成的模板 $T=010011$，则交叉后的两个新的个体是 $A'=011110$ 和 $B'=100001$。即

$A$：001101

$B$：110010

$T$：010011

$A'$：011110

$B'$：100001

(2) 实值交叉。实值交叉是在实数编码情况下所采用的交叉操作，主要包括离散交叉和算术交叉，下面主要讨论离散交叉(部分离散交叉和整体离散交叉)。

部分离散交叉是先在两个父代个体的编码向量中随机选择一部分分量，然后对这部分分量进行交换，生成子代中的两个新的个体。

整体交叉则是对两个父代个体的编码向量中的所有分量，都以 1/2 的概率进行交换，从而生成子代中的两个新的个体。

以部分离散交叉为例，假设两个父代个体的 $n$ 维实向量分别是 $\boldsymbol{X}=x_1x_2\cdots x_k\cdots x_n$ 和 $\boldsymbol{Y}=y_1y_2\cdots y_k\cdots y_n$，若随机选择对第 $k$ 个分量以后的所有分量进行交换，则生成的两个新的个体向量是

$$\boldsymbol{X}'=x_1x_2\cdots x_ky_{k+1}\cdots y_n$$

$$\boldsymbol{Y}'=y_1y_2\cdots y_kx_{k+1}\cdots x_n$$

**例 7.7** 设有两个父代个体向量 $\boldsymbol{A}=20\ 16\ 19\ 32\ 18\ 26$ 和 $\boldsymbol{B}=36\ 25\ 38\ 12\ 21\ 30$，若随机选择对第 3 个分量以后的所有分量进行交叉，则交叉后两个新的个体向量是

$$\boldsymbol{A}'=20\ 16\ 19\ 12\ 21\ 30$$

$$\boldsymbol{B}'=36\ 25\ 38\ 32\ 18\ 26$$

3）变异操作

变异是指对选中个体的染色体中的某些基因进行变动，以形成新的个体。变异也是生物遗传和自然进化中的一种基本现象，可增强种群的多样性。遗传算法中的变异操作增加了算法的局部随机搜索能力，从而可以维持种群的多样性。根据个体编码方式的不同，变异操作可分为二进制变异和实值变异。

（1）二进制变异。当个体的染色体采用二进制编码表示时，其变异操作应采用二进制变异方法。该变异方法先随机地产生一个变异位，然后将该变异位置上的基因值由“0”变为“1”，或由“1”变为“0”，产生一个新的个体。

**例 7.8** 设变异前的个体为 $\boldsymbol{A}=0\ 0\ 1\ 1\ 0\ 1$，若随机产生的变异位置是 2，则该个体的第 2 位由“0”变为“1”。

变异后的新的个体是 $\boldsymbol{A}'=0\ 1\ 1\ 1\ 0\ 1$。

（2）实值变异。当个体的染色体采用实数编码表示时，其变异操作应采用实值变异方法。该方法是用另外一个在规定范围内的随机实数去替换原变异位置上的基因值，产生一个新的个体。最常用的实值变异操作有：

① 基于位置的变异方法。该方法是先随机地产生两个变异位置，然后将第二个变异位置上的基因移动到第一个变异位置的前面。

**例 7.9** 设选中的个体向量 $\boldsymbol{C}=20\ 16\ 19\ 12\ 21\ 30$，若随机产生的两个变异位置分别是 2 和 4，则变异后的新的个体向量是 $\boldsymbol{C}'=20\ 12\ 16\ 19\ 21\ 30$。

② 基于次序的变异。该方法是先随机地产生两个变异位置，然后交换这两个变异位置上的基因。

**例 7.10** 设选中的个体向量 $\boldsymbol{D}=20\ 16\ 19\ 12\ 21\ 30$，若随机产生的两个变异位置分别是 2 和 4，则变异后的新的个体向量是：$\boldsymbol{D}'=20\ 12\ 19\ 16\ 21\ 30$。

**2. 适应度**

在遗传算法中，衡量个体优劣的尺度是适应度。根据适应度的大小，决定某些个体是繁殖或是消亡。因此，适应度是驱动遗传算法的动力。从生物学角度讲，适应度相当于“生存竞争，适者生存”的生物生存能力，在遗传过程中具有重要意义。通常，一个个体的适应度值越大，它被遗传到下一代种群中的概率也就越大。

在遗传算法中，有许多计算适应度的方法，其中最常用的适应度函数有以下两种。

1）原始适应度函数

它是直接将待求解问题的目标函数 $f(x)$ 定义为遗传算法的适应度函数。例如，在求解极值问题：

$$\max_{x\in[a,b]} f(x) \tag{7.5}$$

时，$f(x)$ 即为 $x$ 的原始适应度函数。

采用原始适应度函数的优点是能够直接反映出待求解问题的最初求解目标，其缺点是有可能出现适应度值为负的情况。

2）标准适应度函数

在遗传算法中，一般要求适应度函数非负，并非适应度值越大越好。这就往往需要对原始适应函数进行某种变换，将其转换为标准的度量方式，以满足进化操作的要求，这样所得到的适应度函数被称为标准适应度函数 $f_{\text{Normal}}(x)$。例如下面的极小化和极大化问题。

（1）极小化问题。对极小化问题，其标准适应度函数可定义为

$$f_{\text{Normal}}(x)=\begin{cases} f_{\max}(x)-f(x), & f(x)<f_{\max}(x) \\ 0, & \text{其他} \end{cases} \tag{7.6}$$

其中，$f_{\max}(x)$是原始适应函数 $f(x)$的一个上界。如果 $f_{\max}(x)$未知，则可用当前代或到目前为止各演化代中的 $f(x)$的最大值来代替。可见，$f_{\max}(x)$是会随着进化代数的增加而不断变化的。

(2) 极大化问题。对极大化问题，其标准适应度函数可定义为：

$$f_{\text{Normal}}(x)=\begin{cases} f(x)-f_{\min}(x), & f(x)>f_{\min}(x) \\ 0, & \text{其他} \end{cases} \tag{7.7}$$

其中，$f_{\min}(x)$是原始适应函数 $f(x)$的一个下界。如果 $f_{\min}(x)$未知，则可用当前代或到目前为止各演化代中的 $f(x)$的最小值来代替。

## 7.3 遗传算法的应用

### 1. 应用案例

下面我们以求函数最大值的案例，演示遗传算法的整个计算过程。

**例 7.11** 用遗传算法求函数：$f(x)=x^2$ 的最大值，其中 $x$ 为[0,31]间的整数。

**解**：这个问题本身比较简单，其最大值很显然是在 $x=31$ 处。但作为一个例子，它有着较好的示范性和可理解性。

按照遗传算法计算步骤，其求解过程如下。

1) 编码

由于 $x$ 的定义域是区间[0,31]上的整数，由 5 位二进制数即可全部表示。因此，可采用二进制编码方法，其编码串的长度为 5。用二进制串 00000 来表示 $x=0$，11111 来表示 $x=31$，其中的 0 和 1 为基因值。

2) 生成初始种群

若假设给定的种群规模 $N=4$，则可用 4 个随机生成的长度为 5 的二进制串作为初始种群，此处假设随机生成的初始种群(即第 0 代种群)为

$$S_{01}=01101 \quad S_{02}=11001$$
$$S_{03}=01000 \quad S_{04}=10010$$

3) 计算适应度

要计算个体的适应度，首先应该定义适应度函数。由于本例是求 $f(x)$的最大值，因此可直接用 $f(x)$来作为适应度函数。即：$f(s)=f(x)$。

其中的二进制串 $s$ 对应着变量 $x$ 的值。根据此函数，初始种群中各个个体的适应值及其所占比例如表 7-1 所示。

**表 7-1 初始种群的情况表**

| 编号 | 个体串(染色体) | $x$ | 适应值 | 百分比/% | 累计百分比/% | 选中次数 |
|---|---|---|---|---|---|---|
| $S_{01}$ | 01101 | 13 | 169 | 14.30 | 14.30 | 1 |
| $S_{02}$ | 11001 | 25 | 625 | 52.88 | 67.18 | 2 |
| $S_{03}$ | 01000 | 8 | 64 | 5.41 | 72.59 | 0 |
| $S_{04}$ | 10010 | 18 | 324 | 27.41 | 100 | 1 |

可以看出，在 4 个个体中 $S_{02}$ 的适应值最大，是当前最佳个体。

4）选择操作

假设采用轮盘赌方式选择个体，且依次生成的 4 个随机数（相当于轮盘上指针所指的数）为 0.85、0.32、0.12 和 0.46，经选择后得到的新的种群为

$$S'_{01}=10010$$

$$S'_{02}=11001$$

$$S'_{03}=01101$$

$$S'_{04}=11001$$

其中，染色体 11001 在种群中出现了 2 次，而原染色体 01000 则因适应值太小而被淘汰。

5）交叉

假设交叉概率 $P_i$ 为 50%，则种群中只有 1/2 的染色体参与交叉。若规定种群中的染色体按顺序两两配对交叉，且有 $S'_{01}$ 与 $S'_{02}$ 交叉，$S'_{03}$ 与 $S'_{04}$ 不交叉，则交叉情况如表 7-2 所示。

**表 7-2 初始种群的交叉情况表**

| 编号 | 个体串(染色体) | 交叉对象 | 交叉位 | 子代 | 适应值 |
|---|---|---|---|---|---|
| $S'_{01}$ | 10010 | $S'_{02}$ | 3 | 100**01** | 289 |
| $S'_{02}$ | 11001 | $S'_{01}$ | 3 | 110**10** | 676 |
| $S'_{03}$ | 01101 | $S'_{04}$ | $N$ | 01101 | 169 |
| $S'_{04}$ | 11001 | $S'_{03}$ | $N$ | 11001 | 625 |

可见，经交叉后得到的新的种群为

$$S''_{01}=10001$$

$$S''_{02}=11010$$

$$S''_{03}=01101$$

$$S''_{04}=11001$$

6）变异

变异概率 $P_m$ 一般都很小，假设本次循环中没有发生变异，则变异前的种群即为进化后所得到的第 1 代种群。即：

$$S_{11}=10001$$

$$S_{12}=11010$$

$$S_{13}=01101$$

$$S_{14}=11001$$

然后，对第 1 代种群重复上述 4)～6)的操作，其选择情况如表 7-3 所示。

**表 7-3 第 1 代种群的选择情况**

| 编号 | 个体串(染色体) | $x$ | 适应值 | 百分比/% | 累计百分比/% | 选中次数 |
|---|---|---|---|---|---|---|
| $S_{11}$ | 10001 | 17 | 289 | 16.43 | 16.43 | 1 |
| $S_{12}$ | 11010 | 26 | 676 | 38.43 | 54.86 | 2 |
| $S_{13}$ | 01101 | 13 | 169 | 9.61 | 64.47 | 0 |
| $S_{14}$ | 11001 | 25 | 625 | 35.53 | 100 | 1 |

其中，若假设按轮盘赌选择时依次生成的 4 个随机数为 0.14、0.51、0.24 和 0.82，经选择后得到的新的种群为

$$S'_{11}=10001$$

$$S'_{12}=11010$$

$$S'_{13}=11010$$

$$S'_{14}=11001$$

可见，染色体 11010 被选择了 2 次，而原染色体 01101 则因适应值太小而被淘汰。

对第 1 代种群，其交叉情况如表 7-4 所示。

**表 7-4　第 1 代种群的交叉情况**

| 编号 | 个体串（染色体） | 交叉对象 | 交叉位 | 子代 | 适应值 |
|---|---|---|---|---|---|
| $S'_{11}$ | 10001 | $S'_{12}$ | 3 | 100**10** | 324 |
| $S'_{12}$ | 11010 | $S'_{11}$ | 3 | 110**01** | 625 |
| $S'_{13}$ | 11010 | $S'_{14}$ | 2 | 11**001** | 625 |
| $S'_{14}$ | 11001 | $S'_{13}$ | 2 | 11**010** | 675 |

可见，经杂交后得到的新的种群为

$$S''_{11}=10010$$

$$S''_{12}=11001$$

$$S''_{13}=11001$$

$$S''_{14}=11010$$

可以看出，第 3 位基因均为 0，已经不可能通过交配达到最优解。这种过早陷入局部最优解的现象称为“早熟”。为解决“早熟”现象，需要采用变异操作。

对第 1 代种群，其变异情况如表 7-5 所示。

**表 7-5　第 1 代种群的变异情况**

| 编号 | 个体串（染色体） | 是否变异 | 变异位 | 子代 | 适应值 |
|---|---|---|---|---|---|
| $S''_{11}$ | 10010 | 否 |  | 10010 | 324 |
| $S''_{12}$ | 11001 | 否 |  | 11001 | 625 |
| $S''_{13}$ | 11001 | 否 |  | 11001 | 625 |
| $S''_{14}$ | 11010 | 是 | 3 | 11110 | 900 |

它是通过对 $S''_{14}$ 的第 3 位的变异来实现的。变异后所得到的第 2 代种群为

$$S_{21}=10010$$

$$S_{22}=11001$$

$$S_{23}=11001$$

$$S_{24}=11110$$

接着，再对第 2 代种群同样重复上述 4)～6)的操作。

对第 2 代种群，同样重复上述 4)～6)的操作。其选择情况如表 7-6 所示。

**表 7-6　第 2 代种群的选择情况**

| 编号 | 个体串（染色体） | $x$ | 适应值 | 百分比/% | 累计百分比/% | 选中次数 |
|---|---|---|---|---|---|---|
| $S_{21}$ | 10010 | 18 | 324 | 23.92 | 23.92 | 1 |
| $S_{22}$ | 11001 | 25 | 625 | 22.12 | 46.04 | 1 |
| $S_{23}$ | 11001 | 25 | 625 | 22.12 | 68.16 | 1 |
| $S_{24}$ | 11110 | 30 | 900 | 31.84 | 100 | 1 |

其中，若假设按轮盘赌选择时依次生成的 4 个随机数为 0.42、0.15、0.59 和 0.91，经选择后得到的新的种群为

$$S'_{21}=11001$$
$$S'_{22}=10010$$
$$S'_{23}=11001$$
$$S'_{24}=11110$$

对第 2 代种群,其交叉情况如表 7-7 所示。

**表 7-7　第 2 代种群的交叉情况**

| 编号 | 个体串(染色体) | 交叉对象 | 交叉位 | 子代 | 适应值 |
|---|---|---|---|---|---|
| $S'_{21}$ | 11001 | $S'_{22}$ | 3 | 110**10** | 676 |
| $S'_{22}$ | 10010 | $S'_{21}$ | 3 | 100**01** | 289 |
| $S'_{23}$ | 11001 | $S'_{24}$ | 4 | 1100**0** | 576 |
| $S'_{24}$ | 11110 | $S'_{23}$ | 4 | 1111**1** | 961 |

这时,函数的最大值已经出现,其对应的染色体为 11111,经解码后可知问题的最优解是在点 $x=31$。求解过程结束。

案例 7.11 比较简单,属于函数优化的问题。下面我们再来看一个组合优化问题——旅行商问题。

**例 7.12**　旅行商问题求解:有若干城市,每个城市给定一个坐标,一个旅行商需要经过每个城市各一遍且不能重复经过城市,起点可以任意选择,求旅行商经过所有城市的总距离的最小值及其最优路径。该问题是组合优化中的一个 NP 难问题。

**解**:假设本案例城市的个数为 10,解题思路流程如图 7-6 所示。

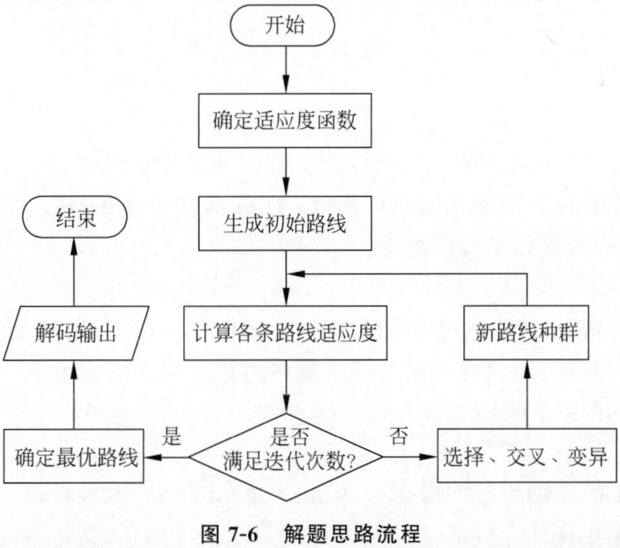


**图 7-6　解题思路流程**

具体编码过程及算子设计如下。

1) 基因编码

针对 TSP 问题,编码规则通常采用实数($n$ 进制)编码,即每个染色体仅从 0 到 $n-1$ 的整数里面取一个值,每个个体的长度为 $n$,$n$ 为城市总数。即用一串基因编码表示遍历的城市顺序,如:(2 3 4 5 1 7 9 0 8 6),表示 10 个城市中,先经过城市 2,再经过城市 3,以此类推,最后到达城市 6。

2) 交叉算子设计

采用部分匹配交叉(PMX)法:先随机产生两个交叉点,定义这两点间的区域为匹配区域，并交换两个父代的匹配区域。

父代 $A$：872|130|9546；

父代 $B$：983|567|1420；

TEMP $A$：872|567|9546；

TEMP $B$：983|130|1420。

对于 TEMP $A$、TEMP $B$ 中匹配区域以外出现的数码重复，要依据匹配区域内的位置逐一进行替换。匹配关系：1↔5，3↔6，7↔0。

子代 $A$：802|567|9143；

子代 $B$：986|130|5427。

3）变异算子设计

对于 TSP 问题，一般采用倒位变异法，即首先在父体中随机选择两截断点，然后将该两点所夹的子串中的城市进行反序。

例如：设原个体：(0 1 2 3 4 5 6 7 8 9)；

随机选择两点：(0 1 2|3 4 5 6| 7 8 9)；

倒位后的个体：(0 1 2 |6 5 4 3|7 8 9)。

4）适应度函数

TSP 问题的目标是路径总长度最短，可以用常数 $L$ 除以某个体的路径总长度作为该个体的适应度函数。

以上是对该问题求解的思路分析，具体求解的源代码见附录(附城市坐标，并给出城市个数为 10,30,50,75 四种情况)。

**2. 应用领域**

1）函数优化

函数优化是遗传算法的经典应用领域，也是遗传算法进行性能评价的常用算例。科研工作者们构造出了各种各样复杂形式的测试函数：连续函数和离散函数、凸函数和凹函数、低维函数和高维函数、单峰函数和多峰函数等。

2）组合优化

随着问题规模的增大，组合优化问题的搜索空间也急剧增大，用传统的枚举法很难求出最优解。对这类复杂的问题，人们意识到应把主要精力放在寻求满意解上。实践证明，遗传算法对于组合优化中的 NP 完全问题非常有效。

3）自动控制

如基于遗传算法的模糊控制器优化设计、基于遗传算法的参数辨识、利用遗传算法进行人工神经网络的结构优化设计和权值学习等。

4）机器人智能控制

遗传算法已经广泛应用于移动机器人的路径规划、关节机器人的运动轨迹规划、机器人逆运动学求解、细胞机器人的结构优化和行动协调等。

机器人技术需要人类的设计师和工程师通过尝试各种可能发生的事情，来创造出对人类有用的机器。每个机器人的设计取决于它要完成的工作，不同的工作有着不同的设计。通过遗传算法进行编程，可以针对每种特定用途，搜索计算出一系列最佳设计和组件，可以为计算机计算模拟出多种可能操作。随着遗传算法的改进，未来人们将看到更多的扫地机器人、看家机器人、管理机器人。

5）图像处理与模式识别

目前，遗传算法已在图像恢复、图像边缘特征提取、几何形状识别等方面得到了应用。

6）计算机游戏领域

使用遗传算法进行游戏编程，程序将会吸收人类的决策算法，人工智能未来会越来越强大，而通过遗传算法编写游戏，也将是人类不断提升自己的一种方式。

7）网络安全领域

目前，网络安全是每个国家的重点关注领域。加密数据，版权保护，破坏竞争对手的代码在计算机领域非常重要。在网络安全方面，遗传算法既可用于为敏感数据创建加密，也可用于解密这些数据。

8）人工生命

基于遗传算法的进化模型是研究人工生命现象的重要理论基础，遗传算法已在其进化模型、学习模型、行为模型等方面显示了初步的应用能力。

## 本章习题

1. 遗传算法的缩写是________，它模拟了自然界中________过程而提出。

2. 简述遗传算法的特点。

3. 遗传算法的编码方式有哪几种？

4. 试述轮盘赌选择方法的基本思想。

5. 遗传算法的步骤是什么？

6. 遗传算法的应用领域有哪些？

7. 遗传算法是典型的计算求解的方法，它通过“产生任何一个可能解，并验证可能解的正确性”的方法求解一个复杂问题。关于计算求解，下列说法正确的是（　　）。

(A) 可以从所有可能解的集合中产生每一个可能解，并验证可能解的正确性。利用这种策略的算法，计算机定能够在有限时间内找到精确解

(B) 可以从所有可能解的集合中随机产生一些可能解，并验证可能解的正确性。利用这种策略的算法，计算机一定能够在有限时间内找到精确解

(C) 可以从所有可能解的集合中随机产生些可能解，并验证可能解的正确性。利用这种策略的算法，计算机一定能够在有限时间内找到满意解

(D) 可以从所有可能解的集合中随机产生一些可能解，并验证可能解的正确性。利用这种策略的算法，如果随机产生的可能解越多，则计算机找到满意解的概率也越大，但耗费时间也越长

(E) 上述说法都正确

8. 关于什么情况下应用遗传算法，下列说法正确的是（　　）。

(A) 当对某问题求解，找不到更好的多项式时间复杂性算法时

(B) 当问题的可能解能够被表达，并能够确定问题的解空间时

(C) 当能够找到可能解的适应度计算方法，即能够判断一个可能解接近精确解的程度或方向时

(D) 前述(A)(B)(C)至少有一个满足时

(E) 前述(A)(B)(C)同时满足时

9. 通过变异操作，遗传算法可维持群体多样性，为什么？下列说法不正确的是（　　）。

(A) 由于初始解设置或经多次迭代后，很可能使一代种群中的各个可能解具有相似的结构，此时无论怎样交叉产生的新可能解，都将在与该结构相近的可能解空间中搜索，这种现象被称为过早收敛

(B) 为避免过早收敛，有必要保持种群个体的多样性，即使种群中的可能解具有不同的结构，怎样保持不同的结构，即通过变异，打破原有相似的结构，进入另外的空间中搜索

(C) 当进化到某一代时，种群的解可能具有相类似的结构，可能始终在这个类似结构的解集合中进行循环，为避免这种情况，通过对一些解应用变异操作，打破种群的解的相类似结构，有助于跳出循环，在更大空间中进行搜索

(D) 当产生的可行解接近最优解的邻域时，应谨慎使用变异，以免偏向最优解的结构被破坏；而当产生的可行解并未接近最优解的邻域时，可以选择较大的变异概率以保证种群解的多样性

(E) 上述说法有不正确的

10. 试着用一种编程语言实现遗传算法。

习题

案例导读

# 第 8 章

# 遗传规划

**本章导读**

遗传算法采用字符串表达问题，而字符串的长度常常是固定的，因此限制了遗传算法的应用。大自然中的问题一般都比较复杂，很多问题不能简单地用字符串去表达，在此背景下，遗传规划(Genetic Programming，GP)应运而生！遗传规划也可以看作是遗传算法在执行程序进化时的特例，但它和一般的遗传算法具有明显的不同，主要包括三点：第一，执行结构(程序)的成员不再是字符串或实数变量；第二，遗传规划的每个种群个体的适应度是通过执行它来测定的；第三，对于具体问题需要定义相应的语法。遗传规划是以计算机程序的形式表达问题，它的结构和大小都是可以变化的，从而便于表达复杂的性质。本章针对遗传算法的局限性，引出遗传规划的思路和步骤，并给出应用案例。

## 8.1 概述

### 8.1.1 遗传算法的局限性

从第 7 章的讨论可以看到，遗传算法对字符串进行操作，可解决一系列的复杂问题，许多研究人员在此基础上提出的理论和方法，极大地丰富了遗传算法的内容。但是，正是由于遗传算法直接对字符串进行操作，因此遗传算法中对问题的描述将显得至关重要。然而，用编码方法特别是定长字符串方法描述问题，将极大地限制遗传算法的应用范围。遗传算法的主要缺点如下。

**1. 不能描述层次化的问题**

有许多问题，其解答的自然描述往往是一种层次化的计算机程序，而不是一种定长的字符串形式。例如，常用的函数表达式 $f(x)=A_0+A_1x+A_2x^2+A_3x^3$，事实上可看成一个具有层次化结构的计算机程序，图 8-1 直观地描述了该层次化结构，在许多情况下，这种层次化的计算机程序的结构和大小在问题获得解决之前往往无法了解。例如，对如图 8-2 所示的数据进行拟合时，究竟选下列哪一个函数进行拟合事先是无法精确了解的。例如：

$$f(x)=A_0+A_1x+A_2x^2+A_3x^3$$

$$f(x)=A_0\log(A_1x+A_2x^2+A_3x^3)$$

$$f(x)=A_0+\exp(A_1x)+\log(A_2x^2)+\sin(A_3x^3)$$

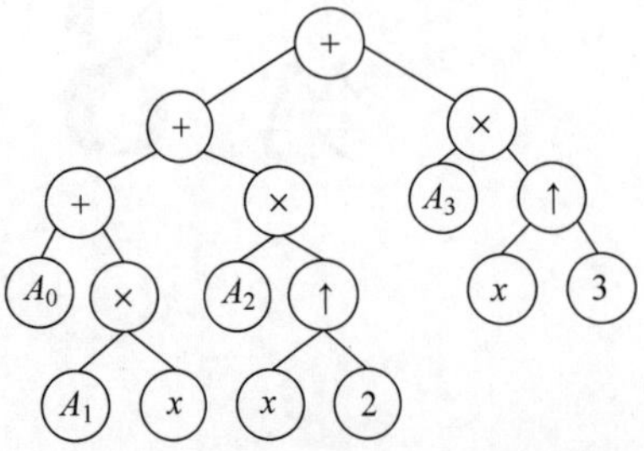


图 8-1　函数表达式 $f(x)$ 的层次结构

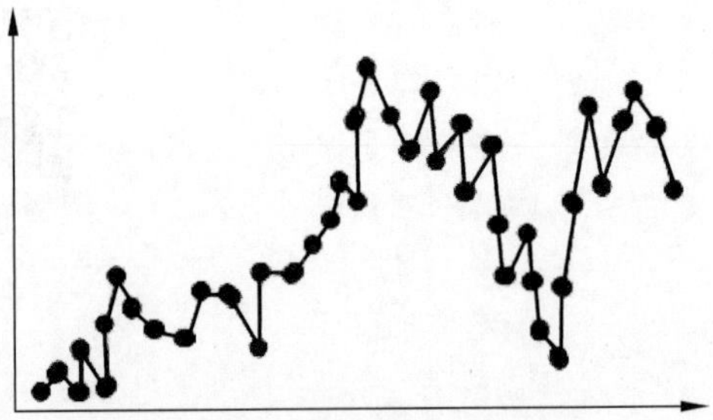

图 8-2　某事件的实测数据

因此，这种程序在随机确定其初态后，应具有根据所在环境的状况修改其结构和大小的能力。显然，用定长字符串方法来描述这种变化的计算机程序是困难的。例如，用定长的字符串描述上述函数表达式就相当困难，特别是当这些函数表达式的数学函数形式未定、最高阶次未定、系数动态变化（相当于图 8-1 描述的层次结构的局部发生动态变化）时更难描述。

### 2. 不能描述计算机程序

即使计算机程序已经确定，定长的字符串方法也不能方便地描述这种计算程序，如样本数据回归、方程求解以及包含有递归、迭代等过程的算法等。例如，用定长的字符串方法描述图 8-3 中求 $n!$ 的递归程序是不可能的。

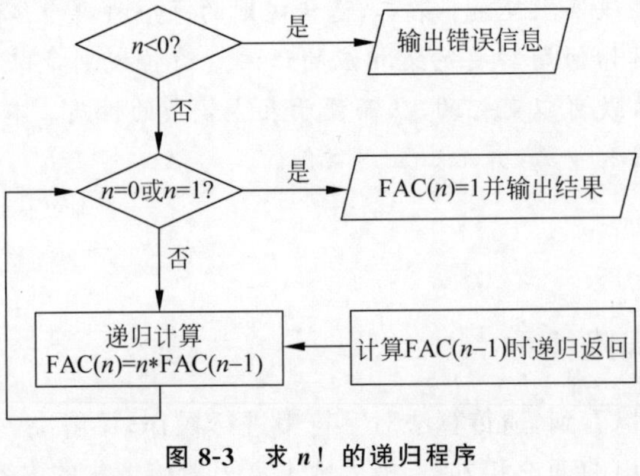


图 8-3　求 $n!$ 的递归程序

### 3. 缺少动态可变性

定长的字符串描述方法不具备动态可变性，字符串长度一旦确定，就很难改变系统的内部状态及系统的所作所为。

由此可见，遗传算法这种对问题解答的结构和大小的预确定极大地限制了它在许多方面的应用，如人工智能、机器学习和符号处理等领域。

鉴于遗传算法的缺陷，诱使人们不断探讨对问题进行描述的新方法。1989 年 John R. Koza 提出了一种重要的问题描述方法，这就是遗传规划。

## 8.1.2　遗传规划简介

遗传规划，又称遗传编程，是进化计算的一个分支，与遗传算法中每个个体是一段染色体编码不同，它的个体是一个计算机程序。遗传规划是一种启发式的公式演化技术，它从随机生成的公式群体开始，通过模拟自然界中遗传进化的过程，来逐渐生成契合特定目标的公式群体。其灵感来自自然界，通过模拟生物遗传进化的过程来生成优秀的后代。

遗传规划是以计算机程序的形式表达问题，它的结构和大小都是可以变化的，从而便于表达复杂的性质。该算法以树形公式作为个体——即进化对象，以程序或函数的形式表达问题的解决方案。通常个体树由内部节点和叶子节点组成。内部节点被称为函数节点，包含程序中的函数与操作，组成了遗传规划的函数集。叶子节点被称为终端，包含程序中的变量、常量及无参函数等，这些节点组成遗传规划的终端。终端可视为特定问题的输入，遗传规划常规定树的最大深度，当某一节点到达最大深度时，算法会限制该节点的操作。

现以曲线拟合为例，说明遗传规划的基本原理。现在要确定该实验结果的函数关系 $y=f(x)$。遗传规划的工作原理如下。

### 1. 选择初始结构

采用随机产生的方法，假设 $y=f(x)$的表达式有下述四种：

(1) $y=A+Bx$；

(2) $y=A+Bx+Cx^2$；

(3) $y=x\sin x$；

(4) $y=Dx\sin x$。

### 2. 计算适应度

将不同的 $x_t$ 代入四种初始表达式中，从而可以得出一组不同的 $\hat{y}_t$。将计算所得的 $\hat{y}_t$ 与实验数据 $y_t$ 相比较，可以衡量初始表达式的优劣。假设表达式(3)最佳，表达式(1)最差。

### 3. 选择

根据优胜劣汰的原则，选择效果最佳的表达式(3)，淘汰效果最差的表达式(1)，于是，新一代的表达式由下述方程组成：

(1) $y=x\sin x$；

(2) $y=A+Bx+Cx^2$；

(3) $y=x\sin x$；

(4) $y=Dx\sin x$；

### 4. 交换

为了产生新的表达式，需要使用交换。采用随机选择的方法，假设表达式(2)和(3)进行交换，交换位置在第一项，则新的表达式为：

(1) $y=x\sin x$；

(2) $y=x+Bx+Cx^2$；

(3) $y=A\sin x$；

(4) $y=Dx\sin x$；

### 5. 突变

在遗传规划中也可采用突变产生新的个体。例如，将表达式中 $\sin x$ 变为 $\cos x$。不过，遗传规划中的突变远不及在遗传算法中那样重要。

反复执行上述 2～5，使函数表达式 $y=f(x)$不断变化，逐步得出要求的表达式。

从以上简单例子可以看出，遗传规划和遗传算法相类似，同样有选择、交换、突变等操作，都利用适应度作目标函数，一代一代地变化，逐步得出最优的数学表达式。

遗传规划和遗传算法的差别，主要在问题的表达方式上，后者是用定常的字符串，前者则是任意结构的计算机程序。很明显，遗传规划的表达方式更加灵活多变，更加适合于复杂的问题求解。

### 8.1.3 遗传规划的步骤

遗传规划的流程图如图 8-4 所示。

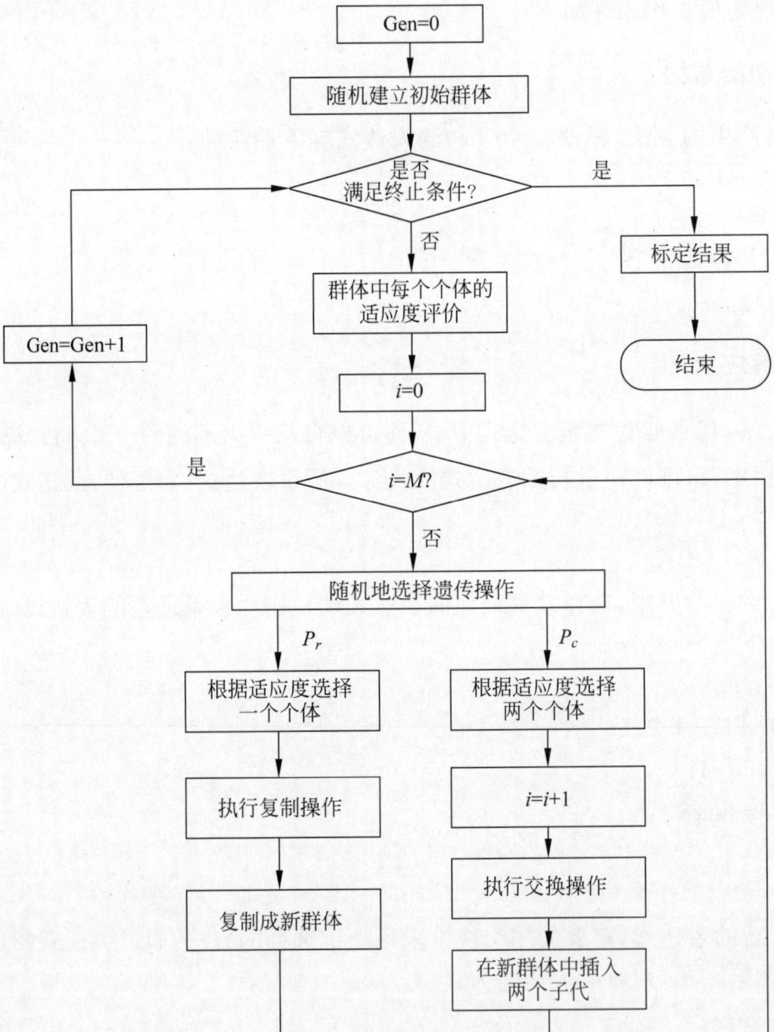


图 8-4 遗传规划的流程图

在任一代产生的最好个体被认为是遗传规划潜在的结果，该结果有可能成为问题的正确答案。图中 $M$ 表示群体中的个体数，变量 $i$ 表示一个个体，变量 Gen 是当前代的代号。该流程图通常包含一外循环，用来控制多次独立执行。

遗传规划通过下列步骤获得问题的真实答案。

(1) 随机产生初始群体，即产生众多由函数和变量随机组成的计算机程序；

(2) 运行群体中的每一个计算机程序(个体),根据其解决问题的好坏赋予适应度;

(3) 依据下列两个主要步骤生成新的计算机程序群体:

① 把当前一代计算机程序选择成新一代计算机程序,被选择的个体依据其适应度随机选定;

② 通过在双亲个体随机选定的部位进行交换产生新的计算机程序,双亲个体也依据适应度随机选定;

(4) 迭代执行(2)、(3),直到终止准则满足为止。

## 8.2 遗传规划的应用

遗传规划提出了一种全新的结构描述方法,其实质是用广义的层次化计算机程序描述问题。这种广义的计算机程序能根据环境状况动态改变其结构和大小,在工程中具有广泛的代表性,因为许多工程问题可归结为对特定的输入产生特定的输出的计算机程序。本书介绍两个遗传规划的应用案例。

### 8.2.1 降水量预测

**例 8.1** 某地 10 月份降水量预报因子和实测数据如表 8-1 所示。要解决的问题是该地降水量(用 $y$ 表示)与预报因子(用 $x$ 表示)之间的关系,以便对以后的降水量状况做出预测。假定降水量 $y$,与预报因子 $x$ 之间的关系有如下几种。

**表 8-1 某地 10 月份降水量与预报因子之间的关系**

| 年号 | 1 | 2 | 3 | 4 | 5 | 6 | 7 | 8 | 9 | 10 | 11 | 12 | 13 | 14 | 15 | 16 | 17 |
|---|---|---|---|---|---|---|---|---|---|---|---|---|---|---|---|---|---|
| 预报因子 | 97 | 47 | 95 | 84 | 96 | 113 | 24 | 16 | 47 | 37 | 42 | 14 | 23 | 35 | 27 | 85 | 96 |
| 降水量实测值 | 34 | 17 | 28 | 25 | 31 | 52 | 8 | 6 | 14 | 9 | 13 | 3 | 14 | 10 | 9 | 36 | 48 |

(1) $y_1 = A + Bx$;

(2) $y_2 = A\exp(Bx)$;

(3) $y_3 = A + B\log(x)$;

(4) $y_4 = Ax^B = Ax \uparrow B$。

这四种函数的层次化计算程序描述如图 8-5 所示。于是,对于特定的输入(预报因子 $x$),利用上述不同的函数关系,便产生特定的输出(降水量 $y$)。遗传规划的目的就是利用上述四种不同的函数关系,找到一种函数关系能很好地拟合表 8-1 中的数据。拟合好坏的尺度为拟合方差最小为最佳。

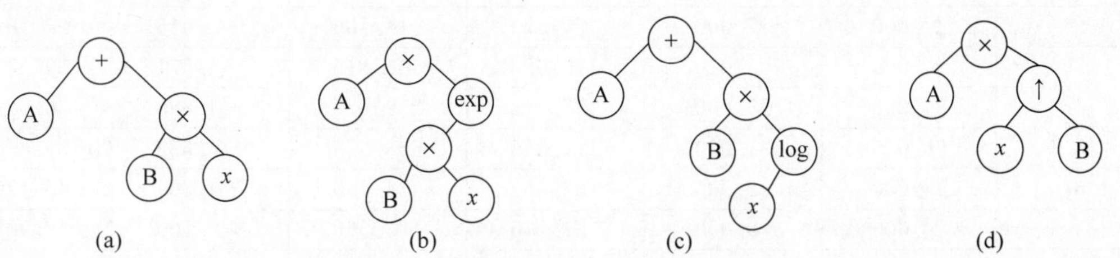


**图 8-5 四种函数的层次计算程序描述**

由此可见,遗传规划的任务就是要发现能反映问题实质的计算机程序。因此,在遗传规划中,解决问题的过程就是在许多可行的计算机程序组成的搜索空间中,寻找出一个具有最佳适应度的计算机程序，遗传规划恰好提供了一套寻找具有最好适应度的计算机程序的方法。

在遗传规划中，群体由成千上万个计算机程序组成，进化过程遵从优胜劣汰，适者生存的自然法则。这一过程包括复制、交换及突变等若干进化方式。子代计算机程序通过自然选择和遗传机制而产生。

### 1. 初始群体的形成

遗传规划的初始群体由随机产生的计算机程序组成，这些计算机程序又由函数和变量组成。在上述例子中，描述问题的变量为预报因子 $r$ 和常量 $A$、$B$（降水量 $y$ 认为是计算机程序的返回值，故不作为问题的变量），描述问题的函数为标准的算术运算符＋、×、exp、log、↑。初始群体为变量 $x$、$A$、$B$ 和函数＋、×、exp、log、↑随机构成的复杂数学函数。例如：

$$A+B\times x,\quad A\times \exp(B\times x),\quad A+B\times \log(x),\quad A\times x\uparrow B$$

等。通过对常量 $A$、$B$ 的初值随机选取，可得：

$$\text{（第 0 代群体）}\begin{cases}\text{个体 1：}-4.3+1.21\times x\\ \text{个体 2：}0.667\times \exp(0.071\times x)\\ \text{个体 3：}-12.72+1.77\times \log(x)\\ \text{个体 4：}1.242\times x\uparrow 0.76\end{cases}$$

它们便构成了第 0 代初始群体。

### 2. 个体的适应性测度

群体中的个体（即单个计算机程序）的适应程度取决于其逼近真实解的好坏程度，这种测度称为适应度。适应度的取值随具体问题不同而异。个体通常在一组实测数据（如表 8.1 所示的数据）中运行，这组实测数据称为适应度计算试例。个体适应度由测试结果的总和或平均值表示。

对于上例，基于表 8-1 的适应度计算试例，各计算机程序的返回值及其与实测值的误差绝对值之和如表 8-2 所示。从表中可知，个体 4 的适应性最优，第 0 代群体的平均适应度为 1613。

**表 8-2　各计算机程序的返回值及其与实测值的误差绝对值总和**

| 年　号 | 预报因子 | 实测值 | 计算机程序返回值 | | | |
|---|---|---|---|---|---|---|
| | **x** | **y** | 个体 1 | 个体 2 | 个体 3 | 个体 4 |
| 1 | 97.000 | 34.000 | 113.070 | 653.299 | −4.634 | 40.185 |
| 2 | 47.000 | 17.000 | 52.570 | 18.766 | −5.915 | 23.169 |
| 3 | 95.000 | 28.000 | 110.650 | 566.816 | −4.671 | 39.554 |
| 4 | 84.000 | 25.000 | 97.340 | 259.572 | −4.888 | 36.022 |
| 5 | 96.000 | 31.000 | 111.860 | 608.523 | −4.652 | 39.870 |
| 6 | 113.000 | 52.000 | 132.480 | 2034.560 | −4.364 | 45.130 |
| 7 | 24.000 | 8.000 | 24.740 | 3.666 | −7.103 | 13.902 |
| 8 | 16.000 | 6.000 | 15.060 | 2.077 | −7.819 | 10.215 |
| 9 | 47.000 | 14.000 | 52.570 | 18.766 | −5.915 | 23.169 |
| 10 | 37.000 | 9.000 | 40.470 | 9.226 | −6.337 | 19.318 |
| 11 | 42.000 | 13.000 | 46.520 | 13.158 | −6.113 | 21.271 |

续表

| 年号 | 预报因子 | 实测值 | 计算机程序返回值 | | | |
|---|---|---|---|---|---|---|
| | $x$ | $y$ | 个体 1 | 个体 2 | 个体 3 | 个体 4 |
| 12 | 14.000 | 3.000 | 12.640 | 1.802 | −8.055 | 9.230 |
| 13 | 23.000 | 14.000 | 23.530 | 3.415 | −7.178 | 13.460 |
| 14 | 35.000 | 10.000 | 38.050 | 8.005 | −6.436 | 18.519 |
| 15 | 27.000 | 9.000 | 28.370 | 4.536 | −6.894 | 15.204 |
| 16 | 85.000 | 36.000 | 98.550 | 278.672 | −4.867 | 36.348 |
| 17 | 96.000 | 48.000 | 111.860 | 608.523 | −4.652 | 39.870 |
| 误差绝对值总和 | | | 753.280 | 5123.380 | 457.493 | 118.518 |

### 3. 选择和交换操作

一般情况下，在随机生成的初始群体中，大量个体具有较低的适应度（如上例中的个体1、2）。但是，仍然有一些适应度较好的个体（如上例中的个体3、4），这种适应度差别在以后的遗传进化中将得到改善。与遗传算法类似，达尔文的优胜劣汰、适者生存的自然法则和遗传规律在遗传规划中将用于产生新一代的群体。

在遗传规划中的选择操作是根据适应度-比例原则（即个体适应度越好，被选择的可能性越大）从当代群体中选择优良个体使之自我复制繁衍成新一代的过程。交换操作也是根据这一原则从当代群体中选择双亲个体进行交配使之繁衍成新一代的过程。不同的是，在交换中，双亲个体可能具有不同的结构和大小，新生的子代也会大不相同。这样一来，交换操作使群体更具有多样性。

对于上例，根据适应度-比例原则，个体2被淘汰，被选择的个体为4号，选择份数为2。于是，选择后的第1代群体变为：

$$
\text{（选择后的第 1 代群体）}\begin{cases}
\text{个体 1：} -4.3 + 1.21 \times x \\
\text{个体 2：} -12.72 + 1.77 \times \log(x) \\
\text{个体 3：} 1.242 \times x \uparrow 0.76 \\
\text{个体 4：} 1.242 \times x \uparrow 0.76
\end{cases}
$$

选择完成后，交换操作开始。根据适应度-比例原则，个体适应度越好，进行交换的概率越大。假定进行交换的个体为2、3和1、4，交换后的新群体为：

$$
\text{（交换后的第 1 代群体）}\begin{cases}
\text{个体 1：} -4.3 + 1.21 \times x \uparrow 0.76 \\
\text{个体 2：} -12.72 + 1.77 \times x \uparrow 0.76 \\
\text{个体 3：} 1.242 \times \log(x) \\
\text{个体 4：} 1.242 \times x
\end{cases}
$$

直观上看，如果双亲个体在解决问题时较为有效的话，那么它们的某些部分很可能有重要价值。通过这些有价值部分的随机组合，就很可能获得具有更高适应度的新生个体。当某代的群体完成复制和交换后，新生群体就取代了旧群体，于是，利用一组计算试例，重新对新生代群体中的个体进行适应性评价。这一过程可不断重复，经过许多代后，个体的平均适应度不断增长。而且，这些个体能快速有效地适应环境的变化。

对于上例，基于表8-1的适应度计算实例，第1代群体中各计算机程序的返回值及其与实测值的误差绝对值之和如表8-3所示，从表中可知，许多个体的适应性改善很大，如个体2的适应度从457.493提高到98.908，第1代群体的平均适应度（327）与第0代群体的平均适应度(1613)相比，也大为改善。这一过程可不断重复，直到取得满意结果。

**表 8-3 各计算机程序的返回值及其与实测值的误差绝对值总和**

| 年号 | 预报因子 | 实测值 | 计算机程序返回值 | | | |
|---|---|---|---|---|---|---|
| | *x* | *y* | 个体 1 | 个体 2 | 个体 3 | 个体 4 |
| 1 | 97.000 | 34.000 | 34.850 | 44.471 | 5.682 | 120.474 |
| 2 | 47.000 | 17.000 | 18.273 | 20.254 | 4.782 | 58.374 |
| 3 | 95.000 | 28.000 | 34.235 | 43.572 | 5.656 | 117.990 |
| 4 | 84.000 | 25.000 | 30.794 | 38.546 | 5.503 | 104.328 |
| 5 | 96.000 | 31.000 | 34.543 | 44.022 | 5.669 | 119.232 |
| 6 | 113.000 | 52.000 | 39.667 | 51.507 | 5.871 | 140.346 |
| 7 | 24.000 | 8.000 | 9.244 | 7.065 | 3.947 | 29.808 |
| 8 | 16.000 | 6.000 | 5.652 | 1.818 | 3.444 | 19.872 |
| 9 | 47.000 | 14.000 | 18.273 | 20.254 | 4.782 | 58.374 |
| 10 | 37.000 | 9.000 | 14.520 | 14.772 | 4.485 | 45.954 |
| 11 | 42.000 | 13.000 | 16.423 | 17.552 | 4.642 | 52.164 |
| 12 | 14.000 | 3.000 | 4.692 | 0.415 | 3.278 | 17.388 |
| 13 | 23.000 | 14.000 | 8.813 | 6.435 | 3.894 | 28.566 |
| 14 | 35.000 | 10.000 | 13.742 | 13.635 | 4.416 | 43.470 |
| 15 | 27.000 | 9.000 | 10.512 | 8.918 | 4.093 | 33.534 |
| 16 | 85.000 | 36.000 | 31.111 | 39.009 | 5.518 | 10.570 |
| 17 | 96.000 | 48.000 | 34.543 | 44.022 | 5.669 | 119.232 |
| 误差绝对值总和 | | | 75.314 | 98.908 | 276.225 | 857.676 |

## 8.2.2 土石坝沉降预测

对于这个问题，姜景山等在《改进的遗传算法在土石坝沉降预测中的应用》一文中已经用改进的遗传算法模型进行了研究，本书借用这篇文章的实例和数据，采用遗传规划建立预测模型，并与上述结果加以比较。

### 1. 问题提出

表 8-4 是陆浑水库大坝第 29 个测点的实测累积沉降资料，它表示土石坝的累积沉降量(单位：mm)与时间(单位：d)的关系，要求用 1 号～21 号数据建立预测模型用于对 22 号～23 号数据的预测，并与实际数据相比较得出模型的拟合程度。

**表 8-4 第 29 个测点的实测累积沉降数据**

| 序号 | 历时/d | 累积沉降量/mm | 序号 | 历时/d | 累积沉降量/mm |
|---|---|---|---|---|---|
| 1 | 4332 | 6.10 | 13 | 8715 | 24.10 |
| 2 | 4697 | 9.50 | 14 | 9080 | 26.60 |
| 3 | 5062 | 10.30 | 15 | 9445 | 28.30 |
| 4 | 5428 | 12.40 | 16 | 9811 | 31.30 |
| 5 | 5793 | 14.00 | 17 | 10176 | 31.30 |
| 6 | 6158 | 16.90 | 18 | 10541 | 33.60 |
| 7 | 6523 | 17.80 | 19 | 10906 | 32.40 |
| 8 | 6889 | 19.90 | 20 | 11271 | 33.50 |
| 9 | 7254 | 21.80 | 21 | 11637 | 35.70 |
| 10 | 7619 | 23.00 | 22 | 12002 | 36.46 |
| 11 | 7984 | 22.00 | 23 | 12365 | 37.60 |
| 12 | 8350 | 23.10 | | | |

**2. 问题分析**

根据工程实践，可以发现土石坝的沉降量主要与时间有关，沉降量随着时间的增加而累积，但增加的速度会减慢。本文运用遗传规划对历史数据进行拟合，得到关系曲线$\tilde{y}=f(t)$，再利用此函数进行预测。对于这个问题，由于要找到累积沉降量与时间之间的函数关系，函数集可选取$\{+,-,\times,/,\sqrt{\ },\ln,\exp,\sin,\cos\}$，终止符集可选取$\{t,C\}$，其中$t$为时间变量，$C$为常数，因此可以利用二叉树来表达个体，用计算值和实测值的误差$\sqrt{\sum_{i=1}^{21}(y_i-\tilde{y}_i)^2}$作为适应度函数，并将其用调整适应度式(8.1)进行调整，通过迭代，逐步找到最优的解$f(t)$。其中调整适应度为$a(i,t)$，可以扩大适应度的差别，它与标准适应度的关系如下：

$$a(i,t)=\frac{1}{1+s(i,t)} \tag{8.1}$$

由于$s(i,t)$越小越好，因此$a(i,t)$越大越好。

**3. 问题求解**

应用以下步骤来求解这个问题。

(1) 选取参数：取$M=500$，$p_r=0.10$，$p_c=0.90$，$p_w=0.001$，$G=51$，$D=6$，$D=17$。这些参数都是凭经验选取的。

(2) 产生初始群体：用生长法产生500个最大深度不超过6的算法树。可以分别用$-11\sim-1$这11个数依次来表示函数集和终止符集中的元素，用$-12$来表示空节点，先随机生成合法的函数表达式并依次存于数组中，但要注意单目运算符的其中一个运算数据为$-12$，即把单目运算符也当作双目运算符来处理，再将其转换为后缀表达式存于栈中，利用栈非递归地生成二叉树结构。

(3) 计算适应度函数：对于每个个体计算其调整适应度，将适应度的值存于数组中，然后将适应度的值进行排序，保留适应度最大的个体编号和适应度最差的50个个体的编号。

(4) 选择：选择的个体数目为$500\times0.10=50$，根据个体的适应度大小用轮盘法进行选择，将选择出的50个个体的编号存储起来，将这50个个体的值赋予之前保存编号的最差的50个个体，便实现了优良个体的选择和劣质个体的删除。

(5) 交换：发生交换的个体数目为$500\times0.90=450$，用轮盘先选择450个个体，然后应用随机配对的方法将这450个个体两两进行交换，但要保证最优个体不被选择。对于交换点的选择，也要采取随机数的方式，对于每个待交换的个体，首先计算其节点数目，然后产生1到节点数目之间的随机数$r$，对个体进行前序遍历，选取遍历到的第$r$个节点作为交换点，将待交换的两个个体的交换点和其之下的子树进行交换。交换时要注意尽量选择分支节点作为交换点，并且产生的新个体最大深度不超过17。

(6) 突变：由于发生突变的个体数目为$500\times0.001=0.5$，可以产生0/1随机数，若为0，则不发生突变，若为1，则随机选择一个个体发生突变，对于突变个体和突变点的选择方式和交换基本相同，但也要注意选择时要保证最优个体不被选取，突变时删除突变点及其下的子树，并在这个位置重新生成一颗子树，注意新个体的最大深度不超过17。

(7) 重新计算个体的适应度并排序，更新存储适应度的值以及最优和最差的50个个体编号的数组。

(8) 保留最优个体：将每一代产生的最优个体与上一代的比较，保留其中最好者，并且在进行遗传操作时，要保证最优个体不被破坏，即如果交换和突变时随机选取的个体是最优个体，则重新进行选取，这种最优保存策略可以保证算法的收敛。

(9) 重复上述(4)～(8)步，直至迭代51次，选择最优个体作为结果。

### 4. 结果分析

运用计算机编程计算，得到最优的拟合曲线为 $y=8.0674\ln(0.0076t)-(12000-t)/365$，结果见表8-5，其中遗传算法模型的数据来自文献《改进的遗传算法在土石坝沉降预测中的应用》，经过计算可知，改进的遗传算法模型对于拟合值的相对误差之和为316.47%，对于预测值的相对误差之和为7.08%；遗传规划模型对于拟合值的相对误差之和为111.52%，对于预测值的相对误差之和为0.24%。

表 8-5 计算结果比较

| 序 号 | 实测值/mm | GA 计算值/mm | 相对误差/% | GP 计算值/mm | 相对误差/% |
|---|---|---|---|---|---|
| 1 | 6.10 | 12.70 | 108.28 | 7.18 | 17.87 |
| 2 | 9.50 | 13.78 | 45.00 | 8.83 | −6.95 |
| 3 | 10.30 | 14.85 | 44.13 | 10.44 | 1.46 |
| 4 | 12.40 | 15.92 | 28.37 | 12.00 | −3.15 |
| 5 | 14.00 | 16.99 | 21.35 | 13.53 | −3.36 |
| 6 | 16.90 | 18.06 | 6.86 | 15.02 | −11.07 |
| 7 | 17.80 | 19.13 | 7.46 | 16.49 | −7.36 |
| 8 | 19.90 | 20.20 | 1.52 | 17.93 | −9.90 |
| 9 | 21.80 | 21.27 | −2.42 | 19.35 | −11.24 |
| 10 | 23.00 | 22.34 | −2.86 | 20.74 | −9.83 |
| 11 | 22.00 | 23.41 | 6.41 | 22.12 | 0.55 |
| 12 | 23.10 | 24.48 | 5.99 | 23.48 | 1.65 |
| 13 | 24.10 | 25.55 | 6.03 | 24.31 | 0.87 |
| 14 | 26.60 | 26.62 | 0.09 | 26.16 | −1.65 |
| 15 | 28.20 | 27.69 | −1.80 | 27.48 | −2.55 |
| 16 | 31.30 | 28.77 | 8.10 | 28.79 | −8.05 |
| 17 | 31.30 | 29.84 | −4.68 | 30.08 | −3.90 |
| 18 | 33.60 | 30.91 | −8.02 | 31.37 | −6.67 |
| 19 | 32.40 | 31.97 | −1.31 | 32.64 | 0.74 |
| 20 | 33.50 | 33.05 | −1.35 | 33.91 | 1.19 |
| 21 | 35.70 | 34.12 | −4.44 | 35.16 | −1.51 |
| 22 | 36.46 | 35.19 | −3.49 | 36.42 | −0.11 |
| 23 | 37.60 | 36.25 | −3.59 | 37.65 | 0.13 |

通过比较可以看出，遗传规划只用很少的迭代次数就可以达到更高的精确度，是解决数据拟合问题十分有效的方法。这是因为遗传规划在迭代过程中可以动态改变函数结构，通过迭代逐步找到最优的函数形式，而遗传算法模型要事先确定函数形式，再对参数进行优化，这就

限制了这种方法的应用，同时若对函数形式的估计不准，这种方法的精确度很难保证。对于这个问题，改进的遗传算法改善了这个缺点，可以通过迭代对模型进行优化，但它仍然要依靠原有的曲线形式；而遗传规划对于数据拟合问题具有先天的优势，可以不必对问题多做处理和分析，只需应用输入和输出数据构造适应度函数，动态生成最优的函数表达式。

## 本章习题

1. 简述遗传规划的一般方法步骤。

2. 简述遗传规划的特征。

3. 你所了解的遗传规划的遗传算子有哪些？

4. 遗传规划的应用有哪些？

5. 遗传规划提出了一种全新的结构描述方法，其实质是________________________。

6. 在遗传规划中，解决问题的过程就是________________________________________。

7. 在遗传规划中________是根据适应度-比例原则（即适应度越好，被选择的可能性越大）从当代群体中选择优良个体使之自我复制繁衍成新一代的过程。

8. 适应性是遗传规划中自然选择的驱动力。度量适应性的方法有两种：一种是显式方法，另一种是________。在显式方法中，常见的适应性测度有下列四种，分别是：__________、________、________、________。

9. 试用一种编程语言实现遗传规划在符号回归中的应用。

习题

# 第9章

案例导读

# 蚁群算法

**本章导读**

蚁群算法(Ant Colony Algorithm,ACA)是一种全局最优化的搜索方法,和遗传算法一样都来源于自然界的启示,并且有着很好的搜索性能。不同在于,蚁群算法通过模拟蚂蚁觅食的过程,是一种天然的用来解决离散组合优化问题的算法,在处理典型组合优化问题,如旅行商问题(TSP)、车辆路径问题(VRP)、车间作业调度问题(JSP)时具有非常明显的优越性。现阶段针对蚁群算法在数学知识理论、算法模拟改进、实际生活应用等方面的研究是计算智能领域的热点,并取得了一定的进展。蚁群算法自被提出以来就被成功地应用于许多领域,很多研究者利用蚁群算法作为基准来寻求更多的解决方案。本章对蚁群算法的背景、原理、算法思路和实现过程进行系统的介绍,使读者对蚁群算法有一个较为全面的认识。

## 9.1 蚁群算法简介

《盲眼钟表匠》中有这样一段描述:自然选择是一个"盲眼钟表匠"。之所以说它"盲",是因为它并没有事先预见,也没有计划顺序,更没有目的。但自然选择的结果却让人类惊叹!因为自然选择的结果仿佛出自"钟表设计大师"之手,让我们误以为那是事先设计和规划的结果,精密精准,完美无缺。例如,大自然中的蚂蚁觅食、蝙蝠的夜间飞行和狩猎、人体器官的进化近乎完美(眼睛的精密结构、大脑的神经系统)……

自然界是人类创新思想的源泉,人类认识事物的能力来源于与自然界的相互作用之中。自然界中的许多自适应优化现象不断给人以启示:生物体和自然生态系统可通过自身的演化使许多在人类看起来高度复杂的问题得到完美的解决。人们往往会借鉴自然界中蕴含的各种内在规律、生物的作息和行为,发现和创造新兴学科。在自然界启示下诞生的新学科、新研究、新方法,大部分都是在数学基础并没有被完全证明的情形下,通过仿真实验验证了其有效性,而在这些方法被验证有效性后,科学家们又不断地尝试着给出其数学理论的证明,在对数学理论基础探索的过程中,不管是这些思想和方法自身,还是自然界和生物界的理论,一直在不断发展和完善中。

蚂蚁在8000万年之前就建立了自己的社会,而人类只有5000多年的文明史。人类的许多城市都有不少都市问题,可是小小的蚂蚁却能建立起组织完好的复杂"城市"。有许多"蚂蚁城市"往往由5000万个成员组成,比人类社会最大的城市成员都要多。尽管蚂蚁个体比较简单,但整个蚁群却表现为高度机构化的社会组织,在许多情况下能完成远远超过蚂蚁个体能力的复杂任务。这种能力来源于蚂蚁群体中的个体协作行为，其群体行为主要包括寻找食物、任务分配和构造墓地等。因此研究蚂蚁的行为特征和社会组织方式，能够为人类社会的发展和管理提供一定的参考。生物学家通过对蚂蚁的长期观察研究发现，每只蚂蚁的智能并不高，看起来没有集中的指挥，但它们却能协同工作，集中食物，建起坚固漂亮的蚁穴并抚养后代，依靠群体能力发挥出超出个体的智能。

如果现在有一张地图，请问从 $A$ 点到 $B$ 点怎么走最快？遍历所有的路线，然后再去比较它们的长度，这当然也是一种解决方案。但是，这么做消耗的计算量可能是惊人的。尤其是对于复杂的路线。那么，有什么办法能够减少计算量的消耗，快速找到最佳结果呢？面临这个问题的不仅有程序员，蚂蚁也会面临类似的问题。蚁穴中的蚂蚁发现食物以后，需要将食物搬回去。蚂蚁能找到最快的路径，而且并不借助地图或者其他工具的帮助。参照蚂蚁的行为模式，蚁群算法应运而生。

学者们在研究蚂蚁觅食的过程中发现单个蚂蚁的行为比较简单，但是蚁群整体却可以体现一些智能的行为。蚁群可以在不同的环境下，寻找最短到达食物源的路径，这是因为蚁群内的蚂蚁可以通过某种信息机制（"信息素"）实现信息的传递。蚁群算法是模拟自然界真实蚂蚁觅食过程的一种随机搜索算法，这种算法具有分布计算、信息正反馈和启发式搜索的特征，本质上是进化算法中的一种启发式全局优化算法。蚁群算法是根据模拟蚂蚁寻找食物的最短路径行为来设计的仿生算法，因此一般而言，蚁群算法用来解决最短路径问题，并在旅行商问题上取得了比较好的成效。

### 9.1.1 蚁群算法的背景

1991 年，根据蚂蚁"寻找食物"的群体行为，意大利学者 M. Dorigo、V. Maniezzo 和 A. Colorni 在法国巴黎召开的第一届欧洲人工生命会议（European Conference on Artificial Life, ECAL）上最早提出"蚁群算法"；1992 年，M. Dorigo 又在其博士学位论文中进一步阐述了蚁群算法的核心思想。蚁群算法在 20 世纪 90 年代初刚被提出时并未受到研究者们的广泛关注，算法理论和应用在这一阶段也未取得突破性进展。

1996 年，M. Dorigo 的 *Ant System: Optimization by a Colony of Cooperating Agents* 一文的发表，使人们对蚁群算法的基本原理及数学模型有了更深入的理解。M. Dorigo 在文中对蚁群算法与遗传算法、模拟退火算法等其他算法做了全面的仿真实验对比，并把单纯地解决对称 TSP 拓展到解决非对称 TSP、指派问题（Quadratic Assignment Problem, QAP）以及车间作业调度问题（Job Shop Scheduling Problem, JSP）；同时，还对蚁群算法中初始化参数对其性能的影响做了初步探讨，是蚁群算法发展史上的又一篇奠基性的文章。该论文的发表使研究者们逐渐认识到蚁群算法在求解优化问题方面的优越性。

1996 年至 2001 年，蚁群算法逐渐引起了世界许多国家研究者的关注，其应用领域得到了迅速拓宽，这期间也有大量有价值的研究成果陆续发表。

1998 年，M. Dorigo 发起了第一次蚁群算法的专题会议（ANTS'98），进一步激发了研究者们对蚁群算法的研究热情，吸引了更多研究者参与到蚁群算法的研究工作中。

2000 年，M. Dorigo 和 E. Bonabeau 等在国际顶级学术刊物 *Nature* 上发表了蚁群算法的研究综述，从而把这一领域的研究推向了国际学术的最前沿；W. J. Gutjahr 等首次从有向图论的角度对蚁群算法的收敛性进行了探讨，并取得了初步的研究成果；*Future Generation Computer Systems* 上出版了蚁群算法特刊，有力推动了蚁群算法的发展，将蚁群算法的研究推向了学术新高度。鉴于 M. Dorigo 在蚁群算法研究领域的杰出贡献，2003 年 11 月欧盟委员会特别授予他“居里夫人杰出成就奖(Marie Curie Excellence Award)”。

国内最先研究蚁群算法的是东北大学的控制仿真研究中心的张纪会博士与徐心和教授,两人于1997年10月投稿的论文《一种新的进化算法——蚁群算法》,于1999年3月发表于《系统工程理论与实践》。从此国内学者开始对蚁群算法进行研究,并相继积累很多研究成果。

1999年10月,吴庆洪、张纪会、徐心和发表了《具有变异特征的蚁群算法》,针对蚁群算法“计算时间较长”的缺点,提出了一种具有变异特征的蚁群算法,在基本蚁群算法中引入变异机制,加快算法的收敛速度,节省计算时间,仿真结果表明该方法的有效性。

1999年12月,林锦、朱文兴发表了《凸整数规划问题的混合蚁群算法》,对混合蚁群算法做了适当改进,用于解凸整数规划问题,结果表明用该算法求目标函数为正定二次型的整数规划问题的最小值,找到的解比多起始点局部搜索方法好得多,能够比原来的混合蚁群算法找到更好的解。

2001年,庄昌文博士(电子科技大学),在其博士论文《超大规模集成电路若干布线算法研究》中,首次将蚁群算法应用到大规模集成电路的物理设计中,具体实现了一个开关盒布线算法。在开关盒布线中,各蚁群在各自线网引脚的牵引下,在停等机制的协调下,能有效地避免它们在争用布线区域中引起的冲突,使算法能快速将各线网布通,同时优化了线长和通孔数。该论文的实验结果对比表明,蚁群算法取得了比遗传算法、模拟退火算法更优的结果。其后国内学者对蚁群算法的研究主要集中在算法的改进和应用上。如今,在国内外许多学术期刊和会议上,蚁群算法已经成为一个备受关注的研究热点和前沿性课题,也称为蚁群优化算法(Ant Colony Optimization, ACO)。

在蚁群算法被提出至今的几十年发展历程中,国内外研究者针对基本蚁群算法存在的收敛速度慢、易停滞等不足,从改进信息素调整机制、搜索策略,以及与其他仿生优化算法融合等方面出发,提出了许多行之有效的改进算法。

### 9.1.2 蚁群算法的原理

蚁群算法是从自然界中真实蚂蚁觅食的群体行为得到启发而提出的,其很多观点都来源于真实蚁群。在自然界中,对于觅食的蚂蚁群体,可以在任何没有提示的情况下找到食物和巢穴之间的最短路径。真实的蚂蚁个体是一类具有随机行为的简单个体,但其组成的群体具有较强的自组织性和智能性,使蚂蚁能够在觅食过程中根据环境的变迁快速地找到蚁巢到食物源的最短路线。

在研究蚂蚁觅食的过程中,存在两个疑问:

第一,首先蚂蚁没有发育完全的视觉感知系统,甚至很多种类是完全没有视觉的,它们在寻找食物的过程中是如何选择和确定路径的呢?

第二,蚂蚁通常都会像军队般有纪律、有秩序地搬运食物,它们到底是通过什么方式进行群体间的交流协作呢?

仿生学家经过长期的实验和研究,给出了两个问题的答案:不管是蚂蚁与蚂蚁之间的交流协作,还是蚂蚁与环境之间的交互过程,均依赖于一种化学物质——“信息素(Pheromone)”。蚂蚁们在搜寻食物的过程中通常是随机去选择路径的,但是它们能感知到当前路段地面上的信息素浓度,并且倾向于往信息素浓度高的方向前进。蚂蚁能够自身释放信息素,这就是实现蚁群内各种通信的关键性物质。因为较短路径上蚂蚁往返时间相对来说比较短,则固定时间内经过此路径的蚂蚁就多,所以信息素的积累速度要比长路径快。因此,当后续蚂蚁在路口处时,就能提前感知先前蚂蚁留下的信息,并倾向于选择一条较短的路径前行。这种正反馈机制使得越来越多的蚂蚁在巢穴与食物之间的最短路径上行进。由于其他路径上的信息素会随着时间蒸发，最终所有的蚂蚁都在最优路径上行进。蚂蚁群体的这种自组织工作机制去适应环境的能力非常强，如果当前最优路径上突然出现障碍物，蚁群也能够绕行且能够再次探索出一条新的最优路径。

可见，蚁群个体之间通过感知路径上的信息素形成的这种间接的交流方式，是蚁群能够快速找到蚁巢到食物源的最短路径的关键所在。

图 9-1 是蚂蚁通过信息素的传递寻找食物的示意图。如图蚂蚁(1)处于其中一个路口，它将根据"观察信息素浓度"与"信息素浓度"来选择哪一条前进路线。选择是一个概率随机的过程，但是大概率会选中启发式信息多、信息素浓度大的路线。但是当小概率事件发生时，比如如果蚂蚁(2)选择了一条非常长的路径，那它将会产生很少的信息素，从而导致后面的蚂蚁选择这条路的概率降低甚至说不再去选择这条路径。然而若某只蚂蚁(蚂蚁(3)或蚂蚁(4))发现了一条当前最短路径时，它将产生最多的信息素，并且由于之后的蚂蚁选择这条路径的概率较大，这条路径上经过的蚂蚁会比较多，信息素浓度将越来越高，以至于最终所有的蚂蚁都会在这条路径上行进。但考虑到当前最短的路径很有可能只是一条局部最优结果，所以蚂蚁(5)的探索行为也是有必要的。

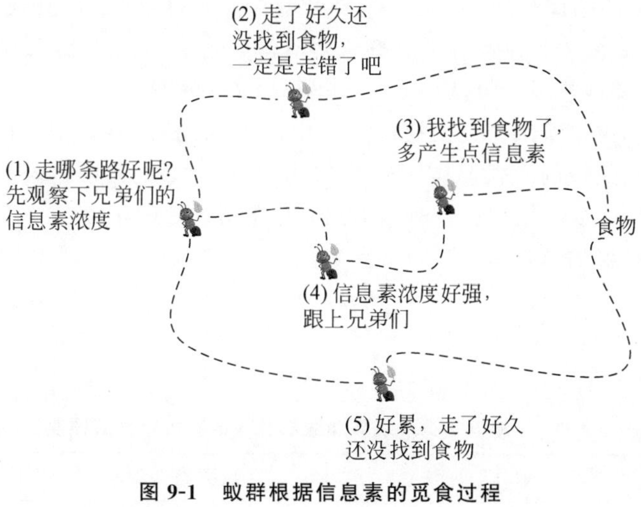


**图 9-1　蚁群根据信息素的觅食过程**

基于以上蚁群寻找食物时的最优路径选择问题，可以构造"人工蚁群算法"，来解决最优化问题。构造"人工蚂蚁"的过程中，要尽量简化"真实蚂蚁"的其他行为特征，重点提取寻找食物源时的行为特征，简化算法设计。基于此，我们来了解一下蚁群算法中所定义的"人工蚂蚁"与"真实蚂蚁"的异同点。

蚁群算法中定义的"人工蚂蚁"与"真实蚂蚁"存在如下三个共同特征。

第一，都存在一个群体中个体相互交流通信的机制。

人工蚂蚁和真实蚂蚁都存在一种改变当前所处环境的机制：真实蚂蚁在经过的路径上留下"信息素"，人工蚂蚁改变在其所经路径上存储的数字信息，该信息就是算法中所定义的信息量，它记录了蚂蚁当前解和历史解的性能状态，而且可被其他后继人工蚂蚁读写。蚁群的这种交流方式改变了当前蚂蚁所经路径周围的环境，同时也以函数的形式改变了整个蚁群所存储的历史信息。通常，在蚁群算法中有一个挥发机制，它像真实的信息量挥发一样随着时间的推移来改变路径上的信息量挥发机制使得人工蚂蚁和真实蚂蚁可以逐渐地忘却历史遗留信息，这样可使蚂蚁在选择路径时不局限于以前蚂蚁所存留的"经验"。

第二，都要完成一个相同的任务。

这个相同的任务就是寻找一条从源节点（巢穴）到目的节点（食物源）的最短路径。人工蚂蚁和真实蚂蚁都不具有跳跃性，只能在相邻节点之间一步步移动，直至遍历完所有城市。为了能在多次寻路过程中找到最短路径，则应该记录当前的移动序列。

第三，都是利用当前信息进行路径选择的随机选择策略。

人工蚂蚁和真实蚂蚁从某一节点到下一节点的移动利用"概率选择策略"实现，"概率选择策略"只利用当前的信息去预测未来的情况，而不能利用未来的信息。因此，人工蚂蚁和真实蚂蚁所使用的选择策略在时间和空间上都是局部的。

在从真实蚁群行为获得启发而构造蚁群算法的过程中，"人工蚂蚁"还具备了"真实蚂蚁"所不具有的一些特性，唯有如此设计，计算机才能最大程度地模拟复现蚁群的觅食行为，简化求解过程。

(1) 人工蚂蚁存在于一个离散的空间中，它们的移动是从一个状态到另一个状态的转换；

(2) 人工蚂蚁具有一个记忆其本身过去行为的内在状态；

(3) 人工蚂蚁存在于一个与时间无关联的环境之中；

(4) 人工蚂蚁不是完全盲从的，它还受到问题空间特征的启发；

(5) 为了改善算法的优化效率，人工蚂蚁可增加一些性能，如预测未来、局部优化、回退等，这些行为在真实蚂蚁中是不存在的。在很多具体应用中，人工蚂蚁可在局部优化过程中相互交换信息，还有一些改进蚁群算法中的人工蚂蚁可实现预测。

从以上描述我们可以看出：人工蚁群有一定的记忆能力，能够记忆已经访问过的节点；人工蚁群选择下一条路径的时候是按一定算法规律有意识地寻找最短路径，而不是盲目的。例如在 TSP 问题中，可以预先知道当前城市到下一个目的地的距离。

通过对自然界蚁群的觅食过程进行抽象建模，可以对蚁群觅食现象和蚁群算法中的各个要素建立一一对应关系，实现"计算思维"转换——如何将现实世界的问题转换为计算机能够求解的问题，对问题进行映射和思维转换，利于问题求解（详见拓展阅读——计算思维）。如表 9-1 所示。

**表 9-1　蚁群的觅食现象和蚁群算法的基本定义对照表**

| 蚁群觅食现象 | 蚁 群 算 法 | 蚁群觅食现象 | 蚁 群 算 法 |
|---|---|---|---|
| 蚁群 | 搜索空间的一组有效解 | 蚁群到食物的一条路径 | 一个有效解 |
| 觅食空间 | 问题的搜索空间 | 找到最短路径 | 问题的最优解 |
| 信息素 | 信息素浓度变量 | | |

### 9.1.3 蚁群算法的思想

蚂蚁找到最短路径要归功于信息素和环境，假设有两条路可从蚁窝通向食物，开始时两条路上的蚂蚁数量差不多。当蚂蚁到达终点之后会立即返回，距离短的路上的蚂蚁往返一次时间短，重复频率快，在单位时间里往返蚂蚁的数目就多，留下的信息素也多，会吸引更多蚂蚁过来，会留下更多信息素。而距离长的路正相反，因此越来越多的蚂蚁聚集到最短路径上来。

将蚁群算法应用于解决优化问题的基本思路为：用蚂蚁的行走路径表示待优化问题的可行解，整个蚂蚁群体的所有路径构成待优化问题的解空间。路径较短的蚂蚁释放的信息素量较多，随着时间的推进，较短的路径上累积的信息素浓度逐渐增高，选择该路径的蚂蚁个数也愈来愈多。最终，整个蚂蚁会在正反馈的作用下集中到最佳的路径上，此时对应的便是待优化问题的最优解。

蚁群算法的基本结构如图 9-2 所示。主要包括以下 4 个步骤。

第 1 步，初始化，包括信息素初始化，启发信息初始化，种群规模、信息素挥发率等参数初始值设置。

第 2 步，按照状态转移规则构建解，该步骤是蚁群算法迭代运行的基础，是算法最关键的环节，主要内容是在问题空间依据状态转移规则如何构建候选解。

第 3 步，信息素更新。解构建完成后，需要进行信息素更新，该步骤包括信息素"释放"和信息素"挥发"两个环节。信息素"释放"，是为了增强蚂蚁在其经过路径上的信息素浓度，从而加强后续蚂蚁路径选择的影响，实现正反馈，获得最优路线；信息素"挥发"，用于降低路径上的信息素浓度，减少信息素对未来蚂蚁行为的影响，以增强算法对其他路径的探索能力，实现负反馈，利于算法跳出局部最优，寻找全局最优解。

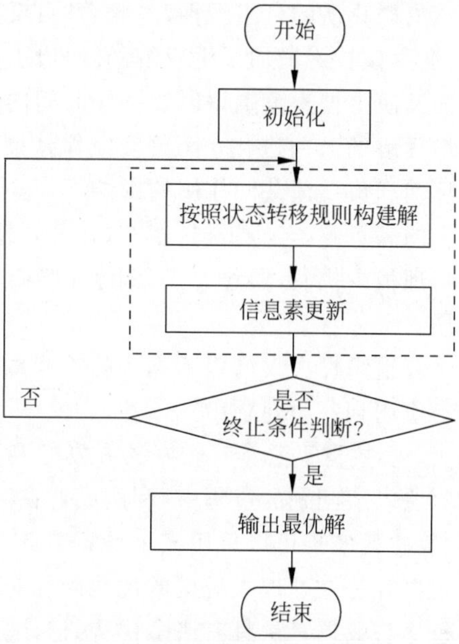

图 9-2　蚁群算法的基本结构

第 4 步，重复第 2 步和第 3 步，直到满足终止条件，输出最优解。

## 9.1.4　蚁群算法的特点

蚁群算法是一种模拟蚁群寻径行为的优化算法，其优势在于能够在复杂的搜索空间中高效地寻找最优解。在本小节中，我们将详细探讨蚁群算法的特点，从优势和不足两个角度进行分析。

蚁群算法存在以下几方面的优势：

(1) 蚁群算法是一种"正反馈机制"或称增强型学习系统。在蚂蚁构造问题解的过程中，以群体觅食行为为例，会在经过的路径上释放信息素，而解空间中获得信息素越多的路径，对蚂蚁的吸引力就越大，使更多蚂蚁经过该路径并进一步在上面释放信息素，这体现了算法的正反馈性，使得搜索过程不断收敛，最终逼近最优解。

(2) 蚁群算法是一种通用型随机优化方法。它吸收了蚂蚁的行为特征，使用人工蚂蚁仿真来求解问题。但人工蚂蚁并不是对真实蚂蚁的一种简单模拟，它融入了人类的智能，人工蚂蚁有一定的记忆，人工蚂蚁生活的时空是离散的。

(3) 蚁群算法是一种全局优化的算法，不仅可用于求解单目标优化问题，而且能够有效地处理多目标函数优化问题。传统的优化算法往往只能处理单个目标函数的优化问题，而蚁群算法则可以同时处理多个目标函数的优化问题。这使得蚁群算法在很多实际应用中成为一种非常有效的工具。

(4) 蚁群算法具有较强的鲁棒性。蚁群算法之所以具有较强的鲁棒性，得益于其自组织性，蚁群不会因为单个蚂蚁寻找较差的解或者因为问题空间发生改变而使得算法丧失作用，其搜索过程是基于概率的，因此对于一些噪声数据或者目标函数值较大的情况，蚁群算法仍然能够稳定地工作，并且得到较为准确的结果，这使得蚁群算法在实际应用中具有较高的实用价值，体现了算法良好的鲁棒性。

蚁群算法的自组织性，隐含着“负反馈机制”，它体现于在解的构造过程中用到概率搜索技术，通过该技术增加了生成解的随机性。随机性的影响在于接受解在一定程度上的退化，另一方面又使得搜索范围得以在一段时间内保持足够大。这样正反馈缩小搜索范围，保证算法朝着最优解的方向进化；而负反馈保持搜索范围，避免算法过早收敛于不好的结果。恰恰是在正反馈和负反馈共同作用的影响下，基本蚁群算法得以自组织地进化，从而得到问题在一定程度上的满意解。经过资料查阅，在公开发表的大部分学术成果中，对于蚁群算法所隐含的负反馈机理很少提及，但这并不影响对蚁群算法本质特性的理解以及对蚁群算法的改进和广泛应用。

自组织性大大增强了算法的鲁棒性，不需要对待求解问题的所有方面都有所认识，因而较容易应用到一类问题中。

(5) 蚁群算法具有较好的并发性和分布式计算能力。蚁群算法是一种并发性算法，在蚁群算法求解问题的过程中，利用蚁群在问题空间中同时构造问题的多个解，体现了算法的并发性，算法的实现可以采用多个计算节点并行计算，从而加速搜索过程，这种分布式计算能力使得蚁群算法在处理大规模的优化问题时具有较高的效率和准确性。

尽管蚁群算法具有诸多优势，但该算法的实现仍然存在一些难点和挑战，在应用过程中，逐渐发现其存在一些不足，如算法初期收敛速度慢、容易陷入局部最优解等问题，下面我们分别介绍。

(1) 初期收敛速度慢的问题。蚁群算法中信息素初始值相同，选择下一个结点时倾向于采用随机选择策略，尽管随机选择能够探索更大的任务空间，获得更多的路径选择方案，多样性更强，有助于挖掘出全局最优解，但需要较长的时间，才能发挥正反馈的作用，导致算法初期收敛速度较慢。

(2) 局部最优问题。蚁群算法具有正反馈机制，信息素更新时，蚁群算法在较优解经过的路径上留下更多的信息素，这些浓度越来越高的信息素路径又会吸引更多的蚂蚁，正反馈过程将会加速拉大初始解之间的差异，引导整个系统朝着最优解的方向进化。事物都具有两面性，虽然正反馈机制使算法具有较好的收敛速度，但假如算法开始得到的并非最优解，而是次优解，将会使算法陷入局部最优并难以再跳出，最终只能获得局部最优解。

(3) 参数选择问题。蚁群算法中参数众多，并具有一定的关联性，在基本蚁群算法中参数选择更多的是依赖经验和试错，初始化参数设置不当将会减弱算法的寻优能力，降低算法的优化效率。

(4) 种群多样性与收敛速度的矛盾。种群多样性对应于候选解在问题空间的分布，个体分布越均匀，种群多样性就越好，得到全局最优解的概率就会越大，相应的寻优时间就会越长；个体分布越集中，种群多样性就越差，不利于发挥算法的探索能力。正反馈机制加快了蚁群算法的收敛速度，却容易使算法过早收敛陷入局部最优解，反而降低了种群的多样性，不利于全局寻优，因此在多样性和收敛速度之间存在一定的矛盾。

综上所述，蚁群算法作为一种智能优化算法，在处理复杂优化问题时具有许多优势。然而，要实现一个高效准确的蚁群算法仍然是一项具有挑战性的任务，需要全面的考虑和评估实现细节。例如，在搜索过程中，蚂蚁可能会陷入局部最优解，而无法找到全局最优解。为了避免这种情况的发生，可以采用一些启发式搜索策略或者扰动机制来帮助蚂蚁跳出局部最优解。但是这些策略和机制的实施需要仔细地调整和评估，以确保其不会对算法的效率和准确性产生负面影响。

随着技术的不断发展和研究的不断深入，许多改进的蚁群算法相继被提出，并在更多领域得到应用，为人们解决实际问题提供了很多帮助。

## 9.2 蚁群算法的实现

蚂蚁具有的智能行为得益于其简单的行为规则，该规则让其具有多样性和正反馈。在觅食时，多样性使蚂蚁不会走进死胡同而无限循环，是一种创新能力。正反馈使优良信息保存下来，是一种学习强化能力。两者的巧妙结合使智能行为涌现，如果多样性过剩，系统过于活跃，会导致过多的随机运动，从而陷入混沌状态导致无法得到最佳路径；如果多样性不够，正反馈过强，会导致僵化，当环境变化时蚁群不能相应调整从而陷入局部最优。

蚂蚁的行为规则主要包含以下六方面。

(1) 感知范围：蚂蚁观察到的范围是一个方格世界，相关参数为速度半径，一般为 3，可观察和移动的范围为 3×3 方格区域。

(2) 环境信息：蚂蚁所在环境中有障碍物、其他蚂蚁、信息素，其中信息素包括食物信息素(找到食物源的蚂蚁留下的)、窝信息素(找到窝的蚂蚁留下的)，信息素以一定速率消失。

(3) 觅食规则：蚂蚁在感知范围内寻找食物，如果感知到食物就会过去；否则朝信息素多的地方走，每只蚂蚁也会以小概率犯错误，并非都往信息素最多的方向移动，保障了多条路径的探索。蚂蚁找窝的规则类似，仅对窝信息素有反应。

(4) 移动规则：蚂蚁朝信息素最多的方向移动，当周围没有信息素指引时，会按照原来的运动方向惯性移动，而且会记住最近走过的点，防止原地转圈。

(5) 避障规则：当蚂蚁待移动方向有障碍物时，将随机选择其他方向；当有信息素指引时，将按照觅食规则移动。

(6) 散发信息素规则：在刚找到食物或者窝时，蚂蚁散发的信息素最多；当随着走远时，散发的信息素将逐渐减少。

根据蚂蚁的简单行为规则，构建人工蚁群算法模型，将觅食的真实蚂蚁由人工蚂蚁代替，真实蚂蚁释放的信息素由人工蚂蚁信息素代替，蚂蚁的爬行路线和信息素的释放与挥发不再是连续的，而是在离散的时空中进行，按照此思路构建蚁群算法模型。

### 9.2.1 模型构建

蚁群算法模型的建立，涉及以下几个问题的抽象和描述。

第一，对蚂蚁个体的抽象——"真实蚂蚁"抽象为"人工蚂蚁"。

蚁群算法是对自然界中真实蚂蚁觅食行为的一种模拟，是一种机理上的应用，因此首先必须对真实蚂蚁进行抽象，而不可能也没必要对蚂蚁个体进行完全再现。抽象的目的就是为了能够更加有效地刻画出真实蚁群中能够为算法所借鉴的机理，同时摒弃与建立算法模型无关的因素。抽象出来的"人工蚂蚁"可以看作一个简单的智能体，能够完成所求问题简单解的构造过程，也能通过一种通信手段相互影响(关于"人工蚂蚁"与"真实蚂蚁"的异同点，详见 9.1 节中有关描述)。

第二，问题空间的描述——三维空间抽象为二维空间，连续平面抽象为离散平面。

自然界中的真实蚂蚁存在于一个"三维"的环境中，而问题空间的求解一般是在平面内进行的，因此需要将蚂蚁觅食的"三维空间"抽象为一个"二维空间"，因为蚂蚁觅食所走的路径本来就存在于一个二维空间(平面或者曲面)上。

还有一个需要考虑的问题是，真实蚂蚁是在一个"连续"的二维平面中行走的，而我们无法用计算机直接来完整地描述一个连续的平面，因为计算机处理的是离散事件，因此必须将“连续的平面”离散化为一组点组成的“离散平面”，人工蚂蚁可在抽象出来的点上自由运动。这个抽象过程的可行性在于，尽管蚂蚁是在连续平面行动，但其行动经过的总是离散点，因此抽象过程只是提高了平面点离散分布的粒度，与其觅食行为的本身机理没有任何冲突。

基于上述分析，很容易得到蚁群算法所求解的问题空间可用图(Graph)来描述。在工程实际中的很多问题都可以用图来描述，这就为蚁群算法的广泛应用提供了更多的可能性。

第三，寻找路径的抽象——按转移概率进行路径选择。

真实蚂蚁在觅食过程中主要按照所处环境中的信息量来决定其前进的方向，而人工蚂蚁是在平面的节点上运动的，因此可把觅食过程抽象成算法中解的构造过程，将信息素抽象为存在于图的边上的轨迹。在每一节点，人工蚂蚁感知连接该节点与相邻节点边上的信息素轨迹浓度，并根据该浓度大小决定走向下一节点的概率。用任意两个节点分别表示蚂蚁的巢穴(初始节点)和食物源(目标节点)，人工蚂蚁从初始节点按照一定状态转移概率选择下一节点，依此类推，最终选择行走到目标节点，这样便得到了所求问题的一个可行解。

第四，信息素挥发的抽象——信息素挥发离散发生。

自然界中的真实蚂蚁总是在所经路径上连续不断地留下信息素，而信息素也会随着时间的推移而连续不断地挥发。由于计算机处理的事件只能是离散事件，所以必须使信息素的挥发离散发生。通常的做法是，当蚂蚁完成从某一节点到下一节点的移动后，即经过一个时间单位之后，进行一次信息素的挥发，而这种在离散时间点进行信息素挥发的方式与蚂蚁觅食过程的机理是完全相符的。

第五，“启发因子”的引入——增强时间有效性。

前面四点是对真实蚂蚁觅食行为的抽象，整个过程体现了蚁群算法的自组织性，但是这种自组织系统存在一个缺陷，即系统的演化需要耗费较长的时间。而实际应用时对算法运行时间的要求也是必不可少的，因此在决定蚂蚁行走方向的状态转移概率时，引入了一个随机搜索的过程，即引入“启发因子”，根据所求问题空间的具体特征，给蚁群算法一个初始的引导，这个过程极大地增加了算法的时间有效性，从而使蚁群算法的有效应用成为可能。

综上所述，经过以上抽象处理后，蚁群算法的基本模型可构建完成。其问题空间是用图来描述的，解的获取是构造性的，而且在解的构造过程中人工蚂蚁没有接受任何全局的指导信息，因而求解过程是自组织的。在定义了一些规则之后，人工蚂蚁就可求解那些可用图来描述的问题。

在蚁群算法中，人工蚂蚁个体是蚁群算法的基本单元。蚂蚁个体所拥有的知识来源于与其他蚂蚁个体的通信以及对周围环境的感知，因此，蚂蚁个体的知识积累是一个动态的过程。蚂蚁个体通过随机决策机制和相互协调机制可自适应地作出并完成自身评价，蚂蚁个体之间的这种分布性和协作性正是蚁群算法所研究的核心内容。

蚁群算法具有很强的自学习能力，可根据环境的改变和过去的行为结果对自身的知识库或自身的组织结构进行再组织，从而实现算法求解能力的进化，而这种进化是环境变化与算法自学习能力交互作用的产物，同时算法机理的复杂性和环境变化的不确定性进一步增加了蚁群算法的不可预测性。

### 9.2.2 算法流程

下面我们以蚁群算法求解 TSP 的基本流程为例来描述蚁群算法的工作机制和实现过程。旅行商问题是数学领域中的著名问题之一，其描述为：假设有一个旅行商人要拜访 $n$ 个城市，他必须选择所要走的路径。限制条件是每个城市只能拜访一次，而且最后要回到原来出发的城市。路径的选择目标是所有路程之中的最小值。TSP 是一个组合优化问题，任何能使该问题的求解得以简化的方法，都将受到高度的评价和关注。

在 TSP 的求解流程中蚁群算法主要包含两大步骤：路径构建、信息素更新。

已知 $n$ 个城市的集合 $C_n=\{c_1,c_2,\cdots,c_n\}$，任意两个城市之间均有路径连接，$d_{i,j}(i,j=1,2,\cdots,n)$表示城市 $i$ 与 $j$ 之间的距离，它是已知的(或者城市的坐标集合为已知，$d_{i,j}$ 即为城市 $i$ 与 $j$ 之间的欧几里得距离)。TSP 的目的是找到从某个城市 $c_i$ 出发，访问所有城市且只访问一次，最后回到 $c_i$ 的最短封闭路线。

在对实际的蚁群进行建模的过程中，需要解决两个问题：信息素的更新机制、蚁群中蚂蚁个体的建模问题以及整个蚁群的内部机制。首先来看信息素的更新机制：信息素的更新方式有两种，一种是挥发，也就是所有路径上的信息素以一定的比率减少。另一种是信息素的增强，给有蚂蚁走过的路径增加信息素。其次，就是蚂蚁个体的建模问题：虽然单个蚂蚁可以构造出问题的可行解，但是蚂蚁个体之间需要通过协作才能找出待优化问题的最优解或者次优解，而信息素就是蚂蚁之间进行互相协作的媒介。信息素的挥发机制使得对过去的寻优历史有一定的遗忘度，避免使后来的蚂蚁在搜索中受到较差解的影响。

1) 路径构建

每只蚂蚁都随机选择一个城市作为其出发城市，并维护一个路径记忆向量，用来存放该蚂蚁依次经过的城市。蚂蚁在构建路径的每一步中，按照一个随机比例规则选择下一个要到达的城市。

**定义 9.1** 蚁群系统中的随机比例规则(Random Proportional)：对于每只蚂蚁 $k$，路径记忆向量 $\boldsymbol{R}^k$ 按照访问顺序记录了所有 $k$ 已经经过的城市序号。设蚂蚁 $k$ 当前所在城市为 $i$，则其选择城市 $j$ 作为下一个访问对象的概率为

$$p_k(i,j)=\begin{cases}\dfrac{[\tau(i,j)]^{\alpha}[\eta(i,j)]^{\beta}}{\sum[\tau(i,u)]^{\alpha}[\eta(i,u)]^{\beta}}, & j\in J_k(i)\\ 0, & \text{其他}\end{cases}\tag{9.1}$$

其中，$J_k(i)$表示从城市 $i$ 可以直接到达的且又不在蚂蚁访问过的城市序列 $\boldsymbol{R}^k$ 中的城市集合；$\eta(i,j)$是一个启发式信息，通常由 $\eta(i,j)=1/d_{i,j}$ 直接计算；$\tau(i,j)$表示边$(i,j)$上的信息素量。由式(9.1)可以知道，长度越短、信息素浓度越大的路径被蚂蚁选择的概率越大。$\alpha$ 和 $\beta$ 是两个预先设置的参数，用来控制启发式信息与信息素浓度作用的权重关系。当 $\alpha=0$ 时，算法演变成传统的随机贪婪算法，最邻近城市被选中的概率最大。当 $\beta=0$ 时，蚂蚁完全只根据信息素浓度确定路径，算法将快速收敛，这样构建出的最优路径往往与实际目标有着较大的差异，算法的性能比较糟糕。

2) 信息素更新

在算法初始化时，问题空间中所有的边上的信息素都被初始化为 $\tau_0$。如果 $\tau_0$ 太小，算法容易早熟，即蚂蚁很快就全部集中在一条局部最优的路径上。反之，如果 $\tau$ 太大，信息素对搜索方向的指导作用太低，也会影响算法性能。对蚁群算法来说，使用 $\tau_0=m/C^m$，$m$ 是蚂蚁的个数，$C^m$ 是由贪婪算法构造的路径的长度。当所有蚂蚁构建完路径后，算法将会对所有的路径进行全局信息素的更新。信息素的更新有两个步骤：第一步，每一轮过后，问题空间中的一切路径上的信息素都会发生挥发，结果变成所有边上的信息素乘以一个小于 1 的常数。信息素挥发是自然界本身所固有的特征，而且可以起到在算法当中帮助避免信息素的无限积累，使

得算法可以迅速放弃之前构建过的较差路径。第二步，所有的蚂蚁根据构建的路径长度在它们本轮经过的边上释放信息素。蚂蚁构造的路径越短、释放的信息素就越多；被蚂蚁爬过的某一条边次数越多、它所获得的信息素也会越多。蚁群系统中城市 $i$ 与城市 $j$ 的相连边上的信息素量 $\tau(i,j)$ 按如下公式进行更新：

$$\tau(i,j)=(1-\rho)\cdot\tau(i,j)+\sum_{k=1}^{m}\Delta\tau_k(i,j)$$

$$\Delta\tau_k(i,j)=\begin{cases}(C_k)^{-1}, & (i,j)\in \boldsymbol{R}^k \\ 0, & \text{其他}\end{cases} \tag{9.2}$$

式(9.2)中，$m$ 是蚂蚁个数，$\rho$ 是信息素的挥发率，规定 $0<\rho<1$，在蚁群系统中往往设置为 $\rho=0.5$。$\Delta\tau_k(i,j)$ 是第 $k$ 只蚂蚁在其经过的边上释放的信息素量，它的值等于蚂蚁 $k$ 本轮次构建路径长度的倒数。$C_k$ 表示路径长度，它是 $\boldsymbol{R}^k$ 中所有边的长度和。

根据以上定义，TSP 问题的蚁群算法的具体实现步骤如下。

步骤 1：初始化信息素矩阵。

在计算之初，需要对相关参数进行初始化，如蚁群规模（蚂蚁数量）$m$、信息素重要程度因子 $\alpha$、启发函数重要程度因子 $\beta$、信息素挥发程度因子 $\rho$、信息素释放总量 $Q$、最大迭代次数 $t$。具体参数的意义及取值设置如表 9-2 所示。

**表 9-2　蚁群算法参数的意义及取值设置**

| 参数名称 | 参数意义 | 参数设置过大 | 参数设置过小 |
|---|---|---|---|
| 蚂蚁数量 $m$ | 蚂蚁数量一般设置为目标数的 1.5 倍较为稳妥 | 每条路径上的信息素趋于平均，正反馈作用减弱，从而导致收敛速度减慢 | 可能导致一些从未搜索过的路径的信息素浓度减小为 0，导致过早收敛，解的全局最优性降低 |
| 信息素常量 $Q$ | 信息素常量根据经验一般取值在[10,1000] | 会使蚁群的搜索范围减小，容易过早收敛，使种群陷入局部最优 | 每条路径上的信息含量差别较小，容易陷入混沌状态 |
| 最大迭代次数 $t$ | 最大迭代次数一般取[100,500]之间，建议取 200 | 运算时间过长 | 可选路径较少，使种群陷入局部最优 |
| 信息素因子 $\alpha$ | 反映了蚂蚁运动过程中路径上积累的信息素的量在指导蚁群搜索中的相对重要程度。取值范围通常在[1, 4] | 蚂蚁选择以前已经走过的路可能性较大，容易使随机搜索性减弱 | 蚁群易陷入纯粹的随机搜索，使种群陷入局部最优 |
| 启发函数因子 $\beta$ | 反映了启发式信息在指导蚁群搜索中的相对重要程度，蚁群寻优过程中先验性、确定性因素作用的强度取值范围在[0, 5] | 虽然收敛速度加快，但是易陷入局部最优 | 蚁群易陷入纯粹的随机搜索，很难找到最优解 |
| 信息素挥发因子 $\rho$ | 反映了信息素的消失水平，相反的 $1-\rho$ 反映了信息素的保持水平。取值范围通常在[0.2, 0.5] | 信息素挥发较快，容易导致较优路径被排除 | 各路径上的信息素含量差别较小，收敛速度降低 |

**注**：在初始化之前需要根据城市位置坐标，计算两两城市间的相互距离，从而得到对称的距离矩阵。由于启发函数为 $n_{ij}(t)=\dfrac{1}{d_{ij}}$，为了保证分母不为零，需要将对角线上的元素零，修

正为一个非常小的正数(如 $10^{-4}$ 或 $10^{-5}$ 等)。

步骤 2：构建路径。

将各个蚂蚁随机地置于不同出发点，对每个蚂蚁 $k(k=1,2,\cdots,m)$，按照转移概率计算公式，确定其下一个待访问的城市，直到所有蚂蚁访问完所有的城市，即构造完一组路径。

步骤 3：路径长度计算。

计算当前种群里每个解的路径长度。

步骤 4：更新信息素。

计算各个蚂蚁经过的路径长度 $L_k(k=1,2,\cdots,m)$，根据信息素迭代公式对各个城市路径上的信息素浓度进行更新。同时，记录当前迭代次数中的最优解(最短路径)。

步骤 5：判断是否终止。

当满足迭代终止条件时，跳出循环，否则执行步骤 2。

步骤 6：得到最优解。

输出搜索到的最优解。蚁群算法求解 TSP 的流程如图 9-3 所示。

以上描述的是基本蚁群算法，在不大于 75 所城市的 TSP 中，结果还是比较理想的，但是当问题的规模逐渐扩展时，基本蚁群算法的解题能力就会大幅度下降。

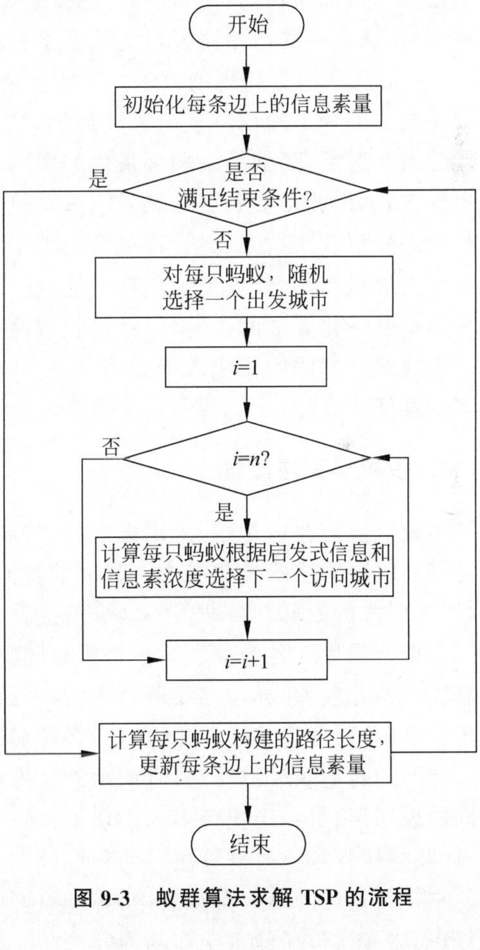


图 9-3　蚁群算法求解 TSP 的流程

### 9.2.3　算法改进

近年来，科研工作者不断提出蚁群算法的改进策略，总结起来主要包括三类：一类是单蚁群算法的改进，一类是多蚁群算法的改进，一类是与其他智能算法的融合改进。

#### 1. 单蚁群算法改进

单蚁群算法改进主要从算法框架和结构、参数优化、信息素初始化方法、信息素更新规则四个角度展开研究。

(1) 目前基于算法框架和结构改进比较经典的单蚁群算法有：带精英策略的蚂蚁系统、基于排序的蚂蚁系统、最大最小蚂蚁系统，这三种改进算法从一定程度上提升了优化能力，但缺乏灵活性，未能真正的解决算法的早熟收敛问题。M. Dorigo 提出的元启发式蚁群优化算法(ACO-MH)为求解复杂问题提供了通用框架；M. Dorigo 提出的 Ant-Q 算法借鉴了增强学习概念，采用伪随机比例状态转移规则构造候选解，加快了算法的收敛速度。

(2) 参数优化改进：蚁群算法参数对寻优性能具有重要的影响，蚁群算法参数众多、相互影响，并存在紧密耦合的作用，初期主要依据经验而定，缺乏理论依据。由段海滨等在对蚁群算法的参数选择规律实验分析的基础上，提出的蚁群算法参数最优组合“三步走”方法，是经典的参数优化改进算法，其具体步骤如下。

① 确定蚂蚁数目，即可参照选择策略公式：$\frac{\text{城市规模}}{\text{蚂蚁数目}} \approx 1.5$ 来确定蚂蚁的总数目。

② 参数粗调，即调整取值范围较大的信息启发式因子 $\alpha$、期望启发式因子 $\beta$ 以及信息素强度 $Q$ 等参数，以得到较理想的解。

③ 参数微调，即调整取值范围较小的信息素挥发因子。

上述步骤反复进行，直到最终确定出一组较为理想的组合参数为止。"三步走"方法对解决不同规模的TSP具有一定的参考价值，对用蚁群算法解决其他领域的优化问题也具有一定的指导意义。

(3) 信息素的初始化改进：基本蚁群算法初始化信息素值用均匀方式，导致算法初期存在收敛速度慢，容易陷入盲目搜索。许多研究者提出不均匀分配初始信息素的方式，加强先验路径信息指导全局寻优能力，积累了一定的研究成果。汇总起来，主要有两类分配方法：一是根据任务和最优路径的特征进行信息素初始化；二是采用其他优化算法（如遗传算法、粒子群算法等）计算得到的初始路径作为信息素初始值分配的依据。

(4) 信息素的更新规则改进：信息素更新包括信息素增强和信息素挥发，信息素增强使蚂蚁经过的路径上的信息素值浓度加大，增加对后来蚂蚁的吸引力；信息素挥发有助于探索问题的未知区域，降低陷入局部最优的风险。陈超等通过改进蚁群算法的启发函数和信息素的更新方式，以此来提高三维场景下移动机器人路径规划的实时性。顾军华等提出了一种多步长改进蚁群算法，在状态转移概率规则中加入拐点参数，改善了路径的平滑度，设计了新的信息素奖惩机制，有效避免了局部最优，提高了算法的收敛速度。

单蚁群优化算法的改进，以解决收敛速度和多样性之间的矛盾为主，属于折中方案，并未充分发挥蚁群算法的优化效率。因此，一些学者对蚁群算法的信息交换模式等进行研究，提出了多蚁群优化算法。

**2. 多蚁群算法改进**

多蚁群算法改进是指，采用多个蚁群的合作进行优化计算，这样既能保持种群的多样性，又能提高蚁群算法的优化能力。目前学者们提出的多蚁群优化算法中，蚁群个数大多采用两个，因为更多的蚁群个数非但不能显著提升优化性能，反而会增加算法的运行时间。

依据所采用的各个蚁群算法结构相同与否，可将多蚁群算法分为同构多蚁群算法（各个蚁群算法结构相同）和异构多蚁群算法（各个蚁群算法结构不同）。依据所采用的各个蚁群算法的运行机制，可分为基于顺序运行的多蚁群算法和基于并行运行的多蚁群算法。

顺序运行的多蚁群算法，有两种设计思路，一种是按照分层设计的思想，将多个蚁群置于不同的规划层，每一层执行不同的功能；另一种是将一个蚁群分为两个部分，分别置于起点和终点，顺序执行各个蚁群算法。两种设计方法都是通过信息矩阵进行种群之间的信息交换。

在并行运行的多蚁群算法中，各个蚁群同时运行，蚁群间的信息交换策略是并行多蚁群优化算法的关键，包括信息交换的内容、方式、频率以及交换时机等。并行运行的多蚁群算法能有效平衡收敛速度和种群多样性之间的矛盾，有利于跳出局部最优，但信息交换策略需要正确设计与优化，不合适的信息交换策略反而会恶化蚁群算法的性能。

在多蚁群算法中，每个种群可采用不同的类型，具有不同的状态转移规则和信息素更新机制，经过种群间的信息交换，既能保持蚁群的多样性，又可改善算法的优化效率。

**3. 与其他智能算法的融合改进**

除了单蚁群算法改进和多蚁群算法改进外，其他计算智能算法与蚁群算法的融合，也是近年来的研究热点。最早且应用最广的融合研究是蚁群算法与遗传算法(GA)的融合研究,分为离散域蚁群遗传算法和连续域蚁群遗传算法。蚁群算法与神经网络(NN)相融合进行建模,使模型兼有神经网络广泛的映射能力和蚁群算法全局收敛和启发式学习的优势,有基于蚁群算法的多层前向网络、基于蚁群算法的 RNN 等。蚁群算法与粒子群算法(PSO)的融合研究使其收敛精度更高,解的离散度更小。蚁群算法与人工免疫算法(AIA)的融合,是 Z. J. Lee 等提出的一种新型的免疫-蚁群算法,该算法借鉴人体免疫系统的适应能力和蚁群算法的分布式并行全局寻优能力进行建模,取得了较好的应用效果。其他的融合算法在此不再赘述。

计算智能算法的融合研究,分别规避了单个智能算法本身的局限性,实现了不同算法之间的优势互补,最终获得较好的模型。

## 9.3 蚁群算法的应用

### 9.3.1 应用领域

蚁群算法诞生至今已有几十年的历史,随着越来越多科研工作者的介入,对蚁群算法的理论与实际应用的研究不断深入,蚁群算法从最开始应用于求解经典的 TSP 问题,到不断求解各领域的优化问题以及具有不同边界条件的优化问题,其应用领域越来越广泛,能够解决许多实际领域的问题。如旅行商问题、车辆路径问题、生产调度问题、图像处理问题、任务分配问题、组合优化问题、机器人路径规划、聚类以及网络路由等,并且取得了较高的应用成果。根据学者们的研究成果,本书进行了大致整理和归类。

#### 1. 路径规划

路径规划也称为路径优化问题,根据起始点与终点的不同以及运输路线的不同,汇总前人的研究成果,大致可细分为四类。

(1) 多点间运输问题:该问题可以定义为一个运输调配的线性规划问题,即不同起始点与终点的匹配问题。

(2) 点对点运输问题:该问题可以看作"最短路径"问题,即寻求两点间最短的通过路径。网络路径优化就是为了求解两点之间的最优路径,在满足网络要求的同时使得传输花费最小,以达到快捷通信的目的。采用蚁群算法可以在网络路径规划时求出最优解,使得整个网络的路径规划效率更高。

(3) 单回路运输问题:该问题一般称为"旅行商问题",即求解从起始点出发,访问每一个点一次,并回到起始点的最短回路。

(4) 多回路运输问题:该问题也称为"车辆路径规划问题",即在满足一定约束条件(时间约束、载重约束、距离约束等)的情况下,对于一系列的装货和卸货点,规划行车路径,从而达到最优目标。

其中,点对点运输问题是路径优化问题的基础;多回路运输问题中的车辆路径规划是该领域研究的重点和热点问题。

#### 2. 组合优化

蚁群算法最成功的应用是在组合优化问题上。这些应用又分为两类。

(1) 静态组合优化问题:其典型代表有二次分配问题、车间作业调度问题、车辆路径规划问题等。二次分配问题就是将多个设备分配给多个位置,从而使得分配的代价最小化。代价是将设备分配到位置上的方式的函数。QAP 是一般化的 TSP，因此可以将蚁群算法用于解决 QAP。

(2) 动态组合优化问题：例如网络路由问题。蚁群算法在动态组合优化问题研究中的应用主要集中在通信网络方面。这主要是由于网络优化问题有一些特征，如内部信息和分布计算、非静态随机动态，以及异步的网络状态更新等，这些与蚁群优化算法的特征匹配得很好。蚁群优化算法已经被成功地应用到了网络路由问题上。近年来，在网络路由中的应用受到越来越多学者的关注，并提出了一些新的基于蚁群算法的路由算法。同传统的路由算法相比较，该算法在网络路由中具有信息分布式、动态性、随机性和异步性等特点，而这些特点正好能满足网络路由的需要。

可以看到，有的算法同时出现在组合优化应用和路径规划应用中，有交叉重叠，说明算法既属于路径规划优化问题同时也是组合优化问题，并不相矛盾。

(3) 图像处理：对图像进行处理，达到优化图像的目的。蚁群算法能够自动搜索图像，找出可以优化的特征，并优化图像从而提高图像质量。

(4) 调度问题：在满足一定的约束情况下，求解满足最优的调度任务的问题。蚁群算法在解决调度问题时可以有效地搜索调度任务，找出最优的调度组合，以便达到最佳效果。

蚁群算法自诞生以来，应用范围越来越广，涉及各行业领域，目前已逐渐应用到其他领域中去，在图着色问题、车辆调度问题、集成电路设计、通信网络、数据聚类分析等方面都有所应用。

### 9.3.2 应用案例

旅行商问题，又称 TSP 问题，是数学领域中著名问题之一。先来看一个相对简单的 TSP 例子，来阐述蚁群优化算法是如何执行的。

**例 9.1** 给出使用蚁群算法求解一个四城市的 TSP 问题的具体执行步骤，四个城市 $A$、$B$、$C$、$D$ 之间距离矩阵如下：

$$\boldsymbol{W}=\boldsymbol{d}_{i,j}=\begin{bmatrix}\infty & 3 & 1 & 2\\ 3 & \infty & 5 & 4\\ 1 & 5 & \infty & 2\\ 2 & 4 & 2 & \infty\end{bmatrix}$$

假设当前蚂蚁种群的规模为 $m=3$，参数 $\alpha=1,\beta=2,\rho=0.5$。

**解：**

步骤 1，首先利用贪婪算法求得路径（$ACDBA$），则 $C^{nn}=f(ACDBA)=1+2+4+3=10$。求得 $\tau_0=m/C^{nn}=3/10=0.3$，并初始化所有边上的信息素 $\tau_{i,j}=\tau_0$。

步骤 2.1，为每一只蚂蚁随机地选择出发位置城市，若蚂蚁 1 选择城市 $A$，蚂蚁 2 选择城市 $B$，蚂蚁 3 选择城市 $D$。

步骤 2.2，为每只蚂蚁继续选择下一个要访问的城市，以蚂蚁 1 为例。目前蚂蚁 1 在城市 $A$，可以访问的城市集合 $J_1(i)=\{B,C,D\}$。计算蚂蚁 1 选择 $B$、$C$、$D$ 作为下一次访问城市的概率：

$$\mathrm{A}\Rightarrow\begin{cases}B: \tau_{AB}^{\alpha}\times\eta_{AB}^{\beta}=0.3^1\times(1/3)^2=0.033\\ C: \tau_{AC}^{\alpha}\times\eta_{AC}^{\beta}=0.3^1\times(1/1)^2=0.3\\ D: \tau_{AD}^{\alpha}\times\eta_{AD}^{\beta}=0.3^1\times(1/2)^2=0.075\end{cases}$$

$$p(B)=0.033/(0.033+0.3+0.075)=0.081$$
$$p(C)=0.3/(0.033+0.3+0.075)=0.74$$
$$p(D)=0.075/(0.033+0.3+0.075)=0.18$$

接下来用轮盘赌法则选择下一个访问城市。假设产生的随机数 $q=\text{random}(0,1)=0.05$，则蚂蚁 1 将会选择城市 $B$。

用同样方法为蚂蚁 2 和蚂蚁 3 选择下一个要访问的城市，假设蚂蚁 2 选择城市 $D$，蚂蚁 3 选择城市 $A$。

步骤 2.3，目前蚂蚁 1 所在城市为 $B$，路径记忆向量为 $\boldsymbol{R}^1=(AB)$，可以访问的城市集合为 $J_1(i)=\{C,D\}$。计算蚂蚁 1 选择 $C$、$D$ 作为下一城市的概率：

$$B\Rightarrow\begin{cases}C: \tau_{BC}^{\alpha}\times\eta_{BC}^{\beta}=0.3^1\times(1/5)^2=0.012\\ D: \tau_{BD}^{\alpha}\times\eta_{BD}^{\beta}=0.3^1\times(1/4)^2=0.019\end{cases}$$
$$p(C)=0.012/(0.012+0.019)=0.39$$
$$p(D)=0.019/(0.012+0.019)=0.61$$

用轮盘赌法则再次选择下一个访问城市。假设产生的随机数 $q=\text{random}(0,1)=0.67$，则蚂蚁 1 将会选择城市 $D$。

用相同的方法为蚂蚁 2 和 3 选择下一个要访问的城市，如果蚂蚁 2 选择城市 $C$，蚂蚁 3 选择城市 $D$。

步骤 2.4，此时此刻路径已经构建完成，蚂蚁 1 构建得路径为($ABDCA$)，蚂蚁 2 构建的路径为($BDCAB$)，蚂蚁 3 构建的路径为($DACBD$)。

步骤 3，计算每只蚂蚁构建的路径长度：$C_1=3+4+2+1=10$，$C_2=4+2+1+3=10$，$C_3=2+1+5+4=12$。并更新每一条边上的信息素量：

$$\tau_{AB}=(1-\rho)\times\tau_{AB}+\sum_{k=1}^{3}\Delta\tau_{AB}^{k}=0.5\times0.3+(1/10+1/10)=0.35$$

$$\tau_{AC}=(1-\rho)\times\tau_{AC}+\sum_{k=1}^{3}\Delta\tau_{AC}^{k}=0.5\times0.3+(1/12)=0.16$$

…

根据式(9.2)依次地计算出问题空间内的所有边更新后的信息素量。

步骤 4，若满足结束条件，则将会输出全局最优结果并且结束当前程序，否则就返回步骤 2.1 继续执行。

例 9.1 中，我们以四个城市为例，讲解了蚁群算法求解的手工计算过程。但实际应用中，主要以编程仿真计算为主。

**例 9.2** 给出 30 座城市的坐标，从 6 号城市出发遍历 30 座城市，并返回 6 号城市。请给出该 TSP 问题的仿真代码和求解过程。30 座城市的坐标如下：[1, 178, 170],[2, 272, 395],[3, 176, 198],[4, 171, 151],[5, 650, 242],[6, 499, 556],[7, 267, 57],[8, 603, 401],[9, 408, 305],[10, 437, 421],[11, 491, 267],[12, 74, 105],[13, 532, 525],[14, 416, 381],[15, 626, 244],[16, 42, 330],[17, 271, 395],[18, 359, 169],[19, 163, 141],[20, 508, 380],[21, 229, 153],[22, 576, 442],[23, 147, 528],[24, 560, 329],[25, 35, 232],[26, 694, 48],[27, 657, 498],[28, 517, 265],,[29, 64, 343],[30, 314, 120]。前面为城市序号，后面的数字为横坐标和纵坐标。

**解：**

(1) 根据坐标数据，生成 30 座城市的坐标如图 9-4 所示。2 号城市([2, 272, 395])与 17

号城市([17, 271, 395])的横坐标相差 1,纵坐标相同,图上显示基本重叠,其他城市分散开。

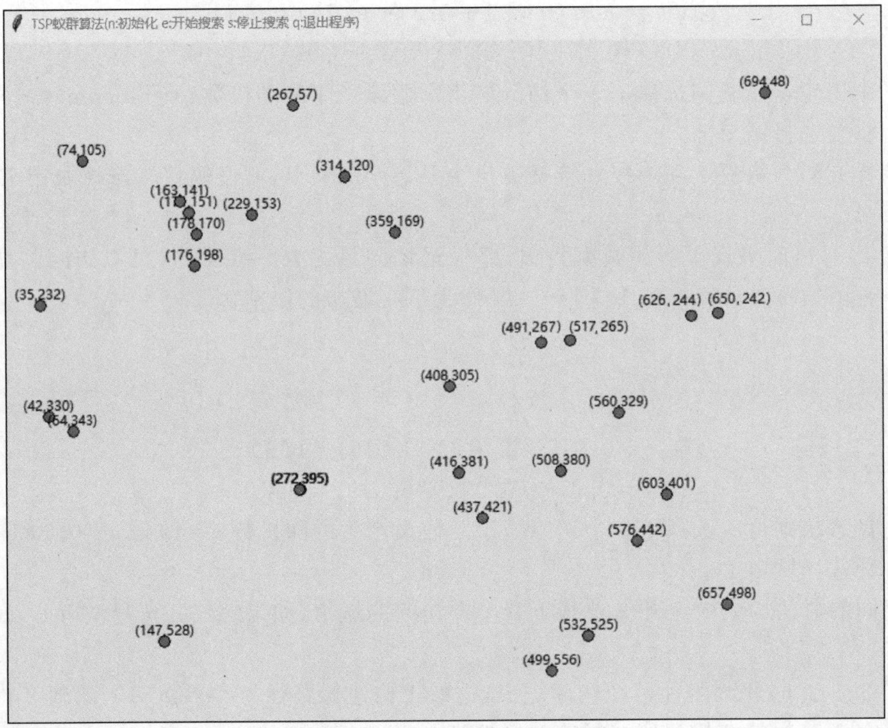


**图 9-4　30 座城市的坐标图**

(2) 结果展示：10 次迭代的最佳路径距离总和为 3000,如图 9-5 所示；101 次迭代的最佳路径距离总和为 2886,如图 9-6 所示；501 次迭代的最佳路径距离总和为 2831,如图 9-7 所示。

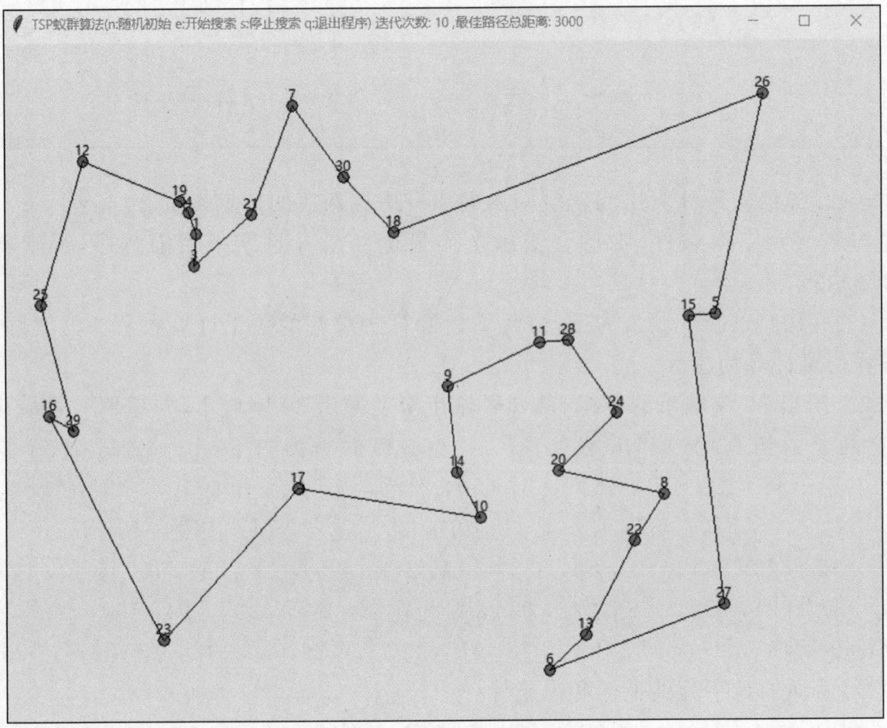


**图 9-5　迭代 10 次后的路径结果图**

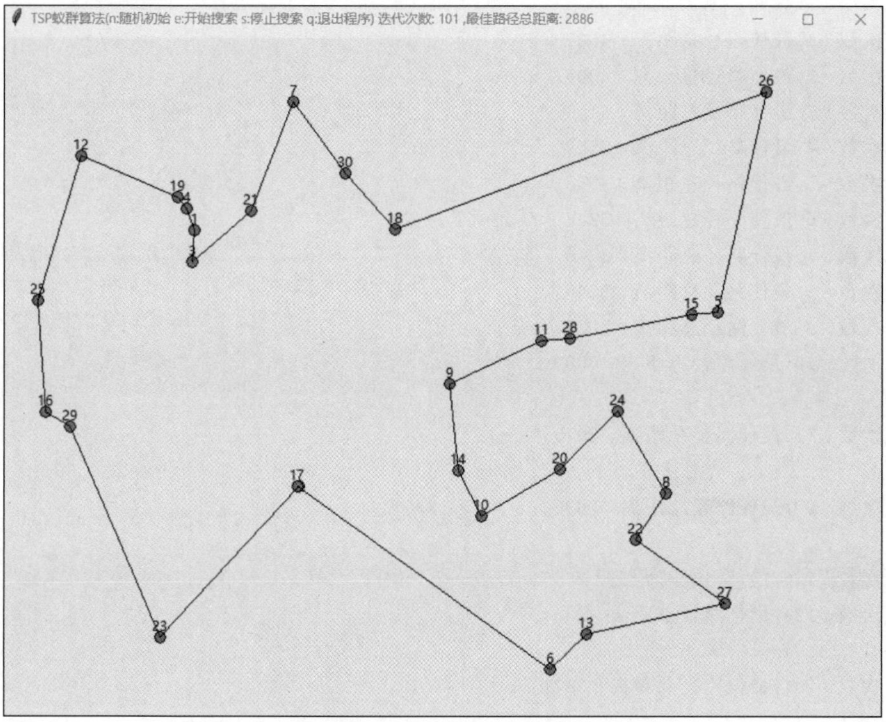


图 9-6 迭代 101 次后的路径结果图

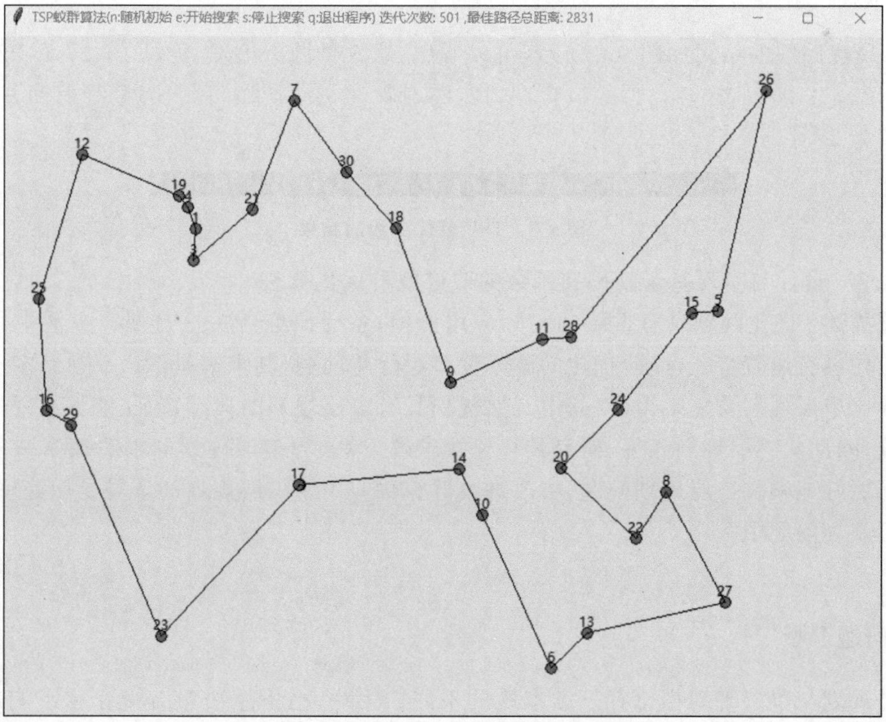


图 9-7 迭代 501 次后的路径结果图

运行过程中的迭代次数结果(此处由于篇幅原因,省略了距离相等的结果)如下。

```
迭代次数: 1,最佳路径总距离: 4607。
迭代次数: 2,最佳路径总距离: 4305。
迭代次数: 3,最佳路径总距离: 4115。
迭代次数: 4,最佳路径总距离: 3558。
迭代次数: 5,最佳路径总距离: 3558。
迭代次数: 6,最佳路径总距离: 3246。
迭代次数: 7,最佳路径总距离: 3246。
迭代次数: 8,最佳路径总距离: 3246。
迭代次数: 9,最佳路径总距离: 3025。
迭代次数: 10,最佳路径总距离: 3000。
……
迭代次数: 13,最佳路径总距离: 2975。
……
迭代次数: 20,最佳路径总距离: 2886。
……
迭代次数: 236,最佳路径总距离: 2886。
迭代次数: 237,最佳路径总距离: 2884。
……
迭代次数: 241,最佳路径总距离: 2871。
……
迭代次数: 427,最佳路径总距离: 2831。
……
迭代次数: 501,最佳路径总距离: 2831。
```

(3) 最优路线的结果如图 9-8 所示,可以看出,从 6 号城市出发,经过 13,27,8,22,20,24,15,5,26,28,11,9,18,30,7,21,3,1,4,19,12,25,16,29,23,17,2,14,10,最终返回 6 号城市,最短距离为 2831。

```
[6, 13, 27, 8, 22, 20, 24, 15, 5, 26, 28, 11, 9, 18, 30, 7, 21, 3, 1, 4, 19, 12, 25, 16, 29, 23, 17, 2, 14, 10, 6]
```

**图 9-8 TSP 最优路线的结果**

**例 9.3** 设计与实现基于精确罚函数的改进蚁群优化算法。

**问题描述:** 优化问题具有重要的实际应用价值,备受研究者关注。现实生活中大量生产管理系统均具有递阶特征,递阶优化问题亦称多层优化问题,其求解是 NP 难题。多层规划的几何特性比单层规划要复杂得多,其中二层规划具有多层规划的典型特征,能够有效代表多层规划问题,因此从二层规划入手,研究其特征及求解方法,为多层规划的求解探索一条研究路径。为了更好地解决二层规划问题,将改进蚁群算法应用于二层规划的全局寻优处理,进而推广到多层规划问题中。

**解:**

### 1. 问题分析

二层规划与单层规划相比有三点本质的不同。第一,上下层决策变量互相影响制约;第二,结构非凸;第三,非处处可微。这些特征为二层规划求解带来了极大困难,即使所有函数均是线性函数,也是 NP 难问题。学者们把粒子群算法、萤火虫群智能优化算法应用到二层规划寻优问题中,对二层规划的算法做了相应的研究,取得很多研究成果,但未考虑上下层全局优化。为了更好地解决二层规划问题，冯力静、陈丽芳等将改进蚁群算法应用于二层规划的全局寻优处理，进而推广到多层规划问题中。考虑到二层规划系统一般带有约束条件、加大了求解难度，所以需要设计一种新的精确罚函数法处理二层规划问题的约束条件，并将处理过程嵌入蚁群算法流程，编程仿真二层规划问题的全局寻优，并通过实际问题验证该算法的有效性，从全局优化的角度解决二层规划问题。

**2. 实现步骤**

(1) 二层规划的描述形式：下层以最优决策反应上层

$$\begin{cases}\min\limits_{x\in X} F(x,y)\\ \text{s.t.}\ G(x,y)\leqslant 0, \text{其中 } y \text{ 解满足}\\ \min\limits_{y\in Y} f(x,y)\\ \text{s.t.}\ g(x,y)\leqslant 0\end{cases} \tag{9.3}$$

其中，$F$、$f$：$\boldsymbol{R}^{n_1+n_2}\to\boldsymbol{R}$，$G$：$\boldsymbol{R}^{n_1+n_2}\to\boldsymbol{R}^{m_1}$，$g$：$\boldsymbol{R}^{n_1+n_2}\to\boldsymbol{R}^{m_2}$，$X$、$Y$ 分别是 $\boldsymbol{R}^{n_1}$ 和 $\boldsymbol{R}^{n_2}$ 的凸子集。

这是二层线性、非线性规划的理论及算法的研究出发点，以式(9.3)作为主要研究对象。

定义一种新的精确罚函数，见式(9.4)：

$$F(x,M)=(f(x)+M)^2+100\sum_{i\in I}\max\{0,f_i(x)\}^4 \tag{9.4}$$

(2) 蚁群算法具有分布式并行计算机制，在处理离散优化问题时，信息素是以离散的方式存储的；当求解二层规划的连续优化问题时，信息素仍然离散的分布到各条路径上，但对解空间的划分方式与基本蚁群算法不同。对于连续函数最小优化问题，直接求解；对于连续函数最大优化问题，必须要经过变换，将其转换成在[0,1]上的函数最小优化问题 $\min f(x)+C$，其中 $x\in[0,1]$，加常数 $C$ 的目的是使目标函数值大于 0。

具体实施过程如下。

步骤 1，解空间的划分方式：$h$ 为自变量 $x$ 要求精确的小数点位数，用 $h$ 个十进制数近似表示自变量 $x$，构造由 $h\times 10+2$ 个“节点”组成的路径图，分 $h+2$ 层，第一层和最后一层分别为起、终节点且仅含一个节点，记为 0。中间包括 $h$ 层，分别代表 $x$ 的十分位、百分位……这些节点中，相邻层之间具有连接通路。蚂蚁 $m$ 需逐层游走，不得跨层，所走过的路径用式(9.5)解码计算得到相应的自变量 $x(m)$。

$$x(m)=\sum_{l=2}^{h+1}T(m,l)\times 10^{1-l} \tag{9.5}$$

每只蚂蚁第一步均为 $T(m,1)=0$(蚂蚁 $m$ 第 $l$ 步所在的节点用 $T(m,l)$表示)。

步骤 2，设蚂蚁总数为 $M_0$，蚂蚁依次通过第一层，第二层……直至最后一层。蚂蚁 $m$ 当前所在的节点为 $T(m,l-1)=a$，蚂蚁根据式(9.6)来选择下一个结点。

$$T(m,l)=\begin{cases}\operatorname{argmax}\{\tau_{ab}^{l}\} & \text{如果 } \mu<P_0\\ S_r & \text{否则}\end{cases} \tag{9.6}$$

其中 $\tau_{ab}^{l}$ 表示第 $l-1$ 层中代表十进制数 $a$ 的节点与 $l$ 层中代表十进制数 $b$ 的节点之间的残留信息素；$\mu$ 是随机数；$P_0$ 为[0,1]的常数，用来确定伪随机选择的概率。

步骤 3，根据式(9.7)计算每个节点被选中的概率，选择下一节点的概率利用遗传算法中的转盘法，生成 $S_r$，其中 $S_r$ 表示用伪随机选择来确定下一步要走的节点。

$$p(a,b)=\frac{\tau_{ab}^{l}}{\sum_{x=o}^{9}\tau_{ax}^{l}} \tag{9.7}$$

其中 $p(a,b)$ 表示从当前节点 $a$ 转移到下一层节点 $b$ 的概率。这个公式仅允许蚂蚁在有上一层节点时才允许其向下一层转移，这是改进蚁群算法区别于其他蚁群算法的地方。所有蚂蚁按上面的步骤到达 $h+1$ 层后，均选择转移到最后一个节点 0 上。

步骤 4，蚂蚁在游走过程中要按照式(9.8)不断改变经过路径上的残余信息素，通过残余信息素量的大小引导下只蚂蚁路径的选择，经过多次循环之后，得以确定一条最优路径。之后进行局部残留信息素的更新：

$$\tau_{T(m,l-1),T(m,l)}^{l}\leftarrow(1-\rho)\times\tau_{T(m,l-1),T(m,l)}^{l}+\rho\tau_0 \tag{9.8}$$

其中 $\rho$ 表示路径上残留信息素减弱的速度，通常取定为[0,1]区间上的一个常数，$\tau_0$ 是信息素的初始值，也是一个常数。

步骤 5，所有蚂蚁按步骤 1 至步骤 4 完成一次循环，利用式(9.5)解码蚂蚁 $m$ 选择的路径，并计算出第 $m$ 只蚂蚁经解码之后对应的自变量取值。算出每只蚂蚁所对应的函数值，并由式(9.9)选出函数值最小的蚂蚁。

$$m_{\min}=\operatorname{argmin}\{f(x(m))\} \tag{9.9}$$

步骤 6，对函数值最优的这只蚂蚁所经过路径上的信息素按式(9.10)全局更新：

$$\tau_{ij}^{l}\leftarrow(1-\alpha)\times\tau_{ij}^{l}+\alpha\times f_{\text{best}} \tag{9.10}$$

其中，$i=T(m_{\min},l-1)$，$j=T(m_{\min},l)$，$l\in[2,h+2]$，$\alpha$ 是一个[0,1]上的常数，$f_{\text{best}}$ 为最优蚂蚁所对应的函数值。

步骤 7，重复步骤 1 至步骤 6，当达到指定的循环次数或得到解的最小值在一定循环次数后没有改进，说明求得最优解，算法结束。

(3) 优化处理步骤

步骤 1，依据标准解确定解空间，做归一化处理，利用精确罚函数式(9.4)，通过选择合适的罚因子 $M$ 处理上层约束问题。

步骤 2，应用改进的蚁群算法求解上层决策变量值。

步骤 3，将每个上层决策变量的值，带入到下层，下层问题转换成一元连续函数优化问题，利用式(9.3)处理下层约束，嵌入蚁群算法计算下层决策变量。

步骤 4，将下层最优决策变量反馈到上层进行寻优，达到循环次数程序结束，输出计算结果。

### 3. 算法仿真

对于算法的各个参数，需要经过多次实验来确定，本文中采用经典的实验方法，一个参数动、其他参数不动，最终获得参数的最优组合为 $\alpha=0.8$，$\rho=0.8$，$P_0=0.8$，$\tau_0=0.01$，$h=7$，$M_0=20$，$M=2$，运行循环次数：1000，程序采用 Visual C++编程实现。由于篇幅关系，仅列出上下层蚁群的求解代码：

```
void Antcotl::upper()                                   //上层
{int i ;
  for (i = 0; i < num_of_ants; i++)
  {
     if (mark == 1)
```

```
        {
         x[i][1] = yy[ii];
         }
        P_funv[i] = (x[i][0] - 3.5) * (x[i][0] - 3.5) + (x[i][1] + 4) * (x[i][1] + 4);
                                                              // 按照上层公式直接书写
        }
}
void Antcotl::below()                                         //下层
{ int i ;
  for (i = 0; i < num_of_ants; i++)
  {x[i][0] = xx[ii];
  P_funv[i] = ((x[i][0] - 3) * (x[i][0] - 3) + 2) * ((x[i][0] - 3) * (x[i][0] - 3) + 2) + 100 * (x[i]
[0] * x[i][0] - 1) * (x[i][0] * x[i][0] - 1) * (x[i][0] * x[i][0] - 1) * (x[i][0] * x[i][0] - 1);
                                                              //用式(9.4)计算
  }}
```

**4. 算法应用**

以二层规划问题为例，描述见式(9.11)：

$$
\begin{cases}
\min F(x,y)=(x-3.5)^2+(y+4)^2 \\
\text{其中 } y: \\
\min f(x,y)=(y-3)^2 \\
\text{s.t.}\quad y^2-x\leqslant 0
\end{cases}
\tag{9.11}
$$

将数据输入后，得到运行结果如图 9-9 所示。表 9-3 对原始算法和标准解与本文算法进行对比，发现基于精确罚函数的求解算法明显优于标准解和文献的求解结果。

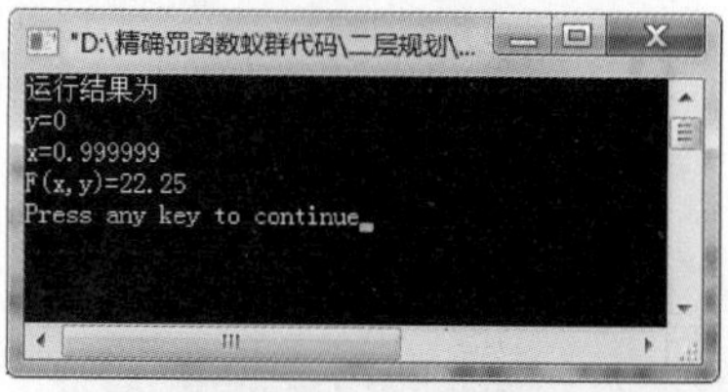


图 9-9 运行结果

表 9-3 不同算法的求值比较

| 算　　法 | 上层决策变量 $x$ | 上层决策变量 $y$ | 最优函数值 |
|---|---|---|---|
| 标准解 | 0 | 0 | 28.25 |
| 文献解 | 1.72 | 1.31 | 31.39 |
| 例 9.3 的算法 | 0.999999 | 0 | 22.25 |

仿真实验结果分析表明，基于新的精确罚函数的蚁群优化算法，计算结果更科学合理，为二层规划、多层规划问题求解提供了一种新的研究思路。例 9.4 将针对价格控制问题，采用例 9.3 提出的改进算法进行求解。

**例 9.4** 基于精确罚函数的改进蚁群优化算法，求解价格控制问题。

**问题描述**：政府为规范价格变动所采取的各种调节和干预措施即为价格控制问题(Price Control Problem)。一般分为直接干预和间接调节方式。对价格行政管理较多的国家，采取直接干预的措施较多；对价格行政管理较少的国家，采取间接调节的措施较多。

价格控制问题是一类具有鲜明实际背景的二层规划问题，模型如下：

$$
\begin{cases}
\max\limits_{x} F=\boldsymbol{a}^{\mathrm{T}}\boldsymbol{x}+\boldsymbol{b}^{\mathrm{T}}\boldsymbol{y} \\
\text{s.t.}\quad \boldsymbol{x}\geqslant 0\text{，其中 } y \text{ 解满足} \\
\max\limits_{y} f=\boldsymbol{x}^{\mathrm{T}}\boldsymbol{y} \\
\text{s.t.}\quad A\boldsymbol{x}+B\boldsymbol{y}\leqslant \boldsymbol{p} \\
\boldsymbol{y}\geqslant 0
\end{cases}
\tag{9.12}
$$

其中，$\boldsymbol{a}$、$\boldsymbol{x}$、$\boldsymbol{b}$、$\boldsymbol{y}\in\mathbf{R}^n$，$\boldsymbol{p}\in\mathbf{R}^m$，$\boldsymbol{A}$、$\boldsymbol{B}\in\mathbf{R}^{n\times m}$，$\mathbf{R}^n$ 表示 $n$ 维实数空间。该模型的几何意义是：下层决策者的目标函数的价值系数 $\boldsymbol{x}$ 由上层决策者为了优化其自身的目标函数而确定。决策变量 $\boldsymbol{y}$ 又由下层决策者决定，上层决策者又根据下层进一步调整价值系数 $\boldsymbol{x}$，以使其目标函数最优。分析税收、补助金规划和地区性的废水废气处理，确定最优方案主要利用这个模型。

**解：**

**1. 模型构建**

分析上述问题，构造数学模型如下：

$$\begin{cases}\max\limits_{x} F = x + 6y \\ \max\limits_{y} f = xy \\ \text{s.t.}\quad x + y \leqslant 4 \\ 2x - y \leqslant 2\end{cases} \tag{9.13}$$

其中 $y$ 为($x$ 给定时)下层规划的优化解。

运用线性二级价格控制问题的单纯形法求解，可得(0,4)为问题的最优解，该解的实际意义是：上级部门按产品定价给下级部门，下级部门生产 4 个产品为最优方案。这样的方案可以使上级部门获利最大为。而下级部门收益却为 0。这样的最优方案，很难调动生产部门的积极性，在现实生活中明显不可取。

**2. 优化处理**

利用例 9.3 中提出的基于精确罚函数的改进蚁群优化算法，该问题的处理流程如下：

步骤 1，由于本问题属于约束最大优化问题，应用本算法时，需先将其转换为约束最小优化问题。

步骤 2，上层属于无约束最优化问题，依据标准解确定上层决策变量的取值范围为[0,1]。下层变量做变换、构造，应用精确罚函数处理约束。

步骤 3，利用基于精确罚函数的改进蚁群优化算法，运行程序，结果如图 9-10 所示。

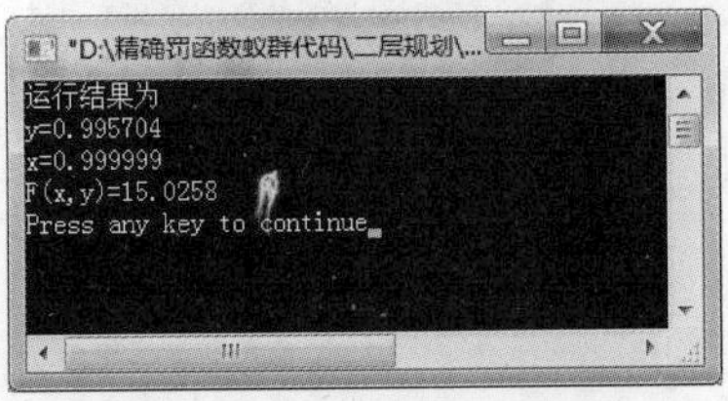


**图 9-10　价格控制问题的优化结果**

即 $x=1$，$y=1+2=3$，该解的实际意义为上级部门按产品定价 $x=1$ 给下级部门，下级部门生产 $y=3$ 个产品为最优方案。这个方案虽未能使上级部门获利最大($15<24$)，但同时兼顾了下级部门利益，能够调动生产积极性，比单纯形法求得的(0,4)方案更符合实际，用于指导决策更加科学合理。

习题

案例导读

# 第10章

# 粒子群算法

**本章导读**

大自然是人类的老师，生物进化的过程、群体间的智能活动为人们设计一个又一个的优化算法提供了灵感的源泉。粒子群优化算法(Particle Swarm Optimization，PSO)是仿生算法的一个经典代表，它是一种通过模拟自然界的生物活动以及群体智能的随机搜索算法。粒子群优化算法一方面汲取了人工生命(Artificial Life)、鸟群觅食(Birds Flocking)、鱼群学习(Fish Schooling)和群理论(Swarm Theory)的思想，另一方面又具有进化算法的特点，和遗传算法、进化策略、进化规划等算法拥有类似的搜索和优化能力，同时体现了群体智能和进化计算的优势。为方便，后续的"粒子群算法"统一描述。本章对粒子群算法的背景、原理、思想、特点、算法流程与实现进行介绍，使读者对粒子群算法有一个初步的认识。

## 10.1 粒子群算法简介

粒子群算法是20世纪90年代兴起的一种算法，因其概念简明、实现方便、收敛速度快而广为人知，它是通过模拟鸟群捕食行为设计的一种群智能算法。假设区域内有大大小小不同的食物源，鸟群的任务是找到最大的食物源(全局最优解)。鸟群在整个搜寻的过程中，通过相互传递各自位置的信息，让其他的鸟知道食物源的位置，最终整个鸟群都能聚集在食物源周围，即我们所说的找到了最优解，问题收敛。学者受自然界的启发开发了诸多类似智能算法，如蚁群算法、布谷鸟搜索算法、鱼群算法、捕猎算法等。

粒子群算法与其他进化类的算法十分相似，同样也是采用"群体"与"进化"两个概念，根据粒子的适应值大小进行操作。但是与其他优化算法不同的是，粒子群算法不像其他进化算法那般，对于每个个体都使用进化算子，而是将每个个体看作是在一个 $n$ 维搜索空间中的没有重量没有体积的微粒，并且在搜索空间中以一定的速度飞行。该飞行速度根据单个个体的飞行经验和群体的飞行经验来进行相关动态的调整。

### 10.1.1 粒子群算法的背景

在动物们的群体行为当中，科学家们很早就发现了自然界中的鸟群、兽群和鱼群等在其迁徙、捕食过程中，通常会表现出高度的组织性和规律性。而这些现象受到了人类高度的重视和广泛的关注，吸引着大批生物学家、计算机科学家、行为学家和社会心理学家等深入进行研究。

### 1. “粒子群算法”的名称由来

首先我们来探讨一下，粒子群算法名称的由来，为什么称之为“粒子群”算法呢？粒子的概念来源于粒子系统。

“粒子”(Particle)一词，来源于物理学的概念，是指能够以自由状态存在的最小物质组成部分。最早发现的粒子是原子、电子和质子，19 世纪末人们一直认为原子是组成物质的最小微粒；1932 年中子被发现，确认原子由电子、质子和中子组成，它们比起原子来是更为基本的物质组分，称之为“基本粒子”。以后这类粒子发现越来越多，累计已超过几百种，且还有不断增多的趋势。另外，这些粒子中有些粒子在迄今的实验中尚未发现其有内部结构，有些粒子实验显示具有明显的内部结构，说明这些粒子并不属于同一层次，于是从 20 世纪后半期起，就将“基本”二字去掉，统称为“粒子”。

目前传统意义上人们所说的“粒子”，并不是指具体的物质，而是指一种模型理念。

“粒子系统”(Particle System)是 William T. Reeves 在 1983 年提出的，是一种对模糊物体的建模方法。这里的模糊物体是指逻辑结构难以表达，且存在动态变化的物体。例如，火箭发射产生的浓烟，爆炸产生的大量碎片，大自然中的烟、水、云等。

粒子系统是由多个“粒子”组成的集合来表达一个物体。在一段时间内，这些粒子组成一个系统。然后，初始化、运动、消失。计算机仿真粒子系统的具体步骤如下：

(1) 系统生成多个新粒子；

(2) 每个粒子初始化自身的属性；

(3) 超过生命时间的粒子在系统中消失；

(4) 其他粒子按照其动态属性运动(位置和速度等)、变化(颜色和透明度等属性)；

(5) 根据当前粒子的状态渲染一帧图像。

按照上述过程，粒子系统经计算机编程，在每一时间步内执行任何设定的指令。这一过程可以融合任意的计算模型，来描述物体的动态变化。例如，粒子系统可以通过空间扭曲控制粒子的行为，增强物理现象的真实性；也可以结合空间扭曲对粒子流造成引力、阻挡、风力等仿真影响。它几乎可以模拟任何富于想象的三维效果。例如，烟云、火花、爆炸、暴风雪或者瀑布等。

粒子系统中的每个粒子通常包括如下属性：

(1) 位置向量(Position Vector)；

(2) 速度向量(Velocity Vector)；

(3) 粒子大小(Size)；

(4) 粒子颜色(Color)；

(5) 粒子透明度(Transparency)；

(6) 粒子形状(Shape)；

(7) 生命周期(Lifetime)。

粒子存在于虚拟的空间中，空间的维度通常取二维或三维。粒子一般根据空间的范围来初始化位置。粒子位置初始化分为两种：静态位置和动态分布。静态位置是指粒子固定在空间的某一区域产生；动态分布是指粒子按某种概率分布，散落在规定的空间区域。在一些烟雾、云的仿真中，粒子均匀散布在空间的某个区域内。

粒子系统可分为相互影响的粒子系统和相互独立的粒子系统两种。相互影响的粒子系统是指粒子间存在相互作用，如太阳系中的行星系统，要考虑各行星之间的万有引力等因素；相互独立的粒子系统是指粒子间不产生相互的影响，所有粒子受同一的规律影响，如喷水系统仿真，每个粒子位置和速度进行初始化后，统一受到重力和空气阻力的作用，产生下落的效果，相互之间并不发生干扰。

粒子在生命周期中，不仅速度和位置可以产生变化，其颜色、透明度和大小等属性也可以产生不同的变化，可以产生各种特效。

本书中首先介绍了"粒子"和"粒子系统"的含义，因为粒子系统和粒子群算法中的粒子具有很多相似之处。首先，两个系统的"粒子"都包含位置向量和速度向量，粒子系统为了仿真真实场景，空间维度较低，通常为二维或三维；而粒子群算法主要处理高维问题，维度通常较高；其次，两种系统的位置和速度的初始化方式都为随机初始化，在更新状态后，都是位置和速度进行迭代来改变空间位置。

"粒子群算法"的名字也是由粒子系统得来。粒子群算法中的粒子没有大小、形状，这保证了粒子群算法不用考虑粒子相撞等操作，并且粒子可以在任意空间尺度进行搜索。

从行为本质上讲，粒子群算法属于粒子系统的范畴，但粒子群算法中的粒子没有颜色和透明度等属性。粒子群算法中的粒子相互关联并且相互影响对方的位置和速度向量，而且粒子群算法中的粒子具有一定的记忆性，能够在搜索过程中保存自身搜索到的最优位置，同时具有一定的智能性，可以向其他粒子进行"学习"，综合各种信息来更新自身状态。

### 2. 粒子群算法的发展历程

粒子群优化算法起初是由鸟群、鱼群等的生活规律启发而来。在自然界中，鸟群在觅食过程中有时候需要分散地去寻找食物，有时又需要群体搜寻，而在每次的搜寻中，总会有个别的鸟对食物的位置有较强的侦查力，那么它就会在群体间传递信息，然后带领群体朝着食物源飞行。

1975年，生物学家E. O. Wilson在分析了自然界中的生物觅食活动后，认为在生物的捕食过程中，同伴之间的学习和合作带来的效果比竞争带来的效果要好很多。

1987年，Craig Reynolds（克雷格·雷诺兹）实现了鸟群之间运动的计算机可视化仿真（Bird Flocking Simulation），该仿真实验被认为是粒子群算法的启发模型（仿真实验具体情况，见拓展阅读）。由此，雷诺兹提出了三条简单的规则来仿真这种复杂的生物群体行为。规则一，避免碰撞（Collision Avoidance）：避免和邻近的个体相碰撞；规则二，速度一致（Velocity Matching）：和邻近的个体的平均速度保持一致；规则三，向中心聚集（Flock Centering）：向邻近个体的平均位置移动。按照以上规则，就可以在虚拟世界中仿真出鸟群的行为规律，飞鸟通过简单的规则完成障碍物穿越、群体分离和重新聚集等复杂行为。该模型的思想和仿真过程，为后续粒子群算法的诞生和研究奠定了坚实的基础。

1990年，两位动物学家Heppner和Grenander也对动物间群体活动的相关规律进行了研究，包括大规模群体同步聚合，突然地改变方向，规律的分散与重组等相关的机制和潜在的规律。众多的研究成果为粒子群优化算法的发明奠定了思想来源和坚实的理论基础。

群体智慧方面，在人类以及动物的群体活动过程中所表现出来的智慧方面取得的研究成果也被引入了粒子群算法中。在20世纪70年代Wilson就指出："至少在理论上，在群体觅食的过程中，群体中的每一个个体都会受益于所有成员在这个过程中所发现和累积的经验"。所以粒子群算法便直接采用了这一想法。

1995年，Eberhart和Kennedy提出了粒子群算法，它的基本概念源于对鸟群觅食行为的研究。两位学者同时指出，他们在设计粒子群算法时，不但考虑了模拟生物的群体活动，最重要的是其中还融入了个体认知（Self-Cognition）和社会影响（Social-Influence），这两个因素属于社会心理学。粒子群算法，是结合了两位学者自身研究领域的优势和社会生物学家 Wilson 的启发产生的综合成果。

设想一群鸟在随机搜寻食物，在这个区域里只有一块食物，所有的鸟都不知道食物在哪里，但是它们知道当前的位置离食物还有多远。那么找到食物的最优策略是什么呢？最简单有效的就是搜寻目前离食物最近的鸟的周围区域。

粒子群算法就从这种生物种群行为特性中得到启发并用于求解优化问题。在粒子群算法中，每个优化问题的潜在解都可以想象成 $N$ 维搜索空间上的一个点，称之为“粒子”，所有的粒子都有一个被目标函数决定的适应值（Fitness Value），每个粒子还有一个速度决定他们飞翔的方向和距离，然后粒子们就追随当前的最优粒子在解空间中搜索。Reynolds 对鸟群飞行的研究发现，鸟仅仅是追踪它有限数量的邻居，但最终呈现出来的整体结果是：整个鸟群好像在一个中心的控制之下，即复杂的全局行为是由简单规则的相互作用引起的。

1996 年，Boyd 与 Richerson 在研究人类决策过程当中时，也提出了个体学习和文化传递的概念。根据他们的研究结果，人们在决策过程中使用了两类重要的信息：一个是自身的经验；另一个是其他人的经验。说明人们是根据自身的经验和他人的经验来进行自己的决策，这也为粒子群算法的合理性提供了另一个佐证。

关于粒子群算法的研究，国内查阅到中国知网发表的最早文献为 2002 年，任斌、丰镇平（西安交通大学）发表于《南京师范大学学报（工程技术版）》的《改进遗传算法与粒子群优化算法及其对比分析》，该文中首次介绍了“一种新的进化算法——粒子群优化算法”，将改进的遗传算法与粒子群算法同时应用于函数优化问题求解，并对优化结果进行了对比分析，结果表明粒子群算法在寻找最优解的效率上明显优于改进遗传算法。

2003 年，李爱国等在《计算机工程与应用》杂志上发表了《粒子群优化算法》，文中介绍了基本粒子群算法、若干改进的粒子群算法及其应用，并讨论了未来粒子群算法的发展前景。文中有这样一段描述：“PSO 一经提出，立刻引起了演化计算等领域的学者们的广泛关注，并在短短几年时间里出现大量的研究成果，形成了一个研究热点。目前国内对 PSO 的研究还很少，希望该文能够起到抛砖引玉的作用”。自 2003 年后，粒子群算法开始受到国内学者的广泛关注，关于粒子群算法的机理研究和应用研究逐渐增多，进入蓬勃发展时期。

粒子群算法是以模拟鸟的群体智能为特征，以求解连续变量优化问题为背景的一种优化算法。因其概念简单、参数较少、易于实现等特点，自提出以来一直受到国内外学者的广泛关注，各种关于粒子群算法的理论和应用研究成果不断涌现，有力推动了粒子群算法的发展。

粒子群算法经过多年的发展，逐渐显示出其广泛的用途与强大的生命力，越来越多的学者和工程技术人员对其机理及应用进行研究。粒子群算法所固有的并行性和分布式处理特征，使其在解决大规模优化问题上显示出强大的优势。粒子群算法简单、易用，实现灵活方便，并易与其他方法结合，相互取长补短，使其在处理不同问题时具有更强的适应能力与灵活性，这些优点正是粒子群算法研究不断取得发展的原因。近年来，粒子群算法发展迅速，各种改进技术得到了广泛应用，从而使粒子群算法能够更加有效地解决复杂的最优化问题。对粒子群算法的研究主要从以下两方面开展：一是从具体优化的应用入手，根据具体领域问题情况，对算法进行改进，以满足应用要求；二是从粒子群算法的理论方面入手，分析算法的收敛性能，提高算法的优化性能。作为一种经典的群智能算法，目前粒子群算法及其改进算法已成功运用到很多交叉学科，粒子群优化算法未来仍大有可为。

## 10.1.2　粒子群算法的原理

在自然界鸟群捕食的过程中，它们是通过何种机制找到食物的呢？捕食的鸟群都是通过每只鸟各自的探索与群体的合作最终探索到了食物所在的位置。我们来观察这样一个场景：一群相对来说分散的鸟在随机地飞行觅食，它们并不知道食物所在的准确位置，但是有一个间接的机制可以让小鸟知道自身当前位置离食物的距离（例如食物香味的浓淡等）。所以各个小鸟就会在飞行的过程中不停地记录和更新它曾经到达的离食物最近的位置，与此同时，它们通过信息交流的方式对比大家所找到的最好位置，得到一个当前整个群体已经找到的最佳食物位置。这样一来，每个小鸟在飞行的时候就有了一个指导的方向，它们会结合自身的经验以及整个群体的经验，从而不断调整自身的飞行速度和所在位置，不断地寻找更加接近食物的位置，最终使得整个群体聚集到食物位置。

粒子有三个特性：速度、位置和适应度 fitness。而适应度值的大小，则是由目标函数求出的，这是衡量粒子强度的重要指标。经过初始化的微粒群在最优解的区域内移动，并根据自身与个体极值 pBest、群体极值 gBest 的距离，不断地调整自己的速度和位置，逐步逼近极限。在此基础上，个体的极值是指在一个特定的最优解的范围内，通过搜索，可以获得最好的种群适应性，而种群的极值是指，在一个特定的种群或种群系统中，几乎所有的单个颗粒都可以在它的最有效解范围内进行搜索，从而获得较好的种群适应性。根据粒子的位置不断地更新，可以根据粒子的适应值、个体极值和群体极值的变化来测量。

粒子群算法中，每个优化问题的解都是搜索空间中的一只鸟，我们称之为"粒子"。所有的粒子都有一个由被优化的函数决定的适应值；每个粒子还有一个速度，决定它飞行的方向和距离。然后粒子们就追随当前的最优粒子在解空间中搜索。

粒子群算法初始化为一群随机粒子（随机解），然后通过迭代找到最优解。在每一次迭代中，粒子通过跟踪两个"极值"来更新自己。第一个极值就是粒子本身所找到的最优解，这个解叫作个体极值 pBest。另一个极值是整个种群目前找到的最优解，这个极值是全局极值 gBest。另外也可以不用整个种群而只是用其中一部分作为粒子的邻居，那么在所有邻居中的极值就是局部极值。粒子群算法通过不断更新适应度值，对每个 $N$ 维（任务的数量）的粒子进行每一维度的赋值，对粒子群赋值，包括位置向量和速度向量，粒子在 $N$ 维（任务的数量）空间中所经历过的最好位置，通过计算更新粒子的速度和位置信息，更新个体粒子的最优解，进行粒子更新操作，得到全局搜索想要的结果，最后通过比较获取种群中的最优解。

在整个粒子群算法里，通过化抽象为具体，将实际生活里的运动转换为代码里的更新。利用提前定义好的数学公式通过计算进行粒子的更新操作，更新粒子的速度和位置信息。同时在计算里也可以找到最好的迭代次数，通过比较大小，最好的迭代次数就是当前最优解的迭代次数，然后利用该值进行相应操作，比如更新惯性系数，最后把每次迭代的最优解进行排序，得到相应的处理结果。

在计算机仿真实验中，通过给参数赋予不同意义，可以抽象出鸟的数目（即粒子群大小），离食物的距离、速度、鸟的位置（鸟的任务）等与实际生活相对应的算法，体现了计算机世界的奇妙以及与实际生活的联系。鸟群觅食过程中的基本生物要素和粒子群优化算法的基本定义信息内容如表 10-1 所示。

表 10-1 鸟群觅食和粒子群优化算法的基本定义对照表

| 鸟群觅食 | 粒子群优化算法 |
|---|---|
| 鸟群 | 搜索空间的一组有效解 |
| 觅食空间 | 问题的搜索空间 |
| 飞行速度 | 解的速度向量 $\boldsymbol{v}_i=[\boldsymbol{v}_i^1,\boldsymbol{v}_i^2,\cdots,\boldsymbol{v}_i^D]$ |
| 所在位置 | 解的位置向量 $\boldsymbol{x}_i=[\boldsymbol{x}_i^1,\boldsymbol{x}_i^2,\cdots,\boldsymbol{x}_i^D]$ |
| 个体认知与群体协作 | 每个粒子 $i$ 根据自身历史最优位置和群体的全局最优位置更新速度和位置 |
| 找到食物 | 算法结束,输出全局最优解 |

### 10.1.3 粒子群算法的思想

粒子群算法的基本思想,来自对鸟类社会行为的模拟。在一个社会化的群体中,每一个个体的行为,不但会受到其过去的经验和认知的影响,同时也会受到整体社会行为的影响。在粒子群算法中,每一个粒子在搜索空间中各自有其方向和速度,并且根据自身过去的经验与群体行为进行概率搜索策略的调整。

在自然界中,鸟群在觅食时,一般存在个体和群体协同的行为。有时鸟群分散觅食,有时鸟群也全体觅食。在每次觅食的过程中,都会存在一些搜索能力强的鸟,这些搜索能力强的鸟,会给其他鸟传递信息,带领其他鸟到食物源位置。设想这样一个场景:一群鸟在森林中随机搜索食物,它们想要找到食物量最多的位置。但是所有的鸟都不知道食物具体在哪个位置,只能感受到食物大概在哪个方向。每只鸟沿着自己判定的方向进行搜索,并在搜索的过程中记录自己曾经找到过食物且量最多的位置,同时所有的鸟都共享自己每一次发现食物的位置以及食物的量,这样鸟群就知道当前在哪个位置食物的量最多。在搜索的过程中每只鸟都会根据自己记忆中食物量最多的位置和当前鸟群记录的食物量最多的位置调整自己接下来搜索的方向。鸟群经过一段时间的搜索后就可以找到森林中哪个位置的食物量最多,从而获得全局最优解。

粒子群算法就是从这种场景中得到启示而产生,并用于求解优化问题。用粒子群算法求解优化问题的思想是:让一群称为粒子的鸟,在问题的解空间中飞行,最优解被想象成食物所在的位置,而优化过程则看作小鸟寻找食物的过程。

粒子群算法通过模拟鸟群随机搜寻食物的捕食行为,鸟群通过自身经验和种群之间的交流调整自己的搜寻路径,从而找到食物最多的地点。其中每只鸟的位置/路径则为自变量组合,每次到达的地点的食物密度即函数值。每次搜寻都会根据自身经验(自身历史搜寻的最优地点)和种群交流(种群历史搜寻的最优地点)调整自身搜寻方向和速度,这个称为跟踪极值,从而找到最优解。

粒子群优化算法属于进化算法的一种,从随机解出发,通过迭代寻找最优解,这一点与模拟退火算法非常相似。它通过适应度来评价解的品质,但比遗传算法的规则更简单,没有遗传算法的"交叉"和"变异"操作,而是通过追随当前搜索到的最优值来寻找全局最优。

## 10.2 粒子群算法的更新规则

粒子群算法通过设计一种无质量的粒子来模拟鸟群中的鸟,粒子仅具有两个属性:速度和位置。速度代表移动的快慢,位置代表移动的方向。每个粒子在搜索空间中单独的搜寻最优解,并将其记为当前个体极值,并将个体极值与整个粒子群里的其他粒子共享,找到最优的那个个体极值作为整个粒子群的当前全局最优解，粒子群中的所有粒子根据自己找到的当前个体极值和整个粒子群共享的当前全局最优解来调整自己的速度和位置。

其中，速度向量$\boldsymbol{v}_i=[\boldsymbol{v}_i^1,\boldsymbol{v}_i^2,\cdots,\boldsymbol{v}_i^D]$和位置向量$\boldsymbol{x}_i=[\boldsymbol{x}_i^1,\boldsymbol{x}_i^2,\cdots,\boldsymbol{x}_i^D]$。$i$表示粒子的编号，$D$是求解问题的维数。粒子的速度决定了其运动的方向和速率，而位置则体现了粒子所代表的解在解空间中的位置，是评估该解质量的基础。算法同时还要求每个粒子各自维护一个自身的历史最优位置向量(用 **pBest** 表示)，也就是说在进化的过程中，如果粒子到达了某个使得适应值更好的位置，则将该位置记录到该粒子的历史最优向量中，而且如果粒子能够不断地找到更优的位置的话，该向量也会不断地更新。另外，群体还维护一个全局最优向量用 **gBest** 表示，代表所有粒子的 **pBest** 中最优的那个，这个全局最优向量起到引导粒子向该全局最优区域收敛的作用。

### 10.2.1 粒子速度更新

粒子群算法速度的更新公式：

$$\boldsymbol{V}_{i+1}=\omega\boldsymbol{V}_i+C_1R_1(\mathbf{pbest}-\boldsymbol{X}_i)+C_2R_2(\mathbf{gbest}-\boldsymbol{X}_i) \tag{10.1}$$

在式(10.1)中，$\omega$是惯量权重，一般初始化为0.9，然后随着进化过程线性递减到0.4；$C_1$、$C_2$是加速系数，传统上都是取固定值2。$R_1$、$R_2$是两个[0,1]区间上的随机数。**pBest** 是局部最优解，**gBest** 是全局最优位置，$\boldsymbol{X}_i$是第$i$个粒子的位置。需要注意的是，在更新过程中。PSO要求采用一个由用户设定的$\boldsymbol{V}_{\max}$来限制速度的范围，$\boldsymbol{V}_{\max}$的每一维$\boldsymbol{V}_{\max}^d$一般可以取相应维的取值范围的10%～20%。

动态$\omega$能获得比固定值更好的寻优结果。动态$\omega$可在粒子群算法搜索过程中线性变化，也可以根据粒子群算法性能的某个测度函数动态改变。目前采用较多的是线性递减权值(Linearly Decreasing Weight，LDW)策略。$\omega$的引入，使用粒子群算法性能有了很大的提高，针对不同的搜索问题，可以调整全局和局部搜索能力，也使粒子群算法能成功地应用于很多实际问题。

速度存在的根本作用还是为了改变粒子的位置，计算新一轮粒子的适应值，其中的参数的设置也会影响到对全局最优解的搜寻。在一般情况下，会对粒子的速度分量进行限制，$\boldsymbol{V}_i^d\in[-\boldsymbol{V}_{\max}^d,\boldsymbol{V}_{\max}^d]$，如果粒子的速度分量在更新之后超过最大飞翔速度，则应该根据不同的情况进行优化问题的设定。

### 10.2.2 粒子位置更新

粒子群算法的位置更新公式：

$$\boldsymbol{X}_{i+1}=\boldsymbol{X}_i+\boldsymbol{V}_{i+1} \tag{10.2}$$

在式(10.2)中的位置更新必须是合法的，所以在每次进行更新之后都要检查更新后的位置是否在问题空间之中，否则必须进行修正，一般的修正方法可以是重新随机设定或者限定在边界。

粒子群算法是通过速度更新式(10.1)和位置更新式(10.2)不断地进化而到全局最优解，因此，粒子群算法的原理和机制更加简单，算法实现也相对容易，运行效率更高。

## 10.3 算法实现概述

### 10.3.1 算法流程

根据以上粒子群更新规则的描述，粒子群算法的设计步骤如下。

步骤 1：初始化粒子群(速度和位置)、惯性因子、加速常数、最大迭代次数、算法终止的最小允许误差。

步骤 2：评价每个粒子的初始适应值。

步骤 3：将初始适应值作为当前每个粒子的局部最优值 **pBest**，并将各适应值对应的位置作为每个粒子的局部最优值 **pBest** 所在的位置。

步骤 4：将最佳初始适应值作为当前全局最优值 **gBest**，并将最佳适应值对应的位置作为全局最优值 **gBest** 所在的位置。

步骤 5：依据式(10.1)更新每个粒子当前的飞行速度。

步骤 6：对每个粒子的飞行速度进行限幅处理，使之不能超过设定的最大飞行速度。

步骤 7：依据式(10.2)更新每个粒子当前所在的位置。

步骤 8：比较当前每个粒子的适应值是否比历史局部最优值好，如果好，则将当前粒子的适应值作为粒子的局部最优值 **pBest**，其对应的位置作为每个粒子的局部最优值 **pBest** 所在的位置。

步骤 9：在当前群中找出全局最优值 **gBest**，并将当前全局最优值对应的位置作为粒子群的全局最优值 **gBest** 所在的位置。

步骤 10：重复步骤 5～步骤 9，直到满足设定的最小误差或最大迭代次数。

步骤 11：输出粒子群的全局最优值 **gBest** 和其对应的位置以及每个粒子的局部最优值 **pBest** 和其对应的位置。

由此得到粒子群算法的流程图如图 10-1 所示。

## 10.3.2 算法实现

粒子群算法的实现，主要涉及以下关键技术：初始化、适应函数、参数设置、终止条件设置、约束的处理，下面分别介绍算法的实现技术。

### 1. 初始化

粒子群的初始化实际上是指对每个粒子的位置和速度初始化。每个粒子的初始位置通常是在问题的解空间内随机产生的，而速度的每个分量则是随机选取的。

### 2. 适应函数

在粒子群算法中，适应函数被用来评估一个粒子的好坏，即被用来评估一个粒子所在的位置与最优解相近的程度，适应函数是粒子位置的一个函数，一个粒子的适应值是由其所在的位置所决定的，通常适应函数取为目标函数。

### 3. 参数设置

(1) 群体规模 $M$。群体规模 $M$ 通在 10～50 取值。对很多问题而言，取 $M=20$ 就可以得到很好的结果。但对有些比较困难的问题，群体规模也试着取得大一些，如取 $M=100$ 或 200。

(2) 最大速度。最大速度决定了在每一次迭代中粒子飞行的最大距离，若太大，粒子将飞离最好解；若太小，则易于陷入局部最优。如何选择依赖于所要解决的问题。一般来说，与搜索空间每一维的变化范围相关。例如，若每一维的变化范围为[−50,50]，则可取。

(3) 邻域规模 $k$。在使用局部邻域结构时，需要对邻域规模 $k$ 进行设置。当邻域规模为

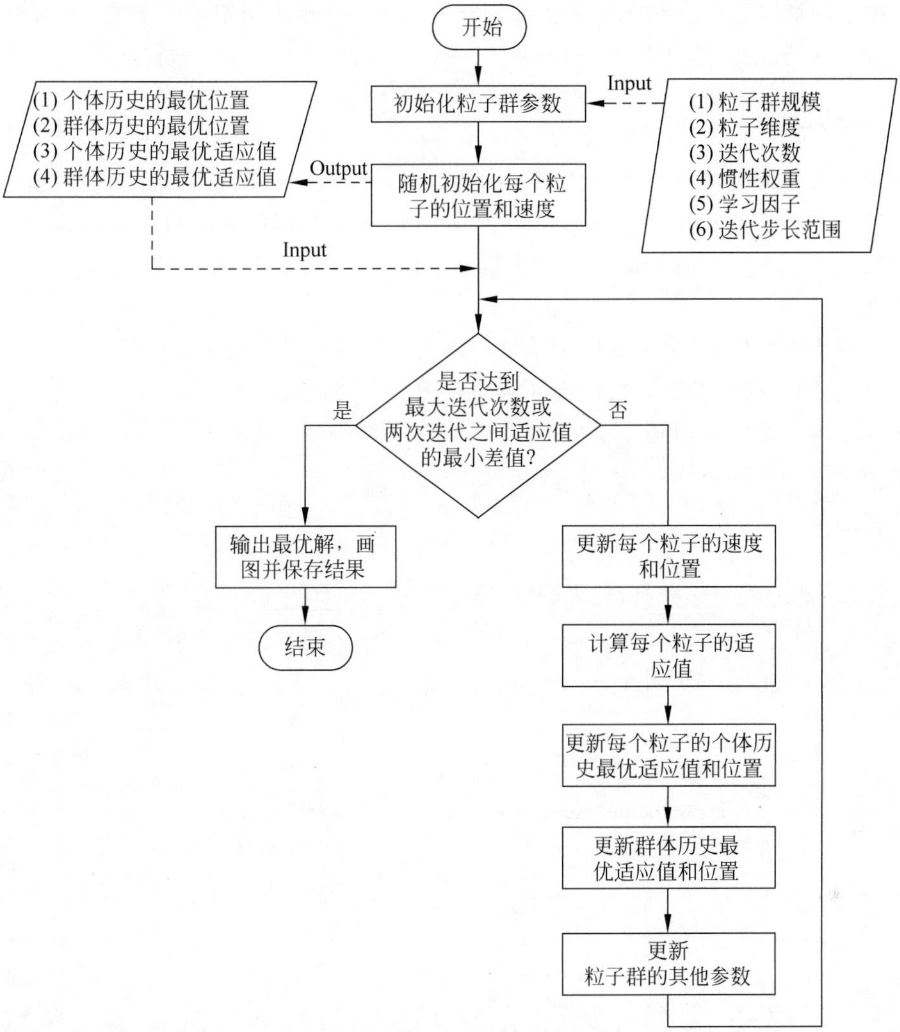


**图 10-1　粒子群算法的流程图**

粒子群的规模 $M$ 时，则局部邻域结构成为全局邻域结构。一般来说，较小的邻域规模使算法的收敛速度变慢，但不易陷入局部最优。

(4) 惯性权重因子通过对权重因子的设置可以控制粒子的先前速度对当前速度的影响。较大的可以扩展粒子群算法在搜索空间中的探索范围，而较小的能加强粒子群算法的局部搜索能力。可以取为常数，如取 0.9，但一个较好的方法是让其在运行的过程中逐步减小。通常粒子群算法从较大的惯性权重因子开始，然后随着迭代次数而线性减小。例如，由 0.9 到 0.4 或由 0.95 到 0.2 等。这使得粒子群算法在开始时探索较大的区域，能较快地定位最优解的大致位置，随着惯性权重因子逐渐减小，粒子速度减慢，开始精细地局部搜索。

(5) 学习因子。通常取 2.05，也可取其他不同的值，但一般在[0,4]中取值。

### 4. 终止条件

粒子群算法通常采用以下的终止条件。

(1) 迭代次数达到预先指定的最大代数；

(2) 适应函数的计算次数达到预先指定的最大次数；

(3) 所有粒子的速度趋近于 0；

（4）粒子的最好适应值的变化在连续若干代小于一个预先指定的小常数。

在上面几种方法中，常用的方法是第一个——预先指定一个最大迭代次数。

### 5. 约束的处理

求解约束优化问题的关键在于约束条件的处理。用粒子群算法求解约束优化问题，可借鉴演化计算中的关于约束条件处理的一些做法。例如，可利用惩罚函数法将约束优化问题转换为无约束优化问题。最直接的一种方法是基于保持可行解的方法。该方法对粒子群算法做了以下修改：

（1）在初始化过程中，对所有粒子反复初始化直到满足所有的约束条件；

（2）当计算时，仅考虑那些在可行区域的粒子。

使用粒子群算法求解问题最小值的 Python 参考源码：

```
import numpy as np
import matplotlib.pyplot as plt
class PSO(object):
    def __init__(self, population_size, max_steps):
        self.w = 0.6                                                    # 惯性权重
        self.c1 = self.c2 = 2
        self.population_size = population_size                          # 粒子群数量
        self.dim = 2                                                    # 搜索空间的维度
        self.max_steps = max_steps                                      # 迭代次数
        self.x_bound = [-10, 10]                                        # 解空间范围
        self.x = np.random.uniform(self.x_bound[0], self.x_bound[1],
                                   (self.population_size, self.dim))# 初始化粒子群的位置
        self.v = np.random.rand(self.population_size, self.dim)        # 初始化粒子群的速度
        fitness = self.calculate_fitness(self.x)
        self.p = self.x                                                 # 个体的最佳位置
        self.pg = self.x[np.argmin(fitness)]                            # 全局最佳位置
        self.individual_best_fitness = fitness                          # 个体的最优适应度
        self.global_best_fitness = np.min(fitness)                      # 全局最佳适应度
    def calculate_fitness(self, x):
        return np.sum(np.square(x), axis=1)
    def evolve(self):
        fig = plt.figure()
        for step in range(self.max_steps):
            r1 = np.random.rand(self.population_size, self.dim)
            r2 = np.random.rand(self.population_size, self.dim)
            # 更新速度和权重
            self.v = self.w*self.v+self.c1*r1*(self.p-self.x)+self.c2*r2*(self.pg-
self.x)
            self.x = self.v + self.x
            plt.clf()
            plt.scatter(self.x[:, 0], self.x[:, 1], s=30, color='k')
            plt.xlim(self.x_bound[0], self.x_bound[1])
            plt.ylim(self.x_bound[0], self.x_bound[1])
            plt.pause(0.01)
            fitness = self.calculate_fitness(self.x)
            # 需要更新的个体
            update_id = np.greater(self.individual_best_fitness, fitness)
```

```
            self.p[update_id] = self.x[update_id]
            self.individual_best_fitness[update_id] = fitness[update_id]
            # 新一代出现了更小的fitness,所以更新全局最优fitness和位置
            if np.min(fitness) < self.global_best_fitness:
                self.pg = self.x[np.argmin(fitness)]
                self.global_best_fitness = np.min(fitness)
            print('best fitness: %.5f, mean fitness: %.5f' % (self.global_best_fitness, np.
mean(fitness)))
pso = PSO(100, 100)
pso.evolve()
plt.show()
```

粒子群算法在优化过程中,种群的多样性和算法的收敛速度之间始终存在着矛盾。对标准粒子群算法的改进,无论是参数的选取或是其他技术与粒子群算法的融合,其目的都是希望在加强算法局部搜索能力的同时,保持种群的多样性,防止算法在快速收敛的同时出现早熟收敛。

### 10.3.3　应用案例

下面通过简单函数的优化例子,说明粒子群算法的执行过程。

**例10.1**　已知函数 $y=f(x_1,x_2)=x_1^2+x_2^2$,其中,$-10\leqslant x_1$、$x_2\leqslant 10$,用粒子群优化算法求解 $y$ 的最小值。

**解:**

步骤1:假设种群大小 $N=3$,在搜索空间中随机初始化每个解的速度和位置,计算适应度值,并且得到粒子的历史最优位置和群体的全局最优位置。

$$p_1=\begin{cases}v_1=(3,2)\\x_1=(8,-5)\end{cases}\quad\begin{cases}f_1=8^2+(-5)^2=89\\\mathbf{pBest}_1=x_1=(8,-5)\end{cases}$$

$$p_2=\begin{cases}v_2=(-3,-2)\\x_2=(-5,9)\end{cases}\quad\begin{cases}f_2=(-5)^2+9^2=106\\\mathbf{pBest}_2=x_2=(-5,9)\end{cases}$$

$$p_3=\begin{cases}v_3=(5,3)\\x_3=(-7,-8)\end{cases}\quad\begin{cases}f_3=(-7)^2+(-8)^2=113\\\mathbf{pBest}_3=x_3=(-7,-8)\end{cases}$$

$$\mathbf{gBest}=\mathbf{pBest}_1$$

步骤2:更新粒子速度和位置。根据自身的历史最优位置和全局最优位置,更新每个粒子的速度和位置。

$$p_1=\begin{cases}v_1=\omega\times v_1+c_1\times r_1\times(\mathbf{pBest}_1-x_1)+c_2\times r_2\times(\mathbf{gBest}-x_1)\\\Rightarrow v_1=\begin{cases}0.5\times 3+0+0=1.5\\0.5\times 2+0+0=1\end{cases}=(1.5,1)\\x_1=x_1+v_1=(8,-5)+(1.5,1)=(9.5,-4)\end{cases}$$

$$p_2=\begin{cases}v_2=\omega\times v_2+c_1\times r_1\times(\mathbf{pBest}_2-x_2)+c_2\times r_2\times(\mathbf{gBest}-x_2)\\\Rightarrow v_2=\begin{cases}0.5\times(-3)+0+2\times 0.3\times(8-(-5))=6.1\\0.5\times(-2)+0+2\times 0.1\times((-5)-9)=1.8\end{cases}=(6.1,1.8)\\x_1=x_1+v_1=(-5,9)+(6.1,1.8)=(1.1,10.8)=(1.1,10)\end{cases}$$

如果越界,需要进行合法处理。

$$p_3=\begin{cases}v_3=\omega\times v_3+c_1\times r_1\times(\mathbf{pBest}_3-x_3)+c_2\times r_2\times(\mathbf{gBest}-x_3)\\ \Rightarrow v_3=\begin{cases}0.5\times 5+0+2\times 0.05\times(8-(-7))=3.5\\ 0.5\times 3+0+2\times 0.8\times((-5)-(-8))=6.3\end{cases}=(3.5,6.3)\\ x_1=x_1+v_1=(-7,-8)+(3.5,6.3)=(-3.5,-1.7)\end{cases}$$

$\omega$ 是惯性权重，一般取[0,1]的数，这里假设为 0.5。$C_1$、$C_2$ 为加速系数，通常取固定值 2.0，$r_1$、$r_2$ 是[0,1]区间的随机数。

步骤 3：评估粒子的适应度函数值。更新粒子的历史最优位置和全局最优位置。

$$f_1^*=9.5^2+(-4)^2=90.25+16=106.25>f_1=89$$

$$\begin{cases}f_1=89\\ \mathbf{pBest}_1=(8,-5)\end{cases}$$

$$f_2^*=1.1^2+10^2=1.21+100=101.21<106=f_2$$

$$\begin{cases}f_2=f_2^*=101.21\\ \mathbf{pBest}_2=X_2=(1.1,10)\end{cases}$$

$$f_3^*=(-3.5)^2+(-1.7)^2=12.25+2.89=15.14<113=f_3$$

$$\begin{cases}f_3=f_3^*=15.14\\ \mathbf{pBest}_3=X_3=(-3.5,-1.7)\end{cases}$$

$$\mathbf{gBest}=\mathbf{pBest}_3=(-3.5,-1.7)$$

步骤 4：如果满足结束条件，则输出全局最优结果并结束程序；否则，转向步骤 2 继续执行。本案例最终得到的最优解为(−3.5，−1.7)。

粒子群算法作为求解组合优化问题中实用有效的算法之一，广泛地应用于水库优化调度问题的求解。

**例 10.2** 以年发电量最大为目标函数，讨论粒子群算法在水库优化调度问题中具体的应用步骤。

步骤 1：确定粒子群算法的参数，如种群大小、最大进化代数、惯性权重等；

步骤 2：由总的计算阶段数确定粒子的空间维数，并根据各阶段的水库水位的可行变化范围，随机地初始化该粒子群的位置与速度；

步骤 3：以发电量作为每个粒子的适应值，计算每个粒子的适应值；

步骤 4：比较每一个粒子的适应值与个体极值，如果较为优秀，则更新个体极值变为该粒子的适应值；

步骤 5：比较每一个粒子的适应值与全局极值，取较大者作为新的全局极值；

步骤 6：更新每一个粒子的位置和飞行速度；

步骤 7：检查是否满足迭代的终止条件。如果当前迭代次数达到了预先设定的最大迭代次数，或达到了最小误差要求，则迭代终止，输出当前结果，否则转到步骤 3 继续进行迭代；

步骤 8：迭代终止，得到的全局极值点的位置即为水库的最优调度线。

**例 10.3** 给出 30 座城市的坐标，从 24 号城市出发遍历 30 座城市，并返回 24 号城市。请给出该 TSP 问题的仿真代码和求解过程。30 座城市的坐标如下：[1, 41, 94]，[2, 37, 84]，[3, 54, 67]，[4, 25, 62]，[5, 7, 64]，[6, 2, 99]，[7, 68, 58]，[8, 71, 44]，[9, 54, 62]，[10, 83, 69]，[11, 64, 60]，[12, 18, 54]，[13, 22, 60]，[14, 83, 46]，[15, 91, 38]，[16, 25,

38],[17, 24, 42],[18, 58, 69],[19, 71, 71],[20, 74, 78],[21, 87, 76],[22, 18, 40],[23, 13, 40],[24, 82, 7],[25, 62, 32],[26, 58, 35],[27, 45, 21],[28, 41, 26],[29, 44, 35],[30, 4, 50]。前面为城市序号,后面的数字为城市的横坐标和纵坐标。

**解**:

(1) 根据坐标数据,生成 30 座城市的坐标并根据坐标进行问题求解。

(2) 结果展示:10 次迭代的最佳路径距离总和为 1053,如图 10-2 所示;100 次迭代的最佳路径距离总和为 1029,如图 10-3 所示;500 次迭代的最佳路径距离总和为 923,如图 10-4 所示。

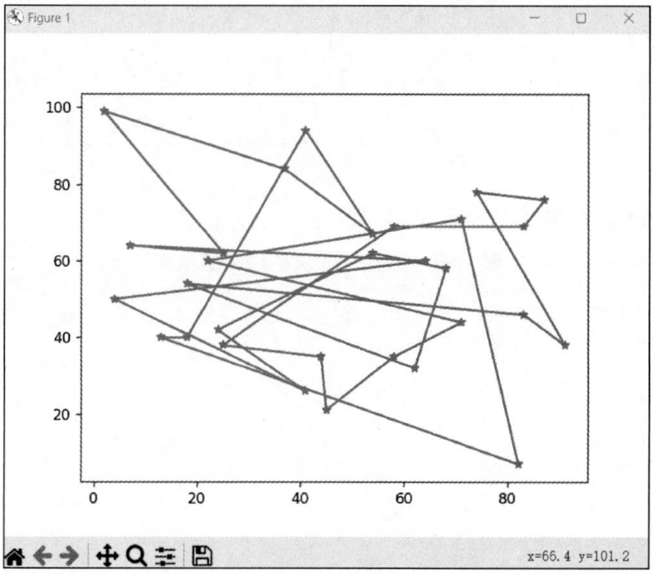


图 10-2 迭代 10 次的路径结果图

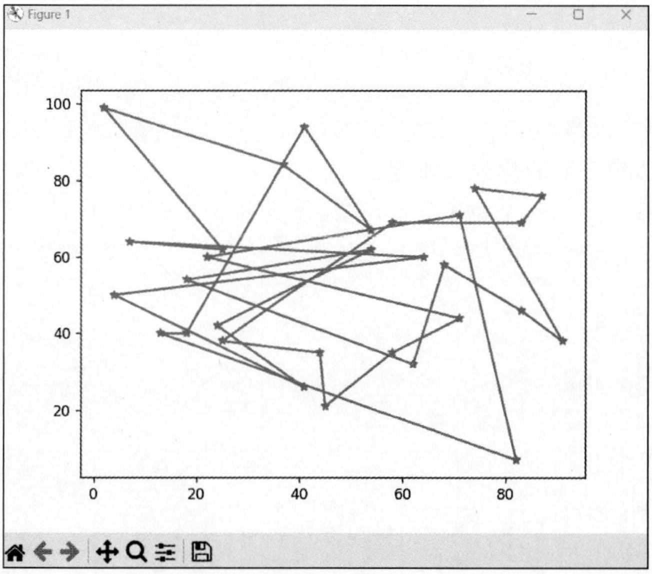


图 10-3 迭代 100 次的路径结果图

运行过程中的迭代次数结果(此处由于篇幅原因,省略了距离相等的结果)如下。

```
迭代次数: 1,最短距离: 1137;
```

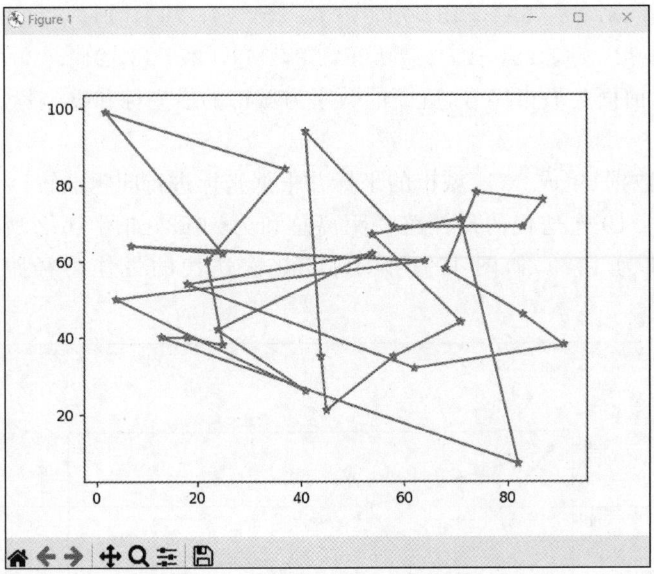


图 10-4 迭代 500 次的路径结果图

迭代次数：2,最短距离：1135;
迭代次数：3,最短距离：1132;
迭代次数：4,最短距离：1119;
迭代次数：5,最短距离：1111;
迭代次数：6,最短距离：1053;
……
迭代次数：67,最短距离：1050;
……
迭代次数：92,最短距离：1037;
……
迭代次数：95,最短距离：1029;
……
迭代次数：190,最短距离：1017;
……
迭代次数：206,最短距离：1009;
……
迭代次数：240,最短距离：993;
……
迭代次数：268,最短距离：990;
……
迭代次数：284,最短距离：978;
……
迭代次数：323,最短距离：974;
……
迭代次数：396,最短距离：927;
……
迭代次数：404,最短距离：923;
……
迭代次数：500,最短距离：923.

(3) 最优路线的结果如图 10-5 所示，可以看出，从 24 号城市出发，经过 15，10，21，20，9，30，19，16，23，22，5，8，27，12，6，11，18，17，28，13，14，7，4，25，3，26，29，1，2，最终返回 24 号城市，最短距离为 923。

图 10-5 TSP 最优路线结果

# 10.4 粒子群算法的特点及应用

## 10.4.1 算法的特点

根据前几节的描述,我们对粒子群算法的背景、原理、思想、流程和实现都有了一定的了解。它的优势非常明显,但也存在一定的不足。

粒子群算法的搜索性能取决于其全局探索和局部细化的平衡,这在很大程度上依赖于算法的控制参数,包括粒子群初始化、惯性因子、最大飞行速度和加速常数 1 与加速常数 2 等。我们先来看一下粒子群算法的优势:

第一,不依赖于问题信息,采用实数求解,该算法通用性强。

第二,需要调整的参数少,原理简单,容易实现,这是该算法最大的优点。

第三,协同搜索,同时利用个体局部信息和群体全局信息指导搜索。

第四,收敛速度快,该算法对计算机内存和 CPU 要求不高。

第五,更容易飞越局部最优信息。对于目标函数仅能提供极少搜索最优值的信息,在其他算法无法辨别搜索方向的情况下,该算法的粒子具有飞越性的特点,使其能够跨过搜索平面上信息严重不足的障碍,飞抵全局最优目标值。

同时,粒子群算法的缺点也是显而易见的。

第一,算法局部搜索能力较差,搜索精度不够高。

第二,算法不能绝对保证搜索到全局最优解,主要有两方面的原因:一是,有时粒子群在俯冲过程中会错失全局最优解,粒子飞行过程中的俯冲动作使搜索行为不够精细,不容易发现全局最优目标值,所以对粒子的最大飞行速度进行限制既是为了使粒子不要冲出搜索区域的边界,同时也是为了使搜索行为不至于太粗糙。二是,应用粒子群算法处理高维复杂问题时,算法可能会早熟收敛,也就是粒子群在没有找到全局最优信息之前就陷入停顿状态,飞行的动力不够,粒子群丧失了多样性,各粒子之间的抱合力增强,紧紧地聚集在一起,并且它们的飞行速度几乎为零,虽然此时粒子距离全局最优解并不远,但是几乎为零的飞行速度使其很难跳出停滞不前的状态,各个粒子力不从心。这些停滞不前的早熟点未必都是局部最优点,也可能是位于局部最优点邻域内的其他点,这一点与梯度搜索法不同,梯度搜索法如果出现早熟,通常只会陷入局部最优点,而不可能陷入局部最优点邻域内的其他点。

第三,算法搜索性能对参数具有一定的依赖性。对于特定的优化问题,如果用户经验不足,参数调整的确是个棘手的问题。参数值的大小直接影响到算法是否收敛以及求解结果的精度。

第四,粒子群算法是一种概率算法,算法理论不完善,缺乏独特性,理论成果偏少。从数学角度严格证明算法结果的正确性和可靠性还比较困难;缺少算法结构设计和参数选取的实用性指导原则,特别是全局收敛的研究和大型多约束非线性规划的研究成果非常少。

总之,粒子群算法是一种基于迭代的优化算法,系统初始化为一组随机解,通过迭代搜寻最优值。该算法的优势在于简单,容易实现,并且没有许多参数需要调整;不依赖于问题信息,采用实数进行求解,算法具有较强的通用性;算法收敛速度快,对计算机的内存要求不大;

算法所具有的飞跃性使得其更容易找到全局最优值，而不会被困在局部最优。缺点在于算法最终寻找到的最优情况可能是局部最优解而不是全局最优解；在搜索初始阶段收敛速度较快，而在搜索后期阶段收敛速度却变慢；参数的选择存在随机性等问题。

因此，众多研究者们开始针对这些缺点对粒子群算法从不同方面做了相应的改进。

改进1：添加压缩因子

Clerc M. 等将压缩因子引入粒子群算法中，从而改进了算法的速度更新形式，具体公式如式(10.3)所示：

$$v_{i+1}(t+1)=\chi\{v_i(t)+c_1r_1(\text{Pbest}_i(t)-x_i(t))+c_2r_2(\text{Pbest}_i(t)-x_i(t))\} \quad (10.3)$$

其中 $\varphi=c_1+c_2>4$，一般的情况下，$\varphi$ 取值4.1。压缩因子的引入可以用来控制粒子群算法的收敛，使得粒子有可能搜索到空间中不同的区域，并且能获得高质量的粒子。实验的结果表明，它大大提高了粒子群算法的收敛速度和收敛精度。

改进2：协同粒子群算法

Vanden B. F. 等提出一种协同的粒子群算法。该种方法的具体步骤为：假设粒子的维数为 $N$，那我们将整个粒子分为 $N$ 个小部分，然后使用算法分别对粒子的每个一维小部分去进行优化，评价适应度值后合并成一个完整的粒子。结果表明算法在大多数问题上有更快的收敛速度，取得了很好的仿真效果。

改进3：粒子群混合算法

粒子群混合算法是指在粒子群算法中引入其他算法当中的一些比较优秀的思想，用来提高粒子群算法的性能，如磷虾群算法、遗传算法、蝙蝠算法、萤火虫算法、差分进化算法等。因为这些算法有自身的优点，所以研究者们着手将它们的思想与粒子群算法结合来提高粒子群算法的性能。

其中比较突出的混合算法有两种，其一是基于自然选择机制的粒子群算法。Angeline P J 将自然界中的自然选择机制引入粒子群算法中，从而组合成为基于自然选择的粒子群算法。其核心思想在于，当算法把所有的粒子更新完之后，就会计算粒子的适应度值并且对粒子进行适应度值排序。最后根据排序的结果，用粒子群体当中最优秀的一半粒子替换粒子群体中最差的那一半粒子，但是要保留原来粒子中的个体最优位置信息。实验结果表明，引入自然选择机制之后增强了粒子的全局寻优能力，提高了问题解的精度。其二是基于模拟退火的粒子群算法，由高鹰等提出的基于模拟退火的粒子群算法是将模拟退火机制、杂交算子、高斯变异引入到粒子群算法中，以此更好地优化粒子群体。算法的基本流程：首先随机初始一组解，通过粒子群算法的公式来更新粒子；然后对所有粒子进行杂交运算与高斯变异运算；最后对每个粒子进行模拟退火运算。算法伴随着迭代的不断进行，温度会逐渐下降，接受不良解的概率也逐渐下降，从而提高了算法的收敛性。实验结果表明，改进之后的混合算法不但保存了标准粒子群算法结构简单、容易实现等优点，而且因为模拟退火的引入，提高了算法的全局搜索能力、加快了算法的收敛速度、更大大提高了解的精度。

由于篇幅原因，此处只是列举出一部分科研成果，感兴趣的读者可以根据自己的需求，查阅最近的文献，了解最新关于粒子群优化算法改进研究的动态。

### 10.4.2 算法对比

粒子群算法和蚁群算法是群体智能算法家族的两个重要成员，基本思想都是模拟自然界生物群体行为来构造随机优化算法的，不同的是粒子群算法模拟鸟类群体行为，而蚁群算法模拟蚂蚁觅食原理。

本书对两种算法做一个对比，以便读者能够更好地了解两种算法的异同，在应用领域能够更好地选择不同的算法解决实际问题。

**1. 相似之处**

第一，两者都是一类不确定算法。不确定性体现了自然界生物的随机机制，并且在求解某些特定问题方面优于确定性算法。仿生优化算法的不确定性是伴随其随机性而来的，其主要步骤含有随机因素，从而在算法的迭代过程中，事件发生与否有很大的不确定性。

第二，两者都是一类概率型的全局优化算法。概率型的优点在于算法能有更多机会求解全局最优解。

第三，两者都不依赖于优化问题本身的严格数学性质。在优化过程中都不依赖于优化问题本身的严格数学性质(如连续性、可导性)以及目标函数和约束条件精确的数学描述。

第四，两者均属于一种基于多个智能体的仿生优化算法。粒子群算法中的各个智能体之间通过相互协作来更好地适应环境，表现出与环境交互的能力。

第五，两者均具有本质并行性。仿生优化算法的本质并行性表现在两方面：仿生优化计算的内在并行性(Inherent Parallelism)和内含并行性(Implicit Parallelism)，使得仿生优化算法能以较少的计算获得较大的收益。

第六，两者均具有突出性。粒子群算法的总目标的完成是在多个智能体个体行为的运动过程中突现出来的。

第七，两者均具有自组织和进化性以及记忆功能，所有粒子都保存了解的相关知识。在不确定的复杂时代环境中，仿生优化算法可以通过自学习不断提高算法中个体的适应性。

第八，两者均具有稳健性。仿生优化算法的稳健性是指在不同条件和环境下算法的实用性和有效性。由于仿生优化算法不依赖于优化问题本身的严格数学性质和所求问题本身的结构特征，因此用仿生优化算法求解不同问题时，只需要设计相应的评价函数(代价函数)，而基本上无须修改算法的其他部分。但是对高维的复杂问题，往往会遇到早熟收敛和收敛性能差的缺点，都无法保证收敛到最优点，算法的收敛性还需要讨论。

**2. 不同之处**

1) 粒子群算法

粒子群算法是一种原理相当简单的启发式算法，与其他仿生算法相比，它所需的代码和参数较少；粒子群算法通过当前搜索到的最优点进行共享信息，很大程度上因为这是一种单项信息共享机制；粒子群算法受所求问题维数的影响较小；粒子群算法的数学基础相对较为薄弱，目前还缺乏深刻且具有普遍意义的理论分析；在对收敛性分析方面的研究还需进一步将确定性向随机性转化。

2) 蚁群算法

蚁群算法采用了正反馈机制，这是不同于其他仿生算法最为显著的一个特点；蚁群算法中的单个个体只能感知局部信息，不能直接利用全局信息；基本蚁群算法一般需要较长的搜索时间，且容易出现停滞现象；蚁群算法的收敛性能对初始化参数的设置较为敏感；蚁群算法已经有了较成熟的收敛性分析方法，并且可对收敛速度进行估计。

### 10.4.3　算法的应用

粒子群算法是通过模拟鸟群觅食行为而发展起来的一种基于群体协作的随机搜索优化算

法。其优势在于算法的间接性，易于实现，没有很多参数需要调整，并且不需要梯度信息。粒子群算法的应用范围非常广，目前比较成功的应用领域有：函数优化问题、分类与预测问题、模糊控制问题、复杂网络规划、流程优化、组合优化、参数优化、多目标优化等，主要是各类优化问题的处理。粒子群算法可以对以下几类应用问题进行优化。

（1）优化机器学习问题：粒子群算法可以用于机器学习任务中的参数优化，经常使用于参数自适应机器学习算法，用于调整算法参数以达到最优的模型结果。

（2）最优路径规划问题：粒子群算法能够搜索最优的路径及路径规划，用于寻找最优路径及路径规划等任务，可以有效改善现有的路径规划算法。

（3）工程优化问题：粒子群算法可以被应用于优化各种工程模型，包括结构优化、热力学优化、建筑物优化等。

（4）复杂系统建模：粒子群算法可以用于建模复杂系统，能够有效地优化复杂系统的模型。

（5）天文物理学建模：粒子群算法能够有效地应用于天文物理学建模问题，如发现物理学上的结构和特性、解释天文现象等问题。

（6）图像处理问题：粒子群算法可以用于图像处理任务中的参数优化，可以有效地解决图像处理的问题。

大量的问题最终都可以归结为函数的优化问题，通常这些函数是非常复杂的，主要体现在规模大、维数高、非线性等特征，而且有的函数存在大量的局部极小值。目前许多优化算法收敛速度快，计算精度高，但对初始值敏感，容易陷入局部极小值跳不出来。而遗传算法、模拟退火算法、进化规划等具有全局性的优化算法，受限于各自的机理和单一结构，对于维度较高的复杂函数难以实现优化的高效，在处理优化问题时，效率远不如粒子群算法优秀。

优化问题包括最小化函数和最大化函数、函数调整等；分类与预测问题包括神经网路训练、机器学习及数据挖掘等；模糊控制问题是指在多媒体处理中的应用以及虚拟现实系统的控制等方面。

粒子群算法在优化问题中的应用，主要体现在最优化问题求解，它能够用于解决多元函数极值问题，使用粒子群算法可以更快地搜索出最优解，并且算法的收敛速度快、收敛性好。粒子群算法在函数调整问题中，需要求解优化函数最大化或最小化的参数，因为粒子群算法无须设定参数，运行和调整便捷，适用于解决复杂的函数调整问题，能够有效地搜索出参数空间中的最优解，从而获得更好的性能和更低的计算复杂度，是一种比较有效的函数优化和参数调整算法。

粒子群算法已广泛应用于各类问题的参数优化中，例如，模糊控制器的设计、机器人路径规划、信号处理与模式识别等。组合优化问题，如旅行商问题、车辆路径规划以及车间调度问题等的求解，用粒子群算法已经有了多种解决方案。

粒子群算法在解决实际问题中，展示了其容易实现、精度高、收敛快等优越性，随着研究的深入，未来必将在解决各类优化问题中占据越来越重要的地位。

习题

案例导读

# 第11章

# 新型群智能优化算法

## 本章导读

群智能优化算法属于生物启发式方法，广泛应用在解决最优化问题上，蚁群算法、粒子群算法为解决实际问题提供了新思路，但也在一些实验中暴露出其局限性。2005 年以来，许多学者相继提出了很多新型群智能优化算法，本章选取近年来国内外提出的比较典型的群智能算法：人工蜂群算法(Artificial Bee Colony, ABC)、萤火虫算法(Firefly Algorithm, FA)、蝙蝠算法(Bat Algorithm, BA)、灰狼优化算法(Grey Wolf Optimization, GWO)、蜻蜓算法(Dragonfly Algorithm, DA)、鲸鱼优化算法(Whale Optimization Algorithm, WOA)、蝗虫优化算法(Grasshopper Optimization Algorithm, GOA)、麻雀搜索算法(Sparrow Search Algorithm, SSA)，对这八种群智能算法从算法原理、算法思想、算法实现三个角度进行介绍，使读者对不同群智能算法有一个初步的认识，理解每种算法的优势和不足，能够在未来选择合适的优化算法解决实际问题。

## 11.1 人工蜂群算法

人工蜂群算法是模仿蜜蜂行为提出的一种优化方法，是集群智能思想的一个具体应用，它的主要特点是不需要了解问题的特殊信息，只需要对问题进行优劣的比较，通过各人工蜂个体的局部寻优行为，最终在群体中使全局最优值突现出来，有着较快的收敛速度。为了解决多变量函数优化问题，Karaboga 于 2005 年提出了人工蜂群算法 ABC 模型。

自然界中的蜜蜂总能在任何环境下以极高的效率找到优质蜜源，且能适应环境的改变。蜜蜂群的采蜜系统由蜜源、雇佣蜂、非雇佣蜂三部分组成，其中一个蜜源的优劣有很多要素，如蜜源花蜜量的大小、离蜂巢距离的远近、提取的难易程度等；雇佣蜂和特定的蜜源联系并将蜜源信息以一定概率形式告诉同伴；非雇佣蜂的职责是寻找待开采的蜜源，分为跟随蜂和侦察蜂两类，跟随蜂是在蜂巢等待而侦察蜂是探测蜂巢周围的新蜜源。蜜蜂采蜜时，蜂巢中的一部分蜜蜂作为侦察蜂，不断并随机地在蜂巢附近寻找蜜源，如果发现了花蜜量超过某个阈值的蜜源，则此侦查蜂变为雇佣蜂开始采蜜，采蜜完成后飞回蜂巢跳“摇摆舞”告知跟随蜂。“摇摆舞”是蜜蜂之间交流信息的一种基本形式，它传达了有关蜂巢周围蜜源的重要信息，如蜜源方向及离巢距离等，跟随蜂利用这些信息准确评价蜂巢周围的蜜源质量。当雇佣蜂跳完“摇摆舞”之后，就与蜂巢中的一些跟随蜂一起返回原蜜源采蜜，跟随蜂数量取决于蜜源质量。用该方式蜂群能快速且有效地找到花蜜量最高的蜜源。

人工蜂群算法属于群智能优化算法的一种，其思想来源于模拟蜜蜂的寻蜜和采蜜过程，相比于常见的启发式算法，它的优点在于：使用了较少的控制参数，并且鲁棒性强，在每次迭代过程中都会进行全局和局部的最优解搜索，因此能够找到最优解的概率大大增加。相比于遗传算法来说，人工蜂群算法在局部的收敛和寻优能力上要更为出色，不会出现遗传算法的"早熟"现象，并且算法的复杂度也较低。但由于遗传算法有交叉以及变异的操作，因此遗传算法在全局最优值的搜索上要优于人工蜂群算法。此外，人工蜂群算法适用于进行连续函数的全局优化问题，而不适用于一些离散函数。

### 11.1.1 人工蜂群算法的原理

人工蜂群算法是模拟蜜蜂的采蜜过程而提出的一种新型群智能优化算法，由食物源、雇佣蜂和非雇佣蜂三部分组成。①食物源：食物源即为蜜源。在任何一个优化问题中，问题的可行解都是以一定形式给出的。在人工蜂群算法中，食物源就是待求优化问题的可行解，是人工蜂群算法中所要处理的基本对象，食物源的优劣代表可行解的好坏，是用蜜源花蜜量的大小（适应度）来评价的。②雇佣蜂：雇佣蜂即为引领蜂（采蜜蜂），与食物源的位置相对应，一个食物源对应一个引领蜂。在人工蜂群算法中，食物源的个数与引领蜂的个数相等。引领蜂的任务是发现食物源信息并以一定的概率与跟随蜂分享，概率的计算即为人工蜂群算法中的选择策略，一般是根据适应度值以轮盘赌的方法计算。③非雇佣蜂：非雇佣蜂包括跟随蜂（观察蜂）和侦察蜂。跟随蜂在蜂巢的招募区内根据引领蜂提供的蜜源信息来选择食物源，而侦察蜂是在蜂巢附近寻找新的食物源。在人工蜂群算法中，跟随蜂依据引领蜂传递的信息，在食物源附近搜索新食物源，并进行贪婪选择。若一个食物源在经过多次后仍未被更新，则此引领蜂变成侦查蜂，侦察蜂寻找新的食物源代替原来的食物源。

人工蜂群算法通过模拟实际蜜蜂的采蜜机制将人工蜂群分为三类：采蜜蜂、跟随蜂和侦察蜂。整个蜂群的目标是寻找花蜜量最大的蜜源。在标准的人工蜂群算法中，采蜜蜂利用先前的蜜源信息寻找新的蜜源并与观察蜂分享蜜源信息；跟随蜂在蜂房中等待并依据采蜜蜂分享的信息寻找新的蜜源；侦察蜂的任务是寻找一个新的有价值的蜜源，它们在蜂房附近随机地寻找蜜源。在蜜蜂群体智能形成的过程中，蜜蜂之间的信息交流是最重要的环节，而舞蹈区是蜂巢中最重要的信息交换地。采蜜蜂在舞蹈区通过跳"摇摆舞"与其他蜜蜂共同分享食物源的信息，跟随蜂则是通过采蜜蜂所跳的"摇摆舞"来获得当前食物源的信息，因此跟随蜂要以最小的资源耗费来选择到哪个食物源采蜜。因此，蜜蜂被招募到某个食物源的概率与食物源的收益率成正比。

初始时刻，蜜蜂的搜索不受任何先验知识决定，是完全随机的。此时的蜜蜂有以下两种选择：(1)它转变成为"侦察蜂"，并且由于一些内部动机或可能的外部环境自发地在蜂巢附近搜索食物源；(2)在观看了"摇摆舞"之后，它可能被招募到某个食物源，并且开始开采食物源。在蜜蜂确定食物源后，它们利用自己本身的存储能力来记忆位置信息并开始采集花蜜。此时，蜜蜂将转变为"雇佣蜂"。

蜜蜂在食物源处采集完花蜜，回到蜂巢并卸下花蜜后有如下选择：(1)放弃食物源成为非雇佣蜂；(2)跳"摇摆舞"为所对应的食物源招募更多的蜜蜂，然后回到食物源采蜜；(3)继续在同一食物源采蜜而不进行招募。蜜蜂在采蜜时所表现出来的这种自组织性和合理分配性主要由其自身的基本性质所决定，它们具有以下四个特有的基本性质。(1)正反馈性：食物源的花蜜量与食物源被选择的可能性成正比；(2)负反馈性：蜜蜂停止对较差食物源的开采过程；(3)波动性：在某个食物源被放弃时，随机搜索一个食物源替代原食物源；(4)互动性：蜜蜂在舞蹈区与其他蜜蜂共同分享食物源的相关信息。

在人工蜂群算法里，用蜜源的位置来表示解，用蜜源的花粉数量表示解的适应值。所有的蜜蜂划分为雇佣蜂、跟随蜂、侦察蜂三组。雇佣蜂和跟随蜂各占蜂群总数的一半。雇佣蜂负责最初的寻找蜜源并采蜜分享信息，跟随蜂负责根据雇佣蜂提供的信息去采蜜，侦察蜂在原有蜜源被抛弃后负责随机寻找新的蜜源来替换原有的蜜源。与其他群智能算法一样，人工蜂群算法是迭代的。对蜂群和蜜源的初始化后，反复执行三个过程，即雇佣蜂、跟随蜂、侦察蜂阶段，来寻找问题的最优解。

假设问题的解空间是 $D$ 维的，采蜜蜂与观察蜂的个数都是 SN，采蜜蜂的个数或观察蜂的个数与蜜源的数量相等。则人工蜂群算法将优化问题的求解过程看作在 $D$ 维搜索空间中进行搜索。每个蜜源的位置代表问题的一个可能解，蜜源的花蜜量对应于相应的解的适应度。一个采蜜蜂与一个蜜源是相对应的。与第 $i$ 个蜜源相对应的采蜜蜂依据式(11.1)寻找新的蜜源：

$$x'_{id}=x_{id}+\phi_{id}(x_{id}-x_{kd}) \tag{11.1}$$

其中，$i=1,2,\cdots,\mathrm{SN}$，$d=1,2,\cdots,D$，$\phi_{id}$ 是区间上$[-1,1]$的随机数，$k\neq i$。人工蜂群算法将新生成的可能解与原来的解作比较：

$$\begin{aligned}&\text{new}: X'_i=\{x'_{i1},x'_{i2},\cdots,x'_{iD}\}\\&\text{old}: X'_i=\{x_{i1},x_{i2},\cdots,x_{iD}\}\end{aligned} \tag{11.2}$$

并采用贪婪选择策略保留较好的解。每一个观察蜂依据概率选择一个蜜源，概率公式为式(11.3)：

$$p_i=\frac{\text{fit}_i}{\sum_{j=1}^{\text{SN}}\text{fit}_j} \tag{11.3}$$

其中，$\text{fit}_i$ 是可能 $X_i$ 解的适应值。对于被选择的蜜源，观察蜂根据上面的概率公式搜寻新的可能解。当所有的采蜜蜂和观察蜂都搜索完整个搜索空间时，如果一个蜜源的适应值在给定的步骤内(定义为控制参数 limit)没有被提高，则丢弃该蜜源，而与该蜜源相对应的采蜜蜂变成侦察蜂，侦察蜂通过以下公式搜索新的可能解：

$$x_{id}=x_d^{\min}+r*(x_d^{\max}-x_d^{\min}) \tag{11.4}$$

其中，$r$ 是区间$[0,1]$上的随机数，$x_d^{\min}$ 和 $x_d^{\max}$ 是第 $d$ 维的下界和上界。

### 11.1.2　人工蜂群算法的思想

人工蜂群算法是模仿蜜蜂行为提出的一种优化方法，是集群智能思想的一个具体应用，属于群智能算法的一种，其受启发于蜜蜂的寻蜜和采蜜过程，它的主要特点是不需要了解问题的特殊信息，只需要对问题进行优劣的比较，通过各人工蜂个体的局部寻优行为，最终在群体中使全局最优值凸显出来，有着较快的收敛速度。相比于常见的启发式算法，它的优点在于其使用了较少的控制参数，并且健壮性强，在每次迭代过程中都会进行全局和局部的最优解搜索，因此能够找到最优解的概率大大增加。

蜜蜂具有群智能必备的两个条件：自组织性和分工合作性。虽然单个蜜蜂的行为很简单，但是由单个蜜蜂所组成的群体却能够表现出极其复杂的行为，它们可以在任何复杂的环境下以很高的效率从花朵中采集花蜜，同时还能够很快地适应环境的改变。人工蜂群算法是一种新颖的基于群智能的全局优化算法，其直观背景来源于蜂群的采蜜行为。该算法模拟了蜜蜂采蜜的生物行为，具有角色转换的特点，可以实现雇佣蜂、跟随蜂和侦察蜂三种蜂型之间的互相转换。雇佣蜂的作用是保存优良信息,跟随蜂提高了算法的收敛能力,侦察蜂则是用于跳出局部最优。蜜蜂根据各自的分工进行不同的活动,并实现蜂群信息的共享和交流,从而找到问题的最优解。

人工蜂群算法的优点包括:①具有全局寻优能力。人工蜂群算法通过信息共享和局部搜索等策略,可以有效地避免陷入局部最优解,从而具有全局寻优能力。②参数设置简单。人工蜂群算法只需要设置蜜蜂数量和终止条件等少量参数,使得算法使用更加简单。③适用范围广。人工蜂群算法不依赖于被优化问题的具体形式,可以应用于不同类型的优化问题。④健壮性强。人工蜂群算法能够处理具有噪声和非线性特性的优化问题,具有较强的健壮性。

人工蜂群算法通过模拟蜜蜂采蜜的行为,利用信息共享和局部搜索等策略,在较短的时间内找到全局最优解,并且具有较高的健壮性和可靠性,因此在许多优化问题中被广泛应用。

在人工蜂群算法的基础上,还发展出了许多混合算法,如基于量子分布的人工蜂群算法,禁忌搜索-蜂群混合优化算法,模拟退火-蜂群混合优化算法,基于 copula 分布估计的改进人工蜂群算法等,它们都是针对蜜蜂在寻找新蜜源的过程中来进行基本人工蜂群算法的优化。在应用中,人工蜂群算法的复杂度较低,因此如果目标函数满足连续或近似连续条件,那么可以优先考虑人工蜂群算法。

### 11.1.3 人工蜂群算法的实现

#### 1. 算法流程

1) 初始化蜜源

初始化种群规模、最大迭代次数、控制参数 limit,根据式(11.1)随机产生初始解(蜜源),并计算每个解的适应度函数值 fit。随机生产蜜源,若未达到最大迭代次数,继续迭代。

2) 雇佣蜂阶段

雇佣蜂阶段产生新蜜源,引领蜂在蜜源 $i$ 附近进行领域搜索,找到一个不为 $i$ 的节点 $k$,根据式(11.1)产生新解,并计算其适应度函数。搜索一个新的蜜源(领域搜索),尽管 $k$ 是随机生成,但 $k$ 不等于 $i$,$\varphi_{ij}$ 为[$-1,1$]的随机数,领域搜索公式控制了 $x$ 位置临近食物源的产生,代表了蜜蜂对临近食物源的比较。根据贪婪选择方法来确定这个新蜜源保留还是替换,如果新解 $V_i$ 的适应度优于 $x_i$,则用 $V_i$ 代替 $x_i$,把 $V_i$ 作为当前最好的解。否则,该蜜源的开采度 $+1$。

3) 跟随蜂阶段

跟随蜂阶段通过轮盘赌方式确定跟随蜂选择引领蜂的概率(招募跟随蜂)。计算每个蜜源的适应度值,得到跟随概率。跟随蜂根据选择该概率 $p_i$ 选择蜜源,然后根据位置更新公式对该蜜源的邻域进行搜索,产生新解,并计算其适应度,然后在当前蜜源和新蜜源中进行贪婪选择。轮盘赌见式(11.3)。

4) 侦察蜂阶段

在侦察蜂阶段引领蜂会变成侦察蜂。判断蜜源 $x_i$ 是否满足被遗弃的条件,如果同一蜜源被开采的次数大于 limit,则代表此位置已经陷入局部最优,则这个解对应的引领蜂变成侦察蜂。如果某个蜜源(某个解 $x_i$)在 limit 次循环内没有找到更好的解,则被遗弃,侦察蜂根据式(11.4)在全局范围内随机产生新的蜜源,替代原来的蜜源。判断是否满足循环的终止条件,如果达到最大迭代次数,则输出最优结果。

规范化描述成以下几个步骤。

(1) 初始化：设定蜜蜂的数量和初始解，在人工蜂群算法中，蜜蜂数量一般为一定的常数，初始解则可以随机生成或者根据先验知识设定。

(2) 发现新的食物源：蜜蜂在搜索空间中随机选择位置，然后根据当前位置计算目标函数值，如果找到了更优的解，则蜜蜂将新解保存在内存中。

(3) 信息共享：当蜜蜂发现更优的解时，它们会跟其他蜜蜂进行信息共享，以便更快地找到全局最优解。在人工蜂群算法中，信息共享采用了贪心算法，即每个蜜蜂会把自己发现的最优解分享给其他蜜蜂。

(4) 局部搜索：每个蜜蜂在搜索空间中随机选择位置，并在该位置周围进行局部搜索，如果发现更优的解，则将该解保存在内存中。

(5) 更新解：根据保存在内存中的所有解，选择其中的最优解作为新的解。

(6) 判断终止条件：如果满足终止条件，算法结束；否则，返回第(2)步。

**2. 算法流程(见图 11-1)**

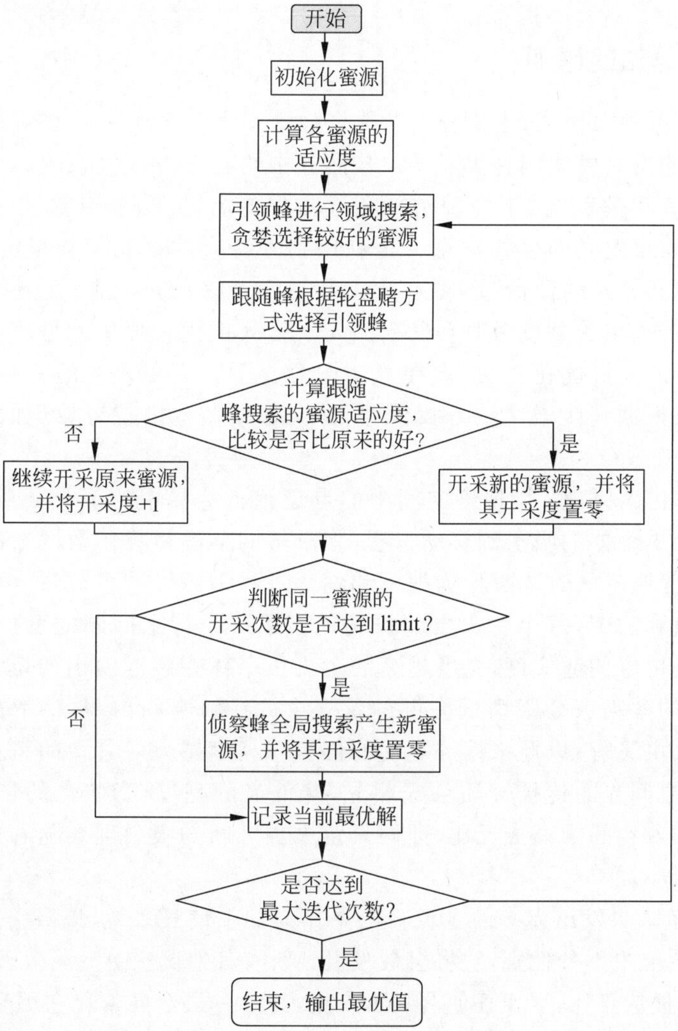


图 11-1　人工蜂群算法的流程图

## 11.2 萤火虫算法

萤火虫算法是基于萤火虫的发光行为，由剑桥学者 Xin-She Yang 于 2009 年提出的，它是一种用于全局优化问题的智能随机算法。萤火虫通过下腹的一种化学反应进行发光，这种生物发光是萤火虫求偶仪式的重要组成部分，也是雄性萤火虫和雌性萤火虫交流的主要媒介，发出光也可用来引诱配偶或猎物，同时这种发光也有助于保护萤火虫的领地，并警告捕食者远离栖息地。

天然萤火虫在寻找猎物、吸引配偶和保护领地时表现出惊人的发光行为，萤火虫大多生活在热带环境中。萤火虫的吸引力取决于它的光照强度，对于任何一对萤火虫来说，较亮的萤火虫会吸引另一只萤火虫。所以，亮度较低的个体向较亮的个体移动，同时光的亮度随着距离的增加而降低。

在萤火虫算法中，认为所有的萤火虫都是雌雄同体的，无论性别如何，它们都互相吸引。该算法的建立基于两个关键点：发出的"光"的强度和两个萤火虫之间产生的"吸引力"的程度。

### 11.2.1 萤火虫算法的原理

自然界中萤火虫种类繁多，主要分布在热带地区。大多数萤火虫在短时间内产生有节奏的闪光，萤火虫的发光模式因种类而异。自然界中约有 2000 种萤火虫，多数种类的萤火虫会发出短促、有节奏的荧光，不同种类的萤火虫发光目的不同，其真实原因仍在探讨当中。一般认为，萤火虫发光的生物学意义是利用物种特有的发光信号来定位并吸引异性，借此完成求偶交配及繁殖的使命；少数萤火虫利用闪光信号进行捕食；还有一种作用是作为警戒信号，即当萤火虫受到刺激时会发出亮光。萤火虫优化算法就是模拟自然界中萤火虫的发光行为构造的随机优化算法，但在算法中舍弃了萤火虫发光的一些生物学意义，只利用其发光特性来根据其搜索区域寻找伙伴，并向邻域结构内位置较优的萤火虫移动，从而实现位置进化。

萤火虫算法的仿生原理：用搜索空间中的点模拟自然界中的萤火虫个体，将搜索和优化过程模拟成萤火虫个体的吸引和移动过程，将求解问题的目标函数度量成个体所处位置的优劣，将个体的优胜劣汰过程类比为搜索和优化过程中用好的可行解取代较差可行解的迭代过程。萤火虫算法中，每个萤火虫的位置代表了一个待求问题的可行解，而萤火虫的亮度表示该萤火虫位置的适应度，亮度越高的萤火虫个体在解空间内的位置越好。萤火虫个体之间，高亮度的萤火虫会吸引低亮度的萤火虫。在解空间内，每个萤火虫都会向着亮度比自己高的萤火虫飞行，以此来搜寻更优的位置。亮度越大对其他的萤火虫的吸引度越大。同时，萤火虫之间光的传播介质会吸收光，降低光的亮度，影响光的传播，所以萤火虫之间的吸引度会随着空间距离成反比，即两只萤火虫之间的吸引度会随着这两只萤火虫之间距离的增大而减小。

在此算法中，萤火虫发出光亮的主要目的是作为一个信号系统，以吸引其他的萤火虫个体，其假设为：①萤火虫不分性别，它将会被吸引到所有其他比它更亮的萤火虫那里去；②萤火虫的吸引力和亮度成正比，对于任何两只萤火虫，其中一只会向着比它更亮的另一只移动，然而，亮度是随着距离的增加而减少的。如果没有找到一个比自身更亮的萤火虫，它会随机移动；③发光强弱由目标函数决定，在指定区域内与指定函数成比例关系。如上所述，萤火虫算法包含两个要素,即亮度和吸引度,亮度体现了萤火虫所处位置的优劣并决定其移动方向,吸引度决定了萤火虫移动的距离,通过亮度和吸引度不断更新,从而实现目标优化。发光"亮"的萤火虫会吸引发光"弱"的萤火虫向它移动,发光越"亮"代表其位置越好,最"亮"萤火虫即代表函数的最优解。

与其他群智能优化算法相比,萤火虫算法具有其他算法所不具备的两点优势,分别是子种群的主动划分与对多极值待优化函数的处理。对于子种群的主动划分能力,由于在算法中吸引力与距离成反比例关系,该特点会促使萤火虫群体在算法的迭代寻优过程中自动地划分为若干个子群,并且分布在待优化函数在搜索空间中的各个局部极值区域周围。待优化函数的全局最优值可以根据这种主动分组的形式而得到。同时,在种群规模比待优化函数的峰值多的条件下,种群的主动分组特性可以促使种群的全部个体一起搜索全局最优值。考虑到萤火虫算法的寻优特点,萤火虫能够向着相对于自身位置最近而且最亮的个体运动,所以这个寻优特性能够使一个子群中相互之间可见的个体之间保持着相对平均的距离,推广到种群中,即全体个体都能够根据所得出的平均距离划分成子群。最特殊的一种状况是在 $\gamma=0$ 的条件下,种群中的个体之间相互不可见,此时无法划分成子群。对于待优化问题是多峰的或者是非线性的情况,自主分组的特点可以帮助萤火虫算法有效地处理这些特殊问题。在迭代寻优过程中,萤火虫算法的部分参数可以根据寻优情况进行动态变化,这类变化能够促使算法的收敛速度随之提升。该优势可以让萤火虫算法可以便捷高效地应对一些特殊问题,比如数据挖掘中的聚类和分类问题、连续优化和组合优化问题等。

此外,在粒子群算法和蝙蝠算法中,个体从一个或两个对象中学习,这使得算法很容易陷入过早收敛的状态。在萤火虫算法中,每只萤火虫都会被所有比它更亮的萤火虫所吸引。在这种交互机制中,没有明确的全局最优个体,也没有使用历史最优值,避免了该算法的任何潜在缺点,具有较高的收敛性能。

### 11.2.2 萤火虫算法的思想

萤火虫算法是一种启发式算法,灵感来自萤火虫如何通过闪烁的光线相互发出信号来吸引伴侣或警告潜在的捕食者。萤火虫的闪光,其主要目的是作为一个信号系统,以吸引其他的萤火虫。萤火虫算法通过模拟自然界中萤火虫个体之间的相互吸引从而达到寻优的目的。其中,萤火虫的发光机制和行为方式较为独特:①萤火虫的发光强度与距离光源的距离的平方成反比;②发光强度弱的萤火虫会被发光强度强的萤火虫所吸引;③两只萤火虫之间的吸引力会随着两只萤火虫之间的距离增大而降低;④光会被空气所吸收,即萤火虫发出的光只会在一定范围内被其他萤火虫所感知。

把空间各点看成萤火虫,利用发光强的萤火虫会吸引发光弱的萤火虫的特点,在发光弱的萤火虫向发光强的萤火虫移动的过程中,完成位置的迭代,从而找出最优位置,即完成了寻优过程。在该算法中,萤火虫彼此吸引的原因取决于两个要素,即自身亮度和吸引度。其中,萤火虫发出荧光的亮度取决于自身所在位置的目标值,亮度越高表示所处的位置越好,即目标值越佳。吸引度与亮度相关,越亮的萤火虫拥有越高的吸引力,可以吸引视线范围内亮度比其弱的萤火虫往这个方向移动。如果发光亮度相同,则萤火虫各自随机移动。亮度和吸引度与萤火虫之间的距离成反比,都随着距离的增加而减小,这相当于模拟了荧光在空间传播时被传播媒介吸收而逐渐衰减的特性。

萤火虫之间通过闪光来进行信息的交互,同时也能起到危险预警的作用。我们知道从光源到特定距离 $r$ 处的光强服从平方反比定律,也就是说光强 $I$ 随着距离 $r$ 的增加会逐渐降低,

即 $I \propto 1/r^2$，此外空气也会吸收部分光线，导致光线随着距离的增加而变得越来越弱。这两个因素同时起作用，因而大多数萤火虫只能在有限的距离内被其他萤火虫发现。

萤火虫算法就是通过模拟萤火虫的发光行为而提出的，所以实际上其算法思想简单明了。首先，萤火虫算法是群体智能算法，因此它具备群体智能算法所有的优点；其次，萤火虫算法基于吸引度，吸引度随着距离增加而降低，所以如果两个萤火虫离得很远，较亮的萤火虫不会将较暗的萤火虫吸引过去，这导致了这样一个事实，即整个种群可以自动细分为子群体，每个子群体可以围绕每个模态或局部最优，在这些局部最优中可以找到全局最优解；最后，如果种群规模比模态数多得多，这种细分使萤火虫能够同时找到所有极值。

### 11.2.3 萤火虫算法的实现

#### 1. 算法数学公式推导

1）发光强度

如果求解的连续优化问题是求最小值问题，则处于空间位置为 $x_i(x_{i1}, x_{i2}, \cdots, x_{id})$ 的萤火虫的发光强度 $I_i$ 的计算公式如式(11.5)所示：

$$I_i = 1/f(x_i) \tag{11.5}$$

如果求解的连续优化问题是求最大值问题，则第 $i$ 只萤火虫 $x_i$ 的发光强度 $I_i$ 的计算公式如式(11.6)所示：

$$I_i = f(x_i) \tag{11.6}$$

其中，$f(x_i)$表示当变量为 $x_i$ 时的目标函数值。

萤火虫的相对荧光亮度公式如式(11.7)所示：

$$I = I_0 * \mathrm{e}^{-\gamma r_{ij}} \tag{11.7}$$

其中 $I_0$ 为萤火虫的最大萤光亮度，与目标函数值相关，目标函数值越优自身亮度越高；$\gamma$ 为光强吸收系数，荧光会随着距离的增加和传播媒介的吸收逐渐减弱；$r_{ij}$ 为萤火虫 $i$ 与 $j$ 之间的空间距离。

2）两只萤火虫之间的距离

第 $i$ 只萤火虫和第 $j$ 只萤火虫之间的距离 $r_{ij}$ 的计算公式如式(11.8)所示：

$$r_{ij} = \| x_i - x_j \| = \sqrt{\sum_{k=1}^{d} (x_{ik} - x_{jk})^2} \tag{11.8}$$

式中，$x_{ik}$ 是第 $i$ 只萤火虫空间坐标的第 $k$ 个分量，$d$ 表示问题的维数。

3）吸引力

一只萤火虫的吸引力计算公式如式(11.9)所示：

$$\beta(r) = \beta_0 \mathrm{e}^{-\gamma r^2} \tag{11.9}$$

式中，$r$ 表示这只萤火虫与另外一点的距离，$\beta_0$ 为一个常数，表示最大吸引力，$\gamma$ 为光吸收系数。

4）萤火虫位置更新

如果第 $j$ 只萤火虫的光强度大于第 $i$ 只萤火虫的光强度，那么第 $i$ 只萤火虫会被第 $j$ 只萤火虫所吸引，即第 $i$ 只萤火虫所在的空间位置 $x_i$ 会发生变化。$x_i$ 的更新公式如式(11.10)所示：

$$x_i = x_i + \beta_0 \mathrm{e}^{-\gamma r_{ij}^2} (x_j - x_i) + \alpha(\mathrm{rand} - 1/2) \tag{11.10}$$

式中，$\alpha$ 是随机项系数，rand 是均匀分布在[0,1]的随机数。

**2. 算法流程**（见图 11-2）

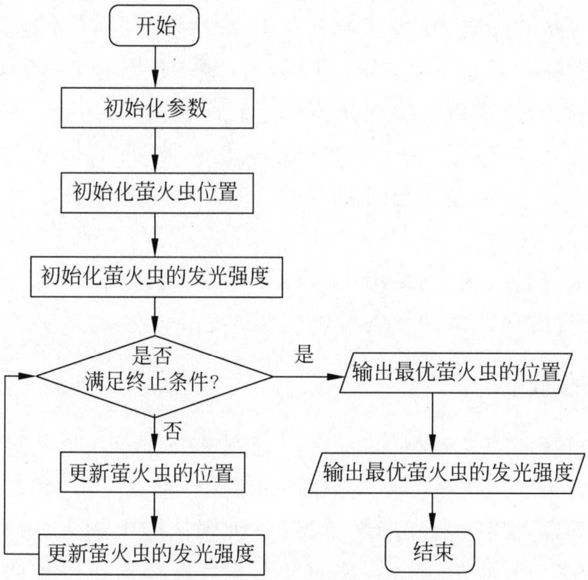

图 11-2　萤火虫算法的流程图

**3. 算法实现**

萤火虫算法的伪代码：

---

**萤火虫算法**

---

1：定义目标函数 $f(x)$

2：初始化参数：光吸收强度 $\gamma$、最大吸引力 $\beta_0$、随机项系数 $\alpha$、最大迭代次数 MAXGEN、计数器 gen

3：初始化 $n$ 只萤火虫位置 $x_i(i=1,2,\cdots,n)$

4：初始化 $n$ 只萤火虫的发光强度 $I_i(i=1,2,\cdots,n)$

5：while gen≤MAXGEN

6：　for i=1：n

7：　　for j=1：n

8：　　　if $I_j > I_i$

9：　　　　$x_i = x_i + \beta_0 e^{-\gamma r_{ij}^2}(x_j - x_i) + \alpha(rand-1/2)$

10：　　　　$I_i = f(x_i)$

11：　　　end

12：　　end

13：　end

14：　gen＝gen＋1

15：end

16：将 $n$ 只萤火虫按照发光强度从强到弱的顺序进行排序,返回那只最优的萤火虫

---

# 11.3　蝙蝠算法

蝙蝠算法是于 2010 年基于群体智能提出的启发式搜索算法,是一种搜索全局最优解的有效方法。该算法是一种基于迭代的优化技术,初始化为一组随机解,然后通过迭代搜寻最优

解，且在最优解周围通过随机飞行产生局部新解，加强了局部搜索。

科学家认为最早的蝙蝠出现在65亿～100亿年前，曾与恐龙并肩生活，它是一种神奇的动物。蝙蝠是唯一有翅膀的哺乳动物，其种类有1300多种。除了极地高寒地区之外，它们几乎无处不在。白天它们躲在避难所里，为了在黑暗的洞穴中导航，并在天黑后狩猎，蝙蝠依靠回声定位，该系统允许它们依靠声波检测物体。它们通过发出高频声波的回声定位，该声波向前移动，直到它击中物体，并被反射回来。回声定位是一种声呐，蝙蝠发出响亮而短促的脉冲声波。当声波到达物体时，回声会在短时间内反射回到蝙蝠的耳朵，这就是蝙蝠在空间中定位自己，并判定猎物位置的方式。

通过对自然生物系统进行建模，提出了许多群智能优化算法，可以用非常规方法解决应用问题，它们因其优异的性能而广泛用于各种优化问题。

## 11.3.1 蝙蝠算法的原理

蝙蝠是唯一长着翅膀的哺乳动物，而且它们有先进的回音定位能力。大多数微型蝙蝠是食虫类的动物。微型蝙蝠使用声波回声定位、检测猎物、躲避障碍、并在黑暗中找到自己位于裂缝的栖息地。这些蝙蝠发出很响亮的声音，然后听到从周围物体反射回来的回音。对于不同的蝙蝠，它们的脉冲是与狩猎的策略有关的。大多数蝙蝠通过一种滤波器用短且高频的信号扫描周围，而其他蝙蝠则经常使用固定频率的信号进行回声定位。其信号频宽的变化取决于蝙蝠的种类，且常常通过使用更多的谐波而增加。

依靠回声定位进行捕食的蝙蝠，在搜寻猎物时通常每秒发出10～20个、音强可达110dB的超声波脉冲，脉冲音强在搜寻猎物时通常为最大，在飞向猎物时逐渐减小，同时脉冲频度逐渐增加，达到每秒发射约200个脉冲。脉冲音强大有助于超声波传播更远的距离，脉冲频度高有助于精确掌握猎物不断变化的空间位置。蝙蝠发出的回声定位声波一般由单谐波或多谐波宽频带的调频信号组成，频率通常在25～100kHz。每个谐波频率由高到低，下降较快，多谐波、宽频带的调频声有利于确定复杂环境和猎物的精细结构。

在基本的蝙蝠算法中，每个蝙蝠都被视为一个“无质量和无大小”的粒子，代表解空间中的有效解。对于不同的适应度函数，每只蝙蝠都有对应的特征值，通过对比特征值来判定当前的最优个体。然后更新声波的频率、速度、脉冲发射速度和种群中每只蝙蝠的体积，继续迭代演化，逼近当前最优解，最终找到全局最优解。该算法更新每只蝙蝠的频率、速度和位置。标准算法需要五个基本参数：频率、音量、纹波以及音量和纹波的比率。频率用于平衡历史最佳位置对当前位置的影响。当搜索频率范围较大时，单只蝙蝠就能远离群体的历史位置进行搜索，反之亦然。

蝙蝠算法是模拟自然界中蝙蝠利用一种声呐来探测猎物、避免障碍物的随机搜索算法，即模拟蝙蝠利用超声波对障碍物或猎物进行最基本的探测、定位能力，并将其和优化目标功能相联系。蝙蝠算法的仿生原理将种群数量维的蝙蝠个体映射为$D$维问题空间中的NP个可行解，将优化过程和搜索模拟成种群蝙蝠个体的移动过程和搜寻猎物，利用求解问题的适应度函数值来衡量蝙蝠所处位置的优劣，将个体的优胜劣汰过程类比为优化和搜索过程中，用好的可行解替代较差可行解的迭代过程。

大多数蝙蝠使用恒定频率信号进行回声定位，信号的大小取决于目标猎物。蝙蝠发出的脉冲持续时间很短，一般在8～10ms，其频率通常在25～150kHz的范围内。正常飞行的过程中，蝙蝠每秒发射10～20个脉冲；而在寻找猎物的过程中，尤其在靠近猎物飞行时，每秒可以发射约200个脉冲。对处在典型频率范围[25kHz，150kHz]的脉冲，由式(11.11)可知，其对应的波长范围为[2mm,14mm],这个范围正好与蝙蝠寻找的猎物大小范围一致。这将有利于蝙蝠准确捕捉猎物。

$$\lambda = v/f \tag{11.11}$$

式中,$v$ 为空气中声音的传播速度,取值为 340m/s; $f$ 为频率; $\lambda$ 为波长。

在蝙蝠搜索算法中,为了模拟蝙蝠探测猎物、避免障碍物,需假设如下三个近似的或理想化的规则:

(1) 所有蝙蝠利用回声定位的方法感知距离,并且它们采用一种巧妙的方式来区别猎物和背景障碍物之间的不同。

(2) 蝙蝠在位置 $x_i$ 以速度 $v_i$ 随机飞行,以固定的频率 $f_{\min}$、可变的波长 $\lambda$ 和音量 $A_0$ 来搜索猎物。蝙蝠根据自身与目标的邻近程度来自动调整发射的脉冲波长(或频率)和调整脉冲发射率 $r$,$r$ 在[0,1]。

(3) 虽然音量的变化方式有多种,但在蝙蝠算法中,假定音量 $A$ 是从一个最大值 $A_0$(整数)变化到固定最小值 $A_{\min}$,变化区间视问题而定。

蝙蝠算法是一种新颖的现代种群算法,它使用人造蝙蝠作为搜索代理者,模拟真实蝙蝠的自然声波脉冲音量和发射频率,来执行搜索过程。与其他算法相比,蝙蝠算法在准确性和有效性方面远优于其他算法,且不需要调整许多参数。

### 11.3.2　蝙蝠算法的思想

蝙蝠算法是一种基于群体智能的算法,是受微型蝙蝠的回声定位的启发提出的,大多数微型蝙蝠将声音辐射到周围环境,并聆听这些声音来自不同物体的回声,从而可以识别猎物,躲避障碍物,并追踪黑暗的巢穴。

蝙蝠具有非凡的回声定位能力,一般可以分为两类:回声定位微型蝙蝠和以水果为食的巨型蝙蝠,大多数蝙蝠以倒挂的栖息姿势休息。所有的微型蝙蝠和一些巨型蝙蝠都会发出超声波来产生回声。微型蝙蝠的大脑和听觉神经系统可以通过比较脉冲和反复出现的回声,对环境产生深入的图像。微型蝙蝠发出这些超声波(通过喉部产生)通常通过嘴巴,偶尔通过鼻子,它们会在回声返回前就结束发出超声波。回声定位可以是低负荷循环,也可以是高负荷循环。第一种情况时,蝙蝠可以根据时间区分它们的叫声和多次出现的回声;第二种情况时,蝙蝠发出不间断的叫声,并在频率上将脉冲和回声分离。回声定位也被称为生物声呐,主要用于动物的导航和觅食。在这些回声的帮助下,蝙蝠测量物体的大小和距离,有些种类的蝙蝠甚至能够测量物体移动的速度。

由于蝙蝠的回声定位行为与函数优化相似,所以可以利用蝙蝠的回声定位行为来寻找最优解。蝙蝠算法把蝙蝠看作优化问题的可行解,通过模拟复杂环境中精确捕获食物的机制解决优化问题。首先,在搜索空间随机分布若干蝙蝠,确定种群个体的初始位置及初始速度,对种群中各个蝙蝠进行适应度评价,寻找最优个体位置;其次,通过调整频率产生新的解并修改个体的飞行速度和位置。在蝙蝠的速度和位置的更新过程中,频率本质上控制着这些蝙蝠群的移动步伐和范围;最后,蝙蝠在寻优过程中,通过调节脉冲发生率和响度促使蝙蝠朝着最优解方向移动。蝙蝠在刚开始搜索时具有较小的脉冲发生率,蝙蝠有较大的概率在当前最优解周围进行局部搜索,同时较大的响度使得局部搜索范围比较大,有较大的概率探测到更好的解。随着迭代的增加,脉冲发生率增加,响度减少,局部搜索概率减少,局部挖掘的范围也很小,蝙蝠不断扫描定位目标,最终搜索到最优解。

把蝙蝠的回声定位理想化,可以总结如下:每个虚拟蝙蝠有随机的飞行速度 $v_i$ 在位置 $x_i$

上，同时蝙蝠具有不同的频率或波长、响度 $A_i$ 和脉冲发射率 $r$。蝙蝠狩猎和发现猎物时，它改变频率、响度和脉冲发射率，进行最佳解的选择，直到目标停止或条件得到满足。这本质上就是使用调谐技术来控制蝙蝠群的动态行为，平衡调整算法相关的参数，以取得蝙蝠算法的最优。通过对多个标准测试函数的测试，展现了在连续性优化问题中的较好应用。

### 11.3.3 蝙蝠算法的实现

**1. 算法的数学描述**

为了能使蝙蝠回声定位机制形成算法，有必要对蝙蝠回声定位及飞行速度、位置进行理想化建模：

(1) 所有的蝙蝠利用超声波回声的“感觉差异”判断猎物、障碍物之间的差异；

(2) 蝙蝠是以速度 $v_i$、位置 $x_i$、固定频率 $f_{\min}$、可变化波长 $\lambda$ 和响度 $A_0$ 随机飞行的，并用不同的波长 $\lambda$(或者频率 $f$)和响度 $A_0$ 搜索猎物。它们会根据接近猎物的程度自动调整它们发出脉冲的波长(或频率)；

(3) 尽管响度会以更多的方式变化，可以假定它的变化是从一个很大的值 $A_0$ 到最小值 $A_{\min}$；

(4) 由于计算量的问题，不能使用无限追踪来估计时间延迟和三维地形；

(5) 为了简单起见，使用一些近似值。一般设置频率范围为[$f_{\min}$,$f_{\max}$]对应的波长范围为[$\lambda_{\min}$,$\lambda_{\max}$]。对于给定的问题，为了便于实现，可以使用任意波长，并且可以通过调整波长来搜索范围，而可探测的区域的选择方式为先选择感兴趣的区域，然后慢慢缩小。因为波长 $\lambda \times x$ 为常数，所以可以在固定波长 $\lambda$ 时，改变频率。便于简单理解，可以假定 $f \in [0, f_{\min}]$。显然，较高的频率有较短的波长和较短的搜索距离。通常蝙蝠的搜索范围在几米内。脉冲发生率可以设定在[0,1]范围内，其中 0 表示没有发出脉冲，1 表示脉冲发生率最大。

在模拟蝙蝠算法的过程中，假设蝙蝠的搜索空间是 $D$ 维，频率更新公式如式(11.12)所示：

$$f_i = f_{\min} + (f_{\max} - f_{\min}) * \boldsymbol{\beta} \tag{11.12}$$

其中，$\beta \in [0,1]$是一个随机向量；$x_*$ 是当前最优解。

每一代中每个蝙蝠的速度更新公式和位置更新公式如式(11.13)所示：

$$\begin{aligned} v_i^t &= v_i^{t-1} + (x_i^t - x_*) f_i \\ x_i^t &= x_i^{t-1} + v_i^t \end{aligned} \tag{11.13}$$

其中，$f_i$ 是蝙蝠发出的声波频率，调整区间为[$f_{\min}$,$f_{\max}$]。在实验过程中，可以根据问题的需要设置相应的频率变化区间。

对于局部搜索，一旦在当前的最佳解决方案中选择了一个解决方案，新的局部解使用随机游走方式生成。局部搜索更新公式如式(11.14)所示：

$$x_i^{\text{new}} = x_i^{\text{old}} + \varepsilon A^t \tag{11.14}$$

其中，$\varepsilon \in [-1,1]$，是一个随机数；$A^t$ 是整个群体在同一代中的平均响度。

蝙蝠在寻找猎物的过程中，会根据距目标猎物的方位不断调整发出声波的响度和频度，以提高捕食效率。在逐渐靠近猎物的过程中，蝙蝠寻找猎物的空间范围也在逐渐减小，因此它会逐渐减小响度到一个定值的同时不断增大频度，以便快速、动态地掌握目标猎物的方位。第 $i$ 只蝙蝠的声波响度 $A_i^{t+1}$ 和频度 $r_i^{t+1}$ 使用更新公式如式(11.15)和式(11.16)所示：

$$A_i^{t+1} = \alpha A_i^t \tag{11.15}$$

$$r_i^{t+1} = r_i^0[1 - \exp(-\gamma t)] \tag{11.16}$$

其中，$\alpha \in (0,1)$是声波响度的衰减系数；$\gamma > 0$是脉冲频度的增强系数；$r_i^0$表示蝙蝠$i$初始脉冲频率。其中，$\alpha$和$\gamma$是常量，参数的选择需要一定的经验。初始时，每只蝙蝠所发出的响度和脉冲发生率的值都是不同的，这可以随机选择。初始的响度$A_i^0$通常在$[0,1]$，而初始脉冲发生率一般在0附近。只有当蝙蝠的位置得到优化后，脉冲的响度和频率才会更新，这暗示着蝙蝠正朝着最佳位置移动。

**2. 算法流程（见图11-3）**

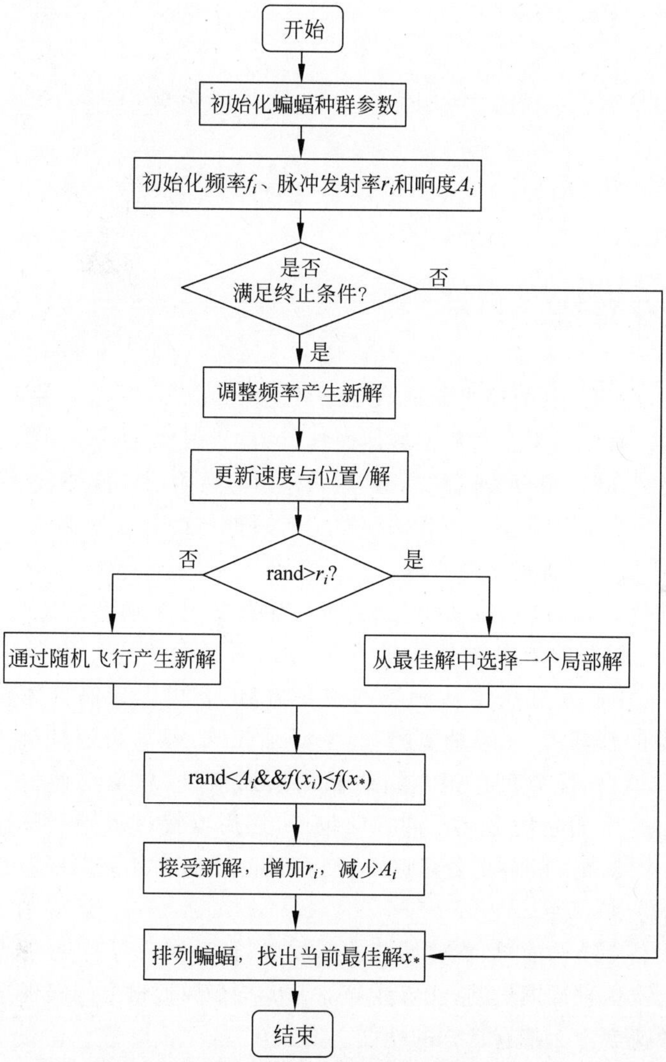


图11-3　蝙蝠算法的流程图

**3. 算法实现**

蝙蝠算法伪代码：

---

**蝙蝠算法**

---

1：初始化蝙蝠种群$x_i$和$v_i(i=1,2,\cdots,n)$

```
初始化频率 f_i、脉冲发射率 r_i 和响度 A_i
while (t < Max 迭代数)
    通过调整频率产生新解
    更新速度与位置/解
    if (rand > r_i)
        从最佳解中选择一个
        围绕选择的解产生一个局部解
    end if
    通过随机飞行产生新解
    if (rand < A_i && f(x_i) < f(x_*))
        接受新解
        增加 r_i
        减少 A_i
    end if
排列蝙蝠，找出当前最佳解 x_*
end while
```

## 11.4 灰狼优化算法

灰狼优化算法，由澳大利亚格里菲斯大学学者 Mirjalili 等于 2014 年提出，属于一种新型的群智能优化算法。其灵感来自于灰狼群体捕食行为，灰狼优化算法模拟了自然界中灰狼的领导等级和狩猎机制，将灰狼分为四种类型，用来模拟等级阶层。此外，还模拟了寻找猎物、包围猎物和攻击猎物三个主要阶段。该算法模拟了灰狼群体的捕食行为，通过模拟灰狼的社会行为，寻找最优解或接近最优解的解空间。

灰狼是群居动物，以捕食其他动物为生，天性生猛好斗。通常是由五至十只组成一群，在这一小型群体中，所有的狼常被依次分在甲、乙、丙各等级中。狼群中总是有一只优势狼，优势狼是该群的中心及守备生活领域的主要力量，它可以控制群体中所有的狼。优势狼实际上是一典型的独裁者，一旦捕到猎物，它必须先吃，然后再按社群等级依次排列。灰狼是典型的肉食性动物，优势狼在担当组织和指挥捕猎时，总是选择一头弱小或年老的生物作为猎取的目标。开始它们会从不同方向包抄，然后慢慢接近，一旦时机成熟，便突然发起进攻；若猎物企图逃跑，它们便会穷追不舍，而且为了保存体力，往往分成几个梯队，轮流作战，直到捕获成功。

灰狼优化算法具有结构简单、需要调节的参数少、容易实现等特点，其中存在能够自适应调整的收敛因子以及信息反馈机制，能够在局部寻优与全局搜索之间实现平衡，因此在对问题的求解精度和收敛速度方面都有良好的性能。

### 11.4.1 灰狼优化算法的原理

灰狼优化算法是一种基于自然界灰狼群体行为的启发式优化算法。它模拟了灰狼群体在求解问题时的协作和竞争行为，通过模拟灰狼的觅食行为来优化问题的解。算法的基本思想是将问题的解空间看作是灰狼的生态系统，灰狼的位置代表解的位置，灰狼的适应度代表解的优劣。算法通过模拟灰狼群体中的四种行为，搜寻、围攻、追逐和逃避来更新灰狼的位置，以找到更好的解。

灰狼优化算法的原理主要包括灰狼的社会行为模拟、灰狼的优势等级和灰狼的位置更新三方面。灰狼的社会行为模拟是灰狼优化算法的核心。灰狼群体通常由一个领导者和若干跟随者组成，领导者具有最高的优势等级。算法开始时，灰狼的位置代表了解空间中的一个解。每个解都有一个适应度值，代表了解的优劣程度。根据适应度值的大小，灰狼的优势等级会发生变化。灰狼的优势等级影响了灰狼的位置更新。优势等级高的灰狼有更大的行动自由度，可以在解空间中更广泛地搜索。而优势等级低的灰狼则会受到优势等级高的灰狼的影响，更倾向于向优势等级高的灰狼靠拢。通过模拟灰狼之间的竞争关系和合作行为，灰狼优化算法能够使解空间中的解逐渐收敛到最优解附近。灰狼的位置更新是灰狼优化算法的关键步骤，其位置的更新基于领导者和跟随者之间的相对位置关系。领导者的位置更新受到自身位置和其他灰狼位置的影响，而跟随者的位置更新则更加倾向于向领导者靠拢。通过迭代更新灰狼的位置，灰狼优化算法能够逐渐找到最优解或接近最优解的解。

灰狼优化算法过程包含了灰狼的社会等级分层、寻找跟踪猎物、包围狩猎和攻击猎物等步骤。

(1) 社会等级分层：当设计灰狼优化算法时，首先需构建灰狼社会等级的层次模型。计算种群中每个个体的适应度，将狼群中适应度最好的三匹灰狼依次标记为 $\alpha$、$\beta$、$\delta$，而剩下的灰狼标记为 $\omega$。也就是说，灰狼群体中的社会等级从高往低排列依次为：$\alpha$、$\beta$、$\delta$ 及 $\omega$。灰狼优化算法的优化过程主要由每代种群中的最好三个解(即 $\alpha$、$\beta$、$\delta$)来指导完成。

(2) 寻找猎物：灰狼主要依赖 $\alpha$、$\beta$、$\delta$ 的信息来寻找猎物。它们开始分散地去搜索猎物的位置信息，然后集中起来攻击猎物。对于分散模型的建立，通过 $|A|>1$ 使其搜索代理远离猎物，这种搜索方式使灰狼优化算法能进行全局搜索。灰狼优化算法中的另一个搜索系数是 $\boldsymbol{C}$，$\boldsymbol{C}$ 向量是在区间范围[0,2]上的随机值构成的向量，此系数为猎物提供了随机权重，以便增加($|\boldsymbol{C}|>1$)或减少($|\boldsymbol{C}|<1$)。这有助于灰狼优化算法在优化过程中展示出随机搜索行为，以避免算法陷入局部最优。值得注意的是，$\boldsymbol{C}$ 并不是线性下降的，$\boldsymbol{C}$ 在迭代过程中是随机值，该系数有利于算法跳出局部最优值，特别是算法在迭代的后期显得尤为重要。

(3) 包围猎物：灰狼搜索猎物时会逐渐地接近猎物并包围它，该行为的数学模型如式(11.17)所示：

$$\begin{aligned}
&\boldsymbol{D}=\boldsymbol{C}\cdot\boldsymbol{X}_p(t)-\boldsymbol{X}(t)\\
&\boldsymbol{X}(t+1)=\boldsymbol{X}_p(t)-\boldsymbol{A}\cdot\boldsymbol{D}\\
&\boldsymbol{A}=2a\cdot\boldsymbol{r}_1-a\\
&\boldsymbol{C}=2\boldsymbol{r}_2
\end{aligned}\tag{11.17}$$

式中，$t$ 为当前迭代次数；$\boldsymbol{A}$ 和 $\boldsymbol{C}$ 是协同系数向量；$\boldsymbol{X}_p$ 表示猎物的位置向量；$\boldsymbol{X}(t)$ 表示当前灰狼的位置向量；在整个迭代过程中 $a$ 由 2 线性降到 0；$\boldsymbol{r}_1$ 和 $\boldsymbol{r}_2$ 是[0,1]中的随机向量。

(4) 狩猎：灰狼具有识别潜在猎物(最优解)位置的能力，搜索过程主要靠 $\alpha$、$\beta$、$\delta$ 灰狼的指引来完成。但是很多问题的解空间特征是未知的，灰狼是无法确定猎物(最优解)的精确位置。为了模拟灰狼(候选解)的搜索行为，假设 $\alpha$、$\beta$、$\delta$ 具有较强识别潜在猎物位置的能力。因此，在每次迭代过程中，保留当前种群中的最好三只灰狼($\alpha$、$\beta$、$\delta$)，然后根据它们的位置信息来更新其他搜索代理(包括 $\omega$)的位置。该行为的数学模型可用式(11.18)表示：

$$
\begin{aligned}
&D_{\alpha}=\boldsymbol{C}_1\cdot\boldsymbol{X}_{\alpha}-\boldsymbol{X},\quad D_{\beta}=\boldsymbol{C}_2\cdot\boldsymbol{X}_{\beta}-\boldsymbol{X},\quad D_{\delta}=\boldsymbol{C}_3\cdot\boldsymbol{X}_{\delta}-\boldsymbol{X}\\
&\boldsymbol{X}_1=\boldsymbol{X}_{\alpha}-\boldsymbol{A}_1\cdot D_{\alpha},\quad \boldsymbol{X}_2=\boldsymbol{X}_{\beta}-\boldsymbol{A}_2\cdot D_{\beta},\quad \boldsymbol{X}_3=\boldsymbol{X}_{\delta}-\boldsymbol{A}_3\cdot D_{\delta}\\
&\boldsymbol{X}(t+1)=\frac{\boldsymbol{X}_1+\boldsymbol{X}_2+\boldsymbol{X}_3}{3}
\end{aligned}
\tag{11.18}
$$

式中：$\boldsymbol{X}_{\alpha}$、$\boldsymbol{X}_{\beta}$ 和 $\boldsymbol{X}_{\delta}$ 分别表示当前种群中 $\alpha$、$\beta$、$\delta$ 的位置向量；$\boldsymbol{X}$ 表示灰狼的位置向量；$D_{\alpha}$、$D_{\beta}$、$D_{\delta}$ 分别表示当前候选灰狼与最优三条狼之间的距离；当 $|\boldsymbol{A}|>1$ 时，灰狼之间尽量分散在各区域并搜寻猎物。当 $|\boldsymbol{A}|<1$ 时，灰狼将集中搜索某个或某些区域的猎物。总体来说，$\alpha$、$\beta$、$\delta$ 需首先预测出猎物(潜在最优解)的大致位置，然后其他候选狼在当前最优三只狼的指引下在猎物附近随机地更新它们的位置。

(5) 攻击猎物：构建攻击猎物模型的过程中，根据包围猎物中的公式，$a$ 值的减少会引起 $\boldsymbol{A}$ 的值也随之波动。换句话说，$\boldsymbol{A}$ 是一个在区间$[-a,a]$上的随机向量，其中 $a$ 在迭代过程中呈线性下降。当 $\boldsymbol{A}$ 在$[-1,1]$区间时，则搜索代理的下一时刻位置可以在当前灰狼与猎物之间的任何位置上。

灰狼优化算法的优点包括：有较强的收敛性能；结构简单、需要调节的参数少；容易实现；存在能够自适应调整的收敛因子以及信息反馈机制；能够在局部寻优与全局搜索之间实现平衡等，因此在对问题的求解精度和收敛速度方面都有良好的性能。需要注意的是，灰狼优化算法作为一种启发式算法，并不保证能够找到全局最优解，而是寻找到较好的解。在应用该算法时，合适的参数设置和问题特性分析对于取得好的结果至关重要。

### 11.4.2 灰狼优化算法的思想

灰狼优化算法是一种群智能优化算法，是根据灰狼群体捕食的行为提出的，通过模拟灰狼群体的生活习性和捕食行为，构建基于协作机制的狼群捕食过程的数学模型，以实现捕食过程优化的目的，该算法可以应用于现实生活中的优化问题。灰狼家族有着严格的社会等级管理制度，不同等级的灰狼享有不同的权利和社会分工，灰狼所属的等级越高，对猎物的情况就有更好的了解，自主能动性也越强，且这种等级制度在狼群实现团体高效捕杀猎物的过程中发挥着至关重要的作用。该算法的独特之处在于：一小部分拥有绝对话语权的灰狼带领一群灰狼向猎物前进。集体狩猎是灰狼的一种社会行为，社会等级在集体狩猎过程中发挥着重要的作用，主要包括跟踪和接近猎物；骚扰、追捕和包围猎物，直到它停止移动；攻击猎物。构建灰狼社会等级的层次模型，对灰狼的社会等级进行数学建模。

在了解灰狼优化算法的特点之前，需要了解灰狼群中的等级制度。灰狼群一般分为四个等级：处于第一等级的灰狼用 $\alpha$ 表示，处于第二阶级的灰狼用 $\beta$ 表示，处于第三等级的灰狼用 $\delta$ 表示，处于第四等级的灰狼用 $\omega$ 表示。按照上述等级的划分，灰狼 $\alpha$ 对灰狼 $\beta$、$\delta$ 和 $\omega$ 有绝对的支配权；灰狼 $\beta$ 对灰狼 $\delta$ 和 $\omega$ 有绝对的支配权；灰狼 $\delta$ 对灰狼 $\omega$ 有绝对的支配权。因为灰狼 $\omega$ 在灰狼群中的比例最大，同时灰狼 $\omega$ 又必须完全服从灰狼 $\alpha$、$\beta$ 和 $\delta$，所以灰狼群的猎食行为主要由灰狼 $\alpha$、$\beta$ 和 $\delta$ 进行引导和指示。在灰狼优化算法中，为了模拟灰狼群的等级制度，同时又能简化算法，因此，假设各有一只灰狼 $\alpha$、一只灰狼 $\beta$ 和一只灰狼 $\delta$。将 $\alpha$ 作为最优解(个体的适应度最优)，次优解 $\beta$，最佳解决方案 $\delta$，剩下的候选解命名为 $\omega$，狩猎过程由 $\alpha$、$\beta$、$\delta$ 引导，$\omega$ 跟随这三只狼。即我们总是去找到三个最佳解决方案，然后围绕该区域进行搜索，目的是找到更好的解决方案，然后更新 $\alpha$、$\beta$、$\delta$。

从灰狼优化算法可知，它的狩猎模型是先由 $\alpha$ 狼、$\beta$ 狼和 $\delta$ 狼共同负责对猎物的位置进行评估定位，然后其余个体以此为标准计算自身与猎物之间的距离，并完成对猎物的全方位靠近、包围和攻击等行为，最终完成狩猎。在这个过程中 $\alpha$ 狼、$\beta$ 狼和 $\delta$ 狼及 $\omega$ 狼的等级特性体现的并不是很明显，而 $\alpha$ 狼、$\beta$ 狼和 $\delta$ 狼的位置信息对于其他个体的位置更新又起着绝对的引导作用，容易致使整个狼群过早聚集于群体当前最优位置的某一邻域内。另外，探索能力还受制于两个探索参数 $A$ 和 $C$ 的较小取值范围，从而导致算法易陷于局部最优。

### 11.4.3　灰狼优化算法的实现

#### 1. 算法的数学模型

假设在 $d$ 维空间中，灰狼 $\alpha$ 的位置为 $X_\alpha(X_{\alpha,1},X_{\alpha,2},\cdots,X_{\alpha,d})$，灰狼 $\beta$ 的位置为 $X_\beta(X_{\beta,1},X_{\beta,2},\cdots,X_{\beta,d})$，灰狼 $\delta$ 的位置为 $X_\delta(X_{\delta,1},X_{\delta,2},\cdots,X_{\delta,d})$，灰狼 $i$（灰狼 $i$ 可能是灰狼 $\alpha$，或是灰狼 $\beta$，或是灰狼 $\delta$，或是灰狼 $\omega$）的当前位置为 $X_i(X_{i,1},X_{i,2},\cdots,X_{i,d})$。则灰狼 $i$ 在灰狼 $\alpha$ 的引导下的下一个位置 $X_{\alpha i}(X_{\alpha i,1},X_{\alpha i,2},\cdots,X_{\alpha i,d})$ 的计算公式如式(11.19)所示：

$$\begin{aligned}
&X_{\alpha i,k}=X_{\alpha,k}-A_1\cdot D_{\alpha,k}\\
&D_{\alpha,k}=|C_1\cdot X_{\alpha,k}-X_{i,k}|\\
&C_1=2r_2\\
&A_1=2\alpha\cdot r_1-a
\end{aligned}\tag{11.19}$$

其中 $X_{\alpha i,k}$ 表示空间坐标 $X_{\alpha i}$ 的第 $k$ 个分量。$D_{\alpha,k}$ 计算公式中的| |表示求绝对值的含义。$a$ 是随着迭代次数的增加，从 2 至 0 线性递减。$r_1$ 和 $r_2$ 中都是[0,1]的随机数。该公式与式(11.17)雷同，表达方式略有差异。

同理，灰狼 $i$ 在灰狼 $\beta$ 的引导下的下一个位置 $X_{\beta i}$ 的计算公式，以及灰狼 $i$ 在灰狼 $\delta$ 的引导下的下一个位置 $X_{\delta i}$ 的计算公式如式(11.20)所示：

$$\begin{aligned}
&X_{\beta i,k}=X_{\beta,k}-A_2\cdot D_{\beta,k}\\
&D_{\beta,k}=|C_2\cdot X_{\beta,k}-X_{i,k}|\\
&C_2=2r_2\\
&A_2=2a\cdot r_1-a\\
&X_{\delta i,k}=X_{\delta,k}-A_3\cdot D_{\delta,k}\\
&D_{\delta,k}=|C_3\cdot X_{\delta,k}-X_{i,k}|\\
&C_3=2r_2\\
&A_3=2a\cdot r_1-a
\end{aligned}\tag{11.20}$$

综上所述，这只灰狼在灰狼 $\alpha$、灰狼 $\beta$ 和灰狼 $\delta$ 的同时引导下的下一个位置的计算公式如式(11.21)所示：

$$X_{i,k}=\frac{X_{\alpha i,k}+X_{\beta i,k}+X_{\delta i,k}}{3}\tag{11.21}$$

#### 2. 算法步骤

综上所述，灰狼优化算法的基本步骤如下。

(1) 初始化灰狼群体：随机生成一定数量的灰狼，并为每个灰狼分配随机的初始位置。

(2) 计算适应度：根据问题的特定适应度函数，计算每个灰狼的适应度。

(3) 更新灰狼位置：根据每个灰狼的适应度和其他灰狼的位置，更新每个灰狼的位置。这一步模拟了搜寻、围攻、追逐和逃避行为。

(4) 更新最优解：更新全局最优解，记录适应度最好的灰狼的位置和适应度。

(5) 终止条件判断：检查是否满足终止条件，例如达到最大迭代次数或达到预设的适应度阈值。

(6) 返回最优解：返回全局最优解作为算法的结果。

### 3. 算法流程图(见图 11-4)

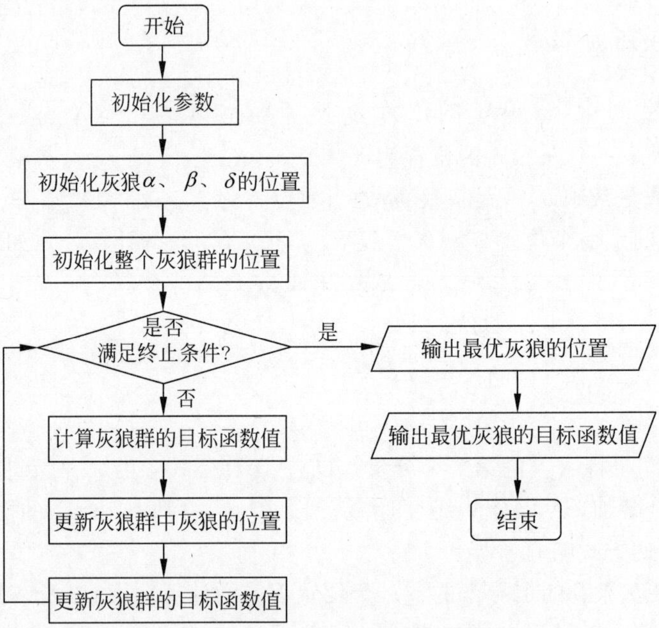


**图 11-4 灰狼优化算法流程图**

### 4. 算法实现

灰狼优化算法的伪代码：

---

**灰狼优化算法**

---

初始化灰狼种群 $X_i(i=1,2,\cdots,n)$
初始化 $a$，系数 $A$，系数 $C$，当前迭代次数 $t=0$
计算每个灰狼个体的适应度值
$X_\alpha$ = 适应度值最好的灰狼个体
$X_\beta$ = 适应度值第二的灰狼个体
$X_\delta$ = 适应度值第三的灰狼个体
While t < Max
  For i = 1 to N do
    使用公式 $X_{i,k}=\frac{X_{\alpha i,k}+X_{\beta i,k}+X_{\delta i,k}}{3}$ 更新当前灰狼个体的位置
  End For
  更新 a，A 和 C
  计算所有灰狼个体的适应度值
  更新 $X_\alpha$，$X_\beta$，$X_\delta$
  t = t+1
End While
返回最优解 $X_\alpha$

---

## 11.5　蜻蜓算法

蜻蜓算法是在2015年由Mirjalili提出的一种群智能优化算法，其主要灵感来源于大自然中蜻蜓的静态群体行为和动态群体行为，具有寻优能力强等特点。在静态群体行为中，蜻蜓会自发分成几个子群在不同区域中捕食昆虫，其特征为局部移动和飞行路径的突变，这有利于算法进行全局搜索；在动态群体行为中，蜻蜓会聚集成一个大的群体并向着统一的方向飞行，这有利于算法进行局部的开发。蜻蜓通过分离、结队、聚集、觅食和避敌这五种行为来更新当前所在位置。此外，蜻蜓算法的基本思想是蜻蜓首先会判断自身领域内有无其他蜻蜓，如果有则会通过上述五种行为和自身惯性更新自己的位置，如果没有则采取随机游走的方式来更新位置。

群智能优化算法蕴涵着启发式思想和仿生学机制，已经成为许多国内外学者研究的焦点，是解决数学工程优化问题的利器。自然界中大约有三千种已知的蜻蜓品种，蜻蜓是自然界的飞行专家，飞行速度可达40千米/小时，蜻蜓是以小昆虫为食的益虫，成年蜻蜓一天可以吃掉30至100只蚊子。蜻蜓算法作为一种新提出来的元启发式群智能优化算法，它拥有的控制参数较少，原理相对简单易懂，对于函数寻优展现出较为良好的性能，有较强的稳定性和较好的寻优能力，在众多优化问题中效果突出，但是存在着和大多数群智能优化算法一样的弊病，例如求解精度不高、收敛速度缓慢等缺点。

### 11.5.1　蜻蜓算法的原理

蜻蜓算法是一种新型的元启发式群智能优化算法，其原理是模拟大自然中蜻蜓寻找猎物的行为。该算法源于自然界中蜻蜓动态和静态的智能群行为，对蜻蜓的飞行路线、躲避天敌及寻找食物等生活习性进行数学建模。在动态群中，为获得更好的生存环境，大量的蜻蜓集群朝着共同的方向进行远距离迁徙；在静态群中，为寻找其他飞行猎物，由小部分蜻蜓组成的各个小组，在较小的范围内来回飞行。蜻蜓飞行过程中的局部运动与飞行路径的临时突变是静态群的主要特征。

蜻蜓算法的基本原理是通过对蜻蜓个体之间的社会行为活动进行模拟，和大多数群智能算法相同，蜻蜓个体的行为遵循“求生”的原则，把蜻蜓食物的位置映射为函数优化过程中的解，通过寻找食物源和躲避天敌来进行位置移动。蜻蜓算法通过观察并模拟自然界中蜻蜓群体的生物特性，从而总结出蜻蜓群体的两种本质上和群智能算法很相似的行为，分别是捕食和迁徙。对于捕食行为来说，可以发现捕食行为其实和群智能优化算法中的全局搜索相对应，为了更快地找到最优解，把食物源视为问题的最优解，将蜻蜓个体假想为在问题求解空间中飞行并搜索食物源。而对于迁徙行为来说，最优解的空间位置被视为迁徙行为的目的地，为了提高求解的精度，把蜻蜓群体的群聚飞行视为向最优解靠拢，可以发现迁徙行为与群智能算法中的局部搜索殊途同归。

蜻蜓算法是一种基于群体智能的优化算法，模拟了蜻蜓寻找猎物的行为，具有全局搜索能力和快速的收敛速度。在实际应用中，蜻蜓算法被广泛应用于各类优化问题，如机器学习、数据挖掘、神经网络等领域。

### 11.5.2 蜻蜓算法的思想

蜻蜓算法的主要灵感来源于自然界蜻蜓静态和动态的成群行为。优化、探索和开发的两个基本阶段是通过对蜻蜓在导航、寻找食物和在动态或统计上成群时避开敌人的社会互动进行建模来设计的。蜻蜓算法主要由三部分组成：初始化、更新和搜索。其具体过程如下。(1)初始化：设置蜻蜓数量、初始位置区间、速度范围等参数；(2)更新：利用公式更新蜻蜓的位置和速度信息；(3)搜索：根据评价函数计算每个蜻蜓的适应度值，并进行排序、选择和更新。其中，评价函数是指问题的目标函数，其结果将决定每个蜻蜓的生存和繁殖能力。通过不断迭代更新，蜻蜓们将逐渐聚集于最优解，从而达到优化目标。

蜻蜓寻优算法的基本思想是通过模拟蜻蜓的觅食行为来搜索最优解。算法维护三个种群：主种群、次种群和随机种群。主种群负责在搜索空间中寻找全局最优解，次种群负责在局部空间中进行搜索，而随机种群则用于增加搜索的多样性。

蜻蜓算法的优点包括较好的全局搜索能力和快速的收敛速度。它适用于解决各种优化问题，尤其在连续优化问题和大规模优化问题上表现出色。然而，需要注意的是，蜻蜓算法的性能也会受到问题的特性和参数的选择的影响。在应用该算法时，需要根据具体问题的需求进行参数调优和适当地问题建模，以获得最佳的优化结果。

### 11.5.3 蜻蜓算法的实现

**1. 算法的数学模型**

**定义 1 分离**：分离是指相邻个体之间避让碰撞的行为，分离行为的数学表达式见式(11.22)：

$$\boldsymbol{S}_i = -\sum_{j=1}^{N'}(\boldsymbol{X}-\boldsymbol{X}_j) \tag{11.22}$$

式中，$N'$为邻近个体的个数；$\boldsymbol{S}_i$ 为第 $i$ 个蜻蜓同类之间分离行为的位置向量；$\boldsymbol{X}$ 为个体所在位置；$\boldsymbol{X}_j$ 为相邻个体蜻蜓 $j$ 所处的位置。

**定义 2 排队**：排队是指每个蜻蜓个体在飞行时与相邻个体之间的速度匹配，趋于保持相同速度的行为。排队行为的数学表达式见式(11.23)：

$$\boldsymbol{A}_i = \frac{\sum_{j=1}^{N'}\boldsymbol{V}_j}{N'} \tag{11.23}$$

式中，$\boldsymbol{A}_i$ 为第 $i$ 个蜻蜓个体排队行为的位置向量；$\boldsymbol{V}_j$ 为相邻个体的飞行速度。

**定义 3 结盟**：结盟(内聚度)指蜻蜓与相邻同类之间彼此聚在一起的集群行为。结盟行为的数学表达式见式(11.24)：

$$\boldsymbol{C}_i = \frac{\sum_{j=1}^{N'}\boldsymbol{X}_j}{N'} - \boldsymbol{X} \tag{11.24}$$

式中，$\boldsymbol{C}_i$ 为第 $i$ 个蜻蜓个体结盟行为的位置向量。

**定义 4 寻找猎物**：寻找猎物指个体为生存搜寻猎物的行为。寻找猎物行为的数学表达式见式(11.25)：

$$\boldsymbol{F}_i = \boldsymbol{X}^{+} - \boldsymbol{X} \tag{11.25}$$

式中，$\boldsymbol{F}_i$ 代表第 $i$ 个蜻蜓个体猎食行为的位置向量；$\boldsymbol{X}^{+}$ 代表待捕食的猎物所处的位置。

**定义 5　躲避天敌**：个体出于生存的本能，需时刻警惕天敌的行为。躲避天敌行为的数学表达式见式(11.26)：

$$\boldsymbol{E}_i = \boldsymbol{X}^{-} + \boldsymbol{X} \tag{11.26}$$

式中，$\boldsymbol{E}_i$ 为第 $i$ 个蜻蜓个体逃避天敌行为的位置向量；$\boldsymbol{X}^{-}$ 为蜻蜓猎食所处的位置，$\boldsymbol{X}$ 为个体所在位置。

蜻蜓算法认为蜻蜓的行为是这五种因素的结合，为了模拟蜻蜓的运动，蜻蜓个体的步长更新的数学计算公式见式(11.27)：

$$\Delta\boldsymbol{X}_{t+1} = (s\boldsymbol{S}_i + a\boldsymbol{A}_i + c\boldsymbol{C}_i + f\boldsymbol{F}_i + e\boldsymbol{E}_i) + \omega\Delta\boldsymbol{X}_i \tag{11.27}$$

式中，$a$ 为对齐权重；$c$ 为凝聚权重；$e$ 为天敌权重因子；$f$ 为猎物权重因子；$s$ 为分离权重；$t$ 为当前迭代次数；$\omega$ 为惯性权重。在自然界中，出于生存需要，大部分时间蜻蜓都是运动的，因此所处位置也需实时更新。更新蜻蜓个体所处位置的向量，数学表达式见式(11.28)：

$$\boldsymbol{X}_{t+1} = \boldsymbol{X}_t + \Delta\boldsymbol{X}_{t+1} \tag{11.28}$$

要达到使算法性能进一步得到强化的目的，在同类个体附近无临近解时，通过使用 Lévy 飞行的方法绕搜索空间飞行，进行蜻蜓位置地更新，公式见式(11.29)：

$$\boldsymbol{X}_{t+1} = \boldsymbol{X}_i + \mathrm{Levy}(d)\Delta\boldsymbol{X}_i \tag{11.29}$$

其中，$d$ 代表维度，Lévy 函数的计算如式(11.30)所示：

$$\mathrm{Levy}(x) = 0.01 \cdot \frac{r_1 \cdot \delta}{|r_2|^{\frac{1}{\beta}}} \tag{11.30}$$

$$\delta = \left(\frac{\Gamma(1+\beta)\cdot\sin\left(\frac{\pi\beta}{2}\right)}{\Gamma\left(\frac{1+\beta}{2}\right)\cdot\beta\cdot 2^{\left(\frac{\beta-1}{2}\right)}}\right)^{\frac{1}{\beta}},\quad \Gamma(x) = (x-1)! \tag{11.31}$$

式(11.30)、式(11.31)中，$r_1$、$r_2$ 为[0,1] 范围内的随机数；$\beta$ 为常数。为调节蜻蜓算法的搜索性能，参数值(分离权重 $s$、对齐权重 $a$、凝聚权重 $c$、猎物权重因子 $f$、天敌权重因子 $e$)将在寻优过程中自适应调整。

**2. 算法步骤**

(1) 初始化蜻蜓群体：根据问题的搜索空间，初始化主种群、次种群和随机种群的个体位置；

(2) 更新位置：根据一定的规则，更新主种群和次种群的个体位置，使其向更优的解靠近。

(3) 交互和迁移：根据预定义的规则，主种群和次种群之间进行交互和迁移，以促进信息的共享和全局搜索。

(4) 随机搜索：随机种群中的个体以随机方式在搜索空间中移动，增加搜索的随机性和多样性。

(5) 重复执行：重复执行步骤(2)至步骤(4)，直到达到最大迭代次数或找到满意的解时停止。

**3. 算法流程图(见图 11-5)**

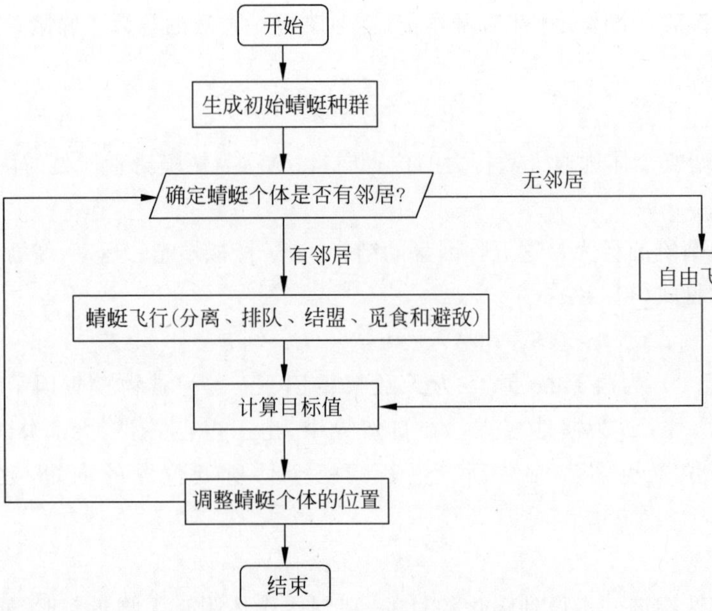


**图 11-5　蜻蜓算法流程图**

**4. 算法实现**

蜻蜓算法的伪代码：

**蜻蜓算法**

```
初始化蜻蜓种群 X_i (i=1,2,…,n)
初始化步长向量 ΔX_i (i=1,2,…,n)
while 结束条件不满足
    计算所有蜻蜓的目标值
    更新食物来源和敌人
    更新 w、s、a、c、f 和 e
    计算 S、A、C、F 和 E
    更新邻近半径
    if 一只蜻蜓至少有一只相邻的蜻蜓
      更新位置向量
      更新速度矢量
    else
      更新位置向量
    end if
    根据变量的边界检查并修正更新的位置
end while
```

## 11.6　鲸鱼优化算法

鲸鱼优化算法是一种新型的群智能优化算法，其灵感来自座头鲸的狩猎行为，是由澳大利亚格里菲斯大学的 Mirjalili 等于 2016 年提出的新型启发式优化算法。在鲸鱼优化算法中，每一条鲸鱼都代表一个解决方案，鲸鱼们在算法的迭代过程中不断探索和围捕猎物，并不断尝试改进自己的解决方案。鲸鱼优化算法能够有效地解决各种复杂的优化问题，并且具有较快的收敛速度。

大多数鲸鱼成群结队地生活，最大的须鲸之一是座头鲸，一头成年的座头鲸几乎和一辆校车一样大。座头鲸最有趣的地方是它们特殊的捕食方式。这种觅食行为称为"气泡网攻击"觅食法。座头鲸喜欢在靠近水面的地方捕食磷虾或小鱼群。据观察，这种觅食是通过沿着圆形或"9"形路径产生独特的气泡来完成的。"气泡网攻击"的捕食方式如下：由一头或几头鲸围绕鱼群绕圈的同时呼出气泡，将鱼群圈在当中，然后继续绕圈呼出气泡，使气泡圈的范围越来越小，将鱼群围在一个很小的区域内，然后鲸群从气泡圈底部向上垂直冲出，张开巨口将鱼群兜进嘴里。

鲸鱼优化算法自发明以来，已经广泛应用于工业和学术领域，并在近些年受到了越来越广泛的关注。目前，鲸鱼优化算法已经成为了一种流行的优化算法，并在众多的研究领域中得到了广泛的应用。

### 11.6.1 鲸鱼优化算法的原理

鲸鱼优化算法是一种基于鲸鱼行为的模拟算法，用于解决优化问题。通过对自然界中座头鲸群体狩猎行为的模拟以及通过模拟随机或最佳个体捕食猎物的狩猎行为，研究者发现鲸鱼的"气泡网攻击"捕食法可以分为两种，并将它们命名为"向上螺旋策略"和"双螺旋策略"。在"向上螺旋策略"中，座头鲸会先下潜约 12m，然后开始在螺旋中制造泡泡，并向水面游去。"双螺旋策略"包括三个不同的环节：珊瑚环节、鲸尾拍打水面环节和捕获环节。通过鲸鱼群体搜索、包围、追捕和攻击猎物等过程实现优化搜索的目的。

鲸鱼优化算法的工作原理如下。①初始化：首先，在算法开始时，需要为每个鲸鱼设定一个初始位置，并生成初始种群。②搜索：每个鲸鱼都会按照一定的规则探索空间。这个过程可以模拟鲸鱼包围、追捕和攻击猎物等过程。③评估：每当鲸鱼移动的时候，都会对当前的鲸鱼种群计算适应度值。如果当前的适应度值优于之前的适应度值，则将当前适应度值设为最优解。④更新：当所有的鲸鱼都完成了移动和评估后，算法会更新所有鲸鱼的位置，并重复以上步骤。⑤迭代：鲸鱼优化算法可以进行多次迭代，直到找到最优解为止。

鲸鱼优化算法首先在可行解空间中初始化一群鲸鱼个体，每个鲸鱼都代表极值优化问题的一个潜在的最优解，用位置表示鲸鱼的特征，适应度值由适应度函数计算得到，适应度的好坏表示鲸鱼的优劣。鲸鱼在解空间中探索，通过模拟包围猎物、狩猎行为、搜索猎物的行为更新个体位置。鲸鱼种群每更新一次位置，就计算一次适应度，并通过比较更新当前的最优适应度值。鲸鱼优化算法中每个座头鲸的位置代表一个潜在解，通过在解空间中不断更新鲸鱼的位置，最终获得全局最优解。

时间复杂度代表了算法的运行效率，主要取决于问题的重复执行次数。在鲸鱼优化算法中，假设种群规模为 $N$，个体位置的维度为 $n$，记录最优适应度值和对应位置向量的时间为 $t_1$，个体位置中每一维的初始化时间为 $t_2$，则初始化阶段的时间复杂度的计算公式见式(11.32)：

$$T_1 = O(t_1 + N(nt_2)) = O(n) \tag{11.32}$$

进入迭代后，最大迭代次数为 $T_{max}$。假设每只鲸鱼每一维的边界条件的处理时间为 $t_3$，适应度值的计算时间为 $f(n)$，更新当前最优解的时间为 $t_4$，A 和 C 的计算时间为 $t_5$，A、C 为系数向量，公式见(11.37)，则该阶段的时间复杂度的计算公式见式(11.33)：

$$T_2 = O(N(nt_3 + f(n) + t_4 + t_5)) = O(n + f(n)) \tag{11.33}$$

假设 $N$ 头鲸鱼中有 $m_1$ 头鲸鱼搜索猎物，$m_2$ 头鲸鱼包围猎物，$m_3$ 头鲸鱼进行气泡网攻击。个体进行这三种行为时，每维位置更新的时间分别为 $t_6$、$t_7$、$t_8$，则该阶段的时间复杂度计算公式见式(11.34)：

$$T_3 = O(N(m_1(nt_6) + m_2(nt_7) + m_3(nt_8))) = O(n) \tag{11.34}$$

因此，鲸鱼优化算法总的时间复杂度的计算公式见式(11.35)：

$$T = T_1 + T_{max}(T_2 + T_3) = O(n + f(n)) \tag{11.35}$$

总之，鲸鱼优化算法是一种通过模拟鲸鱼生物行为的过程来寻找最优解的算法，它具有较高的效率和稳定性，并能应用于各种类型的优化问题。鲸鱼优化算法的优势在于操作简单，调整的参数少以及跳出局部最优的能力强，它能够快速找到最优解，并且对于各种类型的优化问题都能有效地工作。对于基础的问题，它还具有很好的收敛性和稳定性。

### 11.6.2 鲸鱼优化算法的思想

鲸鱼被认为是世界上最大的哺乳动物。鲸鱼在大脑的某些区域有与人类相似的细胞，这些细胞负责人类的判断、情感和社会行为。已经证明，鲸鱼可以像人类一样思考、学习、判断、交流，甚至变得情绪化，但显然，这都只是在一个很低的智能水平上。观察鲸鱼的社会行为，发现它们可独居也可群居，但我们观察到的大多数仍然是群居。其中，关于座头鲸最特殊的就是它们的捕猎方法，这种觅食行为被称为“气泡网觅食法”。研究发现，座头鲸拥有两种与气泡有关的策略，并将它们命名为上升螺旋和双螺旋。气泡网捕食只是座头鲸独有的一种特殊行为，而鲸鱼优化算法就是模拟螺旋气泡网进食策略来达到优化的目的。

鲸鱼作为群居哺乳动物，它们狩猎时会通过相互合作的方式对猎物实行围捕，鲸鱼在群体狩猎中有包围和驱赶两种行为，群体中的鲸鱼通过朝着其他鲸鱼移动以实现包围猎物，通过环形游动并喷出气泡形成气泡网以实现驱赶猎物，鲸鱼优化算法的核心思想就是源于这种特殊的“气泡网觅食法”，通过随机或最佳搜索代理来模拟鲸鱼的围捕行为，通过螺旋来模拟气泡网觅食的攻击机制，以此进行数学建模达到优化目的。

鲸鱼优化算法是模仿自然界中鲸鱼捕食行为的新型群体智能优化算法，而鲸鱼的捕食行为主要分为三类：①包围猎物；②气泡网攻击；③搜索猎物。鲸鱼捕食行为的目的是捕获猎物，一群鲸鱼在共同寻找猎物时，一定会存在某条鲸鱼先发现猎物的情况，这时候其他鲸鱼一定会向这条发现猎物的鲸鱼游来争抢猎物。将鲸鱼捕食过程应用到鲸鱼优化算法求解问题的过程中，一个解就可以用一个鲸鱼个体表示，若干解就可以用若干鲸鱼个体表示。在使用鲸鱼优化算法搜索问题解的过程就可以看作是若干鲸鱼个体不断更新个体位置，直至搜索到满意的解为止。

### 11.6.3 鲸鱼优化算法的实现

#### 1. 算法的数学模型

鲸鱼优化算法模拟了座头鲸的狩猎行为，称为气泡网攻击。这种攻击是座头鲸包围猎物时，沿着螺旋路径形成独特气泡来完成的。该算法整个过程分为包围猎物、气泡网攻击（开发）、搜索猎物（探索）三个阶段。

（1）包围猎物阶段：在捕猎初期，由于最优个体在搜索空间中的位置未知，鲸鱼优化算法假设当前最佳候选解为目标猎物。在定义了最佳搜索代理后，其他搜索代理向最佳搜索代理更新自己的位置，位置更新表达式如式(11.36)所示：

$$D_1 = |\boldsymbol{C} \cdot \boldsymbol{X}^*(t) - \boldsymbol{X}(t)|$$

$$\boldsymbol{X}(t+1) = \boldsymbol{X}^*(t) - \boldsymbol{A} \cdot D_1 \tag{11.36}$$

式中，$t$ 为当前迭代次数；$\boldsymbol{X}^*$ 为当前最佳解的位置向量；$\boldsymbol{X}$ 为鲸鱼个体的位置向量；$D_1$ 为鲸鱼个体与猎物之间的距离；$||$为绝对值；· 为逐元素相乘；$\boldsymbol{A}$ 和 $\boldsymbol{C}$ 为系数向量，用于控制鲸鱼的游走方式，具体计算见式(11.37)：

$$\boldsymbol{A} = 2a \cdot \boldsymbol{r} - a$$

$$\boldsymbol{C} = 2 \cdot \boldsymbol{r}$$

$$a = 2 - \frac{2t}{T_{\max}} \tag{11.37}$$

式中，$\boldsymbol{r}$ 为在[0,1]的随机向量；$a$ 为控制参数；$T_{\max}$ 为最大迭代次数。

（2）气泡网攻击阶段：为了用数学模型模拟座头鲸的气泡网攻击行为，设计了收缩包围和螺旋更新位置两种机制。

① 收缩包围机制。在迭代过程中，通过上述公式中 $a$ 的值从 2 减小到 0 来实现此行为，此时 $\boldsymbol{A}$ 会在$[-a,a]$波动。当 $\boldsymbol{A}$ 为$[-1,1]$的随机值时，鲸鱼可位于原始位置与当前最优位置之间的任意位置。

②螺旋更新位置机制。首先计算鲸鱼个体$(\boldsymbol{X},\boldsymbol{Y})$到猎物$(\boldsymbol{X}^*,\boldsymbol{Y}^*)$的距离，然后用一个螺旋方程来模拟座头鲸的螺旋形运动，螺旋方程的数学表达见式(11.38)：

$$D_2 = |\boldsymbol{X}^*(t) - \boldsymbol{X}(t)| \tag{11.38}$$

其中，$D_2$ 为鲸鱼个体到猎物的距离。

座头鲸接近猎物时，其收缩包围和螺旋更新位置行为是同时进行的。为了模拟这种气泡网攻击，假设座头鲸各有 50% 的概率进行收缩包围和螺旋更新位置，其数学模型描述见式(11.39)：

$$\boldsymbol{X}(t+1) = \begin{cases} \boldsymbol{X}^*(t) - \boldsymbol{A} \cdot D_1 & p < 0.5 \\ D_2 \cdot e^{bl} \cdot \cos(2\pi l) + \boldsymbol{X}^*(t) & p \geqslant 0.5 \end{cases} \tag{11.39}$$

其中，$b$ 为一个常数，用于定义对数螺旋形状；$l$ 为$[-1,1]$的随机数，$p$ 为[0,1]的随机数。

（3）搜索猎物阶段：在此阶段，鲸鱼种群进行全局探索。当$|\boldsymbol{A}| \geqslant 1$ 时，鲸鱼种群不再根据当前最优解进行位置更新，而是根据随机选择的一条鲸鱼进行位置更新，目的是增加搜索范围，寻找最优解以保持种群的多样性。因此，此阶段的数学模型见式(11.40)：

$$D_{\text{rand}} = |\boldsymbol{C} \cdot \boldsymbol{X}_{\text{rand}} - \boldsymbol{X}(t)|$$

$$\boldsymbol{X}(t+1) = \boldsymbol{X}_{\text{rand}} - \boldsymbol{A} \cdot D_{\text{rand}} \tag{11.40}$$

其中，$\boldsymbol{X}_{\text{rand}}$ 表示从群体中随机选取的鲸鱼个体的位置向量；$D_{\text{rand}}$ 表示随机选取的鲸鱼个体到猎物的距离。

### 2. 算法流程图（见图 11-6）

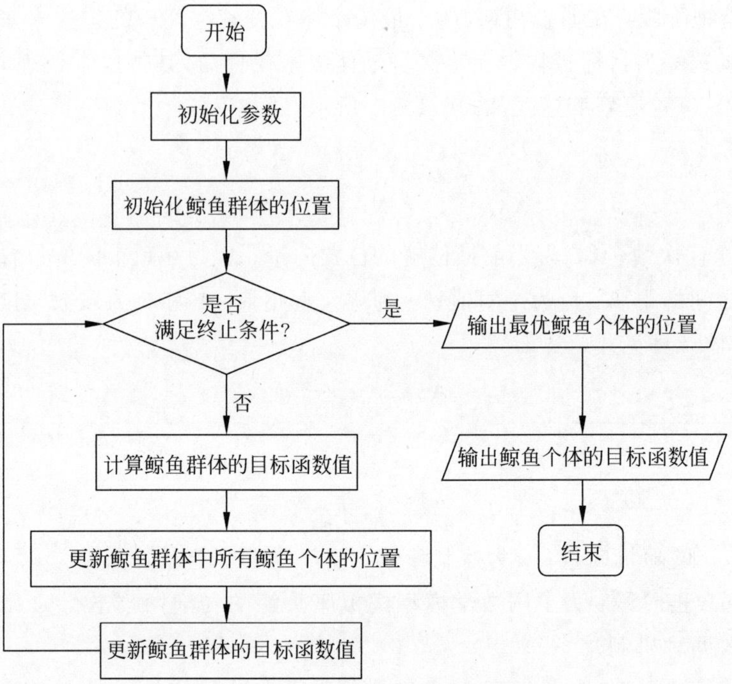

图 11-6　鲸鱼优化算法的流程图

### 3. 算法实现

鲸鱼优化算法的伪代码：

---

**鲸鱼优化算法**

---

1：初始化鲸鱼数量 $N$ 和最大迭代次数 $T$ 等
2：初始化种群：$X_i(i=1,2,\cdots,N)$
3：While t < T do
4：　检查是否有鲸鱼超出了搜索空间并进行修改
5：　计算每条鲸鱼的饥饿值（适应度值），并找到吃的最饱的鲸鱼 $X^*$
6：　For i=1 to N do
7：　更新 a,A,C,l
8：　If rand < 0.5 then
9：　　If ｜A｜< 1 then
10：　　　执行收缩包围策略
11：　　Else
12：　　　执行搜索猎物策略
13：　　End If
14：　Else
15：　　　执行螺旋更新策略
16：　End If
17：　End For
18：　t＝t＋1
19：End While
20：返回最优解 $X^*$

---

## 11.7　蝗虫优化算法

蝗虫优化算法是一种新型的元启发式算法，由 Saremi、Mirjalili 等于 2017 年提出。该算法受幼虫和成年蝗虫大范围移动与寻找食物源的聚集行为启发，具有操作参数少、公式简单的特点。

蝗虫是一种昆虫，由于蝗虫群对农作物和农业生产的破坏，蝗虫被认为是一种有害的昆虫。尽管通常人们看到的蝗虫是独立穿梭在自然界中的，但在自然界的物种中它们也是最大种群之一。蝗虫群的独特之处在于种群有幼虫和成虫两种形态和捕食行为。蝗虫群在幼虫阶段的主要特征是缓慢和小步的移动，数百万只幼年蝗虫群跳跃着移动像滚动的圆筒。在幼年蝗虫迁移的过程中，它们总是吃掉所有的植被。在这之后，它们长成了成虫，相比之下，成虫迁移的潜在特征是长距离和唐突跳动，就这样在空中形成了蝗虫群。

蝗虫优化算法具有较高的搜索效率和较快的收敛速度，且算法本身特殊的自适应机制能够很好地平衡全局和局部搜索过程，具有较好的寻优精度。

### 11.7.1　蝗虫优化算法的原理

蝗虫优化算法是一种基于生物群体行为模拟的优化算法，其本质是通过借鉴蝗虫飞行策略来实现问题的求解，是对大自然中蝗虫群体捕食行为的模拟。在传统的蝗虫优化算法中，每个蝗虫会随机选择另外一个蝗虫进行位置更新。研究发现，蝗虫群体具有群居行为，因此利用蝗虫群体间的排斥力和吸引力将搜索空间分为排斥空间、舒适空间和吸引空间。主要仿生原理是将幼虫的小范围移动行为映射为短步长的局部开发，成虫的大范围移动行为映射为长步长的全局探索。根据两个蝗虫间的距离大小的改变而改变力的作用抽象为一个函数来寻找最优。

蝗虫优化算法的大致流程：首先，需要初始化蝗虫的位置、参数和迭代的最大次数；然后计算出每个蝗虫的适应度值，找出其中最好的适应度值并保存相应的蝗虫到全局最优解；其次，将参数 $c$ 和蝗虫位置循环更新并计算每个蝗虫的适应度值，保存每次迭代最好的适应度值并更新全局最优解；最后，判断迭代次数是否达到条件，若是则退出循环并返回全局最优解。

### 11.7.2　蝗虫优化算法的思想

自然界中，在蝗虫从个体到群体迁徙与觅食行为中，群体数目与运动方向受一种特定激素制约。当蝗虫在固定区域内密度仅 2～7 只时，一般独立活动；当蝗虫密度为 10～25 只时，这些蝗虫常常会聚集在一起，行动迅速，步调一致，并统一改变行动方向；当密度超过 30 只左右时，会成群结队地运动，并不会改变运动的方向，而且在运动过程中，并不会发生个体碰撞。在蝗虫集群过程中，蝗虫个体会释放特定激素，以控制群体密度。蝗虫的这种自组织协同行为的生物学特性，具有典型的低等生物集群产生高等智能的特性。因此，基于蝗虫的这种生物学行为，提出了蝗虫优化算法。

蝗虫优化算法的基本思想是：初始化蝗虫的位置和参数以及要迭代的次数，并计算每个蝗虫的适应度值，找出最佳的适应度值并保存相应的蝗虫（问题的解）到全局最优解中。循环更新蝗虫位置并计算每个蝗虫的适应度值，保存每次迭代最好的适应值并更新全局最优解，迭代到最大迭代次数就退出循环并返回全局最优解。蝗虫更新位置不考虑重力和风力的影响，位置更新由蝗虫的当前位置、目标值位置和其他蝗虫位置共同决定。

蝗虫优化算法与其他的群智能优化算法相似，都是在个体的移动过程中寻找最优解的过程。在蝗虫优化算法中，蝗虫不仅根据自身的位置来更新，而且通过其他全部蝗虫的位置信息来更新自身的位置，在位置的更新策略中更高效，更能搜索到全局最优的位置。

### 11.7.3 蝗虫优化算法的实现

#### 1. 算法的数学模型

蝗虫优化算法模拟了自然界中蝗虫理想化的种群行为，同其他种群算法一样，每个蝗虫个体代表一个候选解，在初始化时随机生成，随后根据评价函数，最好的蝗虫个体将会成为领导者。领导者会吸引其他个体靠近，最终所有的蝗虫向领导者靠拢。蝗虫的移动遵循式(11.41)进行：

$$X_i = S_i + G_i + A_i \tag{11.41}$$

式中，$S_i$ 代表社会交互因子，$G_i$ 代表重力因子，$A_i$ 代表风向因子，下面分别进行说明。

在蝗虫运动过程中，社会交互起着主要的作用，其计算公式见式(11.42)：

$$S_i = \sum_{j=1, j\neq i}^{N} s(d_{ij})\hat{\boldsymbol{d}}_{ij} \tag{11.42}$$

式中，$d_{ij}$ 表示蝗虫 $i$ 与蝗虫 $j$ 之间的欧式距离，距离的计算公式为 $d_{ij} = |x_j - x_i|$。$\hat{\boldsymbol{d}}_{ij} = (x_j - x_i)/d_{ij}$ 表示从蝗虫 $i$ 到蝗虫 $j$ 的方向的单位向量，函数用于计算社会交互的强度，$s$ 的计算公式见式(11.43)：

$$s(r) = f\mathrm{e}^{\frac{-r}{l}} - \mathrm{e}^{-r} \tag{11.43}$$

式中，$f$ 为吸引强度，$l$ 为吸引长度。作者通过大量实验来研究不同 $l$ 和 $f$ 值下蝗虫的行为，他们发现任意两只蝗虫之间的距离如果在区间[0,2.079]，就会产生排斥。如果一只蝗虫与其他蝗虫的距离是2.079个单位，那么它就进入了舒适区。

重力因子的计算公式见式(11.44)：

$$G_i = -g\hat{\boldsymbol{e}}_g \tag{11.44}$$

其中，$g$ 为引力常量，$\hat{\boldsymbol{e}}_g$ 表示指向地心的统一矢量。

风向因子的计算公式见式(11.45)：

$$A_i = u\hat{\boldsymbol{e}}_w \tag{11.45}$$

$u$ 代表漂移常量，$\hat{\boldsymbol{e}}_w$ 代表竖直方向上的单位向量。

将 $S$、$G$、$A$ 带入公式 $X_i = S_i + G_i + A_i$ 中，则蝗虫移动的公式可表示为式(11.46)：

$$X_i = \sum_{\substack{j=1 \\ j\neq i}}^{N} s(|x_j - x_i|)\frac{x_j - x_i}{d_{ij}} - \mathrm{g}\hat{\boldsymbol{e}}_g + \mathrm{u}\hat{\boldsymbol{e}}_w \tag{11.46}$$

通过式(11.46)，蝗虫会迅速抵达舒适区，为了使算法进一步收敛到一个特定的点，对公式做出改进，使其向着最优解靠拢，公式见式(11.47)：

$$X_i^d = c\left(\sum_{\substack{j=1 \\ j\neq i}}^{N} c\,\frac{\mathrm{ub}_d - \mathrm{lb}_d}{2} s(|x_j^d - x_i^d|)\frac{x_j - x_i}{d_{ij}}\right) + \hat{T}_d \tag{11.47}$$

$\mathrm{ub}_d$ 为 $d$ 维值的上界，$\mathrm{lb}_d$ 为 $d$ 维值的下界，$\hat{T}_d$ 为当前最优解在 $d$ 维的值。这里将重力因子设置为0，且风向因子始终指向当前最优解。$c$ 为递减系数，用于模拟蝗虫接近食物源并最终消费的减速过程。随着迭代次数增加，外部 $c$ 用于减少搜索范围，内部 $c$ 用于减少蝗虫间吸引和排斥之间的影响。参数 $c$ 的更新公式见式(11.48)：

$$c = c_{\text{Max}} - l\,\frac{c_{\text{Max}} - c_{\text{Min}}}{L} \tag{11.48}$$

$c_{\text{Max}}$,$c_{\text{Min}}$ 分别代表 $c$ 的最大值与最小值，这里分别设置为 1 与 0.00001。$L$ 为最大迭代次数，$l$ 为当前迭代次数。

**2. 算法流程图(见图 11-7)**

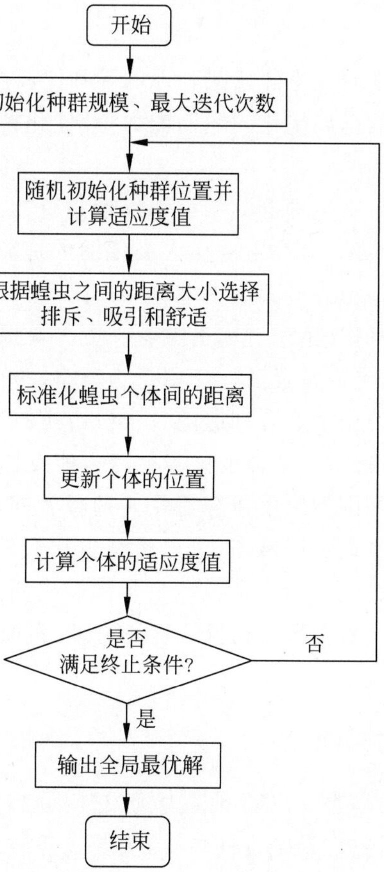


**图 11-7　蝗虫优化算法流程图**

**3. 蝗虫优化算法的伪代码**

**蝗虫优化算法**

```
初始化群集 X_i(i=1,2,…,n)
初始化 cMax、cMin 和迭代数
计算每个搜索代理的适应度
T=最佳搜索代理
while(i<最大迭代次数)
  更新 c
    for 每个搜索代理
        将蝗虫之间的距离归一化为[1,4]
        更新当前搜索代理的位置
```

```
            如果当前搜索代理超出边界,则将其带回来
        end for
          如果有更好的解决方案,更新 T
i=i+1
end while
返回 T
```

## 11.8 麻雀搜索算法

麻雀搜索算法由东华大学研究生薛建凯和他的导师沈波教授于 2020 年提出,它的初衷是为了增强优化算法解决复杂的全局优化问题的能力,对优化搜索空间的探索和利用都有一定程度的改善。

麻雀搜索算法的灵感来自麻雀种群的觅食和反捕食行为。麻雀通常是群居鸟类,种类繁多。它们分布在世界大部分地区,喜欢生活在人类生活的地方。此外,麻雀是杂食性鸟类,主要以谷物或杂草的种子为食。与许多其他小型鸟类相比,麻雀非常聪明,记忆力很强。在麻雀的种群中有两种不同类型的麻雀,生产者和追随者。生产者积极寻找食物来源,而追随者则通过生产者获取食物。此外,鸟类通常灵活地使用行为策略,并在生产和搜寻之间切换。也可以说,麻雀为了寻找食物,通常使用生产者和追随者身份切换的策略。

当麻雀选择不同的觅食策略时,个体的能量储备可能发挥重要作用,能量储备低的麻雀搜寻更多食物来源。位于种群外围的麻雀更容易受到捕食者的攻击,并不断尝试获得更好的位置。位于中心的麻雀可能会靠近邻居麻雀,以尽量减少它们的危险领域。同时麻雀总是保持警惕,当一只鸟确实检测到捕食者时,一个或多个个体发出叫声,整个群体将会飞走以逃离危险。相比于传统的 PSO 算法、灰狼算法的群智能算法,麻雀搜索算法具有寻优能力强、收敛速度快的特点。

### 11.8.1 麻雀搜索算法的原理

麻雀种类繁多,是群居的鸟类。以家麻雀为例,它们分布在世界的大部分地区,喜欢在人类居住的环境中生活。而且,它们是杂食性鸟类,主要以谷粒或杂草种子为食,并且它们适应性好,飞行能力强。在地面上,麻雀通常是双脚跳跃前进。麻雀除了繁殖期和育雏期外,秋季的时候容易形成非常壮观的大群体,其中数量有数百只甚至数千只,称之为雀泛,而在冬季的时候它们则多是十几只或几十只聚集起来的小群体。此外,这种生物是非常聪明的,有很强的记忆力,这是有别于许多其他的小型雀的。圈养家麻雀中有两种不同类型的麻雀,即发现者(Producer)和加入者(Scrounger)。发现者在种群中负责寻找食物并为整个麻雀种群提供觅食区域和方向,而加入者则是利用发现者来获取食物。此外,鸟类通常可以灵活地使用这些行为策略,也就是能够在发现者和加入者这两种个体行为之间进行转换。由此可知,为了获得食物,麻雀通常可以采用发现者和加入者这两种行为策略进行觅食。种群中的个体会监视群体中其他个体的行为,并且该种群中的攻击者会与高摄取量的同伴争夺食物资源,以提高自己的捕食率。此外,处在种群外围的鸟更容易受到捕食者的攻击,因此这些外围的鸟需要不断地调整位置以此来获得更好的位置。与此同时,处在种群中心的动物会去接近它们相邻的同伴,这样就可以尽量减少它们的危险区域。所有的麻雀都具有对大自然中的一切事物表现出强烈好奇的天性,但警惕性却非常高,麻雀会时刻观察周围环境的变化。在生活中仔细观察会发现,当群体中有麻雀发现周围有捕食者时，此时群体中一个或多个个体会发出啁啾声，一旦发出这样的声音整个种群就会立即躲避危险，进而飞到其他的安全区域进行觅食。

因此，自然界中的麻雀是一种具有高度智能和学习能力的鸟类，它们能够快速地找到食物并规避危险，在寻找食物时会先在周围探索一段时间，然后根据找到的食物的数量和质量来调整探索的方向和时间。研究人员发现，麻雀的捕食行为与优化问题非常相似。麻雀首先在环境中随机搜索食物，然后逐渐缩小搜索范围，最终找到最优的食物。这种搜索策略类似于优化算法中的随机搜索和局部搜索。

研究人员将这种搜索策略模拟到优化算法中，并发展出了麻雀搜索算法。麻雀搜索算法的核心思想：在群体中进行全局搜索，通过群体中各个个体之间的协作与竞争来求解优化问题。在麻雀搜索算法中，麻雀个体被抽象为一个搜索点，它所包含的信息包括当前点的位置和当前点的适应度值。该算法首先在搜索空间中随机生成一组解，然后根据目标函数的值进行排序。接下来，算法选择当前最优解作为搜索中心，并在其周围随机生成新的解。如果新生成的解比当前最优解更优，则更新当前最优解。否则，算法继续在当前最优解附近搜索。

具体来说，麻雀搜索算法将问题转换为麻雀群体在搜索空间中搜索最优解的过程。搜索空间是一个 $n$ 维空间，每只麻雀在搜索空间中都有一个 $n$ 维的位置，表示该麻雀当前所在的点。每只麻雀都有一个适应度值，表示该麻雀在当前位置的适应程度。在算法的开始阶段，麻雀群体会随机分布在搜索空间中。麻雀搜索算法的搜索空间也是连续的。在算法中，每个麻雀对应一个解，每个解都是一个 $n$ 维向量，其中 $n$ 是变量的数量。每个麻雀都有一个位置，位置是 $n$ 维向量。位置向量表示当前麻雀的解。算法通过更新麻雀的位置来探索搜索空间。每次迭代，算法更新每个麻雀的位置，并根据目标函数的值来更新麻雀群的最优解。麻雀搜索算法的搜索空间是限制在一定范围内的，在算法中通常会使用一些边界来限制麻雀的位置在某个范围内，使用边界限制可以有效地避免麻雀在无用的地方搜索，提高搜索效率。之后，每只麻雀会进行两种搜索行为：群体搜索和个体搜索。

群体搜索是指麻雀群体整体地移动到更优的位置。在群体搜索中，麻雀会根据自己的适应度值和其他麻雀的适应度值来决定移动方向。更优的麻雀会向其他麻雀“推荐”自己所在的位置，而其他麻雀会按照这些推荐来移动。群体搜索主要有以下几个步骤。

(1) 初始化：首先，搜索空间中的每个位置都将被初始化为一个麻雀，每只麻雀都有一个唯一的 ID 号，每只麻雀的位置也可以用这个 ID 号来表示。

(2) 移动：每只麻雀都会在搜索空间中移动，每次移动的距离可以通过一个随机数来决定。

(3) 改变：每只麻雀在每次移动后，会改变自己的位置，这个改变的程度可以通过一个随机数来决定。

(4) 评估：每只麻雀在每次移动后，都会根据当前位置的评估函数值来评估自己的位置，以确定自己的位置是否可以获得更好的评估函数值。

(5) 对比：每只麻雀在每次移动后，都会与其他麻雀进行比较，以确定自己的位置是否比其他麻雀的位置更优。

(6) 选择：每只麻雀在每次移动后，都会根据自己的评估函数值和与其他麻雀的比较结果，来选择是否要更新自己的位置。

(7) 更新：如果麻雀选择更新自己的位置，那么它就会把自己的位置更新为更优的位置。

(8) 重复：上述步骤会不断重复，直到搜索空间中的所有麻雀都被更新为最优解。

个体搜索是指麻雀个体在当前位置附近寻找更优解。在个体搜索中，麻雀会随机地移动到当前位置附近的点，然后计算新位置的适应度值。如果新位置的适应度值更优，麻雀会在新位置停留，否则会返回原来的位置。通过不断重复群体搜索和个体搜索，麻雀群体会不断地移动到更优的位置，最终找到全局最优解。麻雀搜索算法中的个体搜索步骤主要由以下几步组成：

(1) 从种群中随机选择一个个体作为搜索的起点，并计算其适应度；

(2) 根据设定的参数，计算出搜索范围，并在搜索范围内随机生成一个新的个体；

(3) 比较新生成的个体和起点个体的适应度，如果新生成的个体的适应度更高，则将其作为搜索的新起点，重复步骤(2)；

(4) 如果新生成的个体的适应度更低，则将其舍弃，重复步骤(2)；

(5) 重复上述步骤，直到搜索迭代次数达到设定的值，或者搜索到最优解为止。

麻雀搜索算法在计算过程中还有几个关键参数需要调整，以提高其优化能力和健壮性。第一个参数是麻雀群体的大小，即算法中搜索空间中的麻雀数量。这个参数越大，群体搜索的能力就越强，但会带来更大的计算量。第二个参数是个体搜索的步长，即麻雀在个体搜索中移动的距离。搜索步长决定了每次搜索时跳跃的步数，如果搜索步长设置的过大，那么搜索效率会降低，而且可能会导致搜索超时；如果搜索步长设置得过小，那么搜索效率会提高，但是搜索深度可能会受到限制，从而影响搜索结果的准确性。第三个参数是麻雀搜索算法的搜索空间大小，搜索空间可以抽象为搜索窗口的大小，搜索窗口大小决定了搜索的深度，即搜索的最大步数，如果搜索窗口大小设置得过大，那么搜索效率会降低，而且可能会导致搜索超时；如果搜索窗口大小设置的过小，那么搜索结果可能会失真，因为搜索深度过浅，可能无法搜索到最优解。第四个参数是调整麻雀种群中负责警戒捕食者的麻雀的数量，此类麻雀通常占麻雀种群总数的10%～20%，如果设置负责警戒的麻雀数量过多，会影响麻雀种群的食物搜寻效率，反之会影响麻雀种群的安全。此外，麻雀搜索算法还有一些其他参数可以调整，如麻雀的移动速度和麻雀的自适应学习率。

### 11.8.2 麻雀搜索算法的思想

麻雀搜索算法是一种用于全局优化问题的算法。它是一种群体智能的优化算法，通过模拟麻雀的搜索行为来寻找全局最优解。算法主要由两部分组成：麻雀群体搜索和麻雀个体搜索。在麻雀群体搜索中，群体中的每只麻雀都会在搜索空间中随机移动，并在找到更优解时更新自己的位置。在麻雀个体搜索中，每只麻雀根据自己的位置和全局最优解来调整自己的搜索方向。相比于其他群智能优化算法，麻雀算法具有更强的优化能力和更快的效率，麻雀搜索算法能够迅速地在最优值附近收敛，并且具有很好的全局寻优能力和稳定性。

算法的求解思想主要包括以下几方面。

第一，随机搜索：算法首先在搜索空间中随机生成一组解，然后根据目标函数的值进行排序。随机搜索主要体现在生成新解和更新最优解这两个步骤中。在生成新解的过程中，算法通过随机生成解来扰动当前搜索空间，并通过公式 x_new＝x_best＋(x_rand－x_best) * r 来生成新解。其中 x_rand 是随机生成的解，$r$ 是随机系数。这样，算法就能够在当前搜索空间中随机生成新解，增加搜索的多样性。在更新最优解的过程中，算法通过比较新解和当前最优解的适应度，随机选择其中较优的来更新最优解。这种随机选择机制可以避免算法陷入局部最优解，提高算法的全局搜索能力。此外，麻雀搜索算法还通过设置接受概率，来控制新解和当前最优解的比较。如果新解的适应度比当前最优解高，则以一定的概率接受新解作为最优解；如果新解的适应度比当前最优解低，则以一定的概率接受新解。这样做可以保证算法在探索和收敛之间取得平衡，提高算法的求解精度。

第二，局部搜索：算法选择当前最优解作为搜索中心，并在其周围随机生成新的解。如果新生成的解比当前最优解更优，则更新当前最优解。否则，算法继续在当前最优解附近搜索。算法将当前最优解作为起点来进行局部搜索，通过随机生成新解，来寻找更优解。而且算法在生成新解时使用了一个随机系数 $r$，来控制新解和当前最优解的距离，来保证新解在当前最优解附近的局部搜索能力。在更新最优解的过程中，算法也能够通过接受概率来控制新解和当前最优解的比较，来保证算法不会陷入局部最优解，在麻雀搜索算法中，局部搜索的过程与随机搜索的过程相结合，在保证算法不陷入局部最优解的前提下，通过局部搜索来提高算法的求解精度。另外，麻雀搜索算法还引入了一种跳跃机制来避免陷入局部最优解。当算法搜索到一个局部最优解时，它会以一定的概率跳出这个局部最优解，继续搜索其他可能的解。这样做可以使算法能够更好地在全局范围内搜索最优解。

第三，自适应搜索：算法具有自适应性，可以根据目标函数的形式和搜索空间的特征自动调整搜索范围。在自适应搜索中，算法会根据当前搜索的情况来调整搜索参数，使得搜索能够更加有效地找到最优解。在麻雀搜索算法中，自适应搜索主要通过调整随机系数 $r$ 来实现。随机系数 $r$ 是用来控制新解和当前最优解距离的量，当算法搜索到一个局部最优解时，算法会减小随机系数 $r$，使得新解更加靠近当前最优解，以便算法能够找到更优的解。反之，当算法陷入局部最优解时，算法会增加随机系数 $r$，使得新解能够跳出局部最优解，继续搜索全局最优解。此外，麻雀搜索算法还会根据搜索的进度来调整搜索的步长，使得搜索更加灵活。算法会逐渐减小步长，以便在搜索到附近最优解时能够更精细地搜索。

第四，全局搜索：算法模拟麻雀的捕食行为，可以在整个搜索空间中搜索全局最优解。全局搜索是指算法在整个搜索空间中进行搜索，而不是限制在局部区域中。在麻雀搜索算法中，全局搜索主要是通过一种叫作“跳跃”的操作来实现。在跳跃操作中，算法会从当前最优解“跳”到一个新的位置，并在新位置上进行搜索。这种跳跃操作可以使算法能够跳出局部最优解，在全局范围内搜索最优解。同时，跳跃操作还可以使算法能够快速跳到新的搜索区域，从而提高搜索效率。

第五，简单易实现：麻雀搜索算法简单易实现，主要体现在以下几方面。

算法框架简单。麻雀搜索算法的算法框架非常简单，主要由随机搜索、局部搜索和自适应搜索三部分组成，结构清晰易懂。

参数调整简单。算法中只有两个主要参数 $r$ 和步长，而且参数的调整方式简单易实现。

实现简单。麻雀搜索算法是一种离散型算法，并不需要使用复杂的数学算法，实现简单。

第六，随机性：算法具有随机性，通过随机生成新解来扰动当前搜索空间，从而避免陷入局部最优解。随机性在麻雀搜索算法中体现在两个方面。①随机生成初始解。在麻雀搜索算法中，首先随机生成一个初始解，作为搜索的起点。这种随机生成初始解的方式能够避免局部搜索陷入局部最优解的情况。②在局部搜索中使用随机扰动。在麻雀搜索算法的局部搜索过程中，通过随机扰动来扩大搜索范围，使得算法能够更好地找到全局最优解。

第七，自适应更新：算法根据当前搜索的情况自适应更新搜索参数，使得搜索更加高效。自适应更新主要体现在两个方面。一是，动态更新搜索步长。在麻雀搜索算法中，搜索步长是动态更新的。当算法搜索到新的解时，会根据当前解的质量来调整搜索步长。例如，如果当前解是全局最优解，则会减小搜索步长，使得算法能够更精细地搜索周围的空间；如果当前解是局部最优解，则会增大搜索步长，使得算法能够更快速地搜索其他空间。二是，动态更新搜索概率。在麻雀搜索算法中,搜索概率也是动态更新的。当算法搜索到新的解时,会根据当前解的质量来调整搜索概率。例如,如果当前解是全局最优解,则会增加搜索概率,使得算法能够更快速地搜索周围的空间;如果当前解是局部最优解,则会减小搜索概率,使得算法能够更精细地搜索其他空间。自适应更新可以帮助算法动态地调整搜索参数,使得算法能够更快速地搜索全局最优解。

第八,收敛性:算法具有较强的收敛性,能够在有限的搜索步数内求解全局最优解。麻雀搜索算法的收敛性是由其三个主要部分共同决定的,即随机搜索、局部搜索和自适应更新。随机搜索可以帮助算法扩展搜索空间,从而有可能找到全局最优解。局部搜索可以帮助算法高效地搜索周围的空间,从而有可能找到更好的解。

总体来说,麻雀搜索算法是一种非常有效的优化算法,它通过模拟麻雀的捕食行为来解决优化问题,在全局搜索和局部搜索的结合上实现了自适应性和随机性,并且在简单易实现和收敛性上达到了很好的平衡。当然,麻雀搜索算法也有一些局限性。首先,由于其随机性较强,在某些情况下可能会受到随机因素的影响,导致找到的最优解并不是全局最优解。其次,麻雀搜索算法在处理高维问题时会变得很困难,需要较多的计算资源。

### 11.8.3 麻雀搜索算法的实现

#### 1. 算法的数学模型

麻雀搜索算法主要模拟了麻雀种群觅食的过程。麻雀种群觅食的过程也是生产者-追随者模型的一种,同时还叠加了侦察预警机制。麻雀种群中食物存储较多的作为生产者,其他个体作为追随者,同时种群中选取一定比例的个体进行侦察预警。根据麻雀种群的特点,建立数学模型来构造麻雀搜索算法。为描述容易理解,制定相应规则如下。

规则1:生产者通常具有高水平的能量储备,并为所有追随者提供觅食区或移动方向。生产者负责找到食物来源的区域。能量储备水平取决于对个体健康值的评估。

规则2:一旦麻雀检测到捕食者,麻雀个体就会开始鸣叫作为警报信号。当报警值大于设定的安全阈值时,生产者需要将所有追随者引导到安全区域。

规则3:种群中的麻雀只要能寻找到更好的食物来源,都可以成为生产者,但生产者和追随者的比例在整个种群中是没有变化的。

规则4:能量较高的麻雀将充当生产者,一些饥饿的追随者更有可能飞到其他地方寻找食物,以获得更多的能量。

规则5:追随者跟随可以提供最佳食物来源的生产者。与此同时,一些追随者可能会不断监视生产者并争夺食物,以提高自己的捕食率和能量存储。

规则6:群体边缘的麻雀在意识到危险时迅速向安全区域移动以获得更安全的位置,而群体中间的麻雀则随机移动,以便靠近其他麻雀。

在模拟实验中,麻雀的位置用式(11.49)的数学模型表示:

$$\boldsymbol{X}=\begin{bmatrix} x_{1,1} & x_{1,2} & \cdots & x_{1,d} \\ x_{2,1} & x_{2,2} & \cdots & x_{2,d} \\ \cdots & \cdots & & \cdots \\ x_{n,1} & x_{n,2} & \cdots & x_{n,d} \end{bmatrix} \tag{11.49}$$

其中 $n$ 代表麻雀的数量,$d$ 表示要优化的变量的维度。然后,所有麻雀的适应度值可以用式(11.50)的向量表示:

$$FX=\begin{bmatrix} f([x_{1,1} & x_{1,2} & \cdots & x_{1,d}]) \\ f([x_{2,1} & x_{2,2} & \cdots & x_{2,d}]) \\ \cdots & \cdots & & \cdots \\ f([x_{n,1} & x_{n,2} & \cdots & x_{n,d}]) \end{bmatrix} \tag{11.50}$$

其中 $n$ 代表麻雀的数量，向量中每一行的值代表每个麻雀个体的适应度值。在麻雀搜索算法中，具有更好适应度值的生产者在搜索过程中优先获得食物。此外，因为生产者负责寻找食物并指导整个麻雀种群的移动方向。因此，生产者可以比追随者朝着更广阔的地方寻找食物。根据式(11.49)和式(11.50)，在每次迭代期间，生产者的位置更新如式(11.51)所示：

$$\boldsymbol{X}_{i,j}^{t+1}=\begin{cases} \boldsymbol{X}_{i,j}^{t} * \exp\left(\dfrac{-i}{\alpha * \text{iter}_{\max}}\right) & \text{if R2} < \text{ST} \\ \boldsymbol{X}_{i,j}^{t}+\boldsymbol{Q} * \boldsymbol{L} & \text{if R2} \geqslant \text{ST} \end{cases} \tag{11.51}$$

其中，$t$ 表示当前迭代次数，$j=1,2,3,\cdots,d$。$\boldsymbol{X}_{i,j}^{t}$ 表示迭代 $t$ 次时第 $i$ 个麻雀的第 $j$ 维的值。$\text{iter}_{\max}$ 代表最大迭代次数，是一个常量。$\alpha$ 是(0,1)范围内的一个随机数。R2 代表预警值，若达到预警值则说明麻雀群体已经遇到危险，需要采取相应的措施（R2∈[0,1]）。ST 为安全值，即若在安全值范围内麻雀群体可以正常活动（ST∈[0.5,1]）。$Q$ 是服从标准正态分布的随机数。$\boldsymbol{L}$ 代表的是一个 $1\times d$ 的矩阵且在矩阵中每个元素都为1。

当 R2<ST 时，这意味着周围没有麻雀的天敌，生产者可以进行全局搜索。若 R2≥ST 时，这意味着一些麻雀已经发现了捕食者，所有麻雀都要采取相关行动。前文提到在觅食过程中，一些追随者会时刻监视着生产者。一旦生产者找到更好的食物来源，追随者会立即离开现在的位置去争夺食物。如果它们赢得了竞争则可以立即获得该食物，否则需要继续执行式(11.52)。追随者的位置更新方式如下：

$$\boldsymbol{X}_{i,j}^{t+1}=\begin{cases} \boldsymbol{Q}, * \exp\left(\dfrac{x_{\text{worst}}^{t}-x_{i,j}^{t}}{i^{2}}\right), & i>\dfrac{n}{2} \\ \boldsymbol{X}_{p}^{t+1}+|x_{i,j}^{t}-\boldsymbol{X}_{p}^{t+1}| * \boldsymbol{A}^{+} * \boldsymbol{L}, & \text{其他} \end{cases} \tag{11.52}$$

式中，$\boldsymbol{X}_p$ 为最优探索者的位置，$\boldsymbol{x}_{\text{worst}}$ 为当前全局最差位置；$n$ 为种群规模。$t$ 和 $t+1$，是指更新"迭代"的次数。$t+1$ 次迭代的结果，需要由 $t$ 次的结果和 $t+1$ 次的最优探索者位置得出。$\boldsymbol{A}$ 为一个 $1\times d$ 的矩阵，每个元素随机幅值为1或−1，这里 $\boldsymbol{A}^{+}$ 定义如式(11.53)所示：

$$\boldsymbol{A}^{+}=\boldsymbol{A}^{\mathrm{T}}(\boldsymbol{A}\boldsymbol{A}^{\mathrm{T}})^{-1} \tag{11.53}$$

当 $i>n/2$ 时表明适应度值较低的第 $i$ 个追随者状态较差，需要飞往其他地方寻找食物。在算法中，假设种群内的10%～20%的个体作为警戒捕食者的个体，这些个体的初始位置在种群中随机产生，其产生公式见式(11.54)：

$$X_{i,j}^{t+1}=\begin{cases} x_{\text{best}}^{t}+\beta\cdot|x_{i,j}^{t}-x_{\text{best}}^{t}|, & \text{若 } f_i>f_g \\ x_{i,j}^{t}+K\cdot\left(\dfrac{x_{i,j}^{t}-x_{\text{worst}}^{t}}{(f_i-f_w)+\varepsilon}\right), & \text{若 } f_i=f_g \end{cases} \tag{11.54}$$

式中，$x_{\text{best}}^{t}$ 为当前全局最优位置，$\beta$ 为步长控制参数，其值为服从均值为0、方差为1的正态分布的随机数；$K$ 为[−1,1]内一随机数；$f$ 为适应度值，$f_g$、$f_w$ 分别为当前最优、最差适应度值；$\varepsilon$ 为避免分母为0的常数。$f_i>f_g$ 表示此麻雀处于群体边缘，$f_i=f_g$ 时，这表明位于种群中间的麻雀意识到了危险，需要与其他麻雀相互靠近以避免被捕食。$K$ 在这里表示麻雀移动的方向，同时也是步长控制参数。

**2. 算法流程图(见图 11-8)**

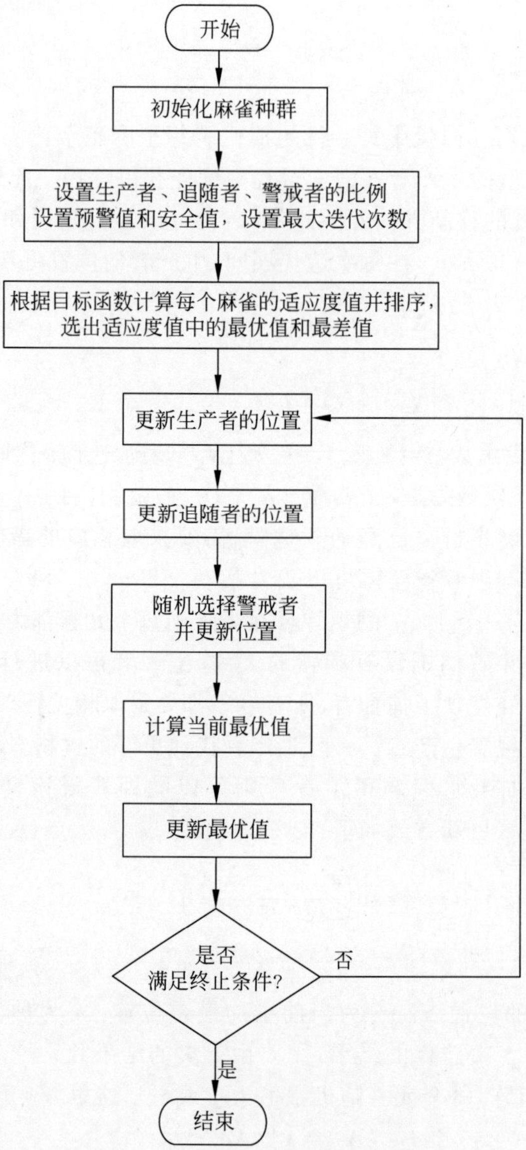


**图 11-8　麻雀搜索算法的流程图**

## 3. 算法实现

麻雀搜索算法的伪代码：

---

**麻雀搜索算法**

---

Input：
$G$：最大迭代次数
PD：生产者数量
SD：察觉到危险的麻雀的数量
$R_2$：报警值

```
n：麻雀的数量
初始化 n 只麻雀并定义相关参数
Output：X_best，f_g
while(t<G)
    对适应度值进行排序，找出当前最佳个体和最差个体
R_2 = rand(1)
for i=1：PD
    使用式(11.51)更新麻雀的位置
end for
for i =(PD+1)：n
    使用公式(11.52)更新麻雀的位置
end for
for i=1：SD
    使用公式(11.54)更新麻雀的位置
end for
获取当前的新位置
如果新位置比以前更好则取代它
t=t+1
end while
返回 X_best，f_g
```

**4. 算法应用**

**例 11-1** 设计与实现基于麻雀搜索算法优化随机森林的软件缺陷预测算法。

问题描述：软件缺陷预测是软件开发生命周期中的一门重要学科。精确预测软件存在的缺陷模块有助于节约开发人员的时间和成本。但传统软件缺陷预测算法存在预测精度低、参数难以优化的问题。近年来，随机森林(Random Forest，RF)作为一种常用的机器学习算法，具有学习效率高、泛化能力强的优点，已经被广泛应用于软件缺陷预测领域，但 RF 随机选择的参数并不能获得最佳预测模型，导致模型无法具有良好的稳定性。为解决上述问题，相关研究人员将群智能优化算法用于优化 RF 参数。

**解：**

1）问题分析

已有大量文献将 RF 应用于软件缺陷预测领域并取得一定进展，但 RF 存在参数随机选取的问题，这为模型构建带来挑战。目前，很少有文献对 RF 参数进行优化或优化算法的寻优能力较差不能在不同数据集中给 RF 提供最优参数。为解决上述问题，唐宇、陈丽芳等提出了一种分数阶变异麻雀优化 RF 的软件缺陷预测算法。该算法首先使用分数阶优化算法和混合变异策略改进原始麻雀搜索算法(FMSSA)，提高原始麻雀搜索算法的全局寻优能力。然后，使用分数阶变异麻雀算法优化随机森林参数(FMSSA-RF)。最后，将 FMSSA-RF 算法应用于软件缺陷预测领域。通过实验验证 FMSSA-RF 算法具有更高的预测精度和更好的稳定性。

2）实现步骤

(1) 分数阶优化策略：在传统的麻雀算法中，发现者在迭代后期容易陷入局部极值，进而影响算法的寻优能力。分数阶可以增强麻雀算法跳出局部最优解的能力，因此，将分数阶优化策略用于发现者的位置更新，使麻雀算法在迭代后期同样具有较强的寻优能力。分数阶微积分是将整数阶微积分推广到分数，通过整数微积分的差分近似递推求解极限，常用 Grumwald-Letniko(G-L)定义。G-L 定义的离散表达式为式(11.55)：

$$D^v[x(t)]=\frac{1}{T^v}\sum_{k=0}^{\beta}\frac{(-1)^k\gamma(v+1)x(t-kT)}{\gamma(k+1)\gamma(v-k+1)} \tag{11.55}$$

式中，$v$ 为阶次，$T$ 为周期，令截止阶次 $\beta=4$ 可得式(11.56)：

$$D^v[x(t+1)]\approx x(t+1)-vx(t)+\frac{1}{2}v(v-1)x(t-1)-\frac{1}{6}v(v-1)(v-2)x(t-2)+\frac{1}{24}v(v-1)(v-2)(v-3)x(t-3) \tag{11.56}$$

当麻雀种群面临危险时，将分数阶应用到发现者的位置更新中，本文将阶次根据迭代次数的变化而变化。引入分数阶优化策略后发现者的位置更新为式(11.57)、式(11.58)：

$$\boldsymbol{X}_{i,j}^{t+1}-\boldsymbol{X}_{i,j}^{t}=Q\cdot\boldsymbol{L} \tag{11.57}$$

$$\boldsymbol{X}_{i,j}^{t+1}=\begin{cases}\boldsymbol{X}_{i,j}^{t}\cdot\exp\left(\dfrac{-i}{\alpha\cdot\text{iter}_{\max}}\right) & \text{if } R_2<\text{ST}\\ v\boldsymbol{X}_{i,j}^{t}-\dfrac{1}{2}v(v-1)\boldsymbol{X}_{i,j}^{t-1}-\dfrac{1}{6}v(v-1)(v-2)\boldsymbol{X}_{i,j}^{t-2} & \\ +\dfrac{1}{24}v(v-1)(v-2)(v-3)\boldsymbol{X}_{i,j}^{t-3}+\boldsymbol{Q}\cdot\boldsymbol{L} & \text{if } R_2\geqslant\text{ST}\end{cases} \tag{11.58}$$

本文阶次的更新公式为式(11.59)：

$$v=v_0+\frac{t}{3T} \tag{11.59}$$

式中，分数阶阶次 $v\in[0.5,0.8]$ 时效果最好，因此，$v_0=0.5$，$t$ 为当前迭代次数，$T$ 为最大迭代次数。$\boldsymbol{X}_{i,j}^{t}$ 表示第 $t$ 次迭代时第 $i$ 个麻雀在第 $j$ 维的位置，$\text{iter}_{\max}$ 表示最大的迭代次数，$\alpha$ 是(0,1)范围内的一个随机数。$R_2$ 为预警值，ST 为安全值。$Q$ 是服从标准正态分布的随机数。$\boldsymbol{L}$ 表示一个 $1\times d$ 的矩阵且矩阵中每个元素都为1。

(2) 混合变异策略：麻雀种群在迭代后期多样性会有所降低，导致算法过早收敛，容易陷入局部极值。本文引入混合变异策略，增强麻雀种群的多样性，具有更强跳出局部最优解的能力。混合变异策略是将柯西变异与高斯变异进行结合，根据迭代次数引入动态变化参数 $\lambda_1$、$\lambda_2$。混合变异策略公式如式(11.60)、式(11.61)所示：

$$\boldsymbol{X}_{\text{best}}^{t+1'}=\boldsymbol{X}_{\text{best}}^{t+1}+\lambda_1\text{Cauchy}(0,1)+\lambda_2\text{Gauss}(0,1) \tag{11.60}$$

$$\lambda_1=1-\frac{t^2}{T^2}$$

$$\lambda_2=\frac{t^2}{T^2} \tag{11.61}$$

其中，$t$ 表示当前迭代次数，$T$ 表示最大迭代次数。标准高斯分布函数和标准柯西分布函数见式(11.62)：

$$f(x)=\frac{1}{\sqrt{2\pi}}\exp\left(-\frac{x^2}{2}\right)\quad -\infty<x<+\infty$$

$$f(x)=\frac{1}{\pi(1+x^2)}\quad -\infty<x<+\infty \tag{11.62}$$

混合变异策略是在每次迭代后，根据当前迭代中最优麻雀的位置，产生一个变异后的候选位置，将两个位置的适应度值进行比较，若 $\boldsymbol{X}_{\text{best}}^{t+1}$ 的适应度值更小，则继续更新 $\boldsymbol{X}_{\text{best}}^{t+1'}$，若 $\boldsymbol{X}_{\text{best}}^{t+1'}$ 的适应度值更小，将 $\boldsymbol{X}_{\text{best}}^{t+1'}$ 的位置和适应度值赋给 $\boldsymbol{X}_{\text{best}}^{t+1}$。在迭代过程中，参数 $\lambda_1$ 逐渐减小，

参数 $\lambda_2$ 逐渐增大,增强了算法跳出局部极值和全局搜索的能力。

(3) 具体实施步骤过程如下。

步骤1:初始化麻雀种群及相关参数;

步骤2:计算每只麻雀的适应度 $f_i$,选出当前最优位置 $X_b$ 以及最优位置对应的最优适应度值 $f_b$,选出当前最差位置 $X_w$ 以及最差位置对应的最差适应度值 $f_w$;

步骤3:选取麻雀种群中适应度值较小的麻雀作为发现者,根据式(11.58)更新发现者位置;

步骤4:除发现者之外的麻雀作为加入者,更新加入者的位置;

步骤5:在发现者和加入者中随机选取麻雀作为警戒者,更新警戒者位置;

步骤6:根据式(11.60)生成当前迭代次数最优解的候选解;

步骤7:选取当前迭代次数的最优解和候选解中最小的适应度值作为当前迭代的最优解;

步骤8:判断算法运行是否达到最大迭代次数,若达到循环结束,若未达到返回步骤3;

步骤9:输出全局最优位置和最优适应度值,得到 RF 的最优参数。

3)算法仿真

我们将麻雀种群的数量设置为30,最大迭代次数设置为100,预警值 ST=0.8,发现者占种群比例为 PD=0.2,警戒者数量为种群数量的10%,即 SD=0.1。程序使用 Python 实现。算法的伪代码如下所示。

```
Algorithm: Fractional order mutation sparrow search algorithm
Input: Maximum iterations iter_max, the number of producers PD, the number of sparrows who perceive
the predators SD, the alarm value R_2, the number of sparrows n.
Output: x_best, f_gbest
1 Begin
2 Initialize a population of n sparrows
3 for t = 1 to iter_max do
4     fMin, fMax←sort(fit[t]) //Rank the fitness values and find the current best individual
                              //location and the current worst individual location.
5     R_2 = rand(1)
6     for i = 1 to PD do
7         Using equation (4) update the producers location
8     end for
9     for i = (PD + 1) to n do
10        Update the scroungers location
11    end for
12    for j = 1 to SD do
13        Update the reporters location
14    end for
15    Get X_best^{t+1}
16    UsingEq. (6) get X_best^{t+1'}
17    if (fun(X_best^{t+1'}) < fMin) // fMin represents the best fitness value, fun represents
                                      //fitness function
18        fMin = fun(X_best^{t+1'})
19        X_best^{t+1} = X_best^{t+1'}
20    end if
21    t = t + 1
22 end for
23 Return X_best, f_gbest
```

以公开软件缺陷数据集 KC1 为例，FMSSA-RF 的运行结果如图 11-9 所示：

```
FMSSA-RF准确率为:  0.8854415274463007
最优变量n_estimatros:1.7226390574468344, max_features:1.7881646463808643
```

图 11-9　FMSSA-RF 的运行结果

注意，实验使用交叉验证，每次运行结果均不一样，最优参数的值也会变化。公开软件缺陷数据集的下载链接详见前言二维码。

实验结果表明，基于优化随机森林的软件缺陷预测算法具有更强的预测性能，为软件缺陷预测领域提供一种新的研究思路，见表 11-1。

表 11-1　各算法预测 MCC 值

| 数据集 | RF | PSO-RF | SSA-RF | FMSSA-RF |
|---|---|---|---|---|
| KC1 | 0.2630 | 0.2958 | 0.5256 | **0.7982** |

习题

# 参 考 文 献

# 图书资源支持

感谢您一直以来对清华版图书的支持和爱护。为了配合本书的使用，本书提供配套的资源，有需求的读者请扫描下方的“书圈”微信公众号二维码，在图书专区下载，也可以拨打电话或发送电子邮件咨询。

如果您在使用本书的过程中遇到了什么问题，或者有相关图书出版计划，也请您发邮件告诉我们，以便我们更好地为您服务。

**我们的联系方式：**

清华大学出版社计算机与信息分社网站：https://www.shuimushuhui.com/

地　　址：北京市海淀区双清路学研大厦 A 座 714

邮　　编：100084

电　　话：010-83470236　010-83470237

客服邮箱：2301891038@qq.com

QQ：2301891038（请写明您的单位和姓名）

**资源下载：关注公众号“书圈”下载配套资源。**

资源下载、样书申请

书圈

图书案例

清华计算机学堂

观看课程直播